프렌즈 시리즈 04

프렌즈 뉴욕

이주은 지음

New York

중앙books

Prologue
저자의 말

뉴욕 맨해튼의 빌딩숲 한복판에 처음 섰던 날, 그 기억을 잊을 수가 없습니다. 맑지도 흐리지도 않은 평범한 어느 날이었는데요, 겹겹이 층층이 빼곡하게 자리한 빌딩들에 압도되고 말았습니다. 100년이 조금 넘는 시간에 이 엄청난 높이와 엄청난 수량의 빌딩들을 어떻게 지었을까. 우리가 조선 말기와 일제시대를 겪고 한국전쟁을 거치는 동안 대체 이곳에서는 무슨 일이 벌어지고 있었던 걸까요? 여기서부터 제 뉴욕여행은 시작되었습니다.
20세기 패권국의 경제 수도 뉴욕은 세계의 자본이 초집중된 모습을 여실히 보여주고 있는 명불허전 세계의 수도입니다. 18세기 독립전쟁을 겪고 19세기에 치열한 경쟁과 혁신을 통해 눈부시게 발전한 이 도시는 변화를 두려워하지 않고 항상 새로운 것을 받아들이는 개방성과 포용성을 지닌 곳입니다. 그리고 그로 인한 다양성을 토대로 끊임없이 발전하는 창조의 도시입니다.
이렇게 멋진 도시를 여행할 수 있다는 것은 진정 축복입니다. 이 책을 읽고 여행하시는 모든 분들이 그 소중한 시간을 알차고 행복하게 보내시길 진심으로 기원합니다.

"뉴욕을 준비하며, 그리고 추억하며 감상해보세요!"

In New York,
Concrete jungle where dreams are made of,
Theres nothing you can't do,
Now you're in New York,
These streets will make you feel brand new, The lights will inspire you,
Lets here it for New York, New York, New York

*JAY-Z "Empire State Of Mind"ft. Alicia Keys

How to Use
일러두기

이 책에 실린 정보는 2025년 4월까지 수집한 정보를 바탕으로 하고 있습니다. 그러나 현지 사정에 따라 운영시간, 요금, 교통노선 등이 수시로 바뀔 수 있으며, 식당이나 상점은 갑자기 문을 닫는 경우도 있습니다. 특히 비수기에는 운영시간이 단축됩니다. 따라서 여행 직전에 홈페이지를 통해 재차 확인해 보실 것을 당부드립니다.

미국은 코로나 팬데믹이 가장 빨리 종식된 나라지만 여전히 그 후유증이 남아 있습니다. 수십 년간 규칙적으로 운영되던 곳이 문을 닫거나 단축 운영을 하고, 자유롭게 드나들던 장소에서 예약을 요구하는 등 많은 것이 변했습니다. 인플레이션 또한 여행자를 힘들게 하는 부분입니다.

이를 항상 감안하여 계획을 세우시고 혹여 불편이 있더라도 양해 부탁드립니다. 새로운 소식이나 변경된 정보가 있다면 아래로 연락 주시기 바랍니다. 바른 정보를 위해 귀기울이겠습니다.

저자 이메일 junecavy@gmail.com

깊이 있는 뉴욕 여행

〈프렌즈 뉴욕〉은 여행의 하이라이트를 시작으로 다양한 테마 여행을 제안하고 있다. 이를 기초로 자신의 스케줄과 취향에 맞게 일정을 짜볼 수 있다. 그리고 뉴욕이라는 도시의 기본 정보와 실용 정보, 지역별 가이드를 자세히 소개한다. 여기에 알짜배기 여행 팁과 여행지를 더 세세하게 뜯어보는 Zoom In 코너, 여행의 즐거움을 배가시키는 Special Page 코너를 참고하면 더욱 알찬 여행을 즐길 수 있다.

책의 구성

책은 크게 네 부분으로 구성되어 있다.

❶ 맨 앞 부분은 뉴욕 여행의 하이라이트와 함께 여행의 테마를 크게 Enjoy(즐길거리), Eating(음식), Shopping(쇼핑)으로 나누어 베스트 명소를 소개한다.

❷ 두 번째 파트는 뉴욕이라는 도시의 기본 정보와 여행하는 방법에 관한 실용 정보를 다룬다.

❸ 본문에 해당하는 세 번째 파트는 뉴욕을 14개 구역으로 나누어 가볼 만한 명소, 맛집, 펍 또는 루프탑 바, 쇼핑 스폿 등을 소개하고, 마지막에는 근교 뉴저지와 짧은 여행으로 다녀올 만한 워싱턴 D.C.를 소개한다.

❹ 마지막 부분은 뉴욕 여행이 처음인 사람을 위한 준비 과정과 숙박에 관한 팁 등이 있다.

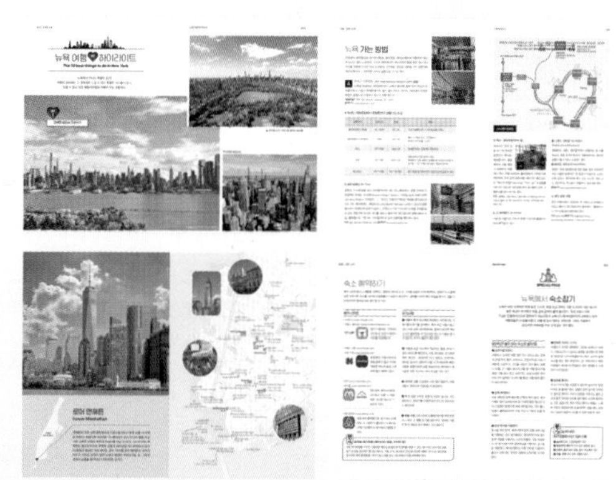

Contents

뉴욕

뉴욕 지역별 여행

여행 준비
Getting Ready to Travel

왜 **뉴욕**이 특별한가?

1 세계를 움직이는 바로 그 곳

세계의 자본이 모이는 금융의 도시 뉴욕은 나스닥과 뉴욕증권거래소로 대표되는 거대한 시장과 세계 경제를 움직이는 뉴욕 연방준비은행, 그리고 굴지의 투자회사들이 모여 있는 곳이다. 또한 뉴욕 타임스, 월스트리트 저널, NBC 등 세계적인 언론사도 뉴욕에 자리하며, 가장 큰 규모의 국제기구인 국제연합(UN)의 본부도 뉴욕에 있다.

2 다양성의 도시

뉴욕의 저력은 아마도 모든 것을 포용하고 진화해나가는 다양성의 미덕 때문이 아닐까. 다양한 피부색과 다양한 문화가 공존하는 곳. 화장실에서도 젠더리스를 실감할 수 있는 곳. 최고가를 경신하는 명작과 그래피티가 공존하며, 최고의 오케스트라와 버스킹이 공존하는 뉴욕은 인클루시비티를 진정으로 실천하는 곳이다.

3 예술과 건축의 도시

세계적인 거장들의 작품으로 가득한 갤러리는 물론, 신진 작가들의 등용문까지 모든 실험이 허용되는 뉴욕의 열린 분위기는 예술에 있어서도 두각을 드러낸다. 날마다 새로운 시도들이 일어나는 이곳은 예술의 생명인 창조성이 피어나기 너무나도 좋은 환경이다.

4 공연과 대중문화

브로드웨이로 대변되는 뮤지컬의 성지이자 오페라, 오케스트라, 재즈, 발레 공연이 끊임없이 이어지는 곳. 공원과 지하철 등 곳곳이 버스킹으로 활기를 띠는 곳이 뉴욕이다. 뉴욕을 배경으로 한 영화와 드라마는 셀 수 없이 많다.

5

미식의 도시

세상의 모든 음식은 뉴욕에서 맛볼 수 있고, 우리의 미각을 자극하는 모든 시도도 뉴욕에서는 허용된다. 최고급 레스토랑부터 스트리트푸드까지 핫한 메뉴라면 누구라도 줄서기를 주저하지 않는다.

6

패션과 쇼핑의 도시

트렌디한 도시 뉴욕은 세계의 패션을 이끌고 있다. 세상의 모든 브랜드가 뉴욕 입성을 꿈꾸고 있으며 세계적으로 인정받은 브랜드라면 반드시 뉴욕에 지점이 있다.

7

교육과 대학

뉴욕은 컬럼비아, NYU, 파슨스 FIT, SVA, 프랫, 쿠퍼유니언, 코넬텍, 맨해튼음대, 줄리아드 등 유수의 대학들이 자리한 교육의 도시이기도 하다. 이러한 교육 환경을 토대로 더욱 탄탄한 문화와 지성의 도시로 거듭날 수 있었다.

8

걷는 도시

자동차의 나라 미국에 뉴욕처럼 걸어다니는 도시가 또 있을까?. 뉴욕에서 걷기는 미덕이자 생존방식이다. 우아하게 드레스를 차려입고 스니커즈로 활보하는 뉴요키의 모습은 낯설지 않다. 그만큼 걸을 일이 많고 또 걷기 좋은 도시다. 걷다보면 도시의 숨은 공간과 불쑥 마주하는 즐거움이 있다.

한눈에 보는 **뉴욕**

NEW YORK

뉴욕 New York

뉴욕 시티(New York City), 시티 오브 뉴욕(City of New York), NYC 등의 이름으로 불리는 뉴욕시는 미국 북동쪽의 뉴욕주에 위치한 시로 전 세계의 수도로 불릴 만큼 경제적으로나 문화적으로 앞서 있으며, 초고층의 빌딩숲과 화려한 네온사인은 관광지로서도 손색이 없다. 뉴욕시의 중심이 되는 맨해튼은 뉴욕의 역사가 시작된 곳이자 현재에도 가장 번화한 곳으로 화려한 빌딩에 둘러싸여 있지만 센트럴 파크를 중심으로 곳곳에 공원과 녹지대가 조성되어 있어 자연과 공존하는 아름다운 도시의 모습을 갖추고 있다.

국가명 미국

UNITED STATES OF AMERICA

면적

1,224㎢

서울(605㎢)의 2배

인구

약 880만 명

광역권 약 2,000만 명, 미국 전체 약 3억 4,000만 명

화폐 단위

미국 달러 $

United States Dolla : USD

환율

$1=1,420원

*2025년 5월 매매기준율

시차

한국보다 14시간 느림

*서머타임 기간에는 13시간

전압

110V

기기별 전압 확인 필수. 어댑터 필요

국제전화 코드

+1

응급 전화 911

비행 소요시간

*인천에서 직항 기준

약 14시간

NYC 행정구역

뉴욕시 NYC (NEW YORK CITY)
뉴욕시는 다섯 개의 행정구로 나뉜다. 허드슨강을 경계로 서쪽은 뉴저지주다.

맨해튼 MANHATTAN
문화 · 예술 · 금융의 중심지로 대부분의 관광 명소가 모여 있다.

브루클린 BROOKLYN
맨해튼 다음으로 볼거리가 많은 힙스터의 성지.

퀸스 QUEENS
라과디아 공항과 JFK 공항이 있는 가장 넓은 구역.

브롱크스 BRONX
동물원, 식물원, 야구장 등이 있고 범죄율이 높은 편.

스테이튼 아일랜드 STATEN ISLAND
조용한 주택가로 아웃렛 매장과 일부 명소들이 있다.

뉴욕의 중심, **맨해튼 구역별 특징**

맨해튼은 뉴욕시 5개 행정구역 중 하나로 뉴욕에서 가장 번화한 곳이기도 하다. 여행자들이 둘러볼 만한 대부분의 관광 명소는 대부분 맨해튼에 있으며, 특히 센트럴 파크를 중심으로 남쪽에 대부분의 볼거리가 모여 있다.

콜럼버스 서클 & 어퍼 웨스트 사이드 Columbus Circle & Upper West Side

센트럴 파크 서남쪽의 번화가 콜럼버스 서클부터 북쪽으로 이어진 업타운의 서쪽 지역은 고급 주택가와 박물관, 링컨 센터가 자리한 문화 지구다.

타임스 스퀘어 Times Square

뉴욕은 물론 세계의 중심처럼 느껴지는 곳으로 가장 활기차고 복잡하며 대형 광고판들이 가득해 화려한 야경을 자랑한다.

허드슨 야즈 & 첼시 Hudson Yards & Chelsea

맨해튼 서쪽 지역으로 허드슨 야즈가 대대적으로 개발되면서 발전하는 동네다. 갤러리와 맛집들이 있으며 공중 정원인 하이라인이 유명하다.

그리니치 빌리지 Greenwich Village

보통 '더 빌리지(The Village)'라고 부르며 상점과 카페, 재즈바 등이 모여 있어 아직도 옛날의 감성과 운치가 남아 있는 동네다.

소호 & 놀리타 Soho & Nolita

패션의 중심지이면서 맛집들이 모여 있는 곳이다. 골목이 많아 복잡해 보이지만 아기자기한 볼거리가 많아 걸어다니기 좋은 동네다.

로어 맨해튼 Lower Manhattan

맨해튼의 최남단으로 뉴욕의 역사가 시작된 곳이자 '자유의 여신상' 같은 뉴욕의 상징적인 장소가 있는 관광지다. 또한 세계 금융의 중심지인 월스트리트가 자리한다.

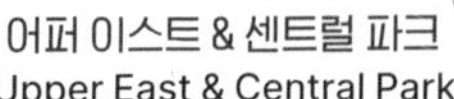

어퍼 이스트 & 센트럴 파크 Upper East & Central Park

고급 주택가와 박물관, 갤러리, 고급 부티크들이 이어진 동네다. 특히 센트럴 파크와 어퍼 이스트가 만나는 곳에는 미술관들로 가득하다.

5번가 5th Avenue

화려한 쇼핑가이면서 동시에 훌륭한 미술관, 전망대, 교회가 자리해 관광객들로 가득한 곳이다.

헤럴드 스퀘어 & 미드타운 이스트 Herald Square & Midtown East

미드타운의 중심부로 사무실 지구이자 상업지구로 교통의 중심이기도 하다. 번화한 쇼핑가도 있어서 항상 복잡한 지역이다.

유니언 스퀘어 & 매디슨 스퀘어 파크 Union Sqare & Madison Square Park

미드타운과 다운타운의 중간에 자리해 두 지역의 모습을 함께 지니고 있다. 뉴욕의 랜드마크 '다리미 빌딩'이 있으며 커다란 공원들이 있어 도심 속 휴식처가 된다.

이스트 빌리지 & 로어 이스트 사이드 East Village & Lower East Side

그리니치 빌리지 동쪽의 이스트 빌리지와 그 남쪽의 로어 이스트 사이드는 가난한 이민자들이 모여 살았던 동네로 각 나라의 음식들을 맛볼 수 있는 식당과 빈티지숍이 많다.

덤보 Dumbo

맨해튼 다리 아래 과거 산업단지가 힙한 문화지구로 변모했다. 맛집과 갤러리, 공연장이 있고 강변에서는 로어 맨해튼의 멋진 전망을 볼 수도 있다.

윌리엄스버그 Williamsburg

브루클린이 핫플로 자리 잡는 데 큰 역할을 한 동네다. 보헤미안 감성과 여피들의 세련됨이 뒤섞여 빈티지숍과 루프탑바가 공존한다.

뉴욕 여행 NY 하이라이트

The 10 best things to do in New York

뉴욕에서 만나는 특별한 순간!
여행의 묘미에는 그 곳에서만 느낄 수 있는 특별한 시간들이 있다.
잊을 수 없는 멋진 체험이야말로 여행이 주는 선물이다.

NY 1

맨해튼 빌딩숲 조망하기

▲ 센트럴 파크 주변으로 펼쳐진 빌딩들

맨해튼 미드타운의 기다란 옆 모습

▼ 맨해튼 빌딩숲속

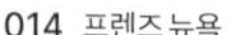

▼ 밤에 더욱 눈부시게 빛나는 타임스 스퀘어

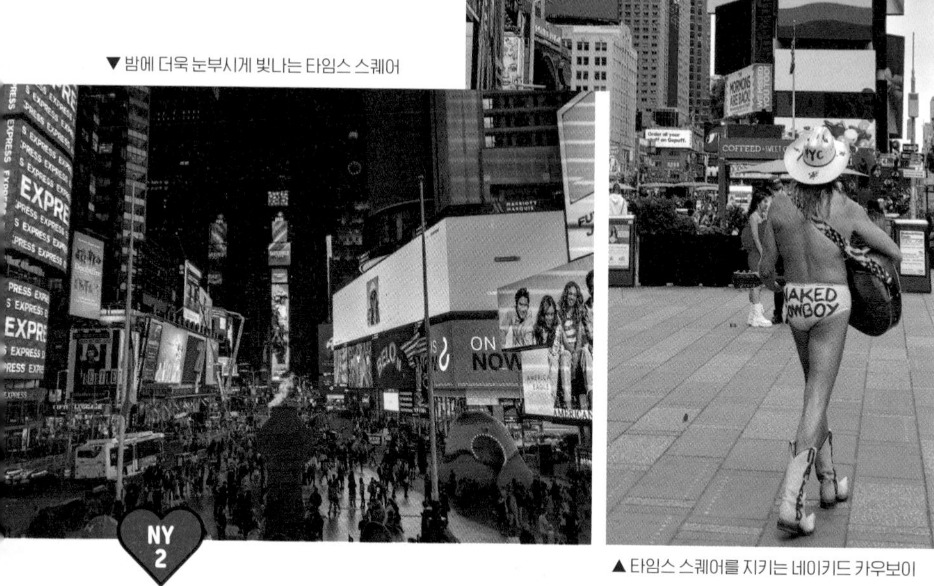

▲ 타임스 스퀘어를 지키는 네이키드 카우보이

NY 2

타임스 스퀘어 낮과 밤 즐기기

▼ 경적 소리 가득한 낮의 분주함

NY 3

자유의 여신상 가까이서 보기

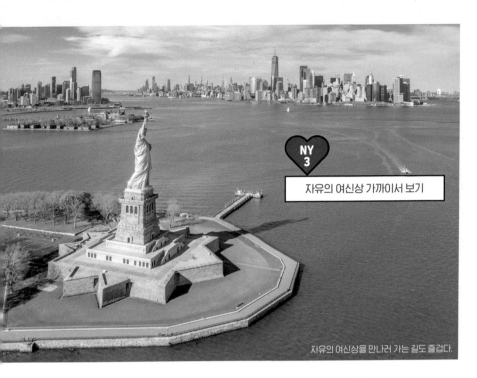

자유의 여신상을 만나러 가는 길도 즐겁다.

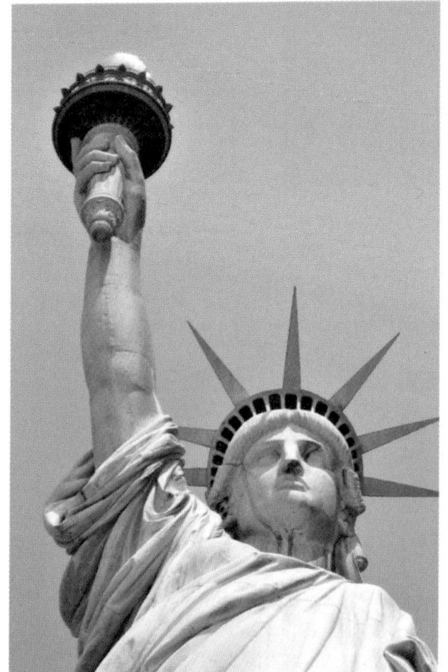

▲ 가까이서 보면 감동 두 배!

▼ 원조 횃불이 전시된 갤러리에서도 여신의 뒤태가 보인다.

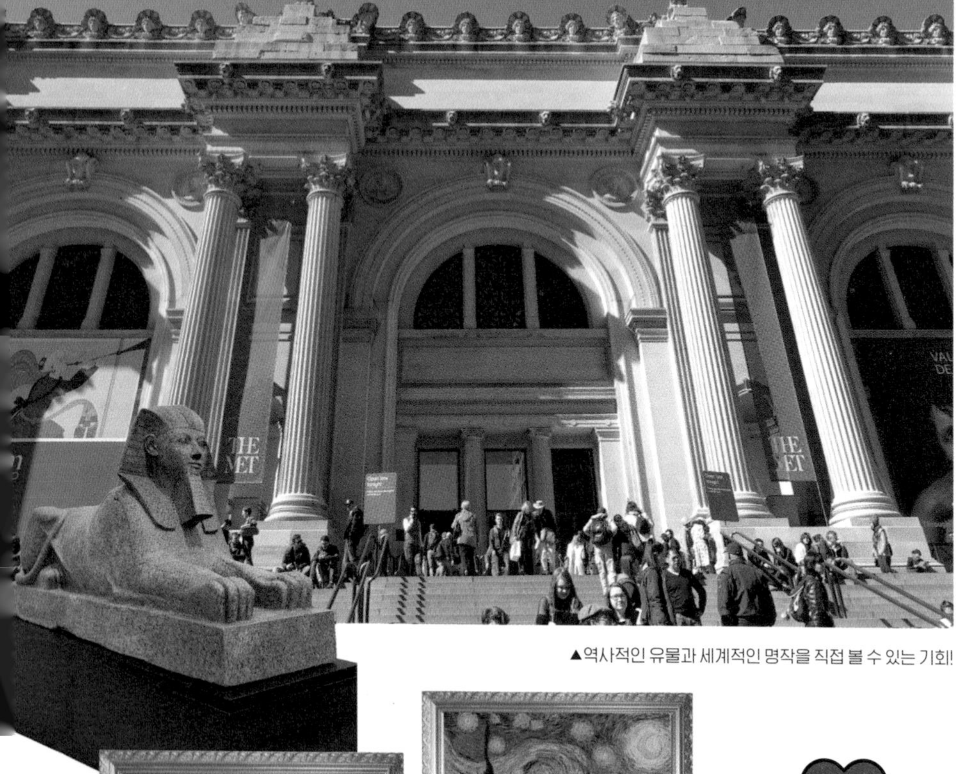

▲역사적인 유물과 세계적인 명작을 직접 볼 수 있는 기회!

NY
4

**메트로폴리탄과
모마에서
예술품 감상하기**

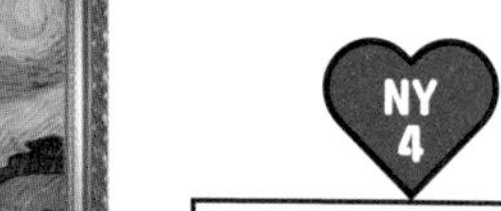

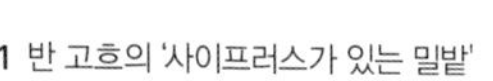

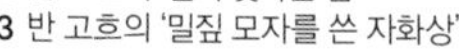

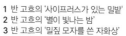

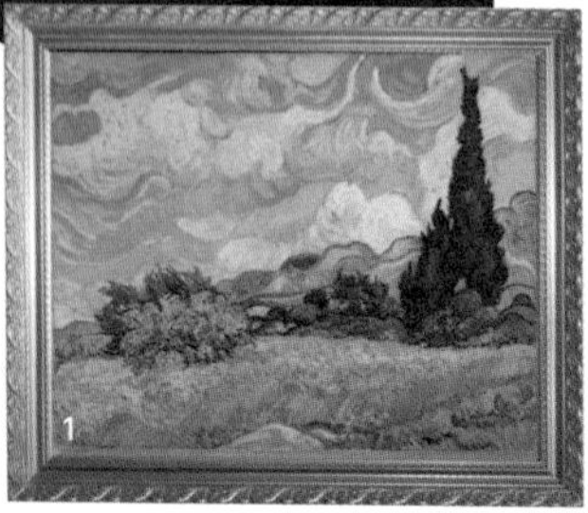

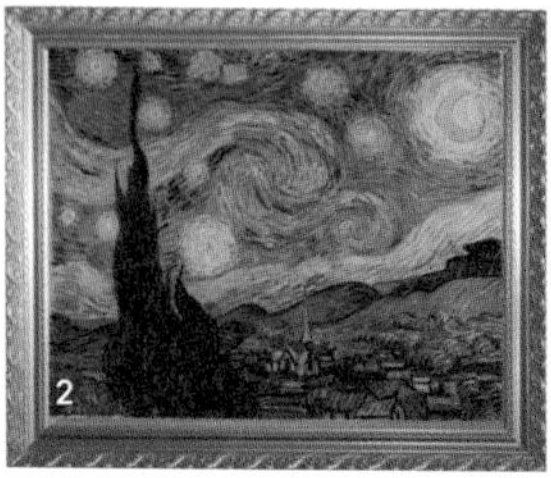

1 반 고흐의 '사이프러스가 있는 밀밭'
2 반 고흐의 '별이 빛나는 밤'
3 반 고흐의 '밀짚 모자를 쓴 자화상'

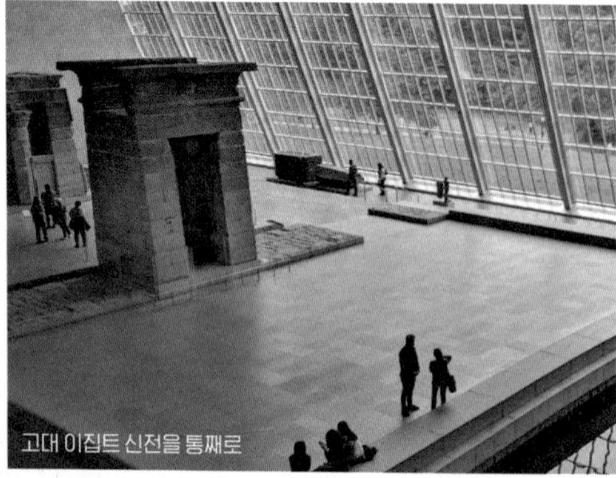

고대 이집트 신전을 통째로

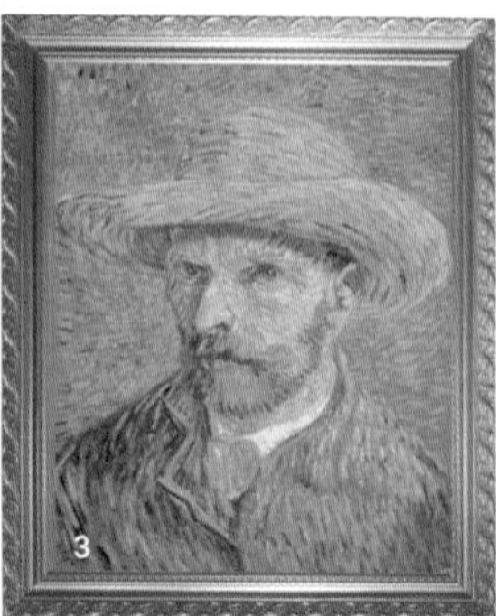

◀ 세계적인 건축가
자하 하디드의
고급 주택 구경하기

NY
5

하이라인파크를 따라 걸으며 현대건축 감상하기

하이라인파크 산책의 마무리는 건축가
렌초 피아노의 휘트니 미술관 ▶

▼ 천문학적인 비용으로 재개발된 허드슨 야즈에서 출발!

▲ 다리 건너 브루클린 브리지 파크에서 다리 감상하기

브루클린 다리 건너며 맨해튼 바라보기

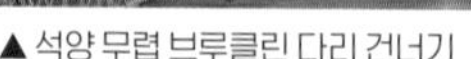
▲ 석양 무렵 브루클린 다리 건너기

야경도 놓치지 말자!

NY 7

길거리 그래피티에서 인증샷 찍기

NY 8

루프탑 바에서 시원하게 한 잔!

NY 9

브로드웨이 뮤지컬 즐기기

▲ 녹음을 감상하며 브런치!

뉴요커처럼 센트럴 파크 산책하기

▼ 은밀한 나만의 장소 찾아내기

▲ 센트럴 파크에서도 감출 수 없는 도시 본능

LOVE

뉴욕을 즐기는 법
How to enjoy New York

뉴욕의 스카이라인 즐기기
예술의 도시 뉴욕
근현대 건축의 전시장 뉴욕
공연 예술의 메카, 뉴욕
최강의 팀이 펼치는 프로스포츠
뉴욕으로 떠나는 힐링 여행
커피향 넘치는 사색의 공간

뉴욕의 스카이라인 즐기기

빌딩숲으로 유명한 뉴욕에는 7,000여 개의 고층 빌딩이 있다.
그중 200m가 넘는 초고층 빌딩이 100여 개에 달하며 거의 대부분은 맨해튼 섬 안에 모여 있다.
숲에서 나와야 숲이 보이듯, 맨해튼을 벗어나거나 맨해튼 꼭대기에 올라야 빌딩숲이 보인다.
뉴욕의 스카이라인을 제대로 즐길 수 있는 명소들을 소개한다.

1 뉴저지

맨해튼 서쪽에 위치한 지역으로, 뉴저지의 전망 명소에서 바라보면 허드슨강을 따라 길게 이어진 맨해튼의 모습이 파노라마처럼 펼쳐진다. 특히 최근 허드슨 야즈가 개발되면서 초고층 건물들이 대거 포진해 스카이라인 자체가 바뀌었다.

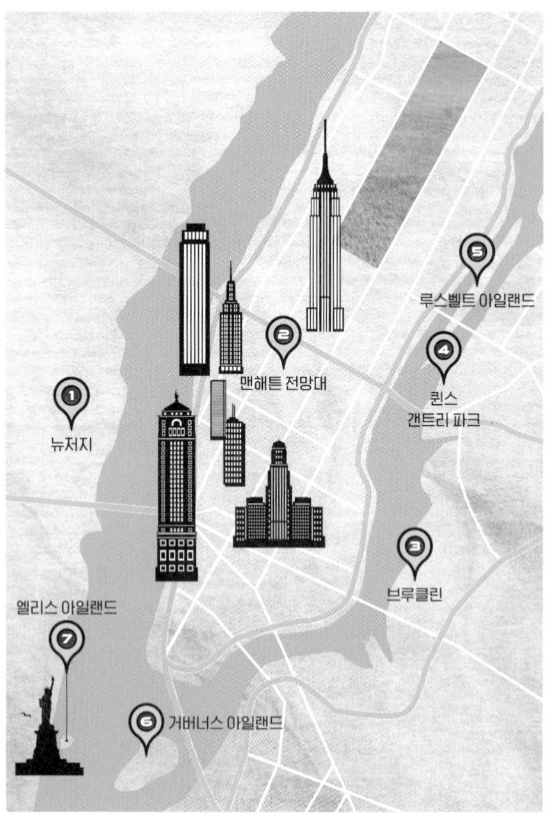

저지 시티 Jersey City

맨해튼 최고층 건물인 원 월드 빌딩이 가장 가까이 보이는 곳.

P.389

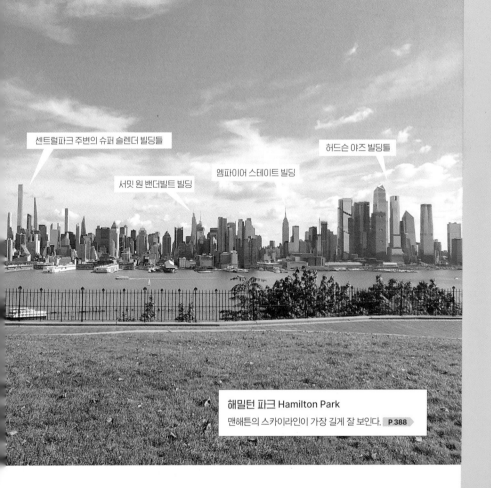

센트럴파크 주변의 슈퍼 슬렌더 빌딩들

허드슨 야즈 빌딩들

엠파이어 스테이트 빌딩

서밋 원 밴더빌트 빌딩

해밀턴 파크 Hamilton Park

맨해튼의 스카이라인이 가장 길게 잘 보인다. P.388

2 맨해튼 전망대

맨해튼 도심의 고층 건물숲을 만끽할 수 있는 전망 명소들이 많다. 얼마나 높이, 얼마나 좋은 위치에서 어떤 뷰가 보이는지, 그리고 뉴욕의 랜드마크인 엠파이어 스테이트 빌딩, 원 월드 빌딩, 크라이슬러 빌딩이 얼마나 잘 보이는지도 관건이다.

엠파이어 스테이트 빌딩 The Empire State Building

누가 뭐래도 영원한 뉴욕의 상징이자 대표 랜드마크. P.279

에지 Edge

짜릿하고 시원하게 펼쳐지는 풍경으로 떠오르는 전망대. P.247

탑 오브 더 록 Top of the Rock at Rockefeller Center

환상적인 위치로 최고의 전망을 선사한다. P.301

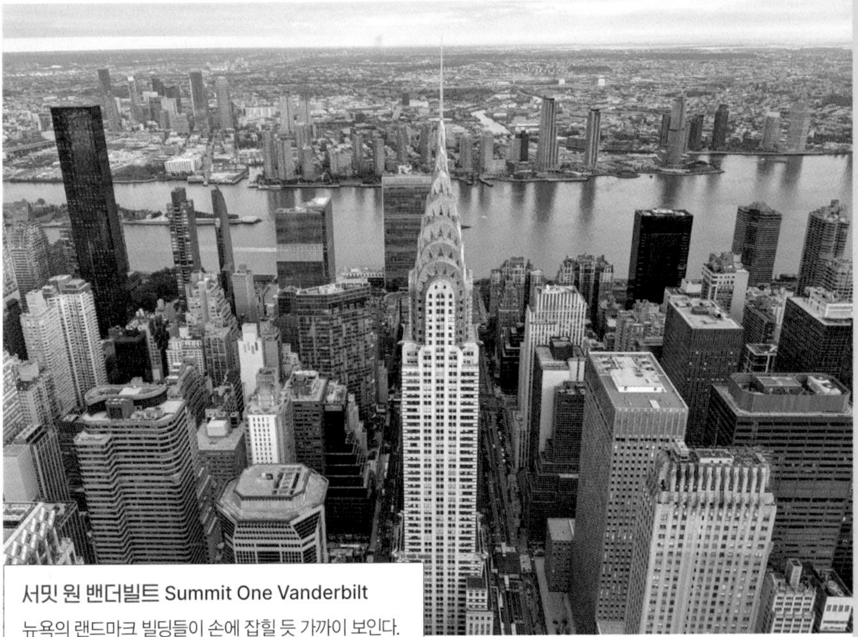

서밋 원 밴더빌트 Summit One Vanderbilt
뉴욕의 랜드마크 빌딩들이 손에 잡힐 듯 가까이 보인다.
P.282

원 월드 전망대 One World Observatory
뉴욕의 최고층을 자랑하는 다운타운 최고의 전망대.
P.201

3 브루클린

맨해튼의 남동쪽에 거대한 지역을 차지하고 있어서 맨해튼의 스카이라인을 다양한 각도에서 바라볼 수 있다.

브루클린 브리지 파크 Brooklyn Bridge Park

맨해튼 다운타운의 아름다움이 한눈에 들어오는 곳. P.365

이스트리버 주립공원 East River State Park

먼 발치에 뉴욕 대표 랜드마크인 엠파이어 스테이트 빌딩이 아득하게 펼쳐진다. P.372

4 퀸스 갠트리 파크

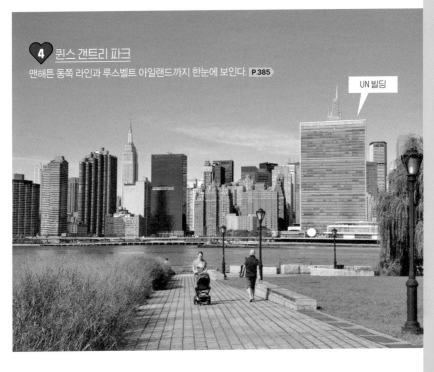

맨해튼 동쪽 라인과 루스벨트 아일랜드까지 한눈에 보인다. P.385

UN 빌딩

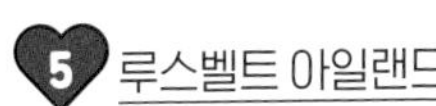

5 루스벨트 아일랜드

맨해튼과 퀸스 사이에 있는 섬이라 양쪽의 풍경을 모두 즐길 수 있다. P.352

6 거버너스 아일랜드

맨해튼과 브루클린 사이에 떠 있는 섬으로 맨해튼 다운타운과 브루클린의 모습이 모두 보인다. P.194

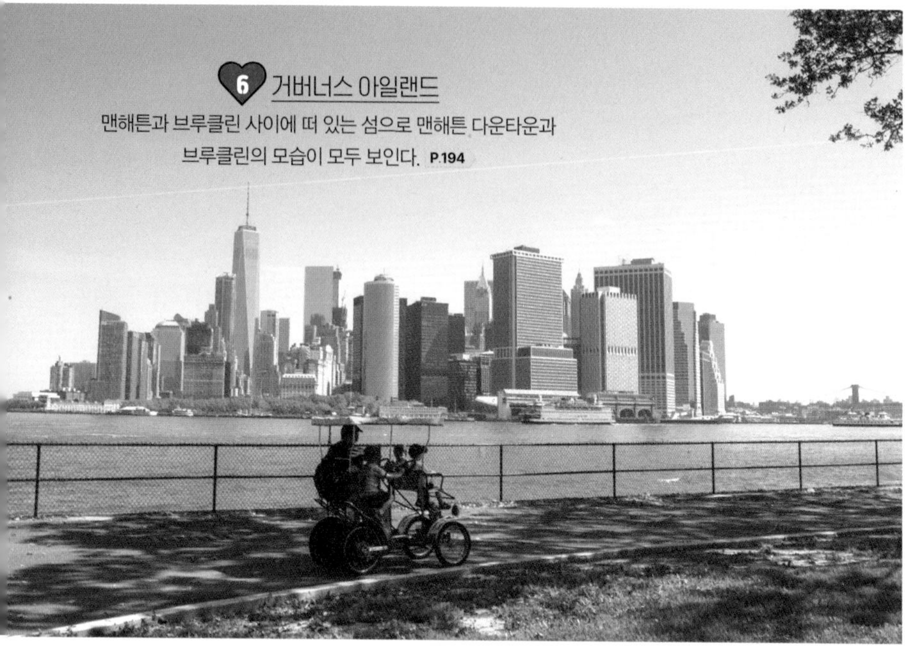

7 엘리스 아일랜드

뉴저지에 속해 있는 섬이지만 맨해튼 다운타운과 자유의 여신상 사이에 있어 두 곳 모두 볼 수 있다. P.194

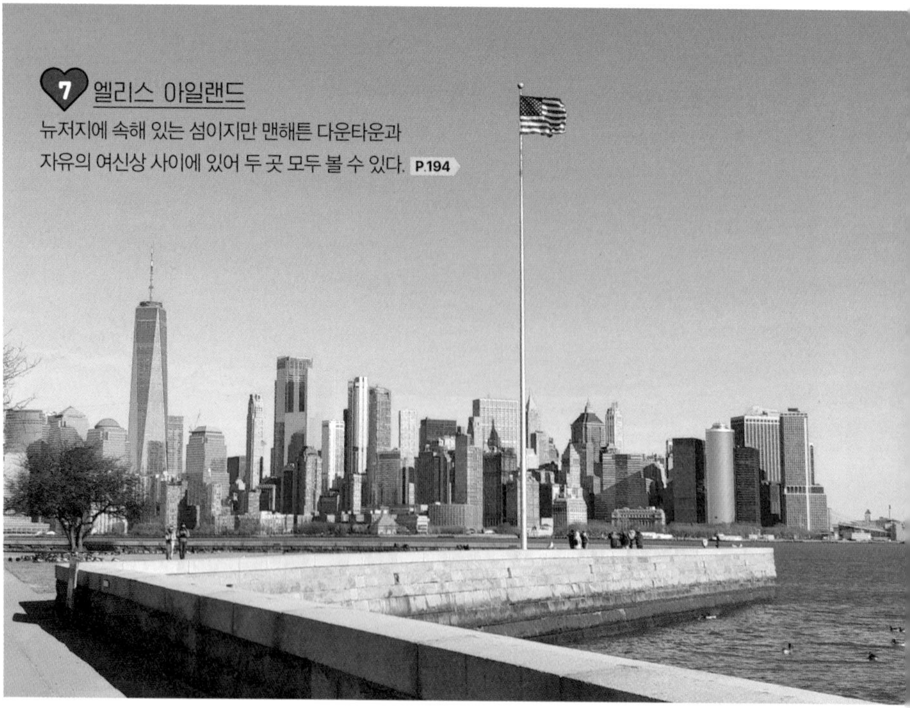

8 크루즈 라인

관광객을 가득 태운 크루즈는 맨해튼의 멋진 강변을 따라 돌면서 관광객의 탄성을 자아내게 만든다. P.166

9 헬기 투어

하늘에서 펼쳐지는 맨해튼의 모습이 마치 영화 속 한 장면처럼 펼쳐진다(실제로는 좀 멀리 보인다). P.166

루프탑 바·뷰 맛집

뉴욕의 스카이라인을 즐기는 또 하나의 방법!
도심의 불빛 가득한 야경을 즐길 수 있는 루프탑 바는 뉴욕과 너무나도 잘 어울리는 장소다.
낮과 밤, 그리고 해질녘 풍경은 사뭇 다르다. 시원한 바람을 맞으며 한 잔!

LE BAIN

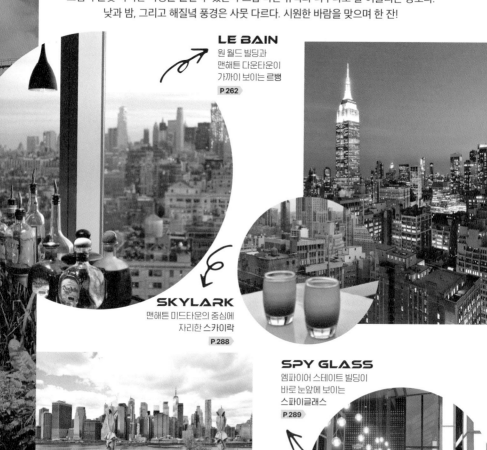

원 월드 빌딩과 맨해튼 다운타운이 가까이 보이는 르뱅

P.262

SKYLARK

맨해튼 미드타운의 중심에 자리한 스카이락

P.288

SPY GLASS

엠파이어 스테이트 빌딩이 바로 눈앞에 보이는 스파이글래스

P.289

HARRIET

브루클린 브리지와 맨해튼 다운타운이 아름답게 보이는 해리엇

P.367

MARCUS AT NOHU

맨해튼 미드타운의 멋진 스카이라인이 펼쳐지는 **마커스 앳 노후**

P.388

PANORAMA ROOM

맨해튼 미드타운 이스트와 루스벨트 아일랜드가 한눈에

P.353

MOLOS

허드슨강 위로 반짝이는 맨해튼의 야경이 펼쳐지는 해산물 레스토랑 **몰로스** P.388

ROOFTOP AT EXCHANGE PLACE

Here's looking at you, kids!

당신의 눈동자에 건배!

루프탑 앳 익스체인지 플레이스 P.389

야경 스폿

뉴욕에 밤이 찾아오면 뒷골목의 어두운 모습을 감추고 화려함만 남아 도시는 더욱 빛을 발한다. 유리로 지어진 건물들이 외부의 빛을 반사하고 잠들지 않는 내부의 빛을 발산하며 전혀 다른 모습을 보여준다.

브루클린 브리지 주변

은은한 조명의 균형감 있는 브루클린 브리지가 화려함을 입힌 건물들을 배경으로 묘한 대비와 조화를 이룬다. 브루클린 브리지 파크에서 잘 보인다.

맨해튼 브리지 건너기

맨해튼 브리지와 그 주변은 어두운 편이지만 다리를 건너면서 남쪽으로 보이는 로어 맨해튼과 브루클린 브리지, 그리고 덤보 지역은 한 폭의 그림같다. 야경투어를 한다면 버스가 이 다리를 지나는지 확인하자.

타임스 스퀘어

세상에 이렇게 화려한 곳이 또 있을까. 초대형 LED 전광판에서 끝임없이 송출되는 화려한 광고들에 넋이 나갈 정도다. 늦은 시각까지 더피 스퀘어에 앉아 멍때리는 사람들로 가득하다.

엠파이어 스테이트 빌딩 주변

뉴욕 야경의 최고봉은 역시 엠파이어 스테이트 빌딩을 바라보는 것. 주변에 수많은 루프탑바가 있고 탑 오브 더 락 전망대나 서밋 원 밴더빌트 전망대에서도 잘 보인다.

허드슨 강변

미드타운 서쪽의 허드슨 야즈가 대대적으로 재개발되면서 맨해튼의 스카이라인도 달라졌다. 크루즈나 뉴저지 방향에서 허드슨 강변을 감상하기 좋다.

원 월드 주변

뉴욕 최고층의 위력은 어디서나 잘 보인다는 것. 세계무역센터가 위치한 파이낸셜 디스트릭트의 화려함이 그대로 드러난다.

예술의 도시 뉴욕

'세계 제1의 문화예술 도시'라는 수식어에 걸맞게 뉴욕에는 1,000개가 넘는 갤러리와 100개가 넘는 박물관이 있다. 그만큼 예술에 대한 관심도 많고, 작품의 수준도 높다. 평소 미술관을 자주 가지 않는 사람이라도 뉴욕의 세계적인 미술관과 박물관만큼은 꼭 한 번 방문해 볼 것을 권한다.

뉴욕 현대미술관(모마) Museum of Modern Art (MoMA)

세계 최초는 물론, 컬렉션의 수준이나 규모 면에서도 최고로 평가받는 현대 미술관이다. 건물 자체도 내로라하는 현대건축가들의 집합체라 할 만큼 많은 장인들의 손을 거쳤다. P.296

휘트니 미술관 Whitney Museum of American Art

미국 미술을 중심으로 한 현대미술관으로 건물도 시대와 명성에 걸맞게 세계적인 현대건축가 렌초 피아노가 설계했다. 개성 있는 건물은 전망대의 역할도 하고 있다. P.256

메트로폴리탄 박물관(더 메트)

Metropolitan Museum of Art (The Met)

고대 이집트에서부터 20세기 현대미술에 이르기까지 인류의 장대한 문화예술을 집대성해 놓은 보물창고다. 아름다우면서도 웅장한 건물과 거대한 규모, 그리고 멋진 옥상을 지녔다. P.337

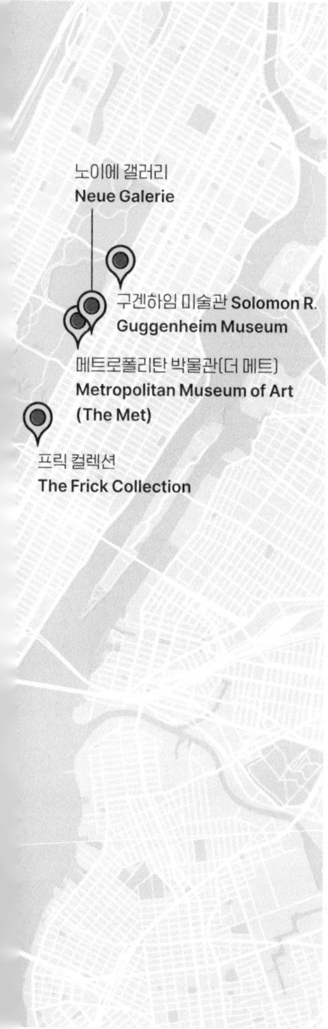

구겐하임 미술관 Solomon R. Guggenheim Museum

외관에서부터 강한 포스가 느껴진다. 유네스코 세계유산으로 지정된 프랭크 로이드 라이트의 작품으로 수많은 영화나 드라마에 등장한 건물이다. 피카소, 칸딘스키 등 근현대 명작도 많다. P.334

프릭 컬렉션 The Frick Collection

19세기 유럽 회화가 가득한 곳으로 렘브란트, 페르메이르, 터너의 작품이 많으며 유럽풍의 고풍스러운 저택과 도 잘 어울린다(2025년 4월에 재개관 했다). P.344

노이에 갤러리 Neue Galerie

규모는 작지만 클림트와 에곤 실레의 강렬한 작품들이 인상적인 곳이다. 독일과 오스트리아 작가의 작품들로 이루어져 있으며 카페는 비엔나 카페를 옮겨온 듯한 분위기와 음식으로 인기가 높다. P.336

뉴욕 미술관 이용 팁

● 뉴욕 주요 미술관 비교

	메트로폴리탄	모마	구겐하임 미술관	휘트니 미술관	프릭 컬렉션	노이에 갤러리
특징	거대한 규모와 다수의 명작	다수의 명작	독특한 건물과 명작	미국 작가	유럽 회화	독일·오스트리아 작가
시대	고대~근현대	현대~동시대	근현대	근현대~동시대	19세기	근현대
소요시간	3~6시간	2~5시간	2~3시간	2~3시간	1~2시간	1~2시간
위치	어퍼이스트	미드타운	어퍼이스트	첼시	어퍼이스트	어퍼이스트
사진촬영	조건부 허용	조건부 허용	금지	조건부 허용	금지	금지

알아두면 좋은 이용 팁

❶ 성수기에는 일찍 예매하고, 붐비는 시간을 피해 아침 일찍 가자.
❷ 보안 검색을 하는 곳도 있으니 가방은 간단히 가져가자.
❸ 대부분 건물 내에서 Wi-Fi가 무료다.
❹ 카페나 레스토랑, 기념품점도 잘 활용하자(자세한 내용은 본문 참조).

● 무료입장일과 휴관일

	무료 또는 기부금 입장일 *일부 시간만 가능하며 예약 필수도 있으니 반드시 조건 확인	휴관일
월	–	프릭 컬렉션 (2025년 6월 16일까지만)
화	–	휘트니 미술관, 노이에 갤러리, 프릭 컬렉션
수	프릭 컬렉션 (매주 수요일 14:00 이후 기부금)	메트로폴리탄 미술관
목	–	–
금	모마(매월 첫째 금요일 무료), 노이에 갤러리 (매월 첫째 금요일 17:00 이후 무료)	–
토	구겐하임 미술관 (매주 월·토요일 16:00 이후 기부금), 휘트니 미술관(매주 토요일 기부금) (최소금액 $1)	–
일	–	–

SPECIAL PAGE

뉴욕의 스트리트 아트

저항과 반달리즘의 상징인 그래피티가 점차 대안문화로 떠오르며 예술의 경계를 넘나드는 요즘, 뉴욕은 이러한 현상을 제대로 보여주고 있는 현장이다. 그래피티도 자본과 만나면 훌륭한 벽화로 탄생할 수 있다는 것을 직접 볼 수 있다. 뉴욕 예술의 진정한 힘을 길거리에서도 찾아볼 수 있는 것이다.

첼시 CHELSEA

스타워즈(Star Wars)의 로봇 3PO가 스타워즈를 빗대 "Stop Wars"를 외친다.

마운트 러시모어를 패러디한 4명의 혁명적인 예술가. 왼쪽부터 앤디 워홀(Andy Warhol), 프리다 칼로(Frida Kahlo), 키스 해링(Keith Haring), 장 미셸 바스키아(Jean-Michel Basquiat)

테레사 수녀(Mother Teresa)와 마하트마 간디(Mahatma Gandhi)

Tip 에두아르도 코브라 Eduardo Kobra

브라질 출신의 스트리트 아티스트로 시대를 앞서가는 예술가들과 자유, 평등, 평화를 주제로 도시 곳곳에 멋진 벽화를 남겼다. 만화경이나 프리즘으로 보이는 패턴에 화려한 색채를 입히는 것이 특징이다.

이스트 빌리지
EAST VILLAGE

힙합의 선구자 런 디엠시(Run DMC)

2020년 타계한 존경받는 미국 연방 대법원 대법관 루스 베이더 긴즈버그 (Ruth Bader Ginsburg) by Elle

팝의 제왕 마이클 잭슨 (Michael Jackson)

윌리엄스버그
WILLIAMS BURG

위대한 복서 무하마드 알리(Muhammad Ali), 앤디 워홀(Andy Warhol) & 장 미셸 바스키아 (Jean-Michel Basquiat)

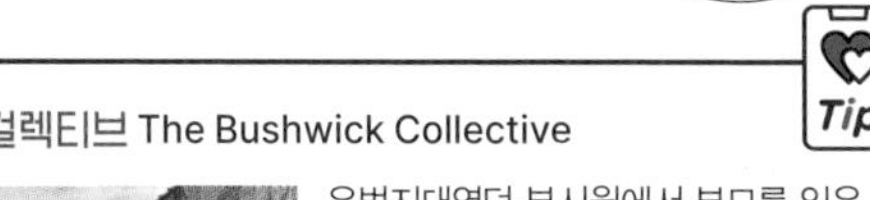

Tip

부시윅 컬렉티브 The Bushwick Collective

우범지대였던 부시윅에서 부모를 잃은 조 피칼로라(Joe Ficalora)가 이 지역을 변화시키고자 그림을 그리면서 SNS에 동참을 호소했다. 이에 각지의 아티스트들이 모여들면서 수많은 벽화가 그려지고 이제는 그래피티의 성지가 되어 많은 관광객을 불러 모으고 있다. 그래피티 투어도 있다.

부시윅
BUSHWICK

뉴욕을 대표하는 래퍼 노토리어스 B.I.G.(비기)(The Notorious B.I.G.), 래퍼이자 인간 비트박스로 불렸던 비즈 마키(Biz Markie) 그래피티계의 셀럽이자 불운아 젝소(Zexor)

근현대 건축의 전시장 뉴욕

불과 150여 년 전, 로어 맨해튼에 트리니티 교회가 지어졌을 당시만 해도 교회보다 높은 건물이 없었다. 그러나 19세기 말 고층 건물이 세워지기 시작하고 1930년대부터 초고층 빌딩이 늘어나면서 현재까지도 매년 스카이라인이 달라지고 있다. 빌딩으로 둘러싸인 맨해튼은 건축의 전시장이라고 할 만큼 근현대 건축의 다양한 양식을 보여주고 있다.

캐스트 아이언 Cast-Iron

19세기 미국 건축의 혁신이라고 할 수 있는 주철 건물은 산업 발달 시기에 가성비 좋은 재료로 널리 이용되었다. 특히 공장이나 상업용 건물에 높은 천장, 외벽 계단 등 여러 기능을 쉽게 더할 수 있어 항구와 가까운 맨해튼 남쪽에 많이 지어졌다. 1973년 소호는 캐스트 아이언 역사지구(Cast Iron Historic District)로 지정될 만큼 수많은 캐스트 아이언 건물들이 모여 있는 곳이다.

뉴욕 공립도서관
(New York Public Library)
(1911년)

그랜드 센트럴 터미널
(Grand Central Terminal)
(1913년)

보자르 Beaux Arts

19세기 말에서 20세기 초반에 뉴욕 공공건물과 대저택에 유행했던 프랑스 건축 양식이다. 그리스, 로마 시대의 건축을 이상으로 삼는 유럽 고전주의 분위기를 띠고 있다.

메트로폴리탄 미술관(The Metropolitan Museum Of Art)(1895년)

엠파이어 스테이트 빌딩(Empire State Building)(1929~1931년)

아르데코 Art Deco

20세기 초반, 특히 제1차 세계대전과 제2차 세계대전 사이의 1920~1930년대 유행했던 양식으로 대칭적이고 기하학적 패턴이 특징이다. 짧은 시간 유행했지만 인상적인 건축물들을 남겼다.

라디오 시티 뮤직홀(Radio City Music Hall)(1932년)

크라이슬러 빌딩(Chrysler Building)(1928~1930년)

록펠러 센터(Rockefeller Center)(1929~1933년)

시그램 빌딩(Seagram Building)(1958년) – 루트비히 미스 반 데어 로에(Ludwig Mies van der Rohe)

유엔 사무국 빌딩(UN Secretariat Building)(1948년) – 르 코르뷔지에(Le Corbusier)

모더니즘 Modernism

독일의 바우하우스에서 시작된 모더니즘 건축은 제2차 세계대전을 피해 망명한 위대한 건축가들에 의해 미국 땅에서 실현되었다. 특히 20세기 중반에 뉴욕에서 인터내셔널 스타일로 꽃을 피운다.

구겐하임 박물관(Solomon R. Guggenheim Museum)(1959년) – 프랭크 로이드 라이트(Frank Lloyd Wright)

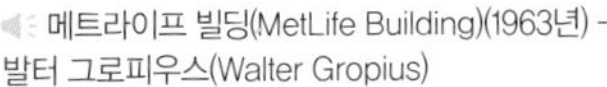

메트라이프 빌딩(MetLife Building)(1963년) – 발터 그로피우스(Walter Gropius)

존 버기(John Burgee)와 필립 존슨(Philip Johnson)의 립스틱 빌딩(Lipstick Building)(1986년)

필립 존슨(Philip Johnson)의 AT&T(1982년)

포스트 모던 Post Modern

넓은 의미의 포스트 모던 건축은 해체주의부터 하이테크 건축에 이르기까지 다양한 형태로 표현되고 있다. 여러 건축가의 협업으로 이루어지는 대형 프로젝트가 많으며, 일부 건물을 제외하면 고급 주택이 많아서 내부 입장이 어렵다. 세계적인 거장들이 워낙 많으니 작가 중심으로 소개한다.

렌초 피아노(Renzo Piano)의 휘트니 미술관(Whitney Museum)

노먼 포스터(Norman Foster)의 허스트 타워(Hearst Tower)(1928년)

프랭크 게리(Frank Gehry)의
스프루스 빌딩(8 Spruce St)(2006년)

토머스 헤더윅(Thomas Heatherwick)의
베슬(Vessel)(2019년)

자하 하디드(Zaha Hadid)의 520 웨스트 28번가(520 West 28th St)(2014년)

뉴욕의 **초고층 빌딩**

고층 건물 중에서도 보통 높이가 200m가 넘고 50층이 넘는 건물을 초고층 빌딩이라고 한다. 전 세계 초고층 빌딩의 절반은 뉴욕에 있다. 1852년 엘리베이터의 발명과 철골 구조, 강력한 콘크리트를 사용하며 이 모든 것이 가능해졌다.

1902년
플랫아이언 빌딩
Flatiron Building
87m

1930년
크라이슬러
Chrysler Building
319m

2009년
뱅크 오브 아메리카 타워
Bank of America Tower
370m

1913년
울워스
Woolworth Building
241m

1931년
엠파이어 스테이트 빌딩
Empire State Building
381m

2013년
원 월드 트레이드 센터
One World Trade Center
541m

2015년
432 파크 애비뉴

2020년
원 밴더빌트

2022년
111 웨스트 57번가

2021년
센트럴 파크 타워

2019년
30 허드슨 야즈
30 Hudson Yards
387m

Central Park Tower
472m

One Vanderbilt
427m

111 W 57th St
435m

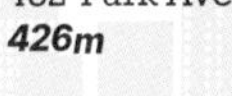

432 Park Ave
426m

Tip 슈퍼 슬렌더 Super-slender

초고층 빌딩을 뜻하는 스카이스크래퍼(Skyscraper)라는 단어로도 부족한 뉴욕은 이제 슈퍼 슬렌더 스카이스크래퍼 빌딩들이 속속 등장하고 있다. 스키니 스카이스크래퍼(Skinny skyscraper), 펜슬 타워(Pencil Tower)라고도 불리는 비쩍 마른 건물은 좁은 땅에 조금이라도 높이 올려 전망 좋은 고급 주택을 지으려는 것으로, 특히 센트럴 파크 부근에 많다.

슈퍼 슬렌더 빌딩이 나란히 자리한 센트럴파크 사우스

공연 예술의 메카, 뉴욕

문화예술의 결정체라 불리는 공연예술은 휴대폰으로 영화를 즐길 수 있는 현시대에도 여전히 매력적인 분야다. 그 놀라운 현장성과 모든 예술이 한데 만나는 종합예술로서의 위상은 시대가 변해도 사그라들지 않는다. 뉴욕에는 세계적인 공연장과 이를 소비하는 관객들이 있다. 세계 최고의 퍼포먼스라면 뉴욕의 무대에서 펼쳐지지 않을 수 없다.

뮤지컬 Musical

뉴욕의 브로드웨이는 20세기 초 뮤지컬이 큰 인기를 끌면서 한때 80여 개의 극장이 생길 정도로 막강한 영향력을 가졌다. 그만큼 뮤지컬이 현대 종합예술의 한 장르로 굳건히 자리매김하게 된 곳으로 뮤지컬 역사의 현장이자 뮤지컬의 상징이 되었다. 브로드웨이는 세계적으로 인정받은 유명한 작품들이 1년 내내 공연되고 이를 관람하기 위해 전 세계에서 모여든 관객이 하루에 수만 명에 이르는 엄청난 공연 지구다.

뮤지컬의 영예, 토니상 The Tony Awards

영화에는 아카데미상, 음악에는 그래미상, TV에는 에미상이 해마다 최고를 겨루듯이 뮤지컬에는 토니상이 있다. 1947년에 제정되어 매년 21개 부문에 주어지며 연극 부문과 뮤지컬 부문으로 나뉜다. 시상식은 6번가에 위치한 라디오시티 뮤직홀에서 5월 말~6월 초에 열린다.

뉴욕을 대표하는 뮤지컬 작품

라이언 킹 Lion King

#어린이 #동화적 #컬러풀 #아프리카 #이국적

디즈니사의 애니메이션을 뮤지컬로 옮긴 작품으로 어린 사자 심바와 권력을 탐하는 삼촌의 이야기다. 아프리카 초원과 수많은 동물들을 환상적으로 무대에 옮겨 놓았다. 아프리카의 원시적인 화려한 색채와 함께 율동적인 음률이 엘튼 존의 음악과 어우러져 흥겨운 분위기를 자아낸다. 온가족이 함께 즐기기 좋은 뮤지컬이다.

맵북 P.14-A2 **민스코프 극장(Minskoff Theatre)** **주소** 200 W 45th St, New York, NY 10036
홈페이지 www.disneyonbroadway.com

해밀턴 Hamilton

#역사적 #힙합랩 #사실적 #가사

현재 가장 인기 있는 작품으로 미국 건국의 아버지로 불리는 알렉산더 해밀턴의 드라마틱한 일대기를 다룬 내용이다. 오프 브로드웨이에서 시작해 흥행가도를 달리며 브로드웨이로 진출한 뮤지컬로 기존의 넘버들과 달리 힙합을 멋지게 소화해낸 것이 매우 독특하다. 극이 완성되기 전 백악관에 초대받아 오바마 대통령의 기립박수를 받으며 주목을 받았다. 작사 · 작곡 · 극작가까지 겸한 린 마누엘 미란다가 직접 해밀턴 역을 맡았다.

맵북 P.14-A2 **리처드 로저스 극장(Richard Rodgers Theatre)**
주소 226 W 46th St, New York, NY 10036
홈페이지 https://hamiltonmusical.com

위키드 Wicked

#어린이 #동화적 #컬러풀 #아프리카 #이국적

'오즈의 마법사의 숨겨진 이야기'라는 부제를 달고 있는 이 작품은 〈오즈의 마법사〉의 도로시가 오즈랜드에 도착하기 전에 나타난 두 소녀를 주인공으로 한 소설 〈위키드〉를 원작과 달리 더 재미있게 풀어냈다. 마법사 이야기인 만큼 화려한 볼거리가 쏟아지며 멋진 연출이 돋보여 가족은 물론 단체관람으로도 인기다. 브로드웨이에서 가장 큰 극장인 거슈윈에서 공연 중이다.

맵북 P.14-B2 **거슈윈 극장(Gershwin Theatre)**
주소 222 W 51st St, New York, NY 10019
홈페이지 www.wickedthemusical.com

알라딘 Aladdin

#어린이 #동화적 #음악 #이국적 #컬러풀

디즈니 애니메이션 뮤지컬의 연이은 흥행으로 나온 여섯 번째 뮤지컬로 시애틀에서 초연되었다가 큰 인기를 얻어 2014년부터 브로드웨이에 입성해 지금까지 공연을 이어오고 있다. 디즈니 OST로 유명한 알란 매켄이 음악을 담당해 영화에 이미 나왔던 익숙한 명곡들도 다시 들을 수 있다. 화려한 색감과 재미난 이야기로 라이언 킹과 함께 가족 뮤지컬로 특히 인기다.

맵북 P.14-A3 **뉴 암스테르담 극장 (New Amsterdam Theatre)**
주소 214 W 42nd St, New York, NY 10036
홈페이지 aladdinthemusical.com

시카고 Chicago

#댄스 #재즈 #풍자적 #범죄 #어두움

1975년 브로드웨이에서 초연했던 작품으로 1996년 리바이벌 공연을 통해 다시 주목받아 현재까지 이어오는 작품이다. 2006년에는 R&B 가수 어셔의 데뷔작으로도 관심을 모았다. 시카고의 한 감옥에 살인죄로 수감된 두 여성과 이들을 변호하는 변호사의 이야기를 통해 인간의 욕망, 배신, 폭력, 허무 등에 대한 내용을 다뤘다. 재즈풍의 음악과 춤이 돋보이는 작품이다.

맵북 P.14-B2 **앰배서더 극장(Ambassador Theatre)**
주소 219 W 49th St, New York, NY 10019
홈페이지 www.chicagothemusical.com

Tip 어떤 뮤지컬을 볼까?

뮤지컬에는 다양한 장르와 내용이 있으니 무조건 유명한 것보다는 자신의 취향과 언어를 고려하는 것이 좋다. 그렇지 않으면 비싼 비용을 들여 2시간 동안 졸다 나올 수도 있다.
브로드웨이 인기 뮤지컬 중에는 코믹한 대사와 재치 있는 애드리브가 많은 작품들이 있는데, 빠른 노래 가사도 어렵지만 슬랭이나 미국식 패러디가 나오면 남들 모두 웃는데 혼자 조용히 있을 수밖에 없다. 따라서 코미디보다는 뛰어난 음악과 감동적인 스토리, 스펙터클한 무대의 작품들이 무난하며 가족 단위라면 더욱 그렇다.

뮤지컬 티켓 예매하는 법

뮤지컬 티켓을 살 때는 언제 어느 공연을 볼 것이냐, 얼마나 싸게 살 것이냐를 생각해야 한다. 브로드웨이의 유명한 뮤지컬은 전 세계 관객들이 모이기 때문에 성수기에 대부분 표가 없으므로 일찍 예매를 해야 한다. 공식 사이트에서 사는 것이 가장 쉽고 확실하지만 일찍 매진되고 가격도 비싼 편이다.

공연 정보 www.broadway.org

❶ 인터넷 예매

가장 무난한 방법이다. 일찍 매진되는 표는 한국에서 미리 살 수 있고 어느 정도 좌석도 선택할 수 있다.

- **공식 예매 사이트 :** 공식 티켓은 두 회사에서 거의 독점했는데, 이러한 사이트는 원하는 좌석을 고를 수 있고 e티켓을 사용할 수 있으나 할인 혜택이 거의 없고 장당 수수료가 붙는다.

홈페이지 티켓마스터 www.ticketmaster.com, **텔레차지** www.telecharge.com

- **예매 대행 사이트 :** 티켓을 미리 확보해서 좀 더 저렴하게 파는 사이트다. 공식 사이트에서 매진된 티켓이 남아 있을 수 있으나 좌석의 대략적인 위치만 알 수 있다. 종이 티켓으로 교환해야 하는 경우도 있다.

홈페이지 앳홈트립 athometrip.com/nymusical/ **타미스** www.tamice.com/musical/newyork

❷ 티케츠 TKTS

공연 당일과 전날 30~50% 정도 할인가로 티켓을 판매하는 곳이다. 비영리단체인 TDF(극장발전기금)에서 운영하는 공식 매표소인데, 대기줄이 길고 좌석을 선택할 수 없다는 단점이 있다. 인기 뮤지컬은 표가 거의 없다. 그래도 저렴하게 뮤지컬을 즐길 수 있으니 시도해볼 만하다. TKTS 애플리케이션에서 실시간으로 판매 상황을 확인할 수 있다.

홈페이지 http://tdf.org/TKTS **위치** 더피 스퀘어(계단 아래) **운영** 월·화·금요일 15:00~20:00, 수·목·토요일 11:00~20:00, 일요일 11:00~19:00

❸ 러시 티켓(Rush Ticket)과 로터리(Lottery)

러시 티켓은 공연 당일 극장에서 선착순으로 판매하며, 로터리는 보통 하루 전에 극장 홈페이지에서 추첨한다. 둘 다 파격가지만 확률이 낮고 인기 공연은 거의 없다.

Tip 뮤지컬 좌석 선택 팁

좌석을 고를 때는 좌석표를 직접 보고 고르는 것이 좋다. 극장에 따라 다르지만 오케스트라 중앙은 대부분 잘 보이며 메자닌은 중앙 프런트까지 잘 보이는 편이다. 그 외 좌석은 가격을 보면 알 수 있다.

오케스트라(Orchestra) : 무대와 가장 가까운 1층 좌석으로 앞쪽은 배우의 표정까지 보인다. 그만큼 비싸다.
메자닌(Mezzanine) : 2층석으로 극장에 따라 프런트(Front)가 잘 보이거나 보통이다.
박스(Box) : 2층 양쪽 구석진 곳이라서 저렴하다.
발코니(Balcony) : 큰 극장에 있는 3층석으로 무대와 멀어 잘 안 보이고 뒤로 갈수록 저렴하다.
마티니(Matinee) : 낮 공연을 뜻하는 말로 보통 2~3시 공연을 의미한다.

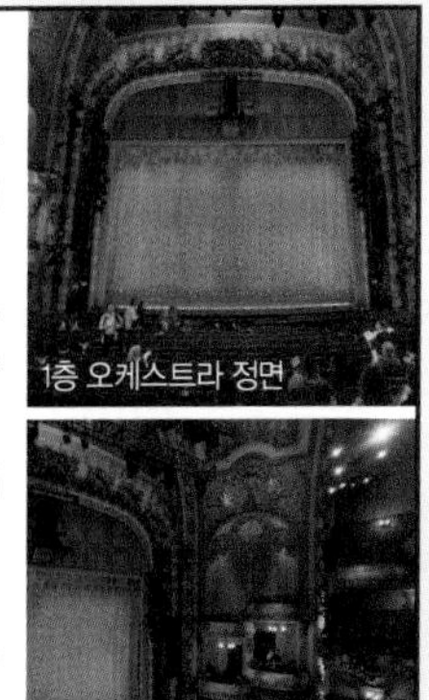
1층 오케스트라 정면
2층 메자닌 측면

재즈 Jazz

가장 미국다운 음악이라고 할 수 있는 재즈는 그 역사가 시작된 곳은 미국 남부였지만 시카고와 뉴욕을 거치면서 세계적인 장르로 발전하게 되었다. 특히 1930년대 재즈의 중심이 뉴욕으로 넘어오면서 베니 굿맨, 듀크 엘링턴, 조지 거슈윈 같은 뮤지션들이 재즈를 발전시켜 나갔고, 마침내 찰리 파커가 모던 재즈의 시대를 연다. 당시 성행했던 재즈 클럽들 중 일부는 아직도 영업 중이며, 현재도 뉴욕에는 정기 공연이 있는 곳이 50개가 넘을 만큼 수많은 재즈바가 있다.

뉴욕을 대표하는 재즈 공연장

재즈 앳 링컨센터 Jazz at Lincoln Center

세계 최초의 재즈 전용 연주장이다. 1987년에 처음 설립되어 2004년 원 콜럼버스 서클 건물이 완공되었을 때 함께 오픈했다. 간단히 로즈 홀(Rose Hall) 또는 로즈 센터(Rose Center)로 불리며, 1,000여 석 규모의 로즈 극장(Rose Theater)과 500여 석 규모의 아펠 룸(Appel Room), 그리고 140석 규모의 디지스클럽(Dizzy's Club)까지 세 곳의 공연장을 갖추고 있다. 소극장인 디지스클럽에서는 1년 내내 연주가 있다.

맵북 P.16-A2 **주소** 10 Columbus Cir, New York, NY 10023 **홈페이지** www.jazz.org

블루 노트 재즈 클럽 Blue Note Jazz Club

1981년에 오픈한 유명한 공연장으로 재즈의 역사에도 중요한 장소다. 사라 본 등 당대 유명했던 뮤지션들의 공연이 열렸으며 특히 레이 찰스의 공연으로 세계적으로 유명세를 탔다. 제임스 카터, 레이 찰스 등 수많은 뮤지션들의 녹음장으로도 이용되었다. 그리니치 빌리지의 한쪽에 자리한 이곳은 그랜드 피아노 모양의 간판이 인상적이다. 식사도 가능하다.

맵북 P.9-B2 **주소** 131 W 3rd St, New York, NY 10012 **홈페이지** bluenotejazz.com

빌리지 뱅가드 Village Vanguard

1935년 오픈해 오랜 전통을 자랑하는 공연장으로 설립 당시에는 포크송이나 시 낭송, 코미디쇼 등 다양한 장르가 펼쳐졌지만 1957년 재즈 클럽으로 거듭나면서 마일스 데이비스, 호레이스 실버, 빌 에번스, 스탠 게츠 등 전설적인 뮤지션들의 무대가 되었다. 큰길가에 붉은색의 차양이 눈에 띄지만 좁은 계단을 따라 지하로 내려가면 아담한 규모의 공연장이 있다. 좌석이 비좁은 편이며 뒤쪽에 바가 있다.

맵북 P.9-B1 **주소** 178 7th Ave S, New York, NY 10014 **홈페이지** villagevanguard.com

재즈 티켓 예매 시 알아두면 좋은 팁

❶ 예매는 간단하다. 각 공연장 홈페이지에서 바로 예약할 수 있다.
❷ 링컨 센터를 제외하면 대부분의 공연장은 좌석이 선착순이다. 따라서 앞좌석에 앉으려면 공연시간보다 일찍 와서 줄을 서야 한다.
❸ 공연장에 따라 입장료 외에도 커버 차지나 일정 금액 이상 음료나 음식을 주문해야 하는 곳도 있다.

Tip 재즈의 천국 '빌리지'

전통 클럽들이 어느 정도는 상업화되어 관광객이 많은 반면, 규모가 작지만 재즈 마니아나 뉴요커들이 주로 찾는 트렌디한 클럽도 많다. 특히 빌리지는 재즈의 역사를 지닌 지역으로 여전히 소규모 클럽들이 많으며 낮에는 눈에 띄지 않는 허름한 건물이지만 저녁이 되면 길게 줄을 선 사람들이 눈에 띌 만큼 인기 있는 곳이 많다. 가장 핫한 곳은 스몰스와 메즈로다.

스몰스 재즈 클럽 Smalls Jazz Club
주소 183 W 10th St, New York, NY 10014
홈페이지 smallslive.com

메즈로 Mezzrow
주소 163 W 10th St, New York, NY 10014
홈페이지 mezzrow.com

오페라 Opera

뉴욕은 문화의 도시답게 훌륭한 오페라 공연이 많다. 인기 있는 공연은 표를 구하기도 어렵고 가격도 매우 비싸지만 돈이 없어도 누구나 오페라를 즐길 수 있도록 저렴한 공연이나 무료 공연도 틈틈이 열리고 있다. 가장 유명한 오페라단은 메트로폴리탄 오페라와 뉴욕 시티 오페라이며 이들 모두 링컨 센터를 주무대로 한다.

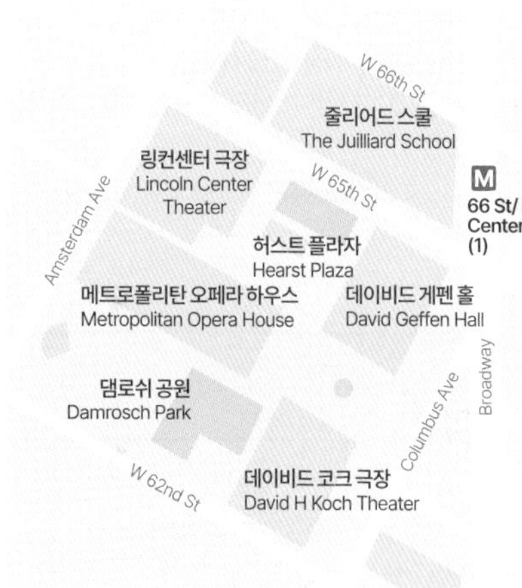

링컨 센터 P.323 참조

Lincoln Center for the Performing Arts

세계적인 명성의 메트로폴리탄 오페라단과 뉴욕 필하모닉이 상주하고 있는 거대한 규모의 공연예술단지로 그 유명한 음악학교 줄리아드 스쿨과 아메리칸 발레 시어터, 뉴욕 시립 발레단도 있다.

맵북 P.16-A2 **주소** Lincoln Center Plaza, New York, NY 10023 **홈페이지** www.lincolncenter.org

메트로폴리탄 오페라 Metropolitan Opera

흔히 메트(Met)로 불린다. 이들이 공연하는 메트로폴리탄 오페라 하우스(Metropolitan Opera House)는 1883년에 처음 설립되었으며 1966년 지금의 링컨 센터에 새롭게 오픈하면서 현재는 최첨단 기술로 무장해 세계적으로 인정받는 훌륭한 공연을 펼치고 있다. 시즌은 매년 9월 말에 시작해서 다음 해 5월까지다. 보통 24~26가지 작품을 200회 이상 공연한다. 티켓 가격은 공연마다 다르고 좌석마다 달라서 특별 공연의 비싼 좌석은 $300를 호가하며 일반 공연의 저렴한 좌석은 $30에도 살 수 있다.

공연장: 메트로폴리탄 오페라 하우스(링컨 센터)

오페라 티켓 예매하는 법

❶ 메트로폴리탄 오페라 홈페이지에서 원하는 공연과 날짜, 좌석을 선택하고 결제한다.

❷ 1층 오케스트라, 2층 파테르, 3층 그랜드 티어, 4층 드레스 서클, 5층 발코니, 6층 패밀리 서클 순서로 무대에서 멀어지며 그만큼 가격도 저렴해진다. 같은 층이라도 잘 보이는 곳이 더 비싸다. 홈페이지에서 좌석을 선택하면 무대가 어떻게 보여지는지 사진까지 나와 있다.

❸ 티켓은 이메일로 받아서 인쇄해 가거나 매표소에서 받을 수 있다. 매표소에서는 예매번호와 신분증을 제시해야 하며 줄이 긴 경우가 있으니 1시간 정도 일찍 가는 것이 좋다.

홈페이지 www.metopera.org

러시 티켓 Rush Tickets

공연 당일 판매하는 할인 티켓으로 워낙 저렴해서 온라인에서 짧은 시간에 매진되며 좌석을 선택할 수 없다. 보통 평일 저녁 공연은 12:00, 낮 공연은 4시간 전, 토요일 저녁 공연은 14:00에 판매한다.

홈페이지 www.metopera.org/season/tickets/rush-page

유의사항

❶ 늦게 도착하면 공연장 안에 입장할 수 없고 인터미션(Intermission)까지 기다려야 한다. 대기실에서 모니터로는 볼 수 있다.

❷ 앞좌석의 등받이에 작은 스크린이 있어 영어 자막을 선택할 수 있다(한국어 불가).

❸ 드레스코드가 정해진 것은 아니지만 단정하게 입고 공연장에 갈 것을 권한다. 특히 갈라 공연에는 대부분 정장 차림이다.

센트럴파크의 무료 공연
Central Park Summer Stage

6~8월에 뉴욕을 여행한다면 행운이다. 센트럴 파크에서 오페라, 퍼포먼스, 무용, 콘서트, 셰익스피어 연극 등 30여 가지의 무료 공연이 펼쳐지기 때문이다. 더구나 이 공연 중에는 메트로폴리탄 오페라의 공연이나 뉴욕 필하모닉의 연주회도 있다. 사람들로 북새통을 이루기는 하지만 무더운 여름밤에 녹음이 우거진 곳에서의 공연은 평소에 보기 어려운 멋진 경험이다.

인기 오페라 작품

● **마술피리 The Magic Flute (모차르트)**

신화적인 내용과 환상적인 분위기, 그리고 유명한 아리아 〈밤의 여왕〉 등으로 인기 있는 작품이다. 2막.

● **아이다 Aida (베르디)**

이집트를 배경으로 펼쳐지는 웅장한 무대만으로도 볼거리가 풍부하다. 4막이라 3시간이 넘는다.

● **카르멘 Carmen (비제)**

스페인을 무대로 한 비극적 스토리와 익숙하면서도 멋진 음악들로 항상 인기다. 4막.

● **투란도트 Turandot (푸치니)**

이국적 분위기가 물씬 풍기는 중국 배경의 무대가 펼쳐지며 아리아 〈잠들지 말라〉가 유명하다. 3막.

● **세비야의 이발사 The Barber of Sevilla (로시니)**

밝고 경쾌한 희극으로 가족 단위로 보기에 무난하다. 2막이라 시간도 짧은 편이다.

©Ralph Daily

©Marty Sohl/Met Opera

©Shinya Suzuki

클래식 콘서트 Classic Concert

훌륭한 인프라를 갖춘 세계적인 도시인 만큼 해마다 해외 각지에서 초청된 최고의 공연들이 끊이지 않으며 저렴한 공연이나 무료 공연도 곳곳에서 펼쳐진다. 가장 유명한 공연은 링컨 센터의 데이비드 게펜홀에서 펼쳐지는 뉴욕 필하모닉 공연이다.

뉴욕 필하모닉 New York Philharmonic

1842년에 설립된 미국에서 가장 오래된 교향악단이다. 현재 보스턴 심포니, 클리블랜드 오케스트라, 필라델피아 오케스트라, 시카고 심포니와 함께 미국 5대 관현악단으로 꼽힌다. 우리 귀에도 익숙한 레너드 번스타인이나 주빈 메타 등이 바로 이곳에서 활동하였다. 과거 카네기홀에서 공연하다가 링컨 센터가 설립된 뒤 링컨 센터의 데이비드 게펜 홀(David Geffen Hall)로 본거지를 옮겼다. 공연 시즌은 매년 9월 말에서 다음 해 6월까지다.

공연장: 데이비드 게펜 홀(링컨 센터)

©Steven Pisano

카네기홀 Carnegie Hall

©Katy Warner

1891년 개관한 미국 최초의 클래식 공연장이다. 3개의 연주회장을 가지고 있으며 아이작 스턴 오디토리움(Isaac Stern Auditorium)이 가장 크고 유명하다. 음향 시설이 뛰어난 훌륭한 공연장으로 세계적인 음악인으로의 데뷔를 인정받는 영예의 무대다. 현재는 링컨 센터가 그 자리를 대신하고 있지만 1986년 개축 이후 여전히 훌륭한 공연들이 끊임없이 이어지고 있다. 팝 음악을 무시했던 당시 보수적인 음악계에서 비틀스의 공연이 이루어져 논란이 되기도 했으며, 베니 굿맨에 의한 최초의 재즈 연주로 미국에서 재즈가 인정받기 시작했다. 현재는 개인이나 단체의 대관 공연도 많으며, 카네기홀에서 직접 기획하는(Carnegie hall presents) 수준 높은 공연들은 여전히 인기가 높다. 몇 년 전 조성진의 연주회가 전석 매진되기도 했다.

맵북 P.16-B3 **주소** 881 7th Ave, New York, NY 10019 **홈페이지** www.carnegiehall.org

뉴욕 필하모닉 공연 티켓 예매하는 법

❶ 뉴욕 필하모닉 홈페이지에서 공연과 날짜, 좌석을 선택하고 결제한다.
❷ 1층 오케스트라, 2층 퍼스트 티어, 3층 세컨드 티어, 4층 서드 티어 순서로 무대에서 멀어지며 가격도 저렴해진다.
❸ e티켓을 선택해 인쇄해서 가져가거나 스마트폰을 가져가서 직접 스캔할 수 있다.

홈페이지 https://nyphil.org/

러시 티켓 Rush Tickets

학생과 65세 이상 시니어를 위한 할인 티켓으로 $18 정도의 저렴한 가격에 공연을 감상할 수 있다. 앨리스 털리 홀이나 로즈 극장에서 열리는 일부 공연에 해당되며 10일 전부터 예매가 가능하다. 온라인 예매 후 매표소에서 찾을 때 신분증을 제시해야 한다.

홈페이지 nyphil.org/rush

유의사항

❶ 옷을 맡기거나 좌석을 찾는 등 공연 30분 전쯤 도착하는 것이 좋다.
❷ 공연 중 사진 촬영 금지이며 휴대폰은 공연 전에 꺼야 한다.
❸ 드레스코드가 정해진 것은 아니지만 단정한 복장을 권한다.

링컨 센터 오픈 리허설

주머니가 가벼운 여행자들이라면 오픈 리허설의 기회를 이용해 보는 것도 좋다. 세계적인 연주자들이 공연 전에 편한 차림으로 리허설을 하며 연주를 고쳐나가는 모습을 직접 볼 수 있어 색다른 체험이 된다. 리허설은 실제 공연장과 같은 데이비드 게펜 홀에서 이루어진다. 리허설은 대부분 오전(보통 09:45~12:30)에 시작되며 티켓 가격은 $22 정도로 저렴하다(매표소를 제외한 온라인 예매는 수수료 $3 추가).

최강의 팀이 펼치는 **프로스포츠**

미국은 스포츠의 나라다. 1년 내내 엄청난 경기가 치러지고 전 세계에 중계되며 현장에서는 함성이 끊이지 않으며 축제 분위기를 연출한다. 봄부터 시작한 프로야구는 가을에 챔피언이 탄생하고, 그 열기가 식기도 전에 프로농구가 시작된다. 따라서 어느 시즌이라도 자신의 일정에 맞춰 경기를 직관할 수 있다.

미국 프로야구 Major League Baseball(MLB)

메이저 리그로 우리에게도 잘 알려져 있는 미국의 프로야구는 세계적인 규모와 실력으로 야구 선수들에겐 꿈의 리그다. 아메리칸 리그 15팀, 내셔널 리그 15팀, 총 30개 팀으로 구성되어 있다. 정규 시즌은 4월 첫째 일요일부터 10월 첫째 일요일까지로 총 162경기를 치르며, 10월에 치러지는 포스트 시즌에 10팀이 진출해 토너먼트 형식으로 승리한 최종 2팀 중 월드 시리즈에서 챔피언이 결정된다. **홈페이지** www.mlb.com

©Steven Pisano

©Steven Pisano

양키스 New York Yankees VS 메츠 New York Mets

양키스는 브롱크스를 연고지로 하는 아메리칸 리그팀으로 엄청난 승률을 자랑하는 구단이다. 그만큼 세계적인 인기를 누리며 막강한 자본으로 훌륭한 선수를 스카우트한다. 홈구장인 양키 스타디움도 거대하다. 뉴욕 메츠는 퀸스를 연고지로 하는 내셔널 리그팀으로 오래된 골수팬들이 많으며 홈구장인 시티필드도 훌륭하다.

홈페이지 양키스 www.mlb.com/yankees, **메츠** www.mlb.com/mets

티켓 예매하는 법

MLB 홈페이지에서 경기 스케줄과 등판 선수 등을 확인하고 바로 예매하거나 예매 대행 사이트인 티켓마스터나 스텁허브 등에서 할 수도 있다. 구장 내부도를 보면서 좌석을 지정할 수도 있으며 티켓 수령은 모바일로 받거나 인쇄해서 가져간다(모바일로 받으려면 애플리케이션을 다운받아야 한다). 티켓 가격은 좌석과 경기에 따라 천차만별이지만 일반 티켓의 경우 $30~500 선이다.

홈페이지 MLB www.mlb.com, **티켓마스터** www.ticketmaster.com, **스텁허브** www.stubhub.com

유의사항

❶ 보안검사가 있어 매우 붐비므로 30분~1시간 정도 일찍 도착한다.
❷ 외부 음식은 생수를 제외하면 거의 반입할 수 없다.
❸ 매점에서 맥주를 사려면 신분증이 있어야 한다.

미국 프로농구 National Basketball Association(NBA)

세계적인 프로농구 리그로 전 세계에 팬덤이 형성되어 있으며 선수들에게도 꿈의 무대다. 10월 말~11월 초에 정규 시즌이 시작되어 다음 해 4월까지 이어지며, 5~6월에 플레이오프와 챔피언 시리즈가 진행된다. 현재 동부 콘퍼런스 15팀, 서부 콘퍼런스 15팀, 총 30개 팀으로 구성되어 있으며 정규 시즌에만 82경기를 치른다.

홈페이지 www.nba.com

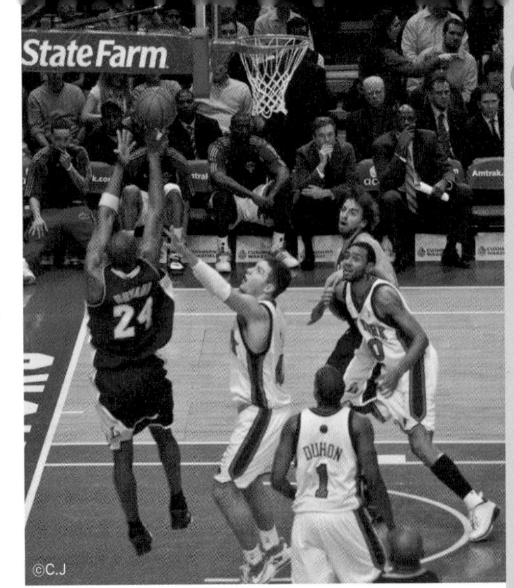

©C.J

뉴욕 닉스 New York Knicks

닉스는 뉴욕의 유일한 프로농구팀으로 맨해튼을 연고지로 하는 동부 콘퍼런스 애틀랜틱 디비전 소속 팀이다. 홈구장은 맨해튼 미드타운 한복판의 매디슨 스퀘어 가든으로 경기 티켓 가격이 비싸기로 유명하지만 팀의 오랜 역사와 함께 1970년대 전성기의 추억 등으로 아직도 인기가 높다. 티켓 예매 방법은 야구와 같다.

홈페이지 www.nba.com/knicks

▶ 매디슨 스퀘어 가든 Madison Square Garden

펜 스테이션과 나란히 위치한 커다란 원통형 건물이다. 1879년에 처음 지어질 당시에는 매디슨 스퀘어 파크에 위치해 있었기 때문에 지어진 이름이다. 그러나 1968년 다시 이곳에 세워져 현재는 2만 명을 수용할 수 있는 엄청난 경기장이 되었다. 프로농구 NBA의 뉴욕 닉스뿐 아니라 아이스하키 NHL의 뉴욕 레인저스가 이곳을 홈그라운드로 활약하고 있다. 경기장뿐 아니라 대형 콘서트장으로도 이용된다. 야구장과 달리 맨해튼 한복판에 있는 데다 교통도 매우 편리해서 찾아가기 쉽고, 실내 경기장이기 때문에 여름이나 겨울에도 편하게 볼 수 있다.

맵북 P.12-B1 **주소** 4 Pennsylvania Plaza, New York, NY 10001 **홈페이지** www.thegarden.com
가는 방법 지하철 A·C·E·1·2·3- 34 St-Penn Station역에서 바로

뉴욕으로 떠나는 **힐링 여행**

고층 건물들이 밀집한 땅값 비싼 뉴욕이지만 숨 쉴 곳은 있다. 아니, 생각보다 많은 녹지대에 놀라게 된다. 복잡한 건물들 사이에도 작은 휴식 공간들이 상당히 많고 나무는 물론 작은 인공폭포가 흐르기도 한다. 수많은 공원이 있지만 그중 힐링 타임을 보내기 좋은 곳을 소개한다.

뉴욕에서 '도심 속 오아시스'를 찾아라!

센트럴 파크
Central Park

맨해튼의 중심에 길게 자리한 거대한 공원으로 뉴욕 시민들이 가장 사랑하는 곳이다. 볼거리도 많고 시즌별로 이벤트도 많다. P.345

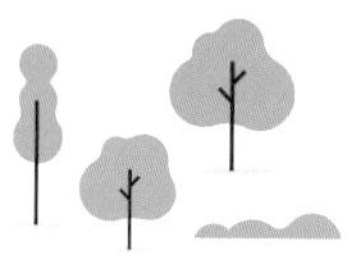

브라이언트 파크
Bryant Park

미드타운 한복판에 있는 공원으로 중앙부가 오픈되어 있어 공연장으로도 쓰인다. 주변이 오피스 지구라 평일에는 직장인들이 많다. P.294

와그너 파크
Robert F. Wagner Jr. Park

멀리 자유의 여신상을 보며 허드슨강의 시원한 풍경을 즐길 수 있다. 크루즈 선착장이 있는 배터리 파크보다 한산하다. P.191

브루클린 브리지 파크 Brooklyn Bridge Park

로어 맨해튼과 브루클린 브리지의 아름다운 풍경이 펼쳐지는 곳으로 종종 웨딩 촬영지로 이용될 만큼 배경이 예쁘다. P.365

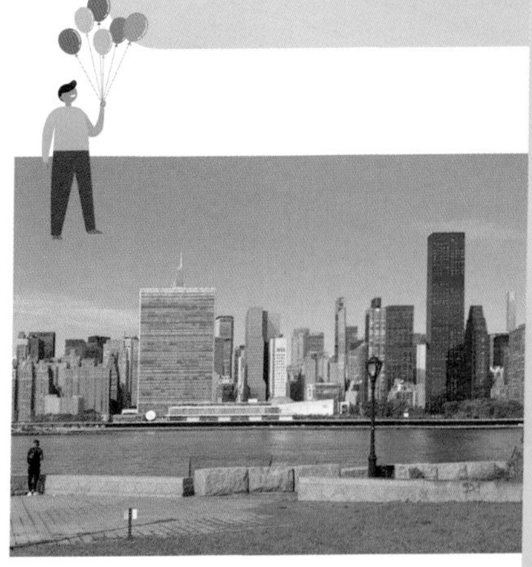

갠트리 플라자 스테이트 파크
Gantry Plaza State Park

선착장이 두 개나 있음에도 출퇴근 시간을 제외하면 그리 복잡하지 않은 공원이다. 애완견과 아이들이 많은 안전한 곳이다. P.385

뉴욕의 일상을 즐기는 방법, 걷기 좋은 동네

미트패킹 Meatpacking District
작은 구역에 상점과 카페가 밀집되어 있으며 공중 공원인 하이라인과도 이어진다. P.258

뉴욕은 걷는 도시다. 복잡한 거리에도 노천카페가 이어지고 무심해 보이는 빌딩숲 아래에도 아기자기한 상점들이 자리한다. 도시 감성이 느껴지는 세련된 풍경 뒤에는 이와 대조되는 과거의 모습이 남아 있어 운치를 더한다. 대중교통도 잘 연결되어 쉽게 찾아갈 수 있다. 오늘도 걷고, 또 걷자.

소호 Soho
오래된 주철 건물 안에 고급 부티크와 명품숍이 빼곡이 들어있는 생경한 풍경이 펼쳐진다.
P.212

윌리엄스버그 Williamsburg

제2의 소호가 되어가고 있는 동네. 맛집과 상점이 이어지고 이스트강변과도 만난다. P.372

웨스트 빌리지 West Village

나무가 우거진 브라운스톤의 주택가 사이로 맛집과 상점들이 숨어 있다. P.226

도시의 소음 탈출!

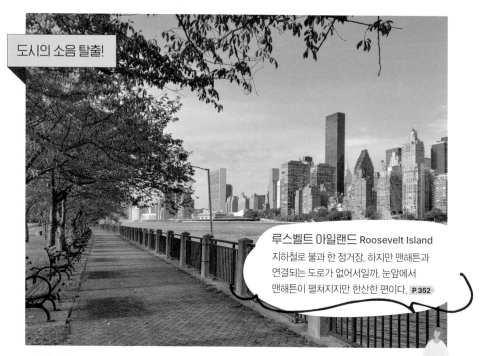

루스벨트 아일랜드 Roosevelt Island

지하철로 불과 한 정거장. 하지만 맨해튼과 연결되는 도로가 없어서일까. 눈앞에서 맨해튼이 펼쳐지지만 한산한 편이다. P.352

도심의 경적 소리가 멀어져야 진정한 힐링이 가능하다면 바로 이곳이다.
맨해튼과 아주 가깝지만 외딴 섬 두 곳과 실제로 도심에서 멀리 떨어진 두 곳을 소개한다.

거버너스 아일랜드 Governors Island

맨해튼에서 브루클린보다도 더 가까운 섬이지만 페리를 타야만 갈 수 있다 보니 한여름 성수기를 제외하면 늘 한산하다.

P.194

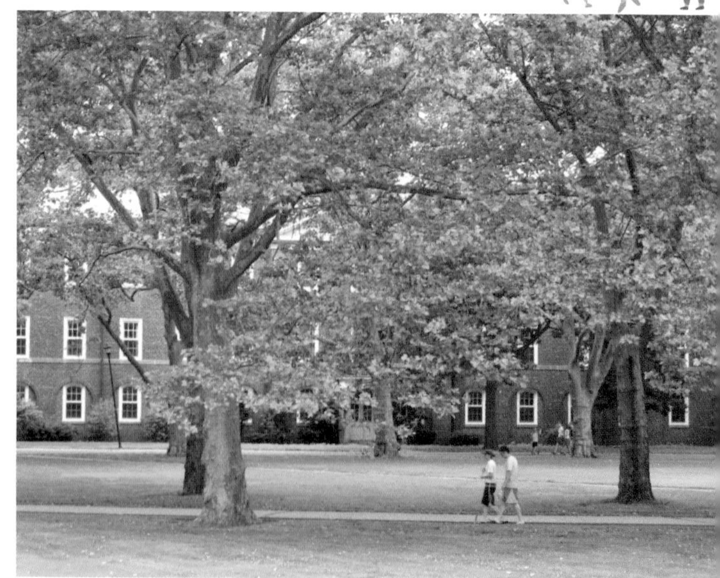

포트 트라이언 파크 Fort Tryon Park

맨해튼섬 북쪽 끝자락의 클로이스터스 수도원을 둘러싼 공원이다. 높은 부지에 자리해 허드슨강을 내려다볼 수 있다. P.359

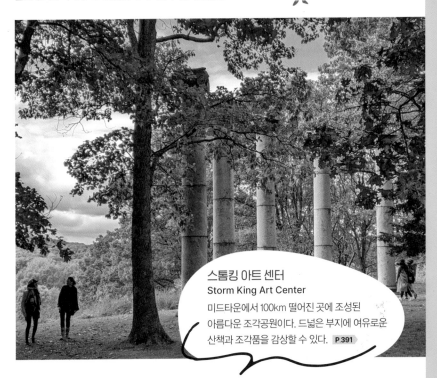

스톰킹 아트 센터 Storm King Art Center

미드타운에서 100km 떨어진 곳에 조성된 아름다운 조각공원이다. 드넓은 부지에 여유로운 산책과 조각품을 감상할 수 있다. P.391

도시 재생 프로젝트로 재탄생한 곳들

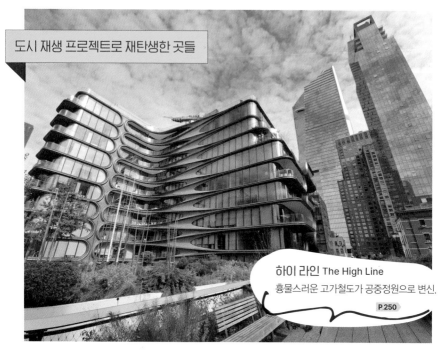

하이 라인 The High Line

흉물스러운 고가철도가 공중정원으로 변신.

P.250

뉴욕의 또 다른 매력은 도시 재생으로 탄생한 공간들이다. 낙후된 지역의 시설을 파괴하기보다 재생하는 방식으로 도시에 새로운 활력을 불어넣는 것이다. 자본의 논리로는 설명되지 않는 것 같지만 눈에 보이지 않는 가치를 창출해 내고 있다.

리틀 아일랜드 Little Island

재생 지역을 돋보이게 해주는 인공섬. P.250

첼시 마켓 Chelsea Market

100년이 넘은 과자 공장이 맛집 가득한 마켓으로 재탄생했다.

P.254

도미노 파크 Domino Park

설탕 공장의 변신으로 탄생한 브루클린의 휴식 공간. P.372

덤보 Dumbo

하역장과 창고지대가 전망 좋은 맛집과 갤러리, 공연장으로 채워지고 있다.

P.364

커피향 넘치는 사색의 공간

모든 것을 온라인으로 사고파는 지금, 모든 정보가 디지털화되어가는 지금, 첨단을 달리는 뉴욕의 방구석에는 아직도 묵은 종이 책장을 넘기며 커피를 마시는 공간이 있다. 그리고 예전의 살롱문화처럼 함께 책이야기를 하려고 모여드는 사람들이 있다. 아마존이 밀어낸 서점들은 이제 북카페의 모습으로 돌아온다.

맥널리 잭슨
McNally Jackson

오프라인 서점들이 문을 닫던 시기에 독자와의 소통을 강조하며 문을 연 독립서점이다. 지점이 4개나 있으며 진한 커피도 인기다. P.374

하우징 워크스
Housing Works

소호 끝자락에 위치한 이곳은 문을 여는 순간 진한 커피향이 느껴지며 레트로 감성의 묵은 책장들이 인상적이다. P.218

파워하우스 아레나 Powerhouse Arena

커다란 아치형 창문으로 햇살이 쏟아지는 이곳은 다양한 행사가 열리는 독립서점이다. 메자닌층에 카페가 있다. P.367

반스 앤 노블 Barnes & Noble

아마존의 공격으로 무수한 서점들이 문을 닫았지만 끝까지 살아남은 대형 서점으로 스타벅스와 제휴하고 있다. P.268

리졸리 북스토어 Rizzoli Bookstore

아름다운 천장과 샹들리에가 인상적인 이곳은 작가와 함께하는 토론회와 다양한 북이벤트로 잘 알려진 오래된 서점이다. 맵북 P.12-B1

알베르탱 Albertine

100년이 넘은 이탈리안 르네상스 건물에 자리한 서점으로 같은 건물에 프랑스 문화원이 있으며 미국에서 프랑스어 책이 가장 많은 곳이다. 맵북 P.17-B2

맛있는 뉴욕
Eating in New York

뉴욕 대표 음식
파인 다이닝
브런치 카페
스페셜 플레이스
푸드홀
패스트푸드

뉴욕 대표 음식

뉴욕은 세계의 식탁이라 불릴 만큼 전 세계의 산해진미가 모두 모인 곳이다. 최고의 셰프들이 최고의 음식과 서비스를 선보이기도 하지만 길거리에서 $1짜리 피자도 맛있게 먹을 수 있는 곳이 바로 뉴욕이다. 무수한 메뉴 중에서도 특히 뉴욕을 대표하는, 너무나 뉴욕적인 음식을 소개한다.

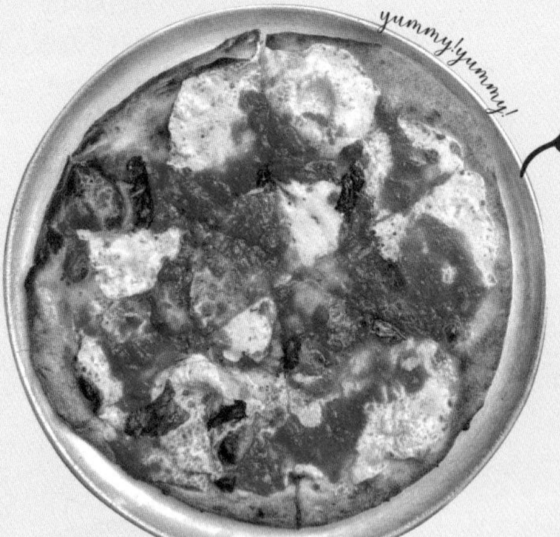

yummy! yummy!

피자의 재탄생 **뉴욕 피자**

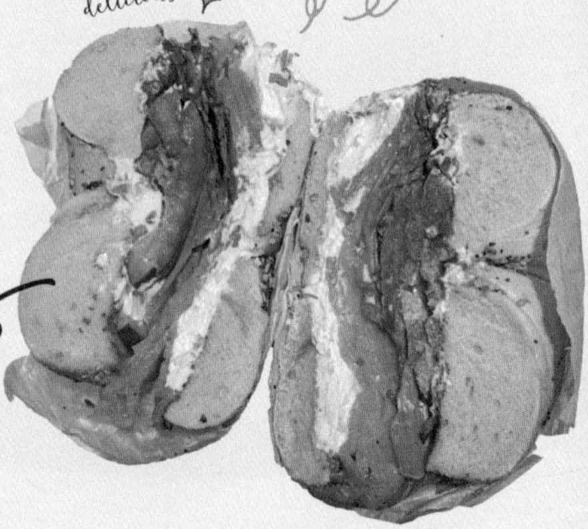

delicious!

바쁜 뉴요커의 아침식사 **베이글**

원조보다 진한 맛의 **뉴욕 치즈케이크**

뉴욕에서 탄생한 최고의 브런치 **에그 베네딕트**

정통 스테이크하우스에서 즐기는 완벽한 **스테이크**

화려함 뒤에 달콤함이 가득 **컵케이크**

뉴욕에서 즐기는 **스페셜 디저트**

전 세계 최고의 커피가 모이는 도시 뉴욕 **스페셜티 커피**

피자의 재탄생, 뉴욕 피자 New York Pizza

뉴욕에 이탈리아 이민자들이 대거 유입된 20세기 초반 미국에도 피자가 생겨났다. 하지만 장작을 사용했던 이탈리아와 달리, 산업화 시대였던 당시 뉴욕에서는 석탄을 사용했다. 그만큼 온도가 높아 더 바삭한 식감의 뉴욕 피자가 탄생했다. 이제는 환경규제로 기존에 석탄을 썼던 가게들은 무연탄을 사용하고 있다. 가스 오븐이나 장작 화덕과는 다른 뉴욕 특유의 화덕피자를 꼭 맛보자!

추천! 뉴욕 피자집

롬바르디스 Lombardi's

1905년 오픈해 가장 오랜 역사를 자랑하는 곳으로 '1905'가 새겨진 화덕에서 무연탄으로 얇고 바삭하게 구워내는 피자 맛이 일품이다. P.220

존스 오브 블리커 스트리트 John's of Bleecker St

그리니치 빌리지에서 100년 가까이 터줏대감 역할을 하고 있는 피자집으로 역시 벽돌로 된 화덕에서 무연탄으로 구워내 제대로 된 뉴욕 피자를 즐길 수 있다. P.230

yummy! yummy!

줄리아나스 Juliana's

피자 장인 팻시 그리말디가 자신의 오래된 피자집 그리말디스를 팔고 은퇴 후에 옛날 화덕이 있는 건물로 돌아와 오픈한 가게다. P.368

그리말디스 Grimaldi's

줄리아나스와 서로 원조임을 주장하는 곳으로 그리말디스 피자를 인수해 바로 옆 큰 건물로 이전했다. 줄리아나스와 여러 면에서 비슷하다. P.368

Tip 가성비 피자집

명성이 높은 피자집들은 그만큼 대기 시간이 매우 길어서 여행자들에게는 아쉽다. 더 쉽게 접근할 수 있는 셀프서비스 체인점은 가격까지 저렴해 가성비가 뛰어나다. 길거리 1달러 피자, 99센트 피자집도 저렴하게 끼니를 때울 수 있는 곳이다.

조스 피자 Joe's Pizza

얇고 큰 조각 피자를 짧은 시간에 덥혀주어 빠르고 간단하게 식사할 수 있는 곳으로 빌리지에 처음 오픈해 지점이 많아졌다. P.199

레이스 피자 Ray's Pizza

원조 레이는 문을 닫았고 특허를 내지 않았던 탓에 수많은 레이 피자집이 있다. 무난한 가성비 맛집은 페이머스 오리지널 레이스 피자(Famous Original Ray's Pizza)로 맨해튼에 5곳이 있으며 밤늦게까지 영업해 편리하다.

delicious!

바쁜 뉴요커의 아침식사, 베이글 Bagel

20세기 전후에 폴란드계 유대인들이 뉴욕에 밀려들면서 전해진 베이글은 일반 빵보다 밀도가 높아서 하나만 먹어도 꽤 든든하다. 이른 아침 출근길, 커피 한 잔과 베이글이 들어 있는 갈색 봉투를 들고 바쁘게 걸어가는 뉴요커의 모습은 흔히 볼 수 있는 광경이다. 그만큼 베이글은 뉴요커들의 아침을 책임지고 있다. 간단한 크림치즈부터 연어가 들어간 푸짐한 샌드위치까지 그 종류도 다양하다.

추천! 뉴욕 베이글 가게

가스페노바 훈제연어가 있는 클래식 보드

러스 앤 도터스 카페 Russ & Daughters Café

유대인 이민자들이 시작한 오래된 베이글 전문점으로 카페에서 여유 있게 앉아서 즐길 수 있다. 보드에 나오는 오픈 샌드위치가 인기다. P.243

연어와 케이퍼스, 토마토에 쪽파가 들어간 크림치즈 시그니처 페이버릿(Signature Favorite)

에사 베이글 Ess-a-Bagel

미드타운 이스트 3번가에 아침 출근길부터 긴 대기줄을 만들었던 곳으로 이제는 지점이 많아져 다양한 크림치즈를 쉽게 맛볼 수 있다.

크림치즈와 연어의 궁합이 좋은 점심식사

머레이스 베이글스
Murray's Bagels

빌리지에 자리한 유명 베이글집으로 파란색 줄무늬 차양이 드리운 작은 가게 앞에 항상 긴 줄이 서 있다. 맵북 P.9-C1

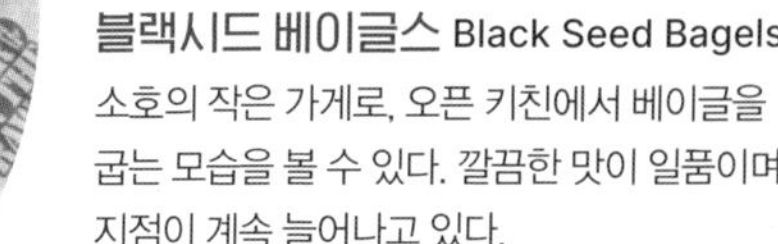

달걀과 토마토가 들어간 든든한 아침식사

블랙시드 베이글스 Black Seed Bagels

소호의 작은 가게로, 오픈 키친에서 베이글을 굽는 모습을 볼 수 있다. 깔끔한 맛이 일품이며 지점이 계속 늘어나고 있다.

브로드 노쉬 베이글스
Broad Nosh Bagels

오래된 브랜드는 아니지만 현지인들이 많이 찾는 깔끔한 베이글 가게다. 어퍼 맨해튼에 처음 오픈해 인기를 끌면서 타임스퀘어 근처에도 지점을 열었다. 베이글과 크림치즈 종류도 다양하고 듬뿍 발라주는 푸짐함과 신선한 재료로 인기다.

정통 스테이크하우스에서 즐기는 완벽한 스테이크 Steak

미국인들의 고기 사랑은 못 말릴 정도다. 그만큼 미국 어디에서든 질 좋고 두툼한 스테이크를 맛볼 수 있다. 특히 전 세계 부가 집중된 뉴욕에서는 최상급 고기를 최적의 온도와 시간으로 숙성시켜 가장 맛있게 굽는 방법을 연구하고 또 연구해 최고의 서비스로 제공하는 스테이크하우스가 발달했다.

추천! 뉴욕 스테이크하우스

안심과 채끝살을 모두 맛볼 수 있는 포터하우스

피터 루거 스테이크 하우스 Peter Luger Steak House

뉴욕 스테이크 맛집에서 빠지지 않는 곳으로 오래된 역사와 명성이 이를 증명한다. 브루클린의 외진 곳에 위치한 것이 단점이다. P.378

킨스 스테이크하우스 Keens Steakhouse

맨해튼 미드타운 중심에 위치한 편리함, 그리고 서비스, 가격 모든 면에서 무난하다. 오래된 19세기 모습을 그대로 간직하고 있으며 재미있는 유품도 많다. P.286

포터하우스는 저녁 메뉴만 가능

울프강스 스테이크하우스 Wolfgang's Steakhouse

피터 루거에서 40년 경력을 쌓은 울프강 츠비너가 좀 더 고급스러운 버전으로 만든 곳이다. 맨해튼에 지점이 5개나 있어 접근성이 좋다. P.314

올드 홈스테드 스테이크하우스 Old Homestead Steakhouse

1868년에 오픈해 지금까지 영업을 이어온 곳으로 가장 오랜 역사를 자랑하는 스테이크하우스다. 장소 역시 과거 푸줏간들이 모여 있던 미트패킹 디스트릭트에 있다. P.262

Tip 스테이크 부위별 명칭

- **필레 미뇽**(Filet Mignon) 안심 중에 가장 끝쪽에 있어 부드럽지만 양이 적다.
- **서로인**(Sirloin) 등심 부위로 안심보다 질기지만 안심 쪽에 붙어 있는 탑 서로인(Top Sirloin)은 부드러운 편이다.
- **뉴욕 스트립**(New York Strip) 적당한 마블링에 쫄깃한 식감의 숏로인(Shortloin; 허릿살)이다.
- **티본**(T-bone) T자 모양의 뼈 양쪽으로 안심과 등심이 붙어있어 골고루 맛볼 수 있다.
- **포터하우스**(Porterhouse) 티본 중에 안심 부위가 1.25인치 이상 되는 것이다.
- **립아이**(Ribeye) 최상급 등심인 꽃등심으로 마블링이 좋아 고소하다.

뉴욕에서 탄생한 최고의 브런치, 에그 베네딕트 Egg Benedict

브런치 메뉴의 상징처럼 되어버린 에그 베네딕트는 그 기원에 대해서는 분분하지만 모두 뉴욕을 배경으로 하고 있음에는 틀림이 없다. 요새는 여러 재료로 다양하게 변형되었지만 기본적으로는 두 개의 구운 잉글리시 머핀에 햄이나 베이컨을 올리고 그 위에 수란을 올려 홀랜다이즈 소스를 뿌린 것이다. 고소한 고단백 음식으로 샐러드까지 곁들이면 완벽한 식사가 된다.

추천! 뉴욕 에그 베네딕트 맛집

타르틴 Tartine

웨스트 빌리지의 한적한 주택가에 자리한 브런치 맛집으로 에그 베네딕트가 특히 인기다. 사이드를 선택할 수 있으며 가격도 좋아서 항상 붐빈다. P.228

사이드를 감자 대신 샐러드로 선택할 수도 있다

카페 모가도르 Café Mogador

주말 브런치 메뉴인 모로칸 베네딕트는 기존의 에그 베네딕트를 중동 스타일로 재해석한 것인데 매콤해서 우리 입에 잘 맞는다. P.241

모로코 스타일의 매콤 소스

햄과 홀랜다이즈소스의 정통 에그베네딕트

사라베스 Sarabeth's

에그 베네딕트를 얘기하면서 이 집을 빼놓을 수는 없다. 국내에도 잘 알려진 뉴욕의 유명한 브런치 맛집으로 미디어에도 종종 나온다. P.306

줄리엣 Juliette

윌리엄스버그의 프렌치 맛집으로 주말 브런치 역시 유명하다. 오래된 프랑스 카페 분위기에 그린하우스처럼 싱그러운 초록이 가득하다. P.379

원조보다 진한 맛의 뉴욕 치즈케이크
New York Cheesecake 

치즈케이크의 역사는 고대 그리스까지 거슬러 올라가지만 우리가 즐겨 먹는 연노란색의 부드러운 질감은 19세기 말 뉴욕에서 시작됐다. 그리고 미국 여러 지역에서 바닥에 비스킷이 깔려 있는 형태로 발전했다. 뉴욕 치즈케이크의 가장 큰 특징은 밀도가 높은 진하고 풍부한 맛으로, 일반 치즈케이크보다 덜 달고 치즈의 고소하고 짠맛이 느껴진다.

추천! 뉴욕 치즈케이크 맛집

베니에로스 Veniero's

진하면서도 담백한 맛의 정통 뉴욕 치즈케이크를 제대로 맛볼 수 있는 곳이다. 고소하다 못해 짠맛이 느껴지는 치즈케이크와 달콤함이 더해진 스트로베리 치즈케이크가 인기다. P.241

아일린스 스페셜 치즈케이크 Eileen's Special Cheesecake

좌석조차 없는 아주 작은 가게지만 포장해 가려는 사람들로 줄을 서는 이곳은 진한 치즈와 다양한 토핑의 미니 케이크들로 가득하다. 스트로베리와 솔티드 캐러멜이 인기다. P.220

주니어스 Junior's

레스토랑과 베이커리가 모두 잘 알려진 체인점으로 브루클린에서 탄생했다. 보다 대중적인 맛으로 토핑은 단맛이 강해서 베이직 치즈케이크를 권한다. P.315

화려함 뒤에 달콤함이 가득! 컵케이크 Cupcake

먹기 아까울 만큼 컬러풀하고 귀여운 컵케이크는 가끔 단맛이 부담스럽게 느껴지기도 하지만 아메리카노와의 궁합을 견딜 수가 없다. 양보다 질로 승부하는 한입 쏙 케이크부터 적당한 비율의 아이싱으로 촉촉함을 더하는 미니케이크까지 한 번쯤은 맛봐야 할 컵케이크를 모았다.

추천! 뉴욕 컵케이크 맛집

몰리스 컵케이크스 Molly's Cupcakes

그리니치 빌리지의 노란 입구가 인상적인 이곳은 지나치게 달지 않은 깔끔한 맛으로 사랑받는 곳이다. 보기에도 맛있어 보이는 크렘브륄레와 초콜릿이 특히 인기다. P.231

베이크드 바이 멜리사 Baked by Melissa

이렇게 앙증맞은 케이크가 있을까? 한입에 쏙 들어가는 것도 모자라 알록달록한 화려함이 보는 것뿐만 아니라 다양한 맛까지 만족시킨다.

매그놀리아 Magnolia

드라마를 통해 이미 잘 알려진 유명한 베이커리로 뉴욕 곳곳에 지점이 있다. 적당한 달콤함으로 항상 많은 사람이 찾는다. 레드 벨벳이 가장 인기다.

P.228

뉴욕에서 즐기는 스페셜 디저트 Special Dessert

먹거리의 천국 뉴욕에는 미식가들을 유혹하는 수많은 디저트가 끊임없이 발명되고 있다. 또한 다민족이 모여 사는 이민자들의 도시로 수많은 문화적 뿌리를 가진 디저트들이 날마다 진화하고 있다. 더 많은 사람들의 기호에 맞게 변화하고 발전하며 새로운 모습으로 탄생하는 현장이다.

크로넛 Cronut

크루아상의 변신은 무죄! 크루아상과 도넛의 장점만을 살려낸 새로운 음식으로 꼭 한 번 도전해 보자.

[추천 맛집] 도미니크 앙셀 베이커리 Dominique Ansel Bakery
유명한 파티시에 도미니크 앙셀이 오픈한 곳으로 크루아상(Croissant)과 도넛(Doughnut)을 합친 '크로넛(Cronut)'을 발명했다. 레몬을 사용해 생각보다 달지 않고 맛있다. P.221

크러핀 Cruffin

우리나라에서 한때 크루아상(Croissant)과 와플(Waffle)을 합친 크로플(Croffle)이 유행이었는데, 이번에는 크루아상과 머핀(Muffin)의 결합이 등장했다.

[추천 맛집] 슈퍼문 베이크하우스 Supermoon Bakehouse
머핀의 퍽퍽함을 크루아상의 레이어로 극복했다. 초콜릿이 얹혀진 초코 크러핀이 인기다. P.242

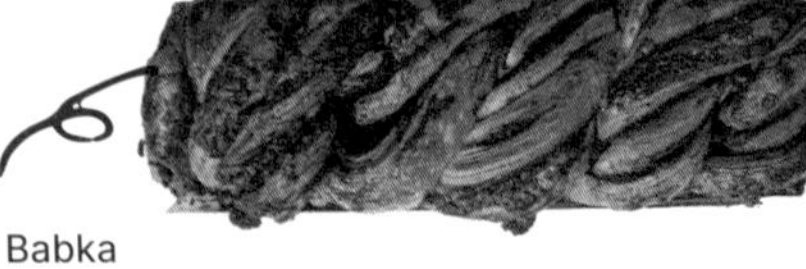

밥카 Babka

동유럽 유대인들에게서 전해진 빵으로 뉴욕에서는 더욱 맛있는 간식으로 진화했다.

[추천 맛집] 브레즈 베이커리 Breads Bakery
이제 뉴욕의 음식이 되어버린 초콜릿 밥카를 제대로 맛볼 수 있는 곳이다. 재료를 듬뿍 넣어 진하고 쫀득한 맛이 일품이다.

쿠키 Cookie

국내에서도 유행을 휩쓸었던 바로 그 르뱅쿠키는 뉴욕의 르뱅 베이커리에서 처음 만들어 유명해졌다. 일반 쿠키보다 두툼하고 촉촉한 식감을 가졌다.

[추천 맛집] 르뱅 베이커리 Levain Bakery
뉴욕에 여러 곳의 체인을 두고 있어 어렵지 않게 찾을 수 있다. 커피와 잘 어울린다. P.329

도넛 Doughnut

진한 커피와 잘 어울리는 달달한 도넛은 항상 즐거운 간식거리다. 입맛 까다로운 뉴요커들을 사로잡은 스페셜 도넛을 즐겨보자.

[추천 맛집] 마제다 베이커리 Mah-Ze-Dahr Bakery
깔끔한 분위기만큼이나 깔끔한 맛의 브리오슈 도넛이 인기다.
P.232

젤라토 Gelato

미국인이 가장 좋아하는 디저트 1위는 아이스크림이라고 한다. 이탈리아에서 탄생한 젤라토는 아이스크림보다 쫀득하고 밀도 높은 맛으로 입안을 행복하게 한다.

[추천 맛집] 젤라테리아 젠타일 Gelateria Gentile
상큼함 가득한 젤라토 맛집으로 맨해튼과 브루클린에 여러 체인이 있다.

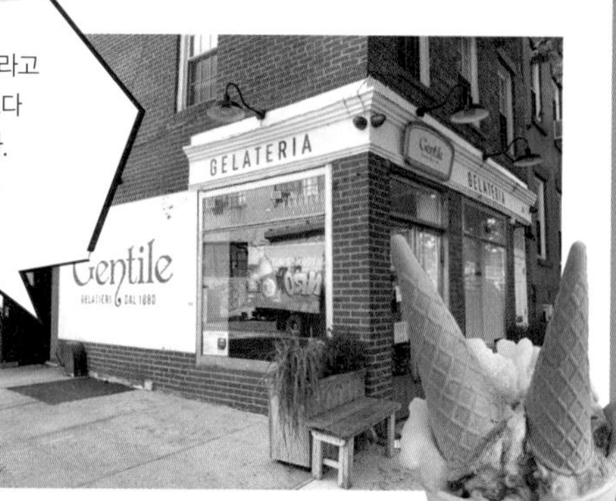

할바 Halva

중동에서 먹는 디저트로 견과류, 꿀, 버터 등으로 만들어 고소하고 달달하다.

[추천 맛집] 시드 앤 밀 Seed + Mill
첼시마켓 안에 자리한 작은 가게로 다양한 종류의 할바를 판다. 참깨를 갈아 만든 타히니(Tahini) 아이스크림도 있다. P.255

최고의 커피가 모이는 도시 뉴욕, 스페셜티 커피 Specialty Coffee

전 세계 최고의 커피가 모이는 도시 뉴욕. 생두의 품질과 원산지 정보, 정성스러운 로스팅과 추출로 고유의 풍미를 지닌 스페셜티 커피가 유행하면서 훌륭한 커피가 너무나도 많아졌다. 전 세계 커피의 10%도 되지 않는 스페셜티 커피가 세계에서 가장 부유한 도시 뉴욕에 많은 것은 너무나도 당연하다.

추천! 뉴욕 스페셜티 커피 맛집

스타벅스 리저브 로스터리 Starbucks Reserve Roastery

스타벅스가 시애틀 본사에 이어 두 번째로 문을 연 곳이 바로 뉴욕의 첼시. 스페셜티 커피의 유행에 스타벅스가 절치부심해서 탄생시킨 리저브 매장에 이어 로스팅 과정까지 직접 보여주는 대형 로스터리 매장이다. P.260

데보시온 Devoción

콜롬비아에서 공정무역을 통해 사들인 커피빈을 브루클린으로 공수해 직접 로스팅하는 곳으로 원산지에서 카페까지 단 10일밖에 걸리지 않는 신선함을 자랑한다. 창문 너머 로스팅이 보이는 브루클린점이 원조이며 맨해튼에도 지점이 있다. P.379

블루스톤 레인 Bluestone Lane

스페셜티 커피가 발달한 오스트레일리아의 멜버른에서 영감을 받아 맛과 분위기 모두 '오지(Aussie) 스타일'을 추구하는 곳이다. 뉴욕에 지점이 많으며 파란 로고가 인상적이다. 진한 플랫 화이트가 특히 유명하다. P.248

조 커피 컴퍼니 Joe Coffee Company

전국에서 모여든 유명한 스페셜티 커피 체인들 사이에서 뉴욕의 자존심을 지켜주는 곳이다. 영어로 커피 한 잔을 뜻하는 '컵 오브 조(Cup of Joe)'를 연상시키는데 창업자의 이름 역시 조다. 뉴욕에 수십 곳의 지점이 있다.

커피 프로젝트 뉴욕 Coffee Project NY

까다롭게 엄선한 생두를 공정무역을 통해 들여오는 이곳은 커피에 진심이다. 로스팅과 바리스타 교육에서도 인정받은 곳이다. P.240

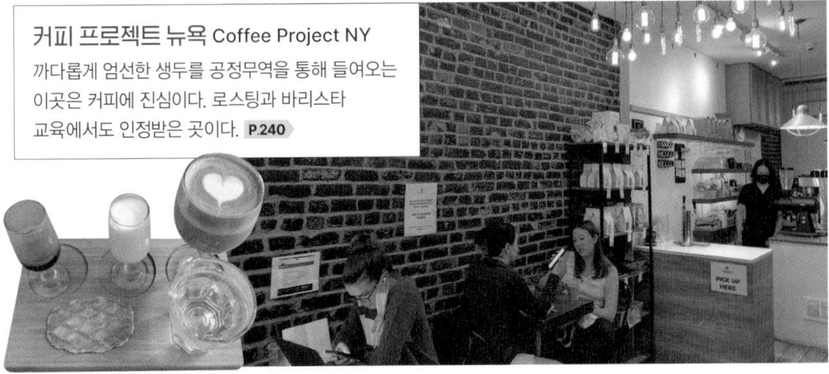

이곳의 시그니처 메뉴인 디컨스트럭티드 라테(Deconstructed Latte)는 라테를 해체시켜 에스프레소와 스팀우유를 먼저 맛보고 탄산수로 입안을 정리한 뒤 라테를 마신다.

블루 보틀 Blue Bottle Coffee

한국에 요란하게 입점하면서 유명세를 탄 스페셜티 커피 브랜드의 대명사. 귀여운 로고에 산미 넘치는 진한 향의 커피가 일품이다. P.248

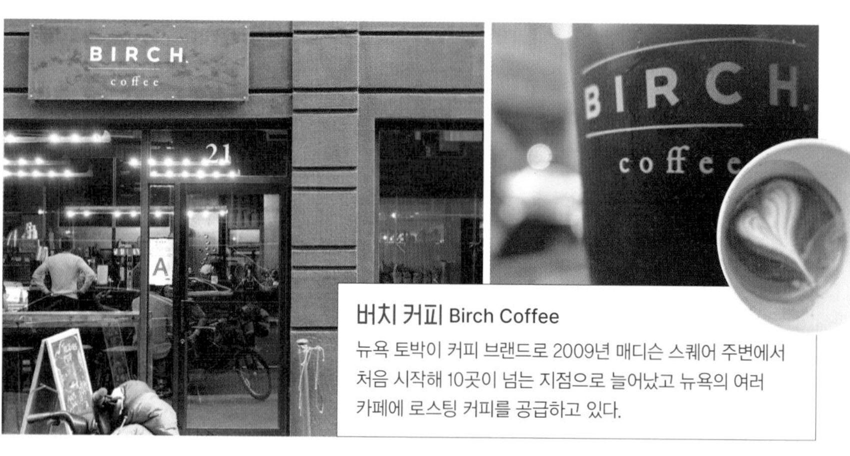

버치 커피 Birch Coffee

뉴욕 토박이 커피 브랜드로 2009년 매디슨 스퀘어 주변에서 처음 시작해 10곳이 넘는 지점으로 늘어났고 뉴욕의 여러 카페에 로스팅 커피를 공급하고 있다.

라 콜롬브 커피 로스터스 La Colombe Coffee Roasters

스페셜티 커피가 유행하기 전인 1994년에 필라델피아에서 처음 오픈한 이곳은 지점이 계속 늘어나고 있다. 콜롬브(비둘기)가 그려진 예쁜 잔에 마시는 진한 라테와 콜드 브루 모두 인기다.

싱크 커피 Think Coffee

공정무역을 통해 들여온 원두로 만든 커피에 착한 이미지까지 더해지며 인기를 누리는 곳이다. 여러 지점이 있지만 특히 뉴욕대 부근 매장은 규모도 크고 편안한 분위기다.

랄프스 커피 Ralph's Coffee

중남미와 아프리카의 유기농 생두를 라 콜롬브에서 로스팅해 사용하는 곳으로 초록색 로고가 인상적이다. 랄프 로렌의 의지가 담긴 커피로 카페의 분위기도 랄프 로렌과 잘 어울린다.

인텔리겐차 커피 Intelligentsia Coffee

1995년 시카고에 처음 문을 열어 명성을 쌓은 브랜드로 하이라인 호텔에 자리해 아늑한 실내 공간과 아담한 정원이 인상적이다. P.263

뉴욕 파인 다이닝

어느 분야에서든 최고가 모이는 뉴욕이기에, 세계적인 스타 셰프가 정성스레 차려내는 최고의 정찬을 경험하기 좋은 곳이 바로 뉴욕이다. 별 하나도 쉽지 않은 미슐랭 스타 레스토랑이 뉴욕에는 코로나 팬데믹 이후 더욱 늘어나 70곳이 넘는다. 오히려 너무 많아서 고르기가 힘들다. 오랜 시간 꾸준히 높은 평가를 받아온 레스토랑은 그만큼 검증된 곳이니 한 번쯤 지갑을 열어보자.

르 버나댄 Le Bernardin ★★★

수많은 수상 경력이 말해주듯 모든 사람들이 좋아하는 프렌치 시푸드 레스토랑으로 가장 예약하기 어려운 곳으로도 꼽힌다. 시푸드의 성지라 불릴 만큼 생선을 잘 다루는 에릭 리페르(Eric Ripert)의 훌륭한 요리를 맛볼 수 있다. P.306

대니얼 Daniel ★★

최고의 셰프이자 요식 사업가인 대니얼 불뤼(Daniel Boulud)의 대표 레스토랑이다. 어퍼 이스트의 조용한 주택가에 자리하며 분위기도 중후하다. 고급스러운 프렌치 코스에 드레스코드도 까다로운 편. P.351

일레븐 매디슨 Eleven Madison Park ★★★

매디슨 스퀘어 파크 바로 옆에 자리한 레스토랑으로 높은 천장에 낮에는 햇살이 들며 저녁에는 부드러운 조명이 가득하다. 르 버나댄과 함께 가장 예약이 어려운 곳으로 꼽힌다. 대니얼 흄(Daniel Humm)의 창조적인 메뉴가 색다른 경험을 선사한다. P.275

장 조지 Jean-Georges ★★

콜럼버스 서클에 자리한 이곳은 밝고 경쾌한 분위기로 여행자들이 선호하는 곳이다. 세계적인 셰프이자 요식업자로 퓨전요리에 강한 장 조지(Jean Georges)는 한국계 아내와 함께 한국음식 기행 다큐를 찍기도 했다. P.328

레스토랑 이용 가이드

예약

맛집 경쟁이 치열한 뉴욕에서 대기 시간을 줄이려면 예약은 필수다. 특히 고급 레스토랑은 예약하지 않으면 입장이 어려운 곳이 대부분이며 일찍 예약하지 않으면 자리가 없는 경우가 많다. 성수기 주말이라면 더욱 그렇다. 보통은 2~3주 전에 가능하지만 스타 셰프의 미슐랭 식당이라면 1~3개월 전에 예약해야 할 정도로 붐빈다.

예약은 인터넷이나 애플리케이션으로 쉽게 할 수 있다. 원하는 식당과 날짜 시간을 선택하면 된다. 레스토랑 홈페이지에서 예약이 가능한 곳도 있지만 대부분은 예약 사이트로 연결된다. 예약 시 가끔 보증금을 걸어야 하는 곳도 있는데, 노쇼(no show; 가지 않은 경우) 시에는 돌려받지 못한다. 취소나 변경은 레스토랑마다 규정이 다르니 확인하는 것이 좋다.

드레스 코드

반바지, 슬리퍼 등 심한 경우를 제외하면 입장 가능하며 재킷을 빌려주는 곳도 있다. 정장이 아니라도 단정한 차림이어야 그에 합당한 대우를 받는다. 보통 여성보다 남성이 좀 더 까다로워서 재킷을 권한다.

메뉴

파인 다이닝은 코스로 나오는 테이스팅 메뉴가 무난하다. 보통 런치는 3~5코스, 디너는 20코스까지도 있어서 그만큼 가격 차가 있다. 여러 명이 함께 간다면 아라카테(A La Carte; 단품 메뉴)를 여러 가지 시켜서 나누어 먹는 것도 괜찮다.

주문

먼저 음료나 와인 등을 주문한다. 물은 무료로 주는 곳도 있지만 생수나 식수를 비싸게 팔기도 한다. 음료를 먼저 마시면서 천천히 메뉴를 골라도 된다. 메뉴에 대해서는 서버에게 질문하면 자세히 설명해 준다. 코스 메뉴 안에서도 옵션이나 추가 메뉴가 있을 수 있다. 코스가 아닌 경우 식사 후 디저트 메뉴가 따로 있다.

예약 애플리케이션

가장 많이 이용하는 것은 레시(Resy)와 오픈테이블(Open Table)이다. 하지만 가끔 식당 홈페이지나 특정 예약 플랫폼만 가능한 경우도 있다. 애플리케이션을 다운받아 사용하면 알림 기능이 있어 편리하다.

레시
Resy

오픈테이블
Opentable

결제

❶ 계산은 자리에 앉아서 하기 때문에 서버에게 계산서를 달라고 한다. "(Could I get the) bill please?" 고급 레스토랑은 서버가 수시로 체크하지만 그렇지 않은 경우 서버를 부를 때 소리치지 말고 손을 들어 표시한다.

❷ 계산서를 갖다 주면 내용을 확인하고 결제 카드를 준다. 잠시 후 카드와 영수증을 2장 갖다 준다. 1장은 보관용(Customer Copy), 1장은 제출용(Merchant Copy)이다.

❸ 제출용 영수증에 팁과 총액을 적고 서명한 뒤 두고 나온다. 서버가 결제기를 가져온 경우에는 팁 선택 버튼을 누르거나 직접 입력한다.

팁 Tip / Gratuity

고급 레스토랑은 서비스가 좋은 편이라 그만큼 팁에 대한 기대도 크다. 뉴욕은 다른 도시보다도 팁이 높아서 보통 (세금을 제외한) 음식값에 18~25% 정도 준다. 이미 포함된 경우도 있으니 영수증을 확인하자.

Tip 레스토랑 위크 Restaurant Week

매년 여름과 겨울, 3~4주간 진행되는 레스토랑 할인 행사다. 수백 곳의 레스토랑이 참여하는데 평소 부담스러운 고급 레스토랑도 많이 참여해 저렴하게 가볼 수 있는 좋은 기회다. 가격은 $30~60, 메뉴는 대부분 간단한 3코스 메뉴다. 행사 시작 1~2주 전부터 참여 레스토랑과 메뉴, 가격을 볼 수 있고 예약이 가능하다. 인기 식당은 예약 시작과 동시에 마감되기도 하니 서둘러야 한다. 여름이 성수기라 훨씬 복잡하지만 겨울에도 뮤지컬 할인 행사인 브로드웨이 위크와 겹쳐서 꽤 많은 사람이 몰린다.

홈페이지 nycgo.com/restaurantweek

뉴욕 브런치 카페

바쁜 일정이라도 하루 정도는 늦잠을 자고 일어나 햇살 좋은 노천 카페에서 커피와 함께 맛있는 브런치를 먹는 것. 생각만 해도 즐거운 여행의 로망이다. 그만큼 브런치는 여유가 묻어나는 단어다. 바쁜 뉴욕에서도 주말 브런치 카페의 풍경은 평화롭다. 편안하게 찾아갈 만한 브런치 카페들을 모았다.

마망 Maman

소호의 작은 카페로 시작해 향긋한 커피와 맛있는 쿠키, 그리고 브런치 메뉴로 인기 있는 카페다. 남프랑스 분위기가 느껴지는 러스틱한 화이트톤과 꽃들로 장식되어 아늑함을 더한다. P.219

선데이 인 브루클린 Sunday In Brooklyn

나른한 영화의 제목 같은 이곳은 평일에 한산한 윌리엄스버그 남쪽에 자리하지만 주말이면 긴 대기줄로 북적인다. 베스트 브런치에 종종 언급되는 맛집으로 분위기도 편안하다. P.378

파이브 리브스 Five Leaves

윌리엄스버그와 그린포인트의 경계가 되는 매캐런 공원 바로 옆에 자리한 브런치 맛집이다. 주말이면 주변에 벼룩시장이 들어서며 더욱 활기를 띤다. P.381

부베트 뉴욕 Buvette New York

빌리지의 한적한 골목길에 자리한 이곳은 프렌치 스타일의 브런치 카페다. 가장 최근 오픈한 서울 지점이 세련된 분위기라면 이곳은 1호점 답게 올드하고 편안한 분위기, 그리고 원조의 맛이다. P.230

알에이치 루프탑 RH Rooftop

가구 및 인테리어 회사 RH에서 운영하는 루프탑 레스토랑 겸 카페로 화려한 샹들리에와 초록의 나무들로 장식해 로맨틱한 분위기를 잘 살렸다. 훌륭한 브런치 또한 인기다. P.261

뉴욕 스페셜 플레이스

뉴욕의 골목길 구석구석에는 사연 있는 장소들이 많다.
역사가 오래된 펍이나 카페부터 한때 금융가의 중심에 있었음을 증명하는 식당,
그리고 멀지 않은 미래에 브로드웨이 배우가 될지 모를 지망생들의 노래를 들을 수
있는 곳까지. 뉴욕이기에 가능한 독특한 장소들로 여행의 재미를 더해보자.

프런시스 태번 Fraunces Tavern

18세기 말 새뮤얼 프런시스(Samuel Fraunces)가 선술집을 하면서 독립전쟁을 이끈 전우들의 아지트 역할을 했던 곳이다. 조지 워싱턴 장군이 만찬을 하기도 했던 역사적인 장소로 현재 위층은 박물관으로 꾸며져 있다. 뉴욕에서 가장 오래된 식당으로 맥주와 음식도 맛있다. P.200

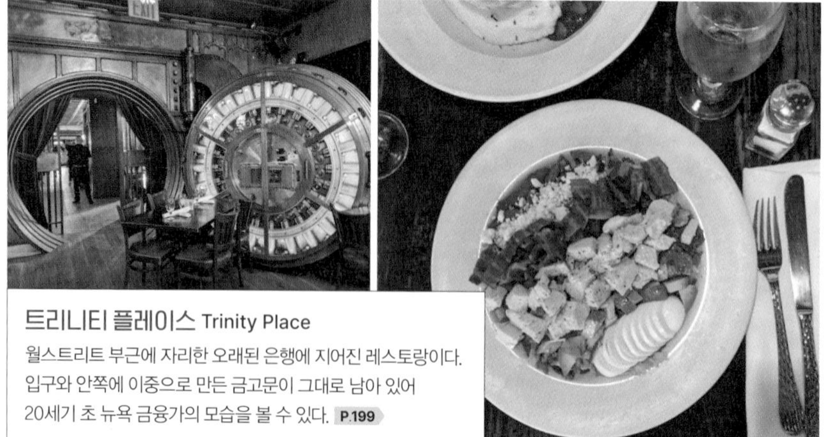

트리니티 플레이스 Trinity Place

월스트리트 부근에 자리한 오래된 은행에 지어진 레스토랑이다. 입구와 안쪽에 이중으로 만든 금고문이 그대로 남아 있어 20세기 초 뉴욕 금융가의 모습을 볼 수 있다. P.199

맥솔리스 올드 에일 하우스 McSorley's Old Ale House

1854년에 문을 연 아주 오래된 아이리시 펍이다. 낡은 나무 벽과 빛바랜 사진들, 그리고 골동품들로 가득하다. 가볍고 시원한 에일 맥주가 작은 잔에 2잔씩 나오는 것도 재미있다. P.240

카페 레지오 Café Reggio

뉴욕에서 최초로 이탈리안 카푸치노를 팔았다는 카페다. 오래된 유럽의 카페 분위기가 느껴지며 100년도 넘은 에스프레소 머신이 아직도 남아 있다. P.233

엘린스 다이너 Ellen's stardust

브로드웨이 뮤지컬 지망생들이 서빙을 하며 노래를 부르는 즐거운 식당이다. 활기찬 브로드웨이의 분위기를 그대로 느낄 수 있다.

뉴욕 **푸드홀**

푸드코트라고도 부르는 이곳은 여러 간이식당이 한데 모여 있는 곳이다.
일단 메뉴가 다양해서 좋고, 유명 체인점이나 가끔 로컬 맛집도 있어서 음식이 무난하다. 그리고 셀프서비스이기 때문에 주문이 빠르고 팁에 대한 부담도 없다는 장점이 있다. 단, 점심시간에는 매우 붐빈다.

물가 비싼 뉴욕에서 서바이벌 전략!

창고 건물을 재생해 타임아웃 특유의 전통과 트렌디가 공존하는 매력을 살렸다.

타임아웃 마켓 Time Out Market

리스본의 1호점이 대성공을 거두고 미국에도 상륙한 타임아웃 마켓은 유명한 로컬 맛집들이 대거 참여해 큰 인기를 누리고 있다. 5층 테라스의 멋진 풍경은 보너스! P.366

5층의 야외 테라스에서 브루클린 브리지와 로어 맨해튼이 보인다.

첼시 마켓 Chelsea Market

과거 공장이었던 건물에 시장이 들어섰다. 맛집뿐 아니라 의류점, 서점, 생활용품점 등이 있으며 항상 많은 사람들로 북적인다. P.254

빌리지의 유명 베이커리 에이미스(Amy's)

신선한 해산물로 인기인 랍스터 플레이스(Lobster Place)

이탈리아 이민자들의 손길이 느껴지는 아란치니 브로스(Arancini Bros)

우크라이나 전통음식을 맛볼 수 있는 베셀카(Veselka)

에섹스 마켓 Essex Market

로어 이스트의 오래된 재래시장이 현대적으로 탈바꿈했다. 1층에는 여전히 시장이 자리하고 지하에 푸드홀이 생겨 유명 맛집의 체인들도 들어섰다. P.243

메르카도 리틀 스페인 Mercado Little Spain

시끌한 스페인 시장(메르카도)을 연상시키는 푸드홀이다. 스페인 타파스 바와 레스토랑이 있어 식사나 와인을 즐기기 좋다. P.248

스패니시 와인 음료 상그리아와 다양한 타파스가 있는 라 바라(La Barra)

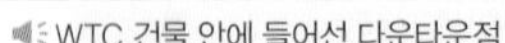
WTC 건물 안에 들어선 다운타운점

이탤리 Eataly

이탈리아 마켓을 겸한 푸드홀로 맨해튼의 두 곳 모두 인기다. 장작 화덕에서 제대로 구워낸 나폴리탄 피자를 비롯해 이탈리아의 풍미가 살아 있는 와인과 식재료로 가득하다. P.274

매디슨 스퀘어 가든 옆에 자리한 미드타운점

기본에 충실한 이탈리안 화덕 피자 마르게리타

허드슨 이츠 Hudson Eats

파이낸스 지구에 자리해 고급스러운 분위기에 허드슨강의 풍경도 즐길 수 있어 좋다. 이미 검증된 맛집의 분점들도 입점해 있어 점심시간에 매우 인기다. P.205

LA에서 날아온 수제버거 맛집 우마미 버거(Umami Burger)

커다란 창문 밖으로 허드슨강과 뉴저지가 보인다.

든든한 아침식사 블랙시드 베이글스(Black Seed Bagels)

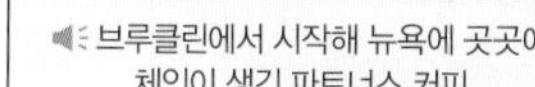

인기 카페인 타르티너리(Tartinery Café)의 건강한 메뉴

브루클린에서 시작해 뉴욕에 곳곳에 체인이 생긴 파트너스 커피

브루클린의 피자 맛집으로 유명한 로베르타스(Roberta's)

어반스페이스 Urbanspace

점차 체인이 늘어나고 있는 곳으로 로컬 맛집도 있다. 주로 사무실 지구에 있어서 점심시간에는 직장인들로 붐비지만 저녁시간에는 오히려 한산한 편이다.

뉴욕 패스트푸드

바쁜 여행자에게 패스트푸드는 언제나 옳다. 대기줄이 있더라도 오래 기다리지 않고, 코로나 팬데믹 이후로는 키오스크가 생긴 곳이 많아 스스로 화면을 보며 메뉴를 선택하고 결제하면 된다. 유명 프랜차이즈 패스트푸드는 지점이 많아서 편리하고 메뉴나 맛에 대해 예측이 가능하다. 셀프서비스이므로 팁에 대한 부담도 없다.

루크스 랍스터 Lukes Lobster

랍스터의 속살이 가득한 랍스터롤과 조개와 감자로 구수한 클램차우더를 맛볼 수 있는 곳이다. 패스트푸드 체인점치고는 값이 제법 나가지만 랍스터의 가격을 생각한다면 아깝지 않다. 해외로도 지점을 늘리고 있다.

치폴레 Chipotle

미국에서 가장 인기 있는 멕시칸 패스트푸드점이다. 지점이 3,000여 개에 이를 만큼 급성장을 한 것은 맛있고 신선한 버리토와 타코 덕분. 토핑을 직접 보면서 고르면 원하는 스타일로 만들어 준다.

쉐이크 쉑 Shake Shack

파이브 가이스와 함께 미국 3대 버거로 꼽히는 이곳은 이미 한국에 안착해 잘 알려져 있다. 뉴욕 원조의 맛은 미디엄 레어에 가까운 패티와 스펀지처럼 말랑한 번이 일품이다.

프레타 망제 Pret a Manger

영국의 국민 샌드위치로 불리는 유명한 프랜차이즈 브랜드로 뉴욕 곳곳에 있다. 깔끔한 샌드위치와 랩을 커피와 함께 즐길 수 있는 곳이다.

로스 타코스 넘버원 Los Tacos No.1

뉴욕에만 5개 지점이 있는 타코 체인점으로 멕시코 원조 느낌을 살린 곳이다. 토르티야도 선택할 수 있으며 채식주의자를 위해 고기 대신 구운 선인장을 넣은 타코도 있다.

칙필레 Chick-fil-A

미국 전역에 있는 치킨 샌드위치(치킨버거) 전문 패스트푸드점으로 뉴욕에는 주로 미드타운에 지점이 몰려 있다. 대형 프랜차이즈 치고는 품질이 좋은 편이라 미국 내에서 선호도가 높다.

스위트그린 Sweetgreen

뉴요커들에게 인기 있는 건강식 샐러드볼 전문점이다. 신선한 로컬 재료들을 직접 골라서 토핑할 수 있으며 대부분 샐러드에 단백질 재료가 추가된 메뉴다. 비슷한 컨셉의 카바 CAVA, 저스트 샐러드 Just Salad, 찹트 Chopt 등이 있다.

Tip 스모가스버그 Smorgasburg

스트리트푸드 감성이 넘치는 이곳은 브루클린 윌리엄스버그 강변, 다운타운의 WTC 등에서 펼쳐지는 야외 먹거리 시장이다. 4~10월 주말마다 열려 흥겨운 축제 분위기이며 로컬 푸드들을 맛볼 수 있다. P.372

뉴욕의 쇼핑
Shopping in New York

뉴욕 대표 쇼핑가

세계적인 패션 도시 뉴욕은 최고의 디자이너들이 모여드는 패션의 전시장이다. 트렌디한 패션 아이템은 물론 고르는 재미가 있는 빈티지숍에 이르기까지 다양한 쇼핑을 즐길 수 있다. 전 세계의 내로라하는 브랜드가 총출동한 쇼핑의 도시에서 나를 감동시킬 선물을 찾아나서보자.

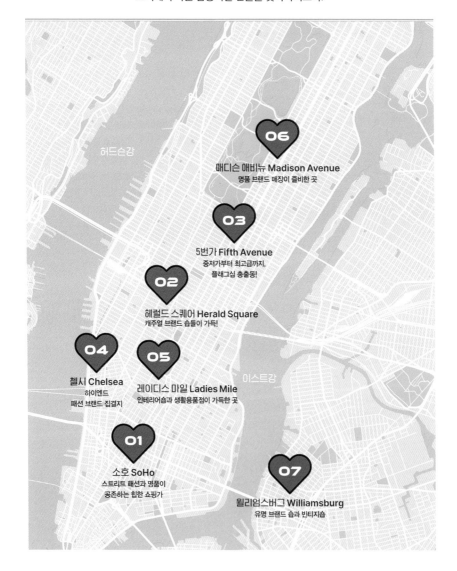

06
매디슨 애비뉴 Madison Avenue
명품 브랜드 매장이 즐비한 곳

허드슨강

03
5번가 Fifth Avenue
중저가부터 최고급까지, 플래그십 총출동!

02
헤럴드 스퀘어 Herald Square
캐주얼 브랜드 숍들이 가득!

04
첼시 Chelsea
하이엔드 패션 브랜드 집결지

05
레이디스 마일 Ladies Mile
인테리어숍과 생활용품점이 가득한 곳

이스트강

01
소호 SoHo
스트리트 패션과 명품이 공존하는 힙한 쇼핑가

07
윌리엄스버그 Williamsburg
유명 브랜드 숍과 빈티지숍

01. 소호

뉴욕 패션의 메카로 패션 피플들이 즐겨 찾는 곳이다. 명품점부터 디자이너 부티크, 스트리트 패션까지 종류별 최고는 다 모여 있는 힙한 지역이다.

프라다 PRADA

소호를 더욱 빛나게 한 프라다의 야심찬 플래그십 스토어로 패션계와 건축계의 큰 주목을 받았다. 실험적이고 창조적 공간이라 평가받는다.

P.214

플래그십 스토어

SOHO

구찌 GUCCI

어느 매장이든 꽃보다 화려함을 자랑하지만 넓은 규모에 콘셉트 스토어로 꾸며진 최고의 매장이다.

P.217

02. 헤럴드 스퀘어

미드타운의 한복판에 위치한 헤럴드 스퀘어는 34번가의 메이시스 백화점을 중심으로 주변에 캐주얼 브랜드 매장들이 가득하다. 특히 34번가는 두 블록에 걸쳐 신발매장들이 빼곡이 자리하고 있다.

HERALD SQUARE

에이치앤엠 H&M

미드타운의 브로드웨이에 자리한 3층의 대형 매장으로 의류는 물론 홈인테리어까지 갖췄다.

03. 5번가

뉴욕 중심부에 위치한 대표적인 쇼핑가. 애플 스토어를 시작으로 거리 양쪽에 최고급 명품점과 중저가 유명 브랜드의 플래그십들이 총출동해 다양한 쇼핑을 즐길 수 있다.

애플 스토어 Apple Store

투명한 유리로 된 육면체 가운데 애플의 로고가 떠 있는 상징적인 곳이다. 이 유리 입구를 통해 유리 계단으로 내려가면 매장이 펼쳐진다.

P.292

FIFTH AVENUE

플래그십 스토어

티파니 Tiffany & Co.

5번가를 대표하는 주얼리의 상징으로 오랜 공사를 마치고 대형 플래그십 스토어로 거듭났다. P.302

알로 alo

룰루레몬이 몰고 온 애슬레저룩의 붐을 타고 더욱 힙한 브랜드로 인기를 모으고 있다.

룰루레몬 Lululemon

최근 알로(alo)와 뷰오리(Vuori)에 고객을 내주고 있기는 하지만 여전히 뉴요커의 인기 브랜드라 매장 수가 많다. P.303

나이키 Nike

오프라인 매장의 미래를 보여주는 '하우스 오브 이노베이션(House of Innovation)' 1호점이다. P.303

호카 HOKA

나이키와 아디다스의 아성을 위협하는 호카는 못생겼지만 편안한 신발로 러너들 사이에 인기다.

04. 첼시

무언가 다른 색깔이 있는 동네 첼시에는 패션도 마니아층이 있는 하이엔드 패션 브랜드가 유난히 많다.

CHELSEA

다이앤 본 퍼스텐버그 Diane von Furstenberg (DVF)

다이앤의 홈그라운드인 미트패킹 한복판에 자리한 매장으로 부티크는 물론, 작업실과 갤러리를 갖추고 있다. P.259

플래그십 스토어

콤 데 가르송 Comme Des Garçons

아방가르드 패션으로 유명한 레이 가와쿠보의 컨템포러리 브랜드로 매장 자체도 아방가르드하다. P.259

LADIES MILE

05. 레이디스 마일

과거 백화점이 모여 있던 지역으로 여전히 고풍스러운 건물에 대형 인테리어숍이나 생활용품점, 의류점들이 모여 있다.

컨테이너 스토어(The Container Store). 각종 수납 및 정리용품 전문점으로 소소한 상자부터 생활용품까지 다양하다.

에이비시 카펫앤홈 abc carpet & home

수많은 홈인테리어숍들이 모여 있는 레이디스 마일에서 오랫동안 자리를 지켜온 유명한 인테리어 매장이다. P.271

06. 매디슨 애비뉴

명품 브랜드숍들이 이어져 있는 조용한 거리로 꽤 긴 구간에 걸쳐 흩어져 있는 편이라 전체를 걷기보다는 일부 구간만 둘러보는 것이 낫다.

MADISON AVENUE

플래그십 스토어

랠프 로렌 Ralph Lauren

미국의 대표적인 브랜드 중 하나로 고풍스러운 세 개의 건물이 나란히 자리한다. P.350

WILLIAMSBURG

07. 윌리엄스버그

점차 유명 브랜드숍이 늘어나고 있지만 아직 빈티지숍도 남아 있다. 빈티지숍에 관심이 많다면 그린 포인트 쪽으로 더 올라가거나 조금 멀리 부시윅으로 가보자.

아티스츠 앤 플리스
Artists & Fleas Williamsburg

벼룩시장에서 시작해 로컬 디자이너와 수공예업자들의 놀이터가 된 재미난 곳으로 윌리엄스버그의 분위기와도 잘 어울린다. P.373

원스톱 쇼핑의 끝판왕! **백화점**

원스톱 쇼핑의 편리함을 자랑하는 백화점은 궂은 날씨에 더욱 빛을 발한다.
땅값 비싼 뉴욕인지라 매장들이 꽤 밀도 있게 입점해 있다.

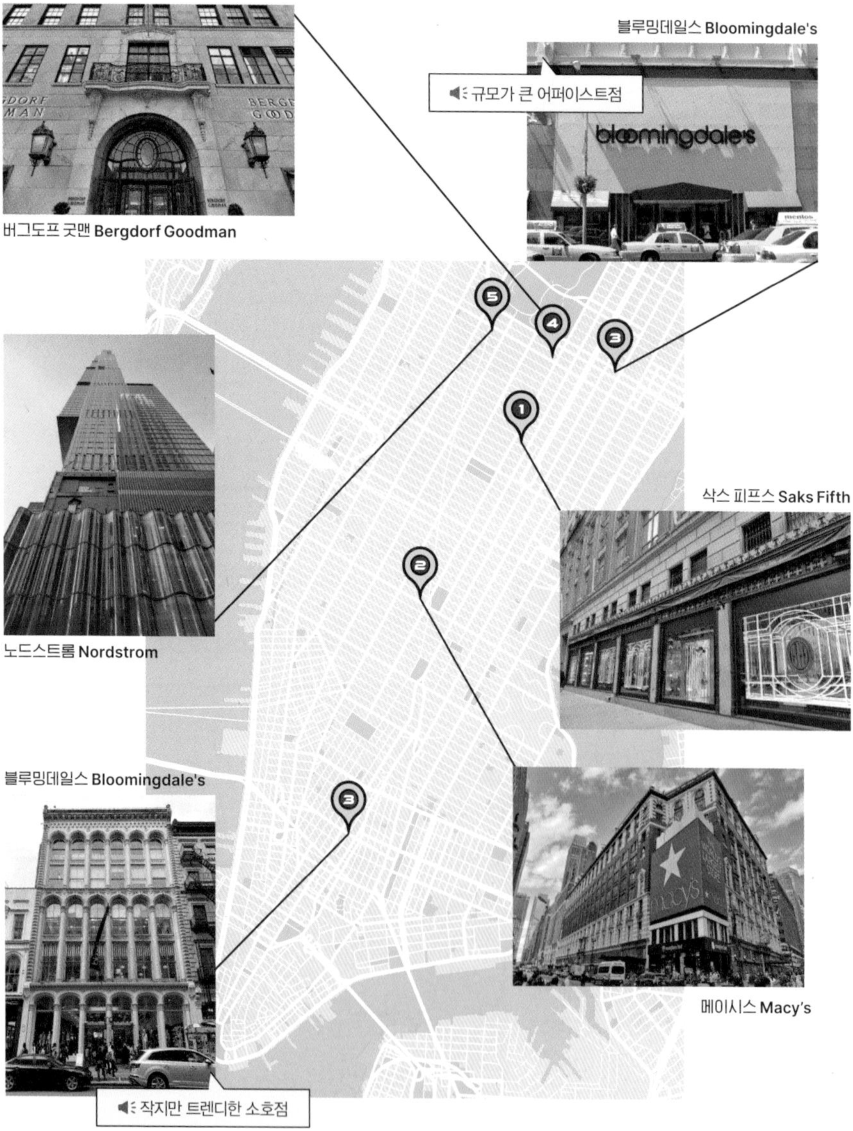

버그도프 굿맨 **Bergdorf Goodman**

블루밍데일스 **Bloomingdale's**

◀: 규모가 큰 어퍼이스트점

노드스트롬 **Nordstrom**

삭스 피프스 **Saks Fifth**

메이시스 **Macy's**

블루밍데일스 **Bloomingdale's**

◀: 작지만 트렌디한 소호점

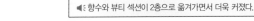

향수와 뷰티 섹션이 2층으로 옮겨가면서 더욱 커졌다.

① 삭스 피프스 Saks Fifth

미국의 고급 백화점 체인으로 뉴욕 5번가에서 태어났다. 1호점이자 이름이 갖는 상징성 때문에 항상 최고를 위해 노력한다. 고풍스러운 외관이지만 트렌디한 디스플레이는 물론, 계절의 특성에 맞게 꾸며진다. 특히 크리스마스 시즌이 다가오면 길 건너 록펠러 센터의 크리스마스트리 점등식에 맞춰 밤을 화사하게 밝힌다. P.305

메이시스 Macy's

뉴욕에서 가장 오래되고 가장 큰 백화점이다. 미드타운 중심부에 위치해 찾아가기도 편리하다. 브랜드 종류가 많고 특히 대중적인 브랜드가 주를 이룬다.

P.284

6층 인기 레스토랑 스텔라(Stella)

블루밍데일스 Bloomingdale's

뉴욕에 매장이 두 곳 있다. 어퍼이스트 지점이 플래그십 스토어로는 규모가 크다. 소호 지점은 그리 크지 않지만 지역 특성상 컨템퍼러리 패션에 집중하는 곳이다.

P.215

④ 버그도프 굿맨 Bergdorf Goodman

5번가의 번화가 초입에 위치한 뉴욕의 최고급 명품 백화점이다. 수준 높은 디스플레이로도 잘 알려져 있어 구경하는 것만으로도 즐겁다. 백화점 내부 카페에서는 센트럴파크 일부와 그랜드 아미 플라자가 내려다보여 전망도 좋다. P.302

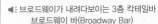

브로드웨이가 내려다보이는 3층 칵테일바 브로드웨이 바(Broadway Bar)

⑤ 노드스트롬 Nordstrom

맨해튼의 입지 좋은 콜럼버스 서클 부근에 2019년 오픈해 뉴욕 데뷔는 가장 늦었지만 원래 미국에서는 유명한 고급 백화점 체인이다. 늦게 시작한 만큼 세련된 인테리어와 넓고 쾌적한 공간으로 입지를 다지며 기존 백화점들과 당당히 경쟁하고 있다. P.326

노드스트롬의 8개 식당과 바 중에서 가장 크고 무난한 5층의 레스토랑 비스트로 베르데(Bistro Verde)

식당 반, 상점 반 **쇼핑몰**

대부분 쇼핑몰은 도심 보다는 외곽 지역에 위치하는 편인데, 땅값 비싼 뉴욕 도심에도 쇼핑몰이 있다. 미국의 전형적인 대형 쇼핑몰은 아니더라도 오피스 지구에서 가볍게 둘러보기에 좋다. 쇼핑몰 내에 식당도 있어 편리하다.

허드슨 야즈 몰
Hudson Yards Mall

허드슨 야드에 야심차게 들어선 복합몰로 여러 상점과 카페, 식당이 있다. 중저가의 SPA 브랜드부터 고급 명품 브랜드까지 입점해 다양한 쇼핑을 즐길 수 있다. P.248

귀여운 소품들이 가득한 숍

달콤한 군것질 거리가 가득한 캔디숍

더 숍스 앳 콜럼버스 서클 The Shops at Columbus Circle

콜럼버스 서클의 중심 건물인 원 콜럼버스에는 호텔, 여러 의류점과 잡화점, 그리고 유기농 마켓인 홀푸즈 등이 있다. P.326

브룩필드 플레이스 Brookfield Place

월드 트레이드 센터 옆에 자리한 건물로 열대나무가 있는 윈터가든이 펼쳐지고 바로 옆에 허드슨 강변이 이어져 있어 시원한 풍경을 즐길 수 있다. P.205

WTC4 건물 입구

웨스트필드 WTC Westfield WTC

월드 트레이드 센터 건물군의 지하를 차지하고 있는 쇼핑몰이다. 대규모 환승센터와 연결되어 항상 북적인다. 높은 천장과 지하층까지 햇살이 들어오는 독특한 구조물 '오큘러스(Oculus)'를 통해 들어가보자. P.205

구경만으로도 즐거운, **편집숍**

뉴욕 감성과 잘 어울리는 멋진 편집숍은 구경만으로도 언제나 즐겁다.
패션 피플이 많은 뉴욕에는 개성 있는 셀렉션이나 리미티드 에디션이 많고 전 세계 마니아들을 불러모으는 인기 매장도 있다.

키르나 자베트 Kirna Zabête

소호의 유명한 명품 편집숍으로 많은 매장들이 코로나로 문을 닫았지만 꿋꿋이 버텨낸 곳이다. 화려한 디스플레이로 구경하는 재미가 쏠쏠하다. P.217

도버 스트리트 마켓 Dover Street Market

런던의 도버 스트리트에서 시작해 세계적인 패션 도시에 지점을 두고 있는 유명한 편집숍으로, 규모도 큰 편이다.

키스 Kith

하이엔드 스트리트 패션 브랜드이자 편집숍으로 여러 브랜드와의 컬래버레이션으로 유명하다. 스니커즈도 많다. P.238

어반 아웃피터스 Urban Outfitters(UO)

필라델피아에서 작은 상점으로 시작해 세계적인 체인으로 성장한 의류 및 라이프스타일 멀티숍 브랜드다. 의류, 신발, 잡화, 화장품, 생활소품까지 폭넓은 아이템이 있다.

앤트로폴로지 Anthropologie

어반 아웃피터스의 자회사로, 보다 원숙한 분위기의 보헤미안 스타일이 많다. 의류보다 잡화, 이국적인 인테리어 소품과 부엌용품도 있다.

보물을 찾는 재미, **빈티지숍**

맨해튼의 이스트 빌리지나 첼시 등 일부 지역에도 빈티지숍이 있지만
뭐니 뭐니 해도 빈티지의 천국은 브루클린이다. 윌리엄스버그, 그린포인트,
파크 슬로프, 부시윅 등 여러 지역에 걸쳐 수많은 상점들이 있다. 이 중 상점이 밀집되어
있고 주변 분위기도 좋아서 여행자들이 가기 좋은 지역만 모아 소개한다.

더 스리프티 호그 The Thrifty Hog 맵북 P.12-A1

어웨크 빈티지 Awoke Vintage P.376

윌리엄스버그 Williamsburg

상점들이 모여 있는 베드퍼드 애비뉴, 그리고 한 블록 떨어진 드릭스 애비뉴에 오래된 가게들이 많다.

첼시 Chelsea

첼시 벼룩시장이 열리는 매디슨 스퀘어 파크 주변과 유니언 스퀘어 파크 주변에 작은 빈티지숍들이 있다.

마멀레이드 Marmalade P.377

그린포인트 Greenpoint

윌리엄스버그에서 그린포인트로 넘어가는 매캐런 파크 주변에 빈티지숍들이 모여 있다.

Tip 주말이라면 벼룩시장

여행 중 주말에 여유가 생긴다면 가장 활기 넘치는 벼룩시장으로 발걸음을 향하자. 딱히 살 것은 없어도 온갖 물건이 다 모여 있어 재미있다. 길거리 음식도 먹을 수 있는데 최근에는 K푸드도 종종 볼 수 있다. 대표적으로 첼시와 윌리엄스버그 지역의 아티스츠 앤 플리스 (Artists & Fleas)와 어퍼 이스트사이드 지역의 그랜드 바자(Grand Bazaar NYC)가 있다.

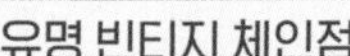

유명 빈티지 체인점

아티스츠 앤 플리스 Artists & Fleas

빈티지 물품뿐 아니라 예술가들의 수공예품이나 수선품, 액세서리 등이 있는 벼룩시장 분위기로 아기자기한 물품들을 구경하기 좋다. 윌리엄스버그점은 주말에만, 첼시점은 매일 운영한다.

엘 트레인 빈티지 L Train Vintage

20년 넘게 꾸준히 확장하고 있는 가게로 구제품 가게 분위기지만 저렴한 가격이 장점. 이스트 빌리지와 윌리엄스버그, 그리고 부시윅을 잇는 지하철 L노선을 따라 주요 지점이 있는 것이 특징이다. 부시윅과 파크 슬로프 지점이 공장처럼 규모가 크다.

비컨스 클로짓 Beacon's Closet

가장 인기 있는 빈티지숍으로 줄을 서야 할 정도다. 물건의 상태가 좋은 편이고 명품도 꽤 있다. 모든 지점이 인기이며 그린포인트점이 규모가 크다.

세븐 원더스 컬렉티브 Seven Wonders Collective

빈티지숍인가 싶을 정도로 예쁘고 깔끔한 분위기로 일종의 빈티지 편집숍이다.

감각적인 소품 가득, 인테리어숍

넓은 주택이 많은 미국에는 홈 인테리어도 발달했다.
그만큼 아주 디테일한 항목까지 다양한 물품을 만날 수 있다.
가구나 카펫, 샹들리에 같은 아이템이야 그림의 떡이지만 집 안의 분위기를 바꿀 만한
인테리어 소품들을 찾아보는 것도 쇼핑의 묘미다.

에이비시 카펫 앤 홈 ABC Carpet & Home
매디슨 스퀘어 파크 근처의 커다란 건물을 통째로 사용하는 인테리어 전문점이다. '부유한 주부들의 놀이터'라 부를 만큼 고급스러운 제품이 많으며 다양한 아이템을 갖추고 있어 구경하는 재미가 있다. P.271

피시스 에디 Fishs Eddy
매디슨 스퀘어 파크 근처에 자리한 인테리어용품점. 주로 그릇, 접시, 컵 등의 키친웨어가 많으며 뉴욕을 테마로 한 디자인이 많아서 기념품으로도 인기다. P.271

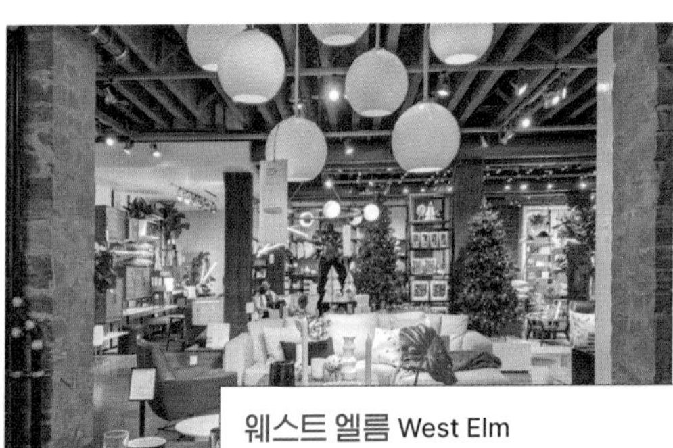

웨스트 엘름 West Elm

브루클린에서 탄생한 인테리어 전문점으로 엠파이어 스토어점이 규모가 크다. 다양한 인테리어용품이 있으며 친환경 제품으로 알려져 있다. P.366

크레이트 앤 배럴 Crate & Barrel

건축의 도시 시카고에서 탄생한 가구 및 홈데코 전문점이다. 소호에 대형 매장이 있으며, 같은 소호의 4블록 떨어진 곳에 좀 더 젊은 층을 대상으로 한 컨템퍼러리 브랜드 CB2가 있다.

윌리엄스 소노마 Williams-Sonoma

캘리포니아의 소노마에서 탄생한 고급 주방용품 전문점이다. 편집숍처럼 다양한 고급 브랜드가 모여 있다. 수많은 자회사를 거느린 그룹으로 국내에도 입점했다.

포터리 반 Pottery Barn

윌리엄스 소노마의 자회사로 가구와 가정용품, 인테리어용품이 있다. 레이디스 마일에 규모가 큰 매장이 있다. P.271

저렴한 가격이 중요하다면, 디스카운트 스토어

시중 가격보다 저렴하게 판매하는 디스카운트 스토어(할인점)에서의 쇼핑은 언제나 흐뭇하다. 다만 진열되어 있던 상품이거나 포장이 안 되어 있거나 원하는 사이즈가 잘 없다는 점, 그리고 진열 상태가 좋지 않아 일일이 뒤져서 찾아야 한다는 불편함을 감수해야 한다. 그럼에도 불구하고 높은 할인율로 용서되는 곳이다.

노드스트롬 랙 Nordstrom Rack

고급 백화점 체인 노드스트롬의 재고상품을 파는 아웃렛 매장. 진열 상태가 좋지는 않지만 득템의 기회가 있는 곳이다. 맨해튼 미드타운에 두 곳의 지점이 있으며, 옷은 사이즈가 다양하지 않기 때문에 구두, 핸드백, 선글라스 등의 제품이 인기가 높다. P.326

블루밍데일스 아웃렛 Bloomingdale's Outlet

노드스트롬 랙과 마찬가지로 고급 백화점 체인인 블루밍데일스의 아웃렛 매장이다. 맨해튼의 어퍼 웨스트에 매장이 있으며 명품 선글라스, 핸드백, 지갑 등을 저렴하게 살 수 있다. P.327

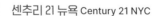

센추리 21 뉴욕 Century 21 NYC

코로나 팬데믹에 폐업했다가 2023년 리오픈한 곳으로 뉴욕의 유명한 할인점이다. 월드 트레이드 센터 바로 옆에 위치해 지나가다가 들르기 좋다. 남성 의류나 잡화가 고르기 좋고 항상 붐비기 때문에 평일 오전에 가는 것이 좋다.

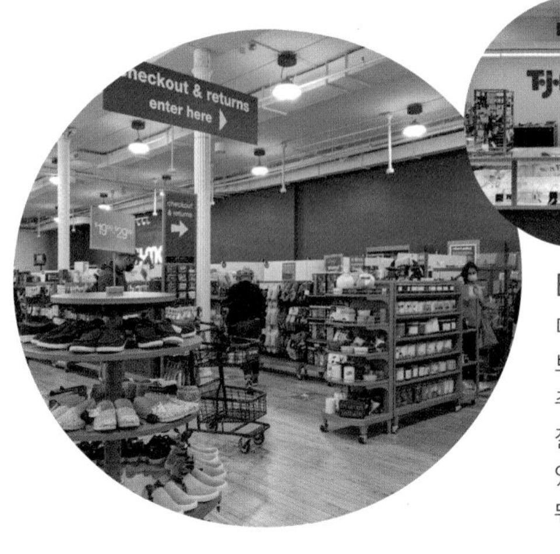

티제이 맥스 TJ Maxx

미국 전역에 지점을 둔 할인점이다. 여러 브랜드의 의류, 신발, 가방, 기타 잡화류와 주방용품까지 다양한 품목이 있다. 잘 고르면 좋은 물건을 저렴하게 살 수 있으나 진열 상태가 좋지 않아 물건들을 뒤져야 한다. P.270

마샬스 Marshalls

티제이 맥스의 자회사로 비슷한 콘셉트의 할인점이다. 차이가 있다면 브랜드가 약간 더 중저가라는 점이다. 하지만 매장에 따라서는 물건이 더 좋거나 진열 상태가 나은 곳도 있다. 신발, 양말, 슈트케이스, 아동복, 바디케어제품 등이 인기다. P.270

벌링턴 Burlington

위치 좋은 유니언 스퀘어에 대규모로 입점한 할인점으로 마샬스보다 더 중저가 제품이 많다(다소 허접). 이곳 역시 의류뿐 아니라 다양한 잡화류와 바디용품이 있다.

미국 쇼핑의 묘미, 아웃렛몰

미국의 쇼핑몰은 규모가 매우 커서 하루에 한 곳만 가도 종일 구경할 게 많다. 뉴욕에 무수한 쇼핑몰이 있지만 그중 맨해튼에서 비교적 가까우면서 규모가 큰 아웃렛 쇼핑몰 4곳을 소개한다. 1일 1몰 하려면 4일이나 걸리니 나에게 맞는 한두 곳만 골라서 가보자. 중복된 상점이 많아 모두 갈 필요는 없다.

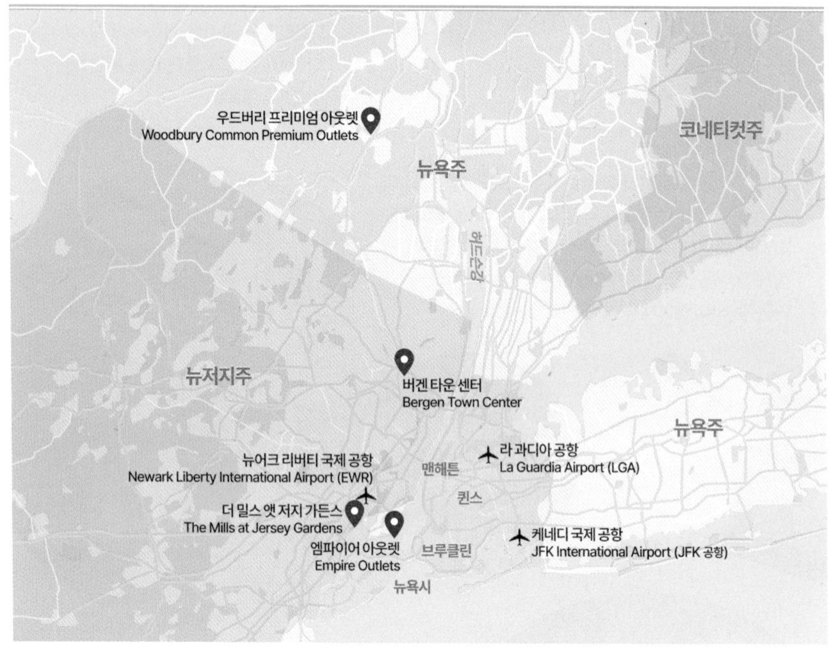

	버겐 타운 센터	밀스 앳 저지 가든스	엠파이어 아웃렛	우드버리 프리미엄 아웃렛
위치	뉴저지주 (차량을 이용할 경우 우드버리에서 오는 길에 버겐 타운 센터에 들를 수 있다)	뉴저지주 (뉴어크 공항 근처)	뉴욕시 스테이튼 아일랜드	뉴욕시 외곽 뉴욕주
특징	• 실내 몰이라 날씨에 구애 받지 않는다. • 마트와 슈퍼마켓도 있다.	• 실내 몰이라 날씨에 구애받지 않는다.	• 대중교통(페리)으로 가기 쉬운 편이고 가는 길도 재미있다.	• 규모가 크고 브랜드가 많다.
장점	판매세가 없다.	판매세가 없다.	다운타운에서 가깝다.	명품이 많다.
단점	매장 수가 적은 편	명품은 별로 없다.	매장 수가 매우 적다.	가장 멀다.

버겐 타운 센터 Bergen Town Center

뉴저지주에 자리한 대형 쇼핑몰로 아웃렛과 일반 매장이 함께 있다. 매장 수는 식당 포함 80여 개로 많은 편은 아니지만 규모가 큰 매장이 많다. 대형 마트인 타깃(Target), 유기농 슈퍼마켓 홀푸즈(Whole Foods), 대형 약국 CVS, 아웃도어 전문매장 REI, 전자제품점 베스트 바이(Best Buy) 등이 있으며 3대 백화점 아웃렛인 노드스트롬 랙(Nordstrom Rack), 블루밍데일스 아웃렛(Bloomingdale's Oultet), 삭스 오프 피프스(Saks Off 5th)가 있다.

주소 One Bergen Town Center, Paramus, NJ 07652 **홈페이지** www.bergentowncenter.com **운영** 월~목요일 10:00~21:00, 금요일 10:00~22:00, 토요일 09:00~22:00, 일요일 휴무 **가는 방법** 포트오소리티 버스터미널에서 168번 버스로 1시간, 또는 차량으로 미드타운에서 20~30분

Tip 뉴욕 VS 뉴저지 판매세

미국은 상품가에 세금이 제외되어 있기 때문에 표시된 가격에 더해 판매세(Sales Tax)를 따로 내야 한다. 판매세는 주마다 다른데, 뉴저지가 뉴욕보다 저렴하며, 특히 신발과 의류에 세금이 없어 쇼핑의 천국으로 불린다. 그리고 같은 주라도 시에 따라 약간 차이가 나서 대도시보다 외곽 아웃렛이 조금 유리하다.

- 뉴욕시가 8.875%이며 (우드버리 8.63%) 개당 $110 미만의 의류, 신발, 의약품은 면세된다.
- 뉴저지 대부분은 6.625%이며(저지 가든스 3.5%), 의류, 신발, 의약품은 전체 면세다.

더 밀스 앳 저지 가든스
The Mills at Jersey Gardens

뉴저지의 뉴어크 공항 부근에 자리한 아웃렛 쇼핑몰로 일반 매장도 함께 있다. 180여 개의 상점과 식당이 모여 있으며 유명 브랜드와 백화점 아웃렛 등 종류도 다양하다.

주소 651 Kapkowski Rd, Elizabeth, NJ 07201 **홈페이지** www.simon.com/mall/the- mills-at-jersey-gardens **운영** 월~토요일 10:00~21:00, 일요일 11:00~19:00 **가는 방법** 포트오소리티 버스터미널에서 111·115번 버스 30분, 또는 차량으로 미드타운에서 20~30분

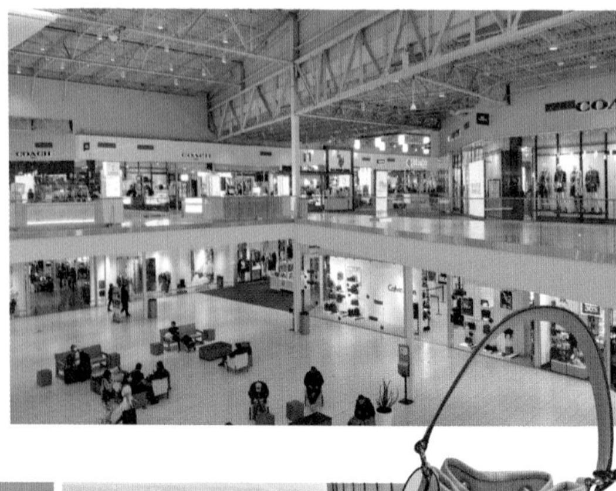

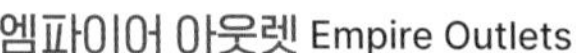

엠파이어 아웃렛 Empire Outlets

가장 최근에 오픈한 아웃렛으로 맨해튼에서 가까운 스테이튼 아일랜드에 위치한다. 대대적인 오픈을 기대했으나 바로 코로나 팬데믹의 직격탄을 맞아 매장 수가 대폭 줄어들었다. 쇼핑에 대한 큰 기대보다는 페리를 타고 먼 발치에서 자유의 여신상을 감상하고, 북적이지 않는 넓고 쾌적한 장소에서 가볍게 쇼핑을 해볼 만한 곳이다.

주소 55 Richmond Terrace, Staten Island, NY 10301 **홈페이지** www.empireoutlets.nyc/ **운영** 시즌별로 다르지만 보통 매일 10:00~20:00 **가는 방법** 스테이튼 아일랜드 페리 터미널에서 페리로 30분, 또는 차량으로 다운타운에서 20~30분

Tip 의류 쇼핑 시 참고하면 좋은 사이즈 정보

종류	국가	사이즈				
여성복	한국	44	55	66	77	8
	미국	XS	S	M	L	XL
		00-0-2	2-4-6	6-8-10	10-12-14	14-16-18
남성복	한국	90	95	100	105	110
		S	M	L	XL	XXL
	미국	XS	S	M	L	XL

- 사이즈 옆에 P라고 쓰여 있다면 소매나 바지 길이가 약간 짧은(Petite) 것이다.
- 남성복의 경우 바지 길이와 셔츠의 목둘레, 팔 길이도 사이즈로 구분되어 편리하다.

우드버리 프리미엄 아웃렛
Woodbury Common Premium Outlets

뉴욕에서 가장 유명한 아웃렛으로 넓은 부지에 200개가 넘는 매장으로 가득한 곳이다. 규모도 크지만 맨해튼에서 1시간 정도 떨어진 곳에 있기 때문에 여유 있게 보려면 하루가 꼬박 걸린다. 명품 브랜드가 많은 것 역시 인기의 비결. 하지만 명품숍은 매장 내 인원 제한을 두는 곳이 많아 입구에 대기줄이 길기 때문에 아침 일찍 가는 것이 좋다. 이자벨 마랑, 몽클레어, 보테가 베네타 등 아웃렛에서 만나기 힘든 브랜드도 꽤 많아 둘러볼 만하다.

맵북 P.26 **주소** 498 Red Apple Ct, Central Valley, NY 10917 **홈페이지** www.premiumoutlets.com/outlet/woodbury-common **운영** 10:00~21:00 **가는 방법** 포트오소리티 버스터미널에서 쇼트라인 허드슨(ShortLine Hudson) 버스로 1시간, 또는 차량으로 미드타운에서 1시간

Tip 할인 쿠폰을 챙기세요!

아웃렛이기에 기본 할인은 다 있지만 미리 인터넷 홈페이지를 통해 VIP 쇼퍼스 클럽(VIP Shoppers Club)에 가입해두면 추가 할인 쿠폰을 받을 수 있다.

홈페이지 www.premiumoutlets.com

여행의 추억을 담은 **기념품**

여행 후 추억 외에 남는 것은 사진과 기념품뿐.
지인들에게 주는 선물도 좋지만 내 여행을 추억할 수 있는 기념품 하나쯤은 꼭 챙겨두자.
$10 내외의 저렴한 아이템도 많아 부담없이 살 수 있다.

어디에서 살까?

기념품점

관광객이 가장 많이 몰리는 타임스 스퀘어
주변에는 기념품점이 유난히 많다.

명소 기프트숍

뉴욕의 상징 엠파이어 스테이트
빌딩이나 자유의 여신상
기프트숍에 많은 기념품이 있다.

미술관 기프트숍

대부분의 미술관은 기프트숍을 운영하고 있어
소장품과 관련한 다양한 굿즈를 판매한다. 고전 작품은
메트로폴리탄, 근현대 작품은 모마에 많다. 특히 모마는
디자인스토어 지점을 따로 운영할 만큼 컨템퍼러리
디자인을 활용한 독특한 제품이 많이 있다.

슈트케이스 태그

위탁 수하물을 찾을 때 나와 같은 모양의 가방이 있다면 헷갈리기 십상. 뉴욕의 랜드마크가 그려진 귀여운 태그를 달아두면 기념도 되고 가방도 찾기 쉽다. 뒷면에는 이름을 쓸 수 있다.

마그넷

가격이 저렴하면서도 냉장고에 붙여 놓고 항상 볼 수 있는 귀여운 추억용 기념품이다.

미니 케이스

반지나 귀걸이를 담아 놓을 만한 귀여운 상자.

키체인

폭신하고 말랑한 재질의 뉴욕 택시나 뉴욕 경찰차 모양의 키체인.

뉴욕 리미티드 에디션

여러 브랜드에서 뉴욕을 테마로 하거나 뉴욕에서만 살 수 있는 디자인을 한정판으로 판매한다.

에코백

여러 서점이나 미술관, 박물관에서 제작한 에코백도 있지만 뉴욕의 아이콘들을 담은 에코백은 여행 중 넘친 짐을 넣기에도 손색이 없다.

고르는 재미가 있는 **신발 쇼핑**

미국은 슈어홀릭의 천국이다. 집에서도 신발을 신고 사는 미국인들의 쇼핑리스트에는 신발이 빠질 수 없다. 작품처럼 화려한 디자인부터 세상 편한 기능성 신발까지 여러 용도에 맞게 종류도 다양하다. 때로는 같은 신발이라도 발 볼 사이즈까지 선택할 수 있는 디테일에 감탄하고, 한국보다 저렴한 가격에 또 한번 감동한다.

추천! 신발 전문점

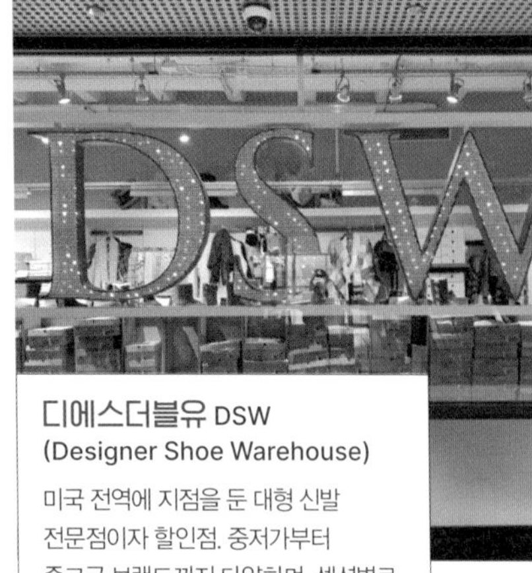

디에스더블유 DSW (Designer Shoe Warehouse)

미국 전역에 지점을 둔 대형 신발 전문점이자 할인점. 중저가부터 중고급 브랜드까지 다양하며, 섹션별로 정리되어 있어 물건이 많지만 복잡하지 않다. 유니언 스퀘어와 34번가점이 찾아가기 쉽고 규모도 크다.

플릿 핏 Fleet Feet

최근 러닝크루를 비롯해 급증하고 있는 러닝족들이 좋아할 만한 러닝화 전문점이다. 전문성을 가진 직원들의 도움으로 발을 스캔해서 알맞은 제품을 권해주기도 하고, 기능별 다양한 러닝화를 신어보고 고를 수 있다.

플라이트 클럽 Flight Club

스니커즈 편집숍으로 레어템이 많아 마니아들의 필수 코스다. 평소에도 대기줄이 있는 편이며 이벤트가 있는 날엔 오래 기다리기도 한다.

추천! 신발 쇼핑가

34번가

대중적인 쇼핑가 헤럴드 스퀘어에서도 유난히 신발 매장이 눈에 띄는 신발 거리다. 크록스(Crocs), 스케처스(Skechers), 스티브 매든(Steve Madden) 등 많은 브랜드들이 총출동해 원스톱 쇼핑을 하기 좋다.

스티브 매든 Steve Madden
패셔너블한 중급 브랜드 슈즈로 유행에 민감한 편이며 가격대도 합리적이다.

36th St
34th St
8th Ave
7th Ave
6th Ave
5th Ave
DSW
메이시스 백화점
34St/Penn Station (지하철역)
Crocs
Vans
Skechers
Foot Locker
Famous Footwear
34 St. Herald Sq. (지하철역)
Steve Madden
Aldo
Foot Locker
엠파이어 스테이트 빌딩

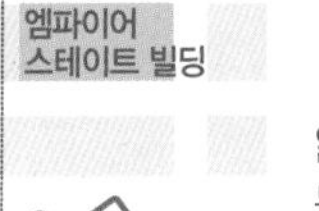

알도 Aldo
무난한 중저가 브랜드로 가격대가 착한 편이다.

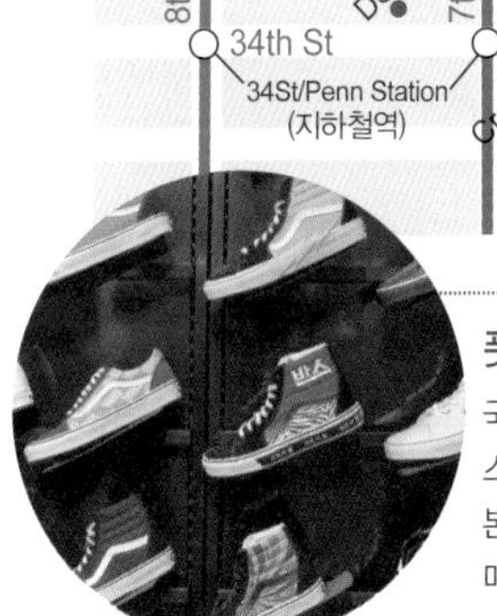

풋 라커 Foot Locker
국내에서도 인기 있는 스포츠슈즈 전문점으로 본사가 있는 뉴욕 34번가에는 매장이 두 개나 있다.

Tip 신발 쇼핑에 참고하면 좋은 사이즈 정보

여성	한국	220	225	230	235	240	245	250	255	260	265	270
	미국	5	5.5	6	6.5	7	7.5	8	8.5	9	9.5	10
남성	한국	250	255	260	265	270	275	280	285	290	295	300
	미국	7	7.5	8	8.5	9	9.5	10	10.5	11	11.5	12

- 사이즈 숫자 옆에 W라고 쓰여 있는 것은 볼이 약간 넓고(Wide), N은 볼이 약간 좁다(Narrow)는 의미다.

직구보다 좋은 **뷰티 제품**

해외 직구의 세상이 열리면서 이제 미국의 웬만한 물건은 집에서 받아볼 수 있게 되었지만 여전히 불편함이 있다. 스킨케어나 뷰티 제품도 그중 하나. 직접 발라보고 질감이나 향, 발색력 등을 확인해 나한테 맞는 제품을 찾고 싶을 경우 가볼 만한 곳을 소개한다. 국내 면세점을 고려한다면 가격 면에 큰 메리트는 없지만 훨씬 다양한 제품을 만날 수 있다.

세포라 Sephora

국내에도 입점한 코스메틱 전문점. 항상 붐비는 이곳의 인기 비결은 깔끔한 디스플레이와 대부분의 제품을 마음껏 테스트해볼 수 있다는 점. 저렴한 PB 상품과 미니사이즈도 괜찮은 아이템이다. 인기 브랜드로 필로소피(Philosophy), 뮤라드(Murad), 피터 토머스 로스(Peter Thomas Roth) 등이 있다.

얼타 뷰티 ULTA Beauty

세포라와 비슷한 멀티 브랜드 화장품 전문점으로 중저가 브랜드나 드러그스토어 제품도 있어서 가격대가 다양하다. 랑콤 같은 대기업 브랜드는 물론, 피부 전문 브랜드 더말로지카(Dermalogica), 유기농 브랜드 어큐어(Acure), 매드 히피(Mad Hippie) 등이 있다.

시오 비걸로 CO Bigelow

약국에서 시작해 자체 브랜드를 가진 스킨케어 제품까지 만드는 곳이다. 1838년에 문을 열었으니 아직까지도 영업하는 약국 중에서는 미국에서 최고령이다. 촉촉한 립밥과 은은한 향기의 샤워젤이 인기.

키엘 1호점 Kiehl's

1851년 약국에서 시작해 세계적인 화장품 회사가 된 키엘의 1호점이다. 매장의 한 부분은 아직도 오래된 약국 분위기를 간직하고 있다. 가성비 좋은 키엘의 여러 제품들이 가득하다.

르 라보 Le Labo

뉴욕에서 탄생한 명품 니치향수 브랜드다. '르 라보'는 프랑스어로 '실험실'이란 의미로 조향사의 실험실에서 착안해 그 느낌 그대로 인테리어에 옮겨왔다. 원하는 문구나 이름 등을 적어 병에 라벨링해주는 서비스로도 유명하다.

약국인가 편의점인가, 드러그스토어

미국의 드러그스토어는 약만 파는 곳이 아니다. 일단 규모가 대형 마트처럼 크고, 스킨케어 제품과 생활용품, 간단한 식료품까지 판매한다. 대형 체인 브랜드는 서로 경쟁하며 닮아가서 대체로 비슷하다. 대부분 늦게까지 영업한다.

대표 체인점

- 시브이에스CVS
- 듀앤 리드 Duane Reade
- 월그린스Walgreens

메이크업

이엘에프(E.L.F.), 웻엔와일드(Wet n Wild), O.P.I., 닉스(Nix), 메이블린(Maybelline), 레블론(Revlon), 로레알(L'oreal) 등에 $10 이하의 제품이 많으니 취향에 맞게 골라보자.

스킨케어

순한 기초 제품으로는 세라베(CeraVe), 기능성 제품으로는 올레이(Olay)가 무난하다.

헤어&바디&덴탈

샴푸, 컨디셔너, 샤워젤, 치약 등은 용량이 커서 가져가기 부담스러우니 여행용 섹션에서 작은 사이즈로 시도해 보는 것도 괜찮다.

상비약 리스트

여행 중에는 평소보다 무리를 해서 피로해지기 쉽다. 더구나 긴 비행시간을 거쳐 도착한 낯선 도시에서 환경도 바뀌고 물이나 음식도 바뀌다 보면 면역이 떨어질 수 있다. 약국에서 사둘 만한 무난한 약들을 소개한다.

진통제

처방전이 필요 없는 가벼운 진통제는 종류가 매우 많다. PM은 저녁용으로 졸리기 때문에 운전할 때는 주의한다.

- **애드빌**(Advil) 진통소염제
- **타이레놀**(Tylenol) 진통해열제

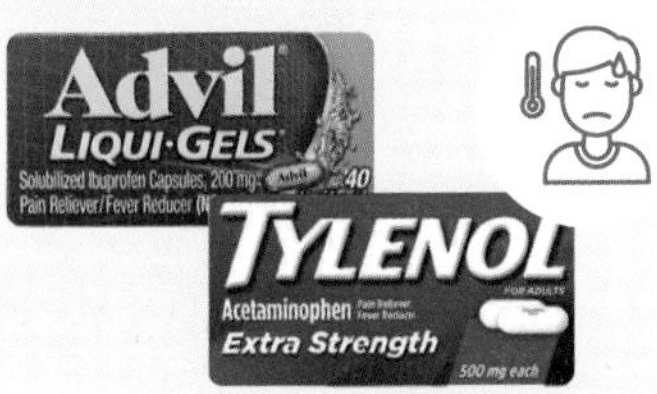

항히스타민제

가려움, 비염, 두드러기 등 알러지 약은 개인마다 효능에 차이가 있으니 맞는 것을 선택해야 한다. 단, 성분 특성상 졸릴 수 있으니 주의한다.

- **베나드릴**(Benadryl) • **클라리틴**(Claritin)
- **지르텍**(Zyrtec) • **알레그라**(Allegra)

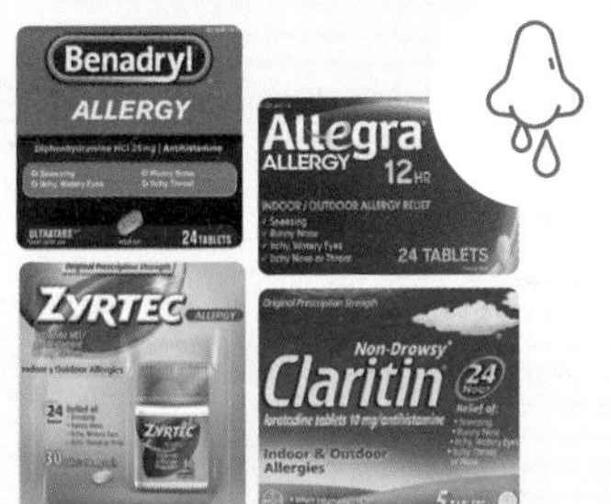

연고

- **네오스포린**(Neosporin)
상처에 바르는 항생연고
- **코르티손**(Cortizone) 벌레 물린 곳, 가려운 곳에 바르는 연고

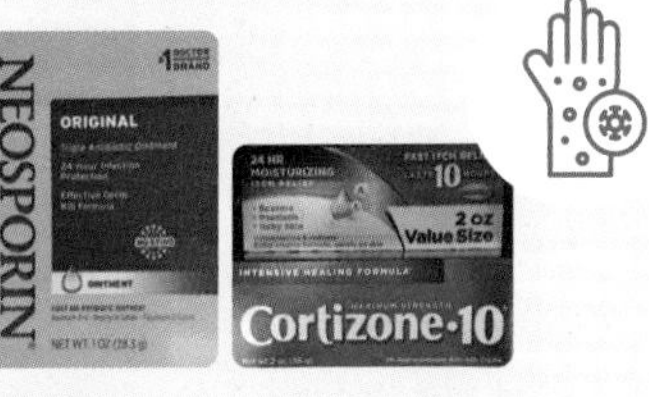

소화제

- **펩토비스몰** (Pepto Bismol) 마시는 액상 형태가 효과가 빠르지만 알약 형태가 먹기 편하며 씹어먹는 추어블(Chewable) 형태도 있다.
- **가스엑스** (Gas-X) 가스로 인한 복통에 효과적이다.

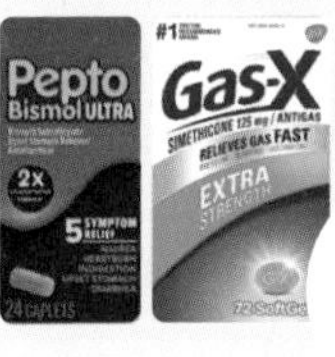

안약

- **시스테인**(Systane)
안구 건조에 도움이 되는 윤활제
- **시밀라산**(Similasan)
안구 건조나 가려움증에 좋은 천연 성분 점안액

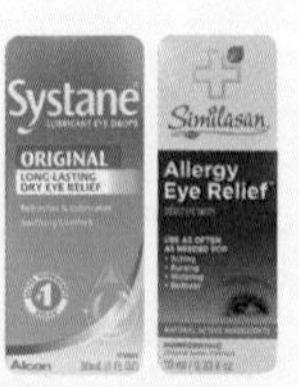

누구나 좋아하는 **마트 쇼핑**

쇼핑의 초보부터 고수까지, 그리고 남녀노소 모두가 좋아하는 슈퍼마켓 쇼핑은 고물가 시대에 더욱 진가를 발휘한다. 살인적인 물가의 뉴욕이지만 누구나 먹고사는 식료품점에서는 가성비 좋은 아이템이 있기 마련. 여행을 마무리하는 보물찾기의 즐거움이 기다리고 있다.

홀푸즈 마켓 Whole Foods Market

텍사스에서 탄생해 아마존에 인수되면서 거대 기업으로 성장하고 있는 유기농 마켓이다. 일반 슈퍼마켓에서 보기 어려운 품질 좋은 중소기업 제품도 많다. 매장이 크고 쾌적하며 간단한 즉석음식과 카페테리아를 갖춘 곳도 있다. 유기농이거나 유전자 조작을 하지 않은 식품들이 많다 보니 가격은 좀 비싼 편이지만 PB 상품은 저렴하다. 시즌별로 나오는 쿠키, 카카오 함량이 높은 초콜릿, 자연주의의 순한 스킨케어 제품, 유명한 스페셜티 커피 원두, 천연 비타민과 건강보조제, 폴린 함량이 높은 유기농 꿀 등 살 것이 많다.

홈페이지 www.wholefoodsmarket.com

트레이더 조스 Trader Joe's

캘리포니아에서 온 빈티지 느낌의 유기농 마켓으로 특히 이곳에서만 파는 PB 상품이 독특하면서도 가성비가 좋아 매우 인기다. 소소한 간식거리도 괜찮다. 여러 나라에서 수입한 와인을 저렴한 가격에 판매하는 것으로도 유명하다. 특히 유니언 스퀘어점은 와인숍이 따로 있을 만큼 다양한 종류가 있으며 와인 산지별로 상세히 분류해 놓았다.
홈페이지 www.traderjoes.com

이탤리 Eataly

미식의 나라 이탈리아에 온 듯한 분위기로 이탈리아산 식료품이 가득하고 바로 옆에 와인바와 푸드홀을 겸하고 있어 이탈리아의 풍미를 느낄 수 있는 곳이다. 이탈리아 커피로 유명한 일리(Illy), 라바자(Lavazza)는 물론, 에스프레소를 추출하는 비알레티(Bialetti)도 있으며 품질 좋은 모데나 발사믹도 살 수 있다.
홈페이지 www.eataly.com

제이바스 Zabar's

어퍼 웨스트의 오래된 식료품점으로 베이글과 샌드위치가 인기다. 다양한 식재료와 간단한 주방용품이 있으며 특히 치즈의 종류가 많고 품질도 좋은 것으로 알려져 있다. 훈제 연어도 유명하다.
홈페이지 www.zabars.com

시타렐라 Citarella

1912년 어퍼 웨스트의 작은 생선가게에서 시작해 주인이 바뀌며 지금의 큰 마켓으로 변모했다. 맨해튼에 3곳의 지점이 있다. 여전히 신선한 시푸드로 유명하며 베이커리, 치즈도 잘 알려져 있다.
홈페이지 www.citarella.com

뉴욕 알아가기
Things to know about New York

뉴욕의 **역사** History

1776년 롱아일랜드 전투

1524	프랑스 왕명으로 항해하던 이탈리아의 탐험가이자 무역상 조반니 다 베라차노가 원주민들이 살고 있는 지금의 뉴욕땅을 발견함.
1609	영국의 탐험가이자 네덜란드 서인도회사의 직원이었던 헨리 허드슨이 지금의 허드슨강을 따라 북쪽으로 항해.
1620	영국 청교도들이 메이플라워호를 타고 매사추세츠주의 플리머스(Plymouth)에 정착.
1625	네덜란드 서인도회사에서 맨해튼 남쪽에 무역거래소를 설치하고 뉴암스테르담이라 명명함.
1626	네덜란드 식민지 총독이 원주민들에게서 맨해튼을 매입.
1653	원주민들의 공격을 막기 위해 장벽(Walll)을 쌓았고, 이것이 월스트리트의 기원이 됨.
1664	영국의 전함이 들어와 네덜란드가 항복하면서 영국이 뉴암스테르담을 점령했다. 당시 총사령관이자 영국왕 찰스 2세의 동생이었던 제임스 2세가 요크의 공작이었기 때문에 새로운 요크(New York)라는 의미로 뉴욕이라 명명함.
1775~1783	미국 독립전쟁 발발로 뉴욕의 1/3이 파괴됨.
1785	뉴욕을 미국의 첫 번째 수도로 지정.
1789	뉴욕 페더럴 홀에서 조지 워싱턴이 초대 대통령으로 취임했다.
1790	미국의 수도를 필라델피아로 옮김.
1825	이리 운하의 개통으로 뉴욕이 북미 대륙 물류의 중심이 됨.
1847	아일랜드 대기근으로 수백만 명의 이민자들이 뉴욕으로 입항.
1861~1865	남북전쟁
1863	새로운 징병법에 반발하는 뉴욕 징병 거부 폭동 발발(영화 '갱스 오브 뉴욕' 참고).

1783년 워싱턴 장군의 뉴욕 입성

1868	고가철로가 지어지고 1871년 그랜드 센트럴 스테이션 완공.
1886	미국 독립 100주년을 기념해 프랑스로부터 '자유의 여신상'을 받음.

1898	맨해튼 밖 브루클린, 퀸스, 브롱크스, 스태이튼 섬이 뉴욕시로 통합되어 미국 최대 도시로 성장.
1902	철골 구조의 플랫아이언 빌딩 완공.
1904	보스턴에 이어 미국에서 두 번째로 지하철 개통.
1909	라이트 형제가 최초로 뉴욕 상공을 비행하며 시민들 앞에서 자유의 여신상을 돌고 왔다.
1918	제1차 세계대전(1914~1918년) 참전.
1929	'검은 월요일'로 불리는 주식시장 폭락과 함께 대공황이 시작.
1941	제2차 세계대전(1939~1945) 참전.
1987	주식시장 폭락, 빈곤·범죄·마약 문제가 극심해짐.

승전 후 퀸 메리호로 귀국하는 미군

일본의 항복 소식에 타임스 스퀘어에서 지나가던 사람에게 키스하는 모습

1993	검사 출신의 정치인 루돌프 줄리아니가 뉴욕시장으로 취임해 범죄와의 전쟁을 선포.
2001	9·11 테러로 세계무역센터가 붕괴되고 3,000여 명이 사망함.

2008	뉴욕발 금융위기로 글로벌 경제에 타격을 가함.
2020	신종 코로나 바이러스(COVID-19)로 뉴욕에서 엄청난 수의 사망자가 발생.

뉴욕의 현재를 이끈 **인물**

19~20세기 뉴욕은 산업과 물류가 엄청나게 발전하며 고속성장을 한다. 세계의 자본은 뉴욕으로 모여 들고 규제가 없었던 당시 막대한 부를 이룬 부호들이 속속 등장한다. 미국 경제에 큰 영향을 끼친 이들은 현재까지도 뉴욕 곳곳에 그 이름이 남아 있다.

알렉산더 해밀턴
Alexander Hamilton
(1755~1804)

미국 건국의 아버지 중 하나로 초대 재무장관을 지냈다. 미국이 금융강국이 되고 뉴욕이 산업의 중심이 되는데 기여했다.

#$10 지폐 #뮤지컬 알렉산더 #해밀턴 알렉산더 해밀턴 관세청 건물 #뉴저지 해밀턴 파크

존 피어폰트 모건
John Pierpont Morgan
(1837~1913)

JP모건 은행의 설립자로 월가에서 막강한 영향력을 행사했던 금융가이자 사업가다. 철도, 철강, 전기, 통신 등 주요 회사 설립과 인수에 관여했다.

#모건 라이브러리&뮤지엄 #모건하우스

1700

1800

드위트 클린턴
DeWitt Clinton
(1769~1828)

뉴욕 시장과 주지사를 지낸 정치인으로 이리 운하 건설 프로젝트를 적극적으로 추진해 뉴욕이 세계적인 무역항이 되는데 기여했다.

#캐슬 클린턴

코닐리어스 밴더빌트
Cornelius Vanderbilt
(1794~1877)

선박왕으로 시작해 철도왕까지 오른 재벌로 CNN 앤더슨 쿠퍼의 집안으로도 유명하다.

#밴더빌트 빌딩

앤드류 카네기
Andrew Carnegie
(1835~1919)

철강으로 막대한 부를 이룬 철강왕이자 천문학적인 재산을 기부한 기부왕으로도 잘 알려져 있다.

#카네기홀 #쿠퍼휴이트 디자인미술관

존 록펠러
John Davison Rockefeller
(1839~1937)

20세기 최고의 부호다. 반독점법이 없었던 당시 석유 산업의 대부분을 독점해 석유왕으로 불렸다. 뉴욕에 많은 유산이 남아있다.

#록펠러 센터

대중문화계

Tip 뉴욕의 시대적 배경을 알 수 있는 영화

- 19세기 중반 : 갱스 오브 뉴욕 Gangs of New York (2002)
- 19세기 말 : 커런트 워 The Current War (2017)
- 20세기 초 : 원스 어폰 어 타임 인 아메리카 Once Upon a time in America (1984), 위대한 개츠비 The Great Gatsby (2013)

앤디 워홀
Andy Warhol (1928~1987)

팝아트의 거장으로 뉴욕의 대표적인 아티스트다. 대중적이고 상업적인 소재로 큰 성공을 거두었다.

#모마 #메트로폴리탄 미술관
#맨해튼과 브루클린의 벽화들

@C_Georges Biard

마틴 스콜세지
Martin Charles Scorsese (1942~)

우디 앨런과 함께 뉴욕을 대표하는 영화감독으로 시대물이나 느와르에 강하다.

#갱스 오브 뉴욕
#더 울프 오브 월 스트리트

사라 제시카 파커
Sarah Jessica Parker (1965~)

뉴욕 배경의 인기 TV쇼 〈섹스 앤 더 시티〉의 주연이자 시즌2부터 제작에 참여해 수많은 관광객을 뉴욕으로 불러모았다.

#캐리 브래드쇼 하우스
#섹스 앤 더 시티

1900

@C_Georges Biard

우디 앨런
Woody Allen (1935~)

뉴욕을 주제로 하거나 배경으로 한 수많은 영화를 만든 뉴욕의 대표적인 영화감독이다.

#맨해튼 #한나와 그 자매들
#맨해튼 미스터리
#레이니 데이 인 뉴욕

빌리 조엘
Billy Joel (1949~)

뉴욕 출신의 뮤지션으로 뉴욕 감성을 제대로 풍기는 명곡을 만들어 본인은 물론 수많은 가수들이 불렀다.

#뉴욕 스테이트 오브 마인드

@chickswithguns

제이 지
Jay Z (1969~)

가난한 래퍼에서 가장 영향력 있는 뮤지션이자 사업가로 현 세대 뉴욕을 대표하는 아이콘이다.

#엠파이어 스테이트 오브 마인드

뉴욕의 축제와 이벤트 Festival & Event

1~2월 음력설 중국 신년축제 Chinese New Year

우리처럼 음력설을 지내는 중국인들은 설날이 큰 명절이다. 맨해튼의 차이나타운을 중심으로 화려한 축제가 펼쳐진다.

3월 17일 세인트 패트릭스 데이 St. Patrick's Day

아일랜드의 수호성인 성 패트릭스를 기념하는 날로, 맨해튼 일부 도로가 통제되고 참가자들이 녹색 옷을 입고 5번가를 중심으로 행진하며 곳곳에서 아일랜드 맥주를 마신다.

4월 부활절 Easter Day

교회에서는 그리스도의 부활을 기념해 예배를 올리고, 아이들은 숨겨진 달걀을 찾는 게임을 하기도 한다. 뉴욕의 5번가에서는 화려한 모자와 복장을 하고 퍼레이드를 즐기는데, 이스터 보닛(모자) 퍼레이드라 불리는 이 축제는 독립전쟁이 끝난 부활절에 새로운 삶을 축하했던 데서 시작됐다.

@Phil Roeder

6월 뉴욕 프라이드 NYC Pride

6월 말 주말에 게이와 레즈비언들이 벌이는 화려한 퍼레이드다. 1969년 경찰에 대항하는 게이들의 스톤월 항쟁을 기념하기 위해 화려한 의상과 분장으로 행진한다. 5번가와 빌리지를 중심으로 볼 수 있다.

@Delta New Hub

@Jason Zhang

7월 4일 독립기념일 Independence Day

1776년 7월 4일 대륙회의에서 식민지 대표들이 독립선언서에 서명하고 미합중국을 수립했던 것을 기념하는 날이다. 전국에 걸쳐 불꽃놀이가 행사가 펼쳐지는데 뉴욕은 이스트강변에서 볼 수 있다.

10월 둘째 월요일 콜럼버스의 날 Columbus Day

1492년 크리스토퍼 콜럼버스가 신대륙을 발견한 것을 기념하는 날로 뉴욕에서는 일부 도로가 통제되고 콜럼버스가 탔던 범선을 당시 모습으로 재현하여 행진하며 허드슨강에 배를 띄우기도 한다.

10월 31일 할로윈 Halloween

무서운 마녀나 유령 또는 재미난 복장으로 파티를 벌이는데 특히 그리니치 빌리지와 소호에서 퍼레이드가 펼쳐진다. 코스튬을 대여할 수도 있다.

@Anthony Quintano

11월 넷째 목요일 추수감사절 Thanksgiving Day

추석 같은 가족 명절로 보통 집에서 칠면조 요리로 만찬을 즐기고 TV 풋볼 중계를 즐긴다. 맨해튼 메이시스 백화점에서 후원하는 화려한 퍼레이드가 펼쳐져 아침부터 인파로 가득하다. 추수감사절 당일에는 상점들이 문을 닫지만 다음 날인 금요일은 블랙 프라이데이(Black Friday) 세일을 하고 월요일에는 온라인에서 사이버 먼데이(Cyber Monday) 세일을 하기도 한다.

12월 25일 크리스마스 Christmas

예수의 탄생일이자 지인들에게 한 해의 감사를 표시하는 날로 카드와 선물을 주고받는다.

@Anthony Quintano

12월 31일 새해 전야 New Year's Eve

한 해를 마감하는 날로 타임스 스퀘어 행사가 유명하다. 밤 11시 59분이 되면 거대한 공을 떨어뜨리며 카운트타운이 시작되는데, 이 광경을 직접 보기 위해 낮부터 자리를 잡고 기다리는 사람들로 인산인해를 이룬다. 이 유명한 볼 드랍핑(Ball Dropping) 행사는 미국 전역에 생중계되어 다함께 카운트다운과 해피 뉴 이어(Happy New Year)!를 외친다.

레스토랑 위크 Restaurant Week

1년에 2번(보통 2월과 9월), 수십 곳의 레스토랑에서 스페셜한 가격에 세트 메뉴를 선보이는 주간으로 일찍 예약해야 한다.

참여 레스토랑과 일정 안내
www.nycgo.com/restaurant-week

브로드웨이 위크 Broadway Week

1년에 2번(보통 2월과 9월), 수십 곳의 뮤지컬 극장에서 행사기간에 1+1 티켓을 판매한다. 뮤지컬을 반값에 볼 수 있는 기회라 일찍 예약해야 한다.

참여 극장과 일정 안내
www.nycgo.com/broadway-week

무료 콘서트

날씨가 맑아지는 6월부터 뉴욕은 음악의 도시가 되어 시민들을 위한 무료 공연이 펼쳐진다.

- 콘서트 인 더 파크(Concerts in the Parks) : 센트럴파크에서 열리는 뉴욕 필하모닉의 클래식 공연(6월)
스케줄과 장소 안내 https://nyphil.org/parks
- 서머 스테이지(Summer Stage) : 뉴욕 시내 곳곳에서 재즈, 힙합, 락 등 다양한 장르로 열리는 콘서트(6~8월)
스케줄과 장소 안내
https://cityparksfoundation.org/summerstage/

메리 크리스마스 대신 해피 홀리데이!

다양한 인종과 종교가 섞여있는 뉴욕에서는 요란한 크리스마스를 부담스러워하는 사람도 있다. 레스토랑이나 상점, 길거리에서 모르는 사람들에게도 '메리 크리스마스(Merry Christmas)' 인사를 주고받는 이날, 유대인, 무슬림 등 각자의 종교적 신념이 강한 사람들은 이러한 인사에 다소 냉담하기도 하다. 따라서 종교적인 색채가 없는 '해피 홀리데이(Happy Holidays)!'가 무난하다.

뉴욕 실용 정보 Information

01 영업시간

상점

보통 평일에는 10:00~18:00, 토요일에는 더 늦게까지 하는 곳이 많다. 일요일에는 11:00~17:00 정도로 단축 영업한다. 슈퍼마켓과 약국은 밤 늦게까지, 또는 24시간 하는 곳도 있다.

식당

영업장마다 차이가 큰데, 보통 평일 11:00~21:00, 금요일과 토요일에는 늦게까지 하고 일요일에는 일찍 문을 닫는 편이다. 물론 저녁에만 오픈하거나 아침 일찍 오픈하는 곳도 있다. 점심과 저녁 사이 브레이크 타임으로 닫는 곳도 있다.

관광 명소

명소마다 차이가 크다. 주말과 휴일에 하는 곳도 있지만 추수감사절과 크리스마스 당일은 쉬는 곳이 많으며 신년, 독립기념일 등 기타 공휴일은 각각 다르다.

02 소비세 Sales taxes

미국은 각종 요금이나 물품, 메뉴 등에 제시된 가격에 추가로 소비세가 붙는다(우리나라는 이미 포함).
뉴욕시의 소비세는 8.875% 이다. 하지만 식료품이나 $110 이하의 의류와 신발에 대해서는 세금이 붙지 않는다. 반면 가솔린, 호텔, 담배 등에 붙는 세금은 악명 높기로 유명하다.

03 무료 와이파이

시내 곳곳에 LinkNYC Free WIFI가 표시된 핫스팟 키오스크가 있어 무료 와이파이나 USB 충전이 가능하다. 처음에 한번 이메일 주소를 입력하면 다른 핫스팟에서도 쉽게 연결할 수 있으며 속도도 5G라서 매우 빠르다.

04 팁 Tip(Gratuity)

미국은 팁 문화가 일반화되어 있으며 특히 뉴욕은 팁에 민감하고 비율이 높으니 유의해야 한다.

❶ 레스토랑

세금을 제외한 금액의 18~25%를 준다. 식당에서 서빙을 하는 사람들은 최저임금에 적용받지 않으므로 팁에 예민한 편이다. 팁이 아깝다고 생각된다면 셀프서비스 식당이나 패스트푸드점을 이용하자. 간혹 팁이 포함된 곳도 있으니 반드시 영수증을 확인하자.

❷ 호텔

벨보이 : 짐을 들어주면 개당 $1~2.
메이드 서비스 : 청소해주면 $2~5.
룸 서비스 : 방에서 음식을 시키면 음식값의 15~20% 정도.
도어맨 : 택시를 불러주거나 차를 가져다주면 일반 호텔은 $1~2, 고급 호텔은 $2~5.

❸ 택시

요금의 18~20%, 짐이 많은 경우 그 이상도 준다.

05 도량형

1875년에 체결된 국제미터협약에 의해 많은 나라들이 표준 도량형을 사용하는데 미국은 아직도 독자적인 단위를 사용하고 있어 상당히 불편하다.

❶ 길이(Liner)

1 인치 in(inch) = 2.54 cm
1 피트 ft(feet) = 12 in = 30.48 cm
1 마일 mi(mile) = 1760 yd = 1.6 km

❷ 무게(Weight)

1 온스 oz(ounce) = 28.35 g
1 파운드 lb(pound) = 16 oz = 453.6 g
1 톤 ton = 2000 lb = 907.185 kg

❸ 부피(액량)(Liquid)

주유소의 휘발유 가격은 갤런 단위다.
1 파인트 pint = 0.4723 liter
1 쿼트 quart = 2 pints = 0.9464 liter
1 갤런 gal(gallon) = 4 quart = 3.7853 liter

❹ 온도(Temperature)

온도 계산은 좀 복잡하므로 몇 개 외워두는 것이 편리하다. 가장 쾌적한 온도는 화씨 70도.
(섭씨 Celsius = (화씨-32) x 5/9,
화씨 Fahrenheit = 섭씨 x 9/5 +32)
32°F : 섭씨 0°C | 50°F : 섭씨 10°C
70°F : 섭씨 21°C | 100°F : 섭씨 37.8°C

06 주소 읽기

미국의 주소는 ①번지수, ②도로명, ③도시명, ④주(State), ⑤우편번호로 구성된다.

예시 엠파이어 스테이트 빌딩
주소 20 W 34th St, New York, NY 10001

❶ 번지수 다음에 나오는 W(West)는 5번가를 기준으로 서쪽을 뜻한다. 즉, E(East)는 동쪽이며, 동서를 나누는 기준점이 5번가가 되어 대략 위치를 추측할 수 있다.

❷ 도시계획 이전에 형성된 다운타운은 도로명이 대부분 고유명사지만 나머지는 숫자(서수)로 되어있다. St(Street)는 동서로 이어진 길이며 Ave(Avenue)는 남북으로 이어진다.

❸ 도로명 다음의 New York은 맨해튼을 뜻하며 나머지는 Brooklyn, Queens 등의 구역명을 쓴다.

❹ 마지막 NY은 뉴욕주를 뜻하고 숫자는 우편번호다.

07 화장실

지하철이나 길거리에서 공중화장실을 찾기 어렵다. 식당이나 공공건물에서 이용한다.

08 기후와 옷차림

뉴욕은 강과 바다로 둘러싸여 있어 날씨 변화가 크고 국지성 소나기가 잦은 편이다. 보통 봄에 비가 잦고 여름에는 무더우며 가을은 쾌적하지만 겨울에는 매우 춥고 비바람이 강하며 가끔 폭설이 찾아온다. 특히 최근 기후 변화로 봄과 가을은 짧고 여름과 겨울의 날씨가 매우 불안정해지고 있다. 여행하기 가장 좋은 때는 9~10월로 맑고 쾌적한 편이며, 4~5월에는 온도는 적당하나 비가 자주 오는 편이다. 관광객이 가장 많은 때는 휴가철인 6~8월이며, 12월에는 춥지만 크리스마스 시즌이라 관광객도 많다.

	1월	2월	3월	4월	5월	6월	7월	8월	9월	10월	11월	12월
최고기온(℃)	4	6	10	16	22	26	29	29	25	18	12	7
최저기온(℃)	-3	-2	2	7	12	18	21	20	17	11	6	1
강수량(mm)	105	90	111	109	119	98	117	107	107	98	111	100

09 문화

❶ **인사** 이방인들이 모여 사는 뉴욕은 바쁜 출퇴근 시간에 무뚝뚝한 사람도 있지만 대부분 길에서 모르는 사람과 눈이 마주치면 서로 웃어준다. 상점이나 레스토랑에서는 종업원들이 인사를 잘 하는데, 보통 "How's it going?"이라고 질문하면 그냥 지나치지 말고 간단히 "Good!"이라고 답해주자.

❷ **프라이버시** 뉴요커들은 프라이버시를 매우 중시한다. 길에서 어깨가 부딪히거나 발을 밟았을 때에는 "I'm Sorry"라고 미안함을 표시하는 것이 예의다. 다른 사람 옆을 지나갈 때에도 가능하면 상대방을 가로막지 않도록 조심하고 다른 사람 앞을 지나갈 때에는 "Excuse me"라고 말하는 것이 예의다. 줄을 서 있을 때에도 앞사람에게 너무 가까이 서지 말고, 공항, 매표소, 슈퍼마켓 카운터에서도 앞사람이 업무가 완전히 끝나기 전까지는 카운터로 다가가지 않도록 하자.

❸ **음주 규제** 미국은 21세 이하에게 술을 판매할 수 없어 술집이나 마트에서 술을 살 때 신분증 검사를 하므로 신분증을 소지해야 한다. 또한 길거리, 공원, 경기장 등 공공장소나 자동차(자신의 승용차라도)에서 술을 마시는 것은 물론, 술병이 열려진 채로 들고 다니는 것이 금지되어 있다.

❹ **복장** 뉴욕의 고급 레스토랑이나 클럽, 오페라 하우스 등에는 드레스 코드가 있어 이를 따르지 않으면 입장이 제한될 수 있으니 미리 확인한다.

❺ **제이워크** 복잡한 맨해튼의 1~2차선 도로에서는 무단횡단이 다반사다. 따라서 운전 시 매우 조심해야 한다.

10 공휴일

미국의 공휴일은 요일로 정하는 경우가 많다. 대부분 월요일이라 금요일부터 연휴가 이어지며, 추수감사절은 목요일부터 연휴가 시작된다. 연휴기간에는 공항과 여행지가 붐비며 특히 추수감사절과 크리스마스는 우리나라 명절처럼 공항이 북적대고 외곽으로 나가는 도로도 막힌다. 추수감사절과 크리스마스 당일에는 문을 닫는 곳이 많지만 다음 날부터는 정상 영업을 하는 편이다.

- 1월 1일 신년 New Years Day
- 1월 셋째 월요일 마틴 루터 킹의 날
- Martin Luther King Jr. Day
- 2월 셋째 월요일 대통령의 날 Presidents' day
- 5월 마지막 월요일 현충일 Memorial Day
- 7월 4일 독립기념일 Independence Day
- 9월 첫째 월요일 근로자의 날 Labor Day
- 10월 둘째 월요일 콜럼버스의 날 Columbus Day
- 11월 11일 재향군인의 날 Veterans' Day
- 11월 넷째 목요일 추수감사절 Thanksgiving Day
- 12월 25일 크리스마스 Christmas

11 일광 절약 시간제(서머타임제) Daylight Savings Time(DST)

미국은 2005년 개정된 에너지정책 조항에 따라서 3월 둘째 일요일부터 11월 첫째 일요일까지 한 시간 앞당겨 사용하고 있다. 위성 시계를 사용하는 휴대폰에서는 자동으로 시간이 맞춰지지만 각자의 시계는 스스로 맞춰야 한다. 3월이나 11월에 여행하게 된다면 비행기나 예약시간에 차질이 생기지 않도록 주의하자.

센트럴 파크 (JFK 공항에 가까워질 때 맨해튼이 한눈에 내려다 보인다)

뉴욕 들어가기
Getting to New York

뉴욕 가는 방법
뉴욕 시내 교통
뉴욕 투어
뉴욕 할인 패스
뉴욕 추천 일정

뉴욕 가는 방법

한국에서 대한항공과 아시아나항공, 델타항공, 에어프레미아 직항편이 있으며 14시간 정도 소요된다. 그리고 에어캐나다, 유나이티드항공 등은 캐나다나 미국을 경유해 17시간 이상 소요된다. 도착하는 공항은 대부분 JFK 공항이며 에어프레미아나 경유편은 뉴어크 공항으로 가기도 한다.

A 케네디 국제공항 JFK International Airport (JFK 공항)

뉴욕을 대표하는 국제공항이다. 뉴욕시 동남쪽 끝에 있어 퀸스와 브루클린에서 가깝고 맨해튼에서도 멀지 않은 25km 거리다. 1948년에 오픈한 복잡한 공항으로 곳곳에서 공사가 진행 중이다.

맵북 P.26 **주소** JFK Airport, Queens, NY 11430
홈페이지 www.jfkairport.com

● 케네디 국제공항에서 맨해튼까지 교통수단 비교

교통수단	소요시간	요금	특징
에어트레인+지하철	60~80분	$11.40	가장 저렴하지만 1~2회 환승해야 한다.
에어트레인+LIRR 열차	35분	$13~19	빠르고 저렴하지만 지하철보다 환승이 번거로울 수 있다.
택시	40~50분	$85~95	맨해튼까지는 정찰제라 편리하다.
우버	40~70분	$80~120	애플리케이션을 깔아야 한다. 맨해튼은 교통 체증이 발생할 땐 택시보다 비쌀 수 있지만 그 외 지역은 택시보다 저렴한 편이다.
밴 서비스	60~100분	$27~48 정도	짐이 많을 때 편리하지만 시간이 오래 걸릴 수 있다.

1. 에어 트레인 Air Train

공항의 각 터미널을 지나 지하철역까지 가는 모노레일이다. 공항 근처의 지하철역은 하워드 비치역(Howard Beach Station; 지하철 A)과 자메이카역(Jamaica Station; 지하철 E · J · Z)이다. 자메이카역에는 맨해튼 펜스테이션으로 가는 롱아일랜드 레일로드(Long Island Railroad; LIRR)가 있는데 급행열차라서 30분밖에 걸리지 않는다. 컨택리스 카드가 있다면 티켓을 구매할 필요 없이 개찰구에 자신의 카드를 탭하고 들어가면 된다(없다면 발매기에서 구입). 플랫폼으로 가면 어느 지하철역으로 갈지 전광판을 확인하고 탄다.

요금 성인 $8.50(+지하철=$11.40) **홈페이지** www.airtrainjfk.com

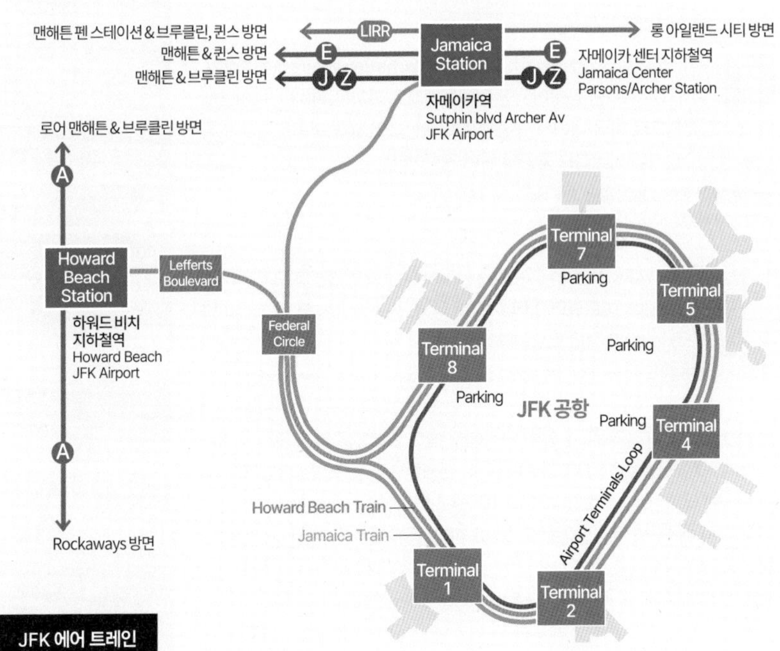

JFK 에어 트레인

2. 택시 · 공유차량(우버 등)

비싸지만 짐이 많을 때 가장 편리한 방법이다. 택시는 맨해튼까지 정찰제라서 교통 체증 시 우버보다 저렴하다. 택시 전용 승차장이 출국장에서 가까워 더욱 편리하며, 우버 같은 공유차량 서비스의 픽업 장소는 "패신저 픽업(Passenger Pick Up)" 이정표를 따라가서 타는데 터미널에 따라 공사중인 경우 셔틀버스를 타야 하기도 한다.

요금 (맨해튼 기준) 택시는 $90 정도 (기본요금 $70+부가요금, 톨비, 팁 15~20%까지), 우버는 시간대에 따라 $80~120

3. 고 에어링크 Go Airlink

사설 밴 차량으로 크게 두 종류가 있으며 홈페이지에서 예약할 수 있다.

❶ 그랜드 센트럴 익스프레스
(Grand Central Express)
맨해튼의 그랜드 센트럴역까지 운행하는 밴 셔틀버스다. 최종 목적지에 따라 저렴하면서도 편리한 방법이 될 수 있다. 요금 $27 정도

❷ 셰어드 라이드(Shared Ride)
원하는 곳에 내려주므로 짐이 많을 경우 편리하면서도 저렴한 방법이다. 단, 동승자가 많으면 시간이 오래 걸리고, 목적지에 따라 소요 시간이 차이 난다. 2인까지는 택시보다 저렴하다. 요금 $35 정도

홈페이지 www.goairlinkshuttle.com

4. 한인 공항 셔틀

한인 여행사에서 운영하는 밴 차량으로 맨해튼의 타임스퀘어와 한인타운까지 왕복한다. 홈페이지나 카카오톡에서 예약해야 한다.

요금 $38~48 **홈페이지** [앳홈트립] https://athometrip.com [타미스] www.tamice.com

B 뉴어크 국제공항 Newark Liberty International Airport (EWR)

뉴저지에 위치한 공항이지만 맨해튼에서도 가까운 편이다. 에어프레미아나 경유편으로 미국 내에서 항공편을 이용한다면 뉴어크 공항으로 도착하는 경우도 많다(유나이티드 항공의 허브 공항이다).

맵북 P.26 **주소** 3 Brewster Rd, Newark, NJ 07114
홈페이지 www.newarkairport.com

1. 공항 버스 Newark Airport Express 뉴어크 공항과 맨해튼을 오가는 버스다. 맨해튼의 그랜드 센트럴역, 브라이언트 파크, 포트 오소리티 버스 터미널에 정차하며 50~60분 정도 소요된다.

요금 편도 $25(왕복 $42) **홈페이지** www.coachusa.com/airport-transportation

---

2. 에어 트레인 Air Train **+ 열차** 공항에서 에어 트레인을 타고 근처의 기차역까지 가서 NJ 트랜짓(NJ Transit)열차로 맨해튼으로 들어가는 방법이다. 로어 맨해튼의 WTC역으로 간다면 뉴어크 펜 스테이션 Newark Penn Station에서 다시 패스(PATH) 열차로 갈아타야 한다. 공항에서 맨해튼까지 40~50분 소요.

요금 에어 트레인+NJ 트랜짓=$17.10 **홈페이지** www.airtrainnewark.com

---

3. 택시 · 공유차량(우버 등) 택시는 편리하지만 비싸다. 맨해튼 기준으로 기본 운임이 $60~80 정도이며, 팁과 톨게이트 요금이 추가된다. 신용카드를 사용하면 수수료가 붙고 큰 짐에도 추가 요금이 있다 또한 뉴욕주는 (스테이튼 아일랜드 제외) 혼잡 요금(평일 06:00~09:00/16:00~19:00, 주말 12:00~20:00)이 $5 추가된다. 우버 등 공유 차량은 좀 더 저렴하다.

---

4. 밴 서비스 Shared Ride Van 밴 차량으로 원하는 장소에 내려주므로 짐이 많을 때 편리하지만 여러 사람과 함께 이용해 시간이 오래 걸릴 수 있다. 홈페이지를 통해 예약할 수 있다.

요금 (맨해튼 기준) $38~48 **홈페이지** [고에어링크] www.goairlinkshuttle.com
[앳홈트립] https://athometrip.com [타미스] www.tamice.com

C 라 과디아 공항 La Guardia Airport (LGA)

주로 국내선 항공 노선 중심이라 한국에서 갈 때에는 거의 이용할 일이 없다. 맨해튼에서 가까운 편이라 택시로 30분, 버스+지하철 등 대중교통으로는 1시간 정도 소요된다.

맵북 P.26 **주소** La Guardia Airport, Queens, NY 11371
홈페이지 www.laguardiaairport.com

@Dietcoup

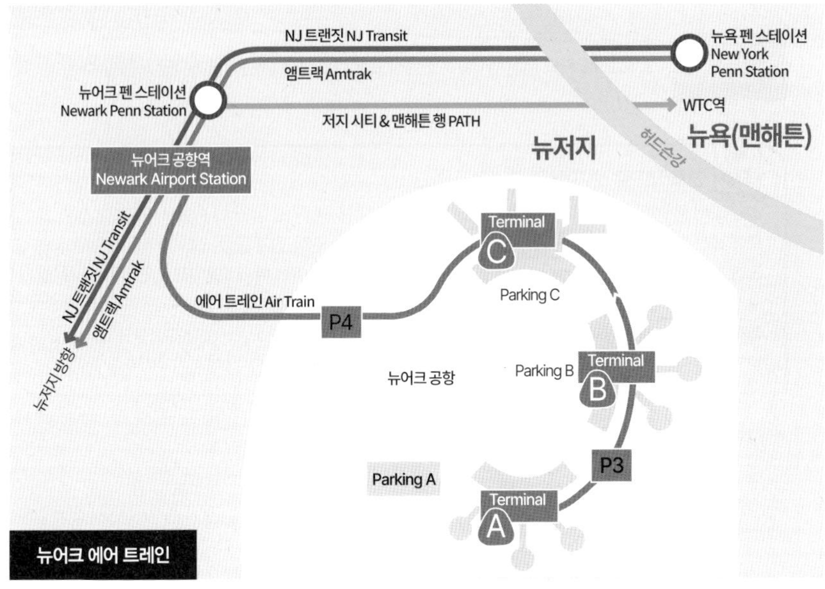

뉴욕 시내 교통

뉴욕은 매우 복잡한 도시지만 대중교통이 잘 갖추어져 있다. 교통국인 MTA(Metropolitan Tranportation Authority)에서 일괄적으로 관리해 요금 시스템이 통합되어 있다. 또한 택시의 수가 많고 택시요금이 물가에 비해 저렴한 편이다. 지하철, 버스, 택시 모두 안전한 편이라 현지인들도 상당히 많이 이용한다(신장 112cm 이하 어린이는 무료).

홈페이지 www.mta.info

● 뉴욕의 교통 시스템

1. 옴니 OMNY 뉴욕의 새로워진 교통 시스템으로, 한국에서 발행해간 컨택리스(비접촉식) 카드나 구글페이, 애플페이, 삼성페이 등 스마트폰으로도 결제할 수 있다. 우리나라처럼 탭(Tap) 방식이라 사용도 편리하고 교통카드를 따로 사지 않아 더욱 간편하다. 시작한 날로부터 일주일 내에는 $34까지 사용하면 그 이상은 무료다. (일주일 안에 12회 탑승하면 7일째 되는 날까지 무제한) **단, 1개의 카드나 페이만 연속해서 사용해야 한다.**

컨택리스(Contactless) 카드란?

국내에서 발행된 카드라도 해외 사용이 가능한 카드(크레디트 카드 또는 체크 카드)에는 대부분 비접촉식 기능이 있다. 이를 확인하려면 자신의 카드에 와이파이 표시가 있는지 보면 된다.

2. 메트로 카드 Metro Card 옛날식 교통카드로 2026년 6월까지만 사용할 수 있다.

교통카드로 쓰기 좋은 국내발급 카드

최근 국내 은행과 카드사에서 발급하는 트래블카드(해외여행 선불카드)는 우대 환율을 적용받고 일반 카드에 붙는 해외사용 수수료가 없어 유리하다. 환전도 원하는 시점에 쉽게 할 수 있다(금액은 제한적이다). 또한 해외에서 컨택리스(Contactless) 결제가 가능해 지하철이나 버스에서 교통카드로 편리하게 사용할 수 있다.

홈페이지 트래블월렛 www.travel-wallet.com, 트래블로그 https://m.hanacard.co.kr, 토스뱅크 www.tossbank.com, 신한SOL트래블 www.shinhancard.com, KB국민 트래블러스 https://card.kbcard.com

● 교통수단별 장단점

	장점	단점
지하철	빠르다, 저렴하다.	시설이 낡고 더러우며 에스컬레이터가 거의 없다.
버스	지나가다 쉽게 탈 수 있고 인터넷이 가능하다, 저렴하다.	교통체증 시 시간이 오래 걸린다.
택시 / 우버	편리하다.	교통체증 시 오래 걸리고 요금이 비싸다.
PATH	뉴저지를 빠르게 오갈 수 있다.	노선이 제한적이다.

1. 지하철 Metro 뉴욕의 지하철은 매우 지저분하지만 복잡한 시내를 단숨에 연결해주는 편리한 수단이다. 또한 24시간 운행되므로 밤늦게도 이용할 수 있다. 안전한 편이지만 너무 늦은 시간에 혼자 다닐 때는 조심하자.

지하철 이용 시 유의사항

❶ 지하철역 입구를 확인한다

뉴욕의 지하철역은 열차의 행선지에 따라 지하철역의 출입구가 다른 곳이 있다. 즉, 같은 역이라도 북쪽으로 올라가는 노선(Uptown)과 남쪽으로 내려가는 노선(Downtown)의 출입구가 다른 역이 있으므로 입구를 확인하자. Uptown & Downtown이라고 써 있다면 출입구가 같은 경우다. 또한 같은 플랫폼에서도 여러 개의 노선이 다니기 때문에 반드시 열차 번호를 확인하고 타야 한다.

❷ 열차 종류를 확인한다

같은 노선이라도 급행(Express)과 완행(Local)으로 나뉜다. Express는 주요 역에만 정차하므로 장거리 이동 시 소요시간을 줄일 수 있다. Local은 모든 역마다 정차하기 때문에 오래 걸린다. 주말에는 Express도 Local과 마찬가지로 모든 역에 정차하며 배차 간격도 크다.

❸ 화장실이 없다.

❹ 노선과 역마다 다르지만 주행 중에는 인터넷이 잘 안 된다.

❺ 플랫폼에는 에어컨이 없다.

2. 버스 Bus 버스는 지상을 달리기 때문에 창밖을 구경할 수 있고 인터넷도 잘 된다. 단, 교통 체증을 감수해야 한다. 정류장은 보통 애비뉴(Avenue) 한 블록, 스트리트(Street) 두 블록마다 있어 정류장 간 거리가 짧은 편이다. 참고로, 동-서를 가로 지르는 노선은 도로명의 숫자가 버스 번호와 일치하는 경우가 많다. 즉, 42번 버스는 42nd St를 지나가는 버스이며 57번 버스는 57th St를 지나가는 버스다.

버스 이용 시 유의사항

❶ 리미티드 Limited

같은 번호의 버스라도 앞에 'Limited' 라고 써 있으면 주요 역에만 정차하므로 빠르지만 자신이 내리는 역을 지나칠 수 있으니 주의하자.

❷ 셀렉트 Select Bus Service; SBS

푸른색 차량에 앞에 '+SELECT BUS' 표시가 있는 버스는 요금을 미리 내고 타는 버스다. 따라서 정류장에 있는 발매기에서 티켓을 사서 소지하고 있어야 한다(메트로카드 무제한권 소시자는 발매기에서 확인증을 받아두어야 한다). 셀렉트 버스는 드라이버가 요금을 받지 않기 때문에 교통국 직원이 불시검문해서 무임승차로 적발되면 벌금을 추징한다. 옴니를 이용할 경우 리더기는 주로 뒷문 쪽에 있다.

❸ 승하차

승차 시 앞문으로 타서 검표기에 티켓을 넣는다(셀렉트 버스는 요금을 미리 냈기 때문에 뒤로 타도 된다). 하차 시 미리 창문 근처나 손잡이에 있는 노란색 또는 검정색 테이프를 누르면 앞 창문 쪽에 'STOP REQUESTED' 사인이 켜진다(줄을 잡아 당기는 버스도 있다). 버스가 정차하고 문에 불이 들어오면 문 앞에 있는 테이프나 버튼을 누르면 문이 열린다.

◀ 택시 호출 애플리케이션

3. 택시 Taxi 옐로 캡(Yellow Cab)이라 불리는 노란 택시는 뉴욕시의 공식 면허를 받은 택시로, '뉴욕의 아이콘'으로 꼽힐 만큼 유명하다(연두색 택시도 있는데 맨해튼 북부와 맨해튼 외에서만 탑승 가능하다). 기본 요금은 $3이며 1/5 마일당 70센트씩 올라간다. 각종 수수료 $1.50가 추가되며 20:00~06:00 시간대에는 심야 할증요금 $1가, 평일 16:00~20:00에는 교통 체증요금 $2.50가, 맨해튼 출도착 또는 통과할 때에는 혼잡 요금 $2.50가 추가된다. 톨게이트나 터널 비용도 추가될 수 있고 팁은 보통 15~20% 정도다.

홈페이지 www.nyc.gov/taxi

4. 공유 차량 뉴욕은 미국에서 택시 이용률이 가장 높은 도시인 만큼 택시 애플리케이션도 다양하다. 우버(Uber)와 리프트(Lyft)도 많이 쓰지만 출퇴근 시간에는 잘 안 잡히고 가격대가 올라가서 택시 호출 애플리케이션인 커브(Curb), 애로(Arro) 등도 많이 이용한다. 사용 방법은 카카오택시와 비슷하다.

[사용 방법]

❶ 스마트폰에 애플리케이션을 다운받아 가입한다.
❷ 계정을 만들 때 결제할 신용카드 정보를 입력하면 자동결제되므로 현지에서는 휴대폰만 있으면 된다.
❸ 차량이 필요할 때 애플리케이션을 열어 목적지를 입력한다. 출발지는 자동으로 현재 위치가 입력되며 바꿀 수도 있다.
❹ 출발지와 목적지가 정해지면 지도에 주변 차량이 검색된다. 차량과 서비스에 따라 요금이 다르다.
❺ 예상 요금을 확인하고 선택하면 픽업 위치가 표시되고 운전기사 정보가 나온다.
❻ 픽업 장소에 차량이 도착하면 번호판, 색상, 모델명 등으로 식별한다(드라이버가 전화나 문자를 하기도 한다).
❼ 목적지에 도착하면 팁은 직접 입력하고 요금은 등록한 카드에서 자동결제된다.

Tip 택시 애플리케이션 이용 시 유의사항

❶ 통화를 해야 하는 경우 휴대폰이 로밍 상태라면 국제전화를 해야 해서 드라이버가 거부할 수도 있다.
❷ 심카드를 사용한다면 현지 전화번호를 입력해야 한다.
❸ 택시를 불렀다가 취소하면 벌금이 부과된다.

5. 패스 PATH 뉴욕의 맨해튼과 뉴저지를 이어주는 열차 시스템으로 뉴욕의 6개 역과 뉴저지의 7개 역이 연결된다. 뉴저지에서 맨해튼으로 출퇴근하는 사람들이 주요 사용해 평일 밤이나 주말에는 노선이 제한적이다. 여행자들은 뉴저지의 위호켄(P.388)이나 저지 시티(P.389)에 갈 때 이용할 수 있다. 이용 방법은 지하철과 같으나, 무제한권(Unlimited) 교통카드는 사용할 수 없다.

홈페이지 www.pathrail.com

6. 페리 Ferry 관광 크루즈가 아닌 통근 페리는 저렴하면서도 간단히 뉴욕의 강변을 즐길 수 있는 교통수단이다. 맨해튼을 중심으로 해서 브롱크스, 퀸스, 브루클린을 잇는 NYC Ferry와 뉴저지를 잇는 NY Waterway가 있다. 통근용이라 주말에는 운행 횟수가 적고 운행하지 않는 노선도 있으니 유의하자.

홈페이지 [NYC Ferry] www.ferry.nyc, [NY Waterway] www.nywaterway.com

PATH 노선도

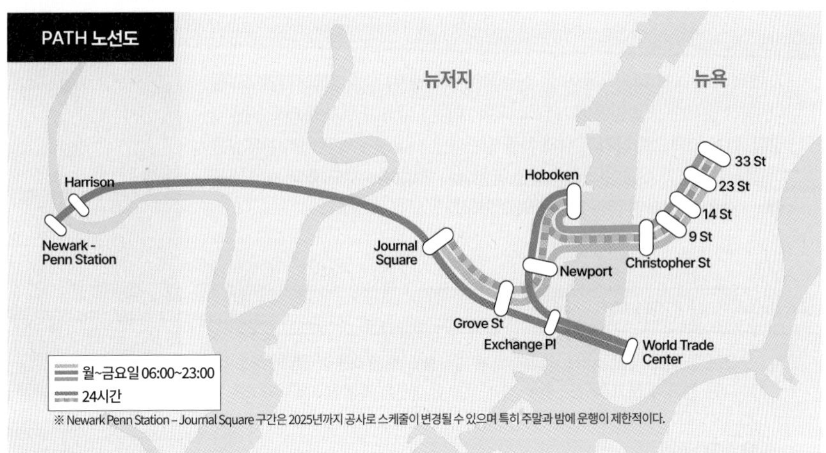

※ Newark Penn Station – Journal Square 구간은 2025년까지 공사로 스케줄이 변경될 수 있으며 특히 주말과 밤에 운행이 제한적이다.

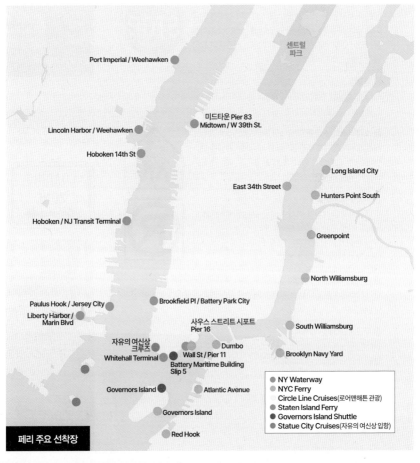

센트럴 파크
Port Imperial / Weehawken
미드타운 Pier 83
Midtown / W 39th St.
Lincoln Harbor / Weehawken
Hoboken 14th St
Long Island City
East 34th Street
Hunters Point South
Hoboken / NJ Transit Terminal
Greenpoint
North Williamsburg
Paulus Hook / Jersey City
Brookfield Pl / Battery Park City
Liberty Harbor / Marin Blvd
사우스 스트리트 시포트 Pier 16
South Williamsburg
자유의 여신상 크루즈
Dumbo
Whitehall Terminal
Wall St / Pier 11
Brooklyn Navy Yard
Battery Maritime Building Slip 5
Governors Island
Atlantic Avenue
Governors Island
Red Hook

- NY Waterway
- NYC Ferry
- Circle Line Cruises(로어맨해튼 관광)
- Staten Island Ferry
- Governors Island Shuttle
- Statue City Cruises(자유의 여신상 입항)

페리 주요 선착장

7. 렌터카 뉴욕은 대중교통이 잘 발달되어 있어 굳이 차를 빌리지 않아도 된다. 특히 맨해튼은 일방통행이 많고 교통 체증이 심하며 주차 문제도 만만치 않다. 뉴욕 외곽으로 나가기 위해 차를 빌린다면 시내 곳곳의 렌터카 사무실을 이용하고 일정의 처음이나 끝이라면 공항에서 픽업하는 것도 좋다. 성수기에 렌터카를 이용한다면 한국에서 일찍 예약하자.

운전 시 주의사항

운전을 잘 하는 사람이라도 미국의 교통 법규를 모르면 소용이 없다. 우리와 다른 점이 꽤 많고 벌금도 매우 세다. 특히 맨해튼은 복잡한 지역이라 더 까다로우니 주의해야 한다.

❶ 정지(Stop)
정지 표지판이 있는 곳에서는 무조건 정지해야 한다. 완전히 서지 않고 속도만 줄이고 지나가다 걸리면 벌금이다. 교차로에 정지 표지판이 있다면 직진이나 좌회전 상관없이 먼저 정지한 차부터 지나간다. 신호등이 고장일 경우에도 마찬가지다.

❷ 앰뷸런스
구급차, 소방차, 경찰차 등 사이렌이 울리면 무조건 속도를 줄이고 (우측 차선으로 옮겨) 정차해야 한다.

❸ 스쿨버스와 스쿨존(School Bus&School Zone)
스쿨버스가 정차해 빨간불을 켜거나 Stop 사인을 보이면 무조건 정지해야 한다. 또한 스쿨존은 제한 속도가 15~20 정도로 매우 느리다.

❹ 주차(Parking)
주차장마다 가격차가 커서 저렴한 곳은 하루에 $20도 있지만 비싼 곳은 시간당 $30도 있다. 여행자들이 주로 가는 번화가나 상업지구는 물론 비싸다. 불법 주차 시에는 즉시 견인(tow)되고 벌금도 세다.

◀ 짐 싣는 차량만 이용 가능한 로딩존(적재 구역)에 정차나 주차 금지

❺ 경적 금지(Don't Honk)
주거지역이나 관공서 등 소음제한 지역이 많아 경적을 울리다 걸리면 벌금이 무겁다.

❻ 무단횡단(Jay Walk)
맨해튼의 보행자들은 신호등을 무시하고 빨간불이라도 마구 지나가는 사람들이 많으니 항상 주의해야 한다.

❼ 일방통행(One Way)
맨해튼의 큰 도로는 대부분 일방통행이다. 길을 한번 놓치면 빙빙 돌아야 하고 체증도 심하다.

경적을 울리면 벌금이 무거우니 주의하자.

8. 기차 맨해튼의 중심 미드타운에 2개의 기차역이 있다. 행선지에 따라 다른데 여행자들은 대부분 펜 스테이션을 이용한다.

❶ 펜 스테이션(Penn St; Pennsylvania Station)
공식 명칭은 펜실베이니아 스테이션이지만 보통 펜 스테이션(Penn Station)이라 부른다. 보스턴, 워싱턴, 시카고 등 대도시들을 연결하는 앰트랙이 지나며, 뉴욕의 브루클린, 퀸스, JFK공항과 롱아일랜드 지역을 오가는 롱아일랜드 레일로드(LIRR; Long Island Rail Road), 그리고 뉴저지와 뉴어크 공항을 오가는 뉴저지 트랜짓(NJ Transit)이 있어 여행자들이 많이 들른다. 지하철역과도 연결되는 거대한 교통 허브로 상점과 식당도 있다.

맵북 P.13-A2 **주소** 351 West 31st St, New York, NY 10001 **가는 방법** 지하철 A·C·E·1·2·3 노선 34 St- Penn Station역과 연결

❷ 그랜드 센트럴 스테이션(Grand Central Station)
뉴욕 북부 지역과 코네티컷까지 연결하는 메트로 노스 레일 로드(Metro North Rail Road)가 지나 통근용으로 주로 이용되며 뉴욕의 교통국인 MTA에서 관리하고 있다. 지하철역과 연결되며 레스토랑, 푸드홀, 상점, 마켓 등이 있다.

맵북 P.13-C1, 15-B3 **주소** 49 E 42nd St, New York, NY 10017 **가는 방법** 지하철 4·5·6·7·S 노선 Grand Central-42 St역과 연결

9. 시외버스 버스는 교통 체증이나 노선 때문에 기차보다 더 오래 걸리기도 하지만 선택의 폭이 넓고 기차보다 저렴하다. 중심 터미널은 미드타운에 있으며 터미널 없이 특정 장소를 정류장으로 이용하는 버스 회사도 많다.

❶ 포트 오소리티 터미널(Port Authority Bus Terminal)
뉴욕을 오가는 대부분의 시외버스들이 이용하는 중심 터미널이다. 그레이하운드, 그레이라인, 피터팬 등 장거리 고속버스들이 우드버리 아웃렛이나 보스턴, 워싱턴 등을 오간다. 지하철과 버스도 잘 연결되고 식당이나 상점도 많다.

맵북 P.13-A1, 14-A3 **주소** 641 8th Ave, New York, NY 10036 **가는 방법** 지하철 A·C·E 노선 42 St- Port Authority Bus Terminal역에서 바로

❷ 기타 시외 버스
시외로 나가는 버스는 여러 회사에서 경쟁적으로 운행해 종류가 많다. 가격 경쟁도 치열한 편이라 일찍 예약하면 $5 이하의 초특가도 가능하다. 출발지와 도착지는 길거리 정류장인 경우가 많으니 잘 확인해두자. 맨해튼 출발의 경우 허드슨야드 부근이나 타임스 스퀘어, 차이나타운 등이다.

검색 및 예약 완더루(Wanderu) www.wanderu.com

뉴욕 투어

뉴욕은 대중교통과 도보여행으로도 충분한 곳이지만 경우에 따라 투어를 이용하기도 한다. 특히 일정이 짧거나 아동 또는 노약자를 동반한 여행이라면 무리해서 걸어다니기보다는 버스 투어를 이용하는 것이 편하고, 색다른 뉴욕을 감상하고 싶다면 크루즈나 헬기 투어를 이용하는 것도 좋다.

크루즈 투어 Cruise Tours

맨해튼은 선착장이 많고 배를 이용한 투어도 많다. 맨해튼을 한 발짝 떨어져서 바라보면 복잡한 도심과 달리 멋진 스카이라인을 제대로 감상할 수 있다. 야경 크루즈, 재즈 크루즈, 샴페인 크루즈, 선셋 크루즈 등 다양한 테마가 있고 30분짜리부터 3시간짜리까지 루트도 많다. 가장 유명한 업체는 서클라인이며 랜드마크 투어는 90분 소요, 가격은 날씨와 좌석에 따라 $38~72 정도다.

서클라인 크루즈 www.circleline.com

헬기 투어 Helicopter Tours

뉴욕을 하늘에서 볼 수 있는 멋진 투어다. 프로그램마다 다르지만 센트럴파크와 자유의 여신상 등을 내려다볼 수 있는데 생각보다는 좀 멀게 느껴진다. 10~20분의 짧은 시간이라도 보통 $230~300이며 유류 가격에 따라 추가 요금이 붙기도 한다.

뉴욕 헬리콥터 투어 https://heliny.com,
리버티 헬리콥터 https://libertyhelicopter.com

버스 투어 Bus Tours

2층 버스를 타고 뉴욕 시내를 누비는 버스 투어는 관광객들에게 항상 인기가 높다. 교통 체증이 있기도 하지만 뉴욕의 거리를 바라보는 것도 재미있다. 어린이나 노약자를 동반한 경우 대중교통보다 편리한 대안이다.

❶ 홉온 홉오프 Hop-on Hop-off

정해진 정류장에서 자유롭게 내렸다 탈 수 있는 버스로 시내를 돌다가 명소에 내려 시간을 보내기 좋다. 2층은 오픈되어 있어 사진을 찍기 좋지만 비가 오거나 춥거나 더운 날에는 힘들 수 있다. 보통 1일권 가격은 $60~80, 2일권은 $80~100 정도다.

빅버스 투어 www.bigbustours.com,
탑뷰 www.topviewnyc.com,
시티 사이트시잉 https://city-sightseeing.com

❷ 더 라이드 The Ride

뉴욕이기에 가능한 신개념의 버스 투어로 창문이 큰 버스에 앉아 가이드의 설명을 듣는 투어다. 바깥을 구경하다가 차가 막히는 곳에서는 갑자기 길을 지나던 행인이 돌변해 춤을 추는 등 퍼포먼스를 끼워 흥미를 더한다. 뉴욕의 교통 체증을 역으로 이용한 신박한 투어로 가이드의 유머도 재미있다. 단, 영어로 진행되니 참고하자.

요금 $89 **홈페이지** https://experiencetheride.com

뉴욕 할인 패스

뉴욕의 여러 명소 입장료를 묶어 할인해주는 패스다. 종류가 많으니 먼저 자신이 방문할 명소들이 있는지, 그리고 가격과 사용기간, 수령 방법 등을 꼼꼼히 비교해보고 선택하자. 여러 업체들 중 반갑게도 한국인이 운영하는 두 회사의 패스가 가장 가성비가 좋고 한국어 서비스와 한국어 도슨트 프로그램 등이 있어 여러모로 편리하다.

스마트 패스 Smart Pass

명소 선택 개수에 따라 할인된 요금으로 구입하는 패스다. 여러 곳을 방문한다면 가성비가 뛰어나고 명소 선택의 폭이 넓다. 유효기간은 6개월. 대부분 e-티켓이지만 일부 명소는 타임스 스퀘어에 있는 사무실에서 수령해야 한다.

맵북 P.14-B2 **주소** 566 7th Ave(7층)
홈페이지 https://athometrip.com

더 뉴욕 패스 The New York Pass

포함된 명소와 투어는 가장 많지만 사용 기간에 따라 요금을 내는 방식이라 짧은 시간에 아주 많이 봐야 가성비가 좋아진다. 모바일 패스라 바로 쓸 수 있다.

홈페이지 https://newyorkpass.com

시티 패스 City Pass

세 종류의 패스가 있는데 다른 패스보다 조금 비싸고 명소 선택의 폭이 좁다. 유효기간은 9일. 모바일 패스라 바로 쓸 수 있다.

홈페이지 www.citypass.com

사이트시잉 패스 Sightseeing Pass

두 종류 패스가 있는데 플렉스 패스(Flex Pass)는 스마트 패스, 빅 애플 패스와 비슷하지만 비싸고, 데이 패스Day Pass는 더 뉴욕 패스와 비슷하다. 모바일 패스라 바로 쓸 수 있다.

홈페이지 www.sightseeingpass.com

고 시티 패스

사이트시잉 패스와 마찬가지로 두 종류 패스가 있는데, 익스플로러 패스(Explorer Pass)는 스마트 패스, 빅 애플 패스와 비슷하지만 비싸고, 올 인클루시브 패스(All-Inclusive Pass)는 더 뉴욕 패스와 비슷하다. 모바일 패스라 바로 쓸 수 있다.

홈페이지 https://gocity.com

빅 애플 패스 Big Apple Pass

스마트 패스와 마찬가지로 명소 선택 개수에 따라 할인된 패스다. 역시 가성비가 좋고 선택의 폭이 넓다. 유효기간 6개월. 대부분 e-티켓이지만 일부 명소는 타임스 스퀘어에 있는 사무실에서 수령해야 한다.

맵북 P.14-B2 **주소** 151 W 46th St(1002호)
홈페이지 www.tamice.com

추천 일정 1

바쁜 당신을 위한 아쉽지만 알찬 3일

세계의 수도 뉴욕에
단 3일 만을 허락한
당신, 야박한 일정이지만
불가능은 없다!
일정이 짧은 만큼
동선이 너무 흐트러지지
않으면서도 꼭 봐야 할 곳
위주로 돌아보자.

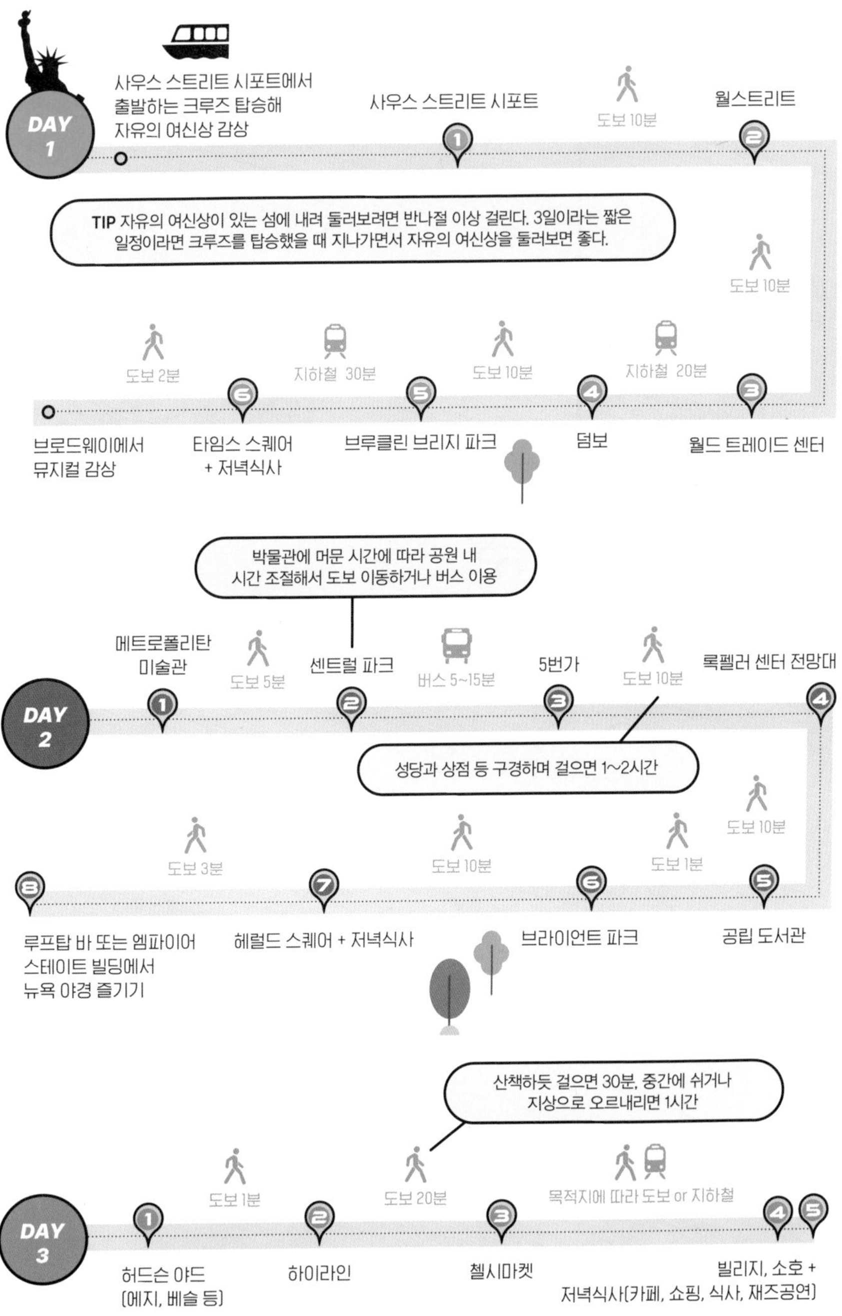
DAY 1
사우스 스트리트 시포트에서
출발하는 크루즈 탑승해
자유의 여신상 감상
사우스 스트리트 시포트
도보 10분
월스트리트
TIP 자유의 여신상이 있는 섬에 내려 둘러보려면 반나절 이상 걸린다. 3일이라는 짧은 일정이라면 크루즈를 탑승했을 때 지나가면서 자유의 여신상을 둘러보면 좋다.
도보 10분
도보 2분
지하철 30분
도보 10분
지하철 20분
브로드웨이에서
뮤지컬 감상
타임스 스퀘어
+ 저녁식사
브루클린 브리지 파크
덤보
월드 트레이드 센터
박물관에 머문 시간에 따라 공원 내
시간 조절해서 도보 이동하거나 버스 이용
DAY 2
메트로폴리탄
미술관
도보 5분
센트럴 파크
버스 5~15분
5번가
도보 10분
록펠러 센터 전망대
성당과 상점 등 구경하며 걸으면 1~2시간
도보 10분
도보 3분
도보 10분
도보 1분
루프탑 바 또는 엠파이어
스테이트 빌딩에서
뉴욕 야경 즐기기
헤럴드 스퀘어 + 저녁식사
브라이언트 파크
공립 도서관
산책하듯 걸으면 30분, 중간에 쉬거나
지상으로 오르내리면 1시간
DAY 3
도보 1분
도보 20분
목적지에 따라 도보 or 지하철
허드슨 야드
(에지, 베슬 등)
하이라인
첼시마켓
빌리지, 소호 +
저녁식사(카페, 쇼핑, 식사, 재즈공연)

추천 일정 2

볼 건 다 봐야 하는 꽉 찬 5일

뉴욕의 5일은 꽉 찬 듯하지만 그래도 아쉬움이 남는 시간. 열심히 달려보자! 필수 관광지는 다 모았다. 동선과 취향을 고려해 나만의 스폿을 추가해보자.

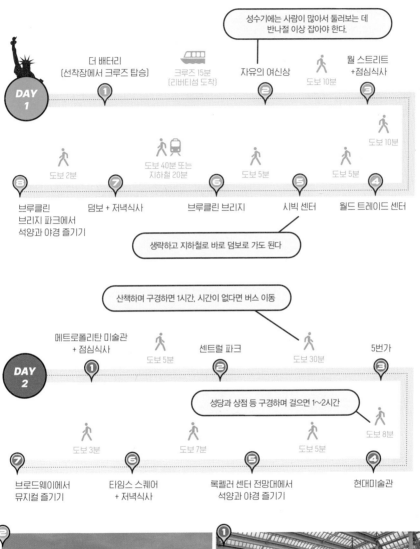

DAY 1

성수기에는 사람이 많아서 둘러보는 데 반나절 이상 잡아야 한다.

1. 더 배터리 (선착장에서 크루즈 탑승)
   - 크루즈 15분 (리버티섬 도착)
2. 자유의 여신상
   - 도보 10분
3. 월 스트리트 +점심식사
   - 도보 10분
4. 월드 트레이드 센터
   - 도보 5분
5. 시빅 센터
   - 생략하고 지하철로 바로 덤보로 가도 된다
   - 도보 5분
6. 브루클린 브리지
   - 도보 40분 또는 지하철 20분
7. 덤보 + 저녁식사
   - 도보 2분
8. 브루클린 브리지 파크에서 석양과 야경 즐기기

DAY 2

1. 메트로폴리탄 미술관 + 점심식사
   - 도보 5분
2. 센트럴 파크
   - 도보 30분
   - 산책하며 구경하면 1시간, 시간이 없다면 버스 이동
3. 5번가
   - 도보 8분
   - 성당과 상점 등 구경하며 걸으면 1~2시간
4. 현대미술관
   - 도보 5분
5. 록펠러 센터 전망대에서 석양과 야경 즐기기
   - 도보 7분
6. 타임스 스퀘어 + 저녁식사
   - 도보 3분
7. 브로드웨이에서 뮤지컬 즐기기

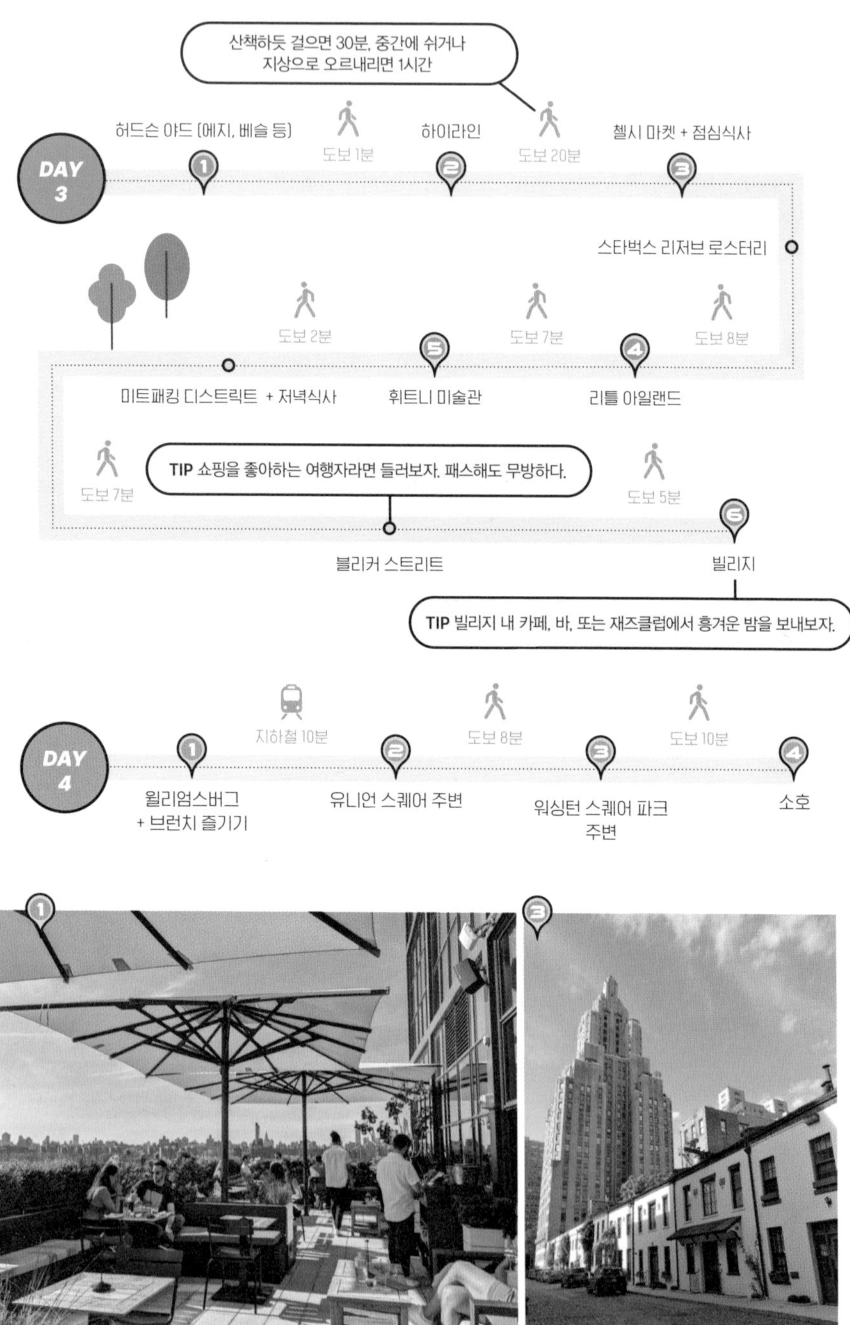
산책하듯 걸으면 30분, 중간에 쉬거나
지상으로 오르내리면 1시간
DAY 3
허드슨 야드 (에지, 베슬 등)
도보 1분
하이라인
도보 20분
첼시 마켓 + 점심식사
스타벅스 리저브 로스터리
도보 8분
리틀 아일랜드
도보 7분
휘트니 미술관
도보 2분
미트패킹 디스트릭트 + 저녁식사
도보 7분
TIP 쇼핑을 좋아하는 여행자라면 들러보자. 패스해도 무방하다.
블리커 스트리트
도보 5분
빌리지
TIP 빌리지 내 카페, 바, 또는 재즈클럽에서 흥겨운 밤을 보내보자.
DAY 4
윌리엄스버그
+ 브런치 즐기기
지하철 10분
유니언 스퀘어 주변
도보 8분
워싱턴 스퀘어 파크
주변
도보 10분
소호

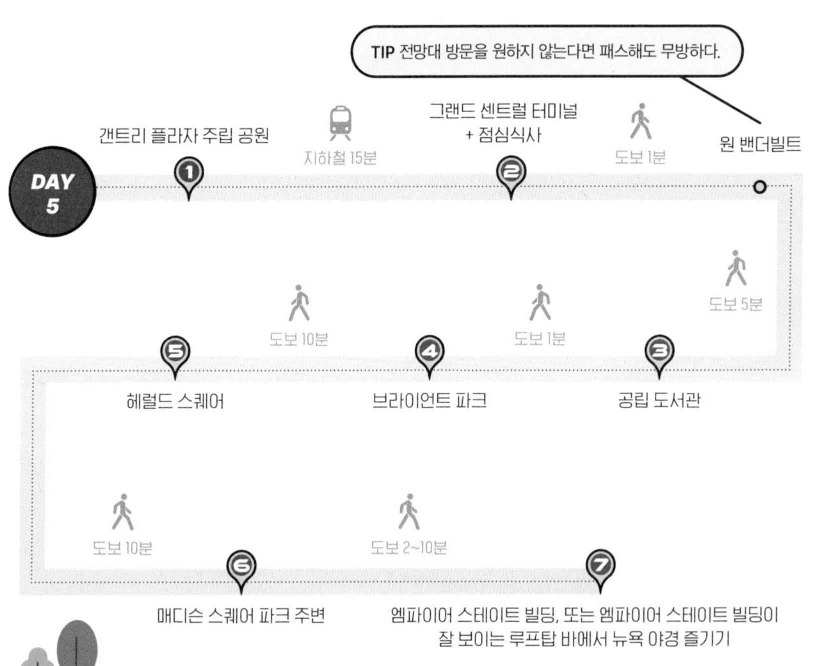
TIP 전망대 방문을 원하지 않는다면 패스해도 무방하다.
DAY 5
갠트리 플라자 주립 공원
지하철 15분
그랜드 센트럴 터미널 + 점심식사
도보 1분
원 밴더빌트
도보 5분
공립 도서관
도보 1분
브라이언트 파크
도보 10분
헤럴드 스퀘어
도보 10분
매디슨 스퀘어 파크 주변
도보 2~10분
엠파이어 스테이트 빌딩, 또는 엠파이어 스테이트 빌딩이 잘 보이는 루프탑 바에서 뉴욕 야경 즐기기

추천 일정 3

여유 있게 즐기는 7일

뉴욕에서 온전한 일주일을 보낼 수 있다면 행운! 주말을 낄 수 있으니 주말에만 열리는 푸드마켓이나 플리마켓, 그리고 주말 브런치를 즐길 수 있다.

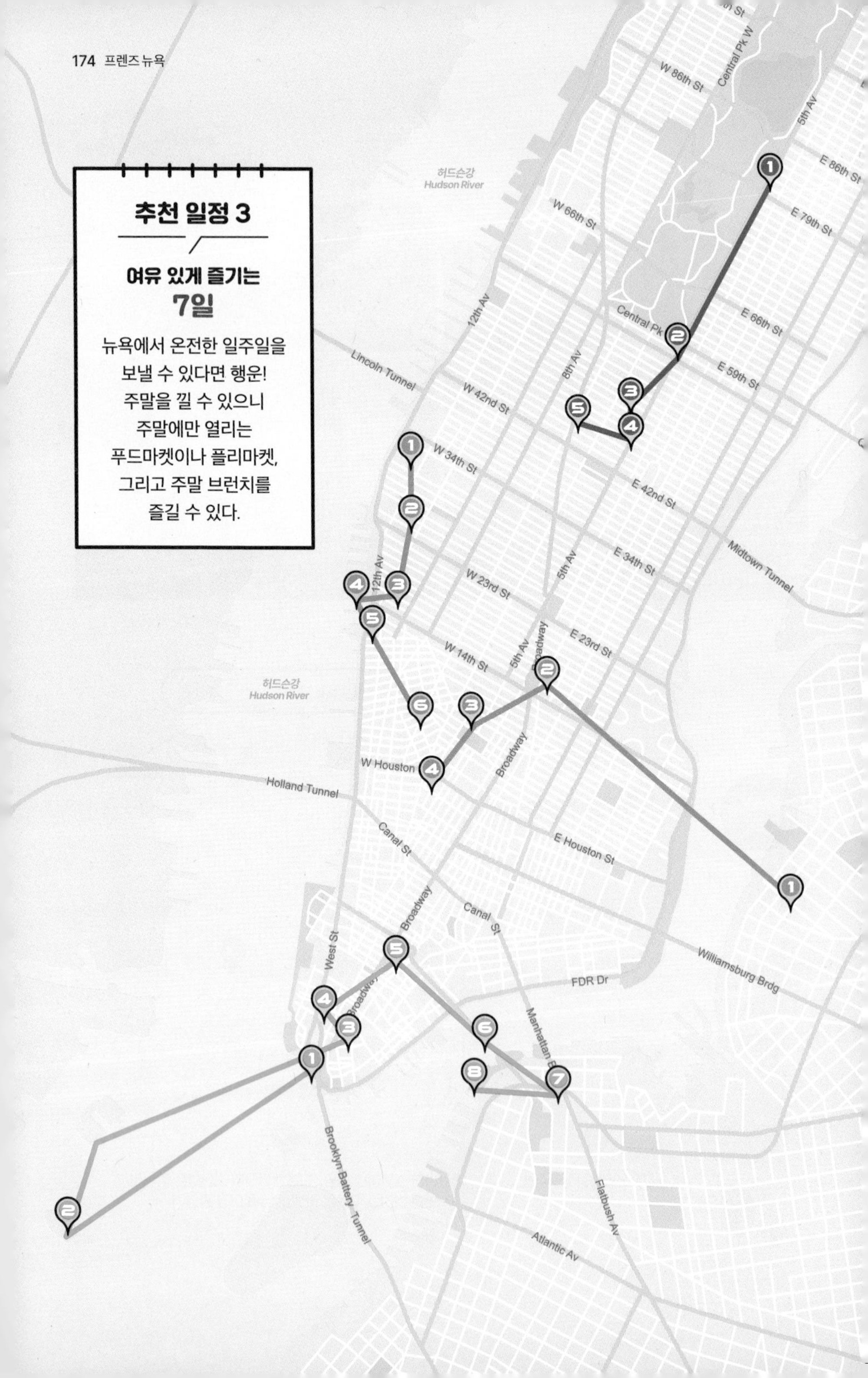

❶ 더 배터리 ➡ ❷ 자유의 여신상 ➡ ❸ 월스트리트 + 점심식사 ➡ ❹ 월드 트레이드 센터 ➡ ❺ 시빅 센터 ➡ ❻ 브루클린 브리지 ➡ ❼ 덤보 + 저녁식사 ➡ ❽ 브루클린 브리지 파크

❶ 메트로폴리탄 미술관 + 점심식사 ➡ ❷ 5번가 ➡ ❸ 현대미술관 ➡ ❹ 록펠러 센터 ➡ ❺ 타임스 스퀘어 + 저녁식사 ➡ 뮤지컬 관람

❶ 허드슨 야드 ➡ ❷ 하이라인 ➡ ❸ 첼시 마켓 +점심식사 ➡ ❹ 리틀 아일랜드 ➡ ❺ 휘트니 미술관 + 미트패킹 디스트릭트 ➡ ❻ 빌리지 + 저녁식사

❶ 윌리엄스버그 + 브런치 ➡ ❷ 유니언 스퀘어 ➡ ❸ 워싱턴 스퀘어 파크 ➡ ❹ 소호 + 저녁식사

❶ 갠트리 플라자 주립 공원 ➡ ❷ 그랜드 센트럴 터미널 + 점심식사 ➡ (원 밴더빌트) ➡ ❸ 공립 도서관 ➡ ❹ 브라이언트 파크 ➡ ❺ 헤럴드 스퀘어 ➡ ❻ 매디슨 스퀘어 파크 + 저녁식사 ➡ ❼ 루프탑 바

※ 괄호친 명소는 패스해도 무방하다.

❶ 해밀턴 파크 ➡ (❷ 인트리피드 뮤지엄) ➡ ❸ 콜럼버스 서클 + 점심식사 ➡ ❹ 링컨센터 ➡ ❺ 자연사 박물관 ➡ ❻ 세인트 존 더 디바인 성당 ➡ ❼ 컬럼비아 대학교 + 저녁식사

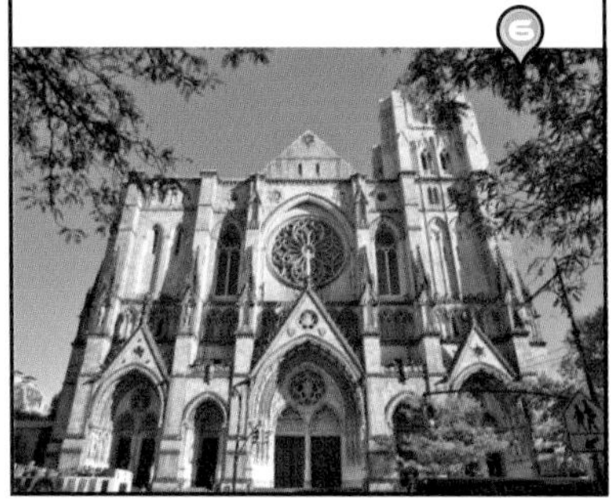

※ 괄호친 명소는 호불호가 갈릴 수 있는 박물관이라 패스해도 무방하다.

❶ 컨저버토리 가든 ➡ ❷ 뉴욕시 박물관 ➡ ❸ 재클린 오나시스 저수지 ➡ ❹ 쿠퍼휴이트 디자인 미술관 ➡ ❺ 구겐하임 미술관 ➡ ❻ 노이에 갤러리 ➡ ❼ 센트럴 파크 ➡ ❽ 더폰드

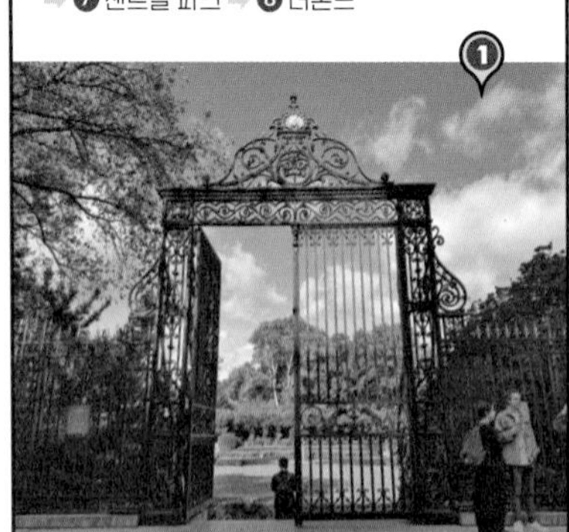

근교까지 다녀오는 10일

위의 7일 일정에 하루는 근교 아웃렛에서 하루 종일 신나는 쇼핑, 그리고 1박 2일로 미국의 행정수도인 워싱턴 D.C.에 다녀온다면 뿌듯한 10일 일정이 채워진다.

Broadway
Cathedral Pkwy
Central Pk N
W 96th St
Central Pk W
W 86th St
E 96th St
E 86th St
허드슨강
Hudson River
W 66th St
E 79th St
12th Av
Central Pk S
E 66th St
Lincoln Tunnel
8th Av
E 59th St
W 42nd St
Queensbo
W 34th St
E 42nd St
Midtown Tunnel
E 34th St
5th Av
W 23rd St
12th Av
E 23rd St
W 14th St
5th Av
Broadway
드슨강
son River
Broadway
W Houston St
olland Tunnel

01 미술관 완전정복

20세기 이후 세계의 미술을 이끌어 가는 뉴욕은 놀라울 만큼 훌륭한 미술관들로 가득하다. 시대별, 주제별로 풍부한 컬렉션을 마음껏 감상할 수 있다.

DAY 1

첫날은 뉴욕 최고의 미술관에서 온전히 하루를 보내자. 맨해튼 끝자락의 고요한 수도원에서 시작되는 미술여행에서 중세의 세계가 펼쳐진다. 클로이스터스는 메트로폴리탄 미술관 분관으로 중세 유물과 예술품이 있고 메트로폴리탄 미술관 본관에는 고대 이집트, 그리스, 로마, 중동, 아시아, 아프리카의 유물과 유럽의 회화와 조각, 미국의 예술작품이 총망라되어 있다.

① 클로이스터스

지하철 + 버스로 40분

② 메트로폴리탄 미술관

TIP 입장권 하나로 두 곳 모두 이용할 수 있다.

DAY 2

첫날 클래식한 대형 미술관을 보았다면 둘째 날은 규모는 조금 작지만 너무나 중요하고 개성 있는 미술관들을 모아서 볼 차례다. 5번가를 따라 북쪽에서부터 내려오면 나란히 이어진다.

버스 12분

④ 뉴욕 현대미술관

TIP 시간이 있다면 입장권 하나로 퀸스의 별관 PS1도 이용할 수 있다.

하이라인을 이용해
도보 10~15분

체시 갤러리

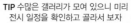

TIP 수많은 갤러리가 모여 있으니 미리 전시 일정을 확인하고 골라서 보자

휘트니 미술관

구겐하임 미술관

도보 3분

DAY 3

이틀간 꼭 봐야 할 명작들에 심취했다면 이제는 컨템퍼러리 미술의 현장을 보러갈 차례다. 60개가 넘는 작은 갤러리들이 모여 있는 미술 산업의 중심지를 직접 보고 특별 전시가 활발한 미술관들도 들러보자.

노이에 갤러리

버스 7분

TIP
첼시 갤러리에서 일찍 일정이 끝난다면 뉴 뮤지엄 전시 일정을 확인해 들러보자.

프릭 매디슨

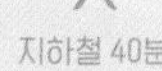

지하철 40분

브루클린 미술관

02 도보로 즐기는 건축여행

뉴욕을 더욱 멋지게 만드는 것은 하늘 높은 줄 모르고 솟아오르는 수많은 건물들 때문. 이 도시가 어떻게 근대를 겪고 현대를 지나 초현대로 나아가는지 직접 확인해보자.

다운타운 3시간 코스

19세기에 기능적으로 유행했던 캐스트아이언 지구를 시작으로 19세기에서 20세기 초반 유럽의 고전주의를 흠모하고 따라가던 시기의 건물들을 많이 볼 수 있다.

1 소호 (19세기 캐스트아이언 지구)

지하철 15분

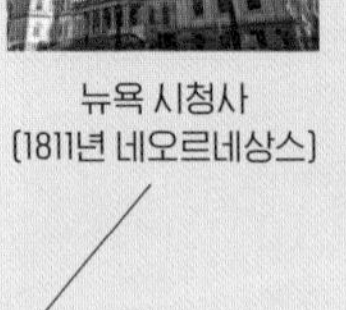

뉴욕 시청사 (1811년 네오르네상스)

도보 2분

6 울워스 빌딩 (1912년 네오고딕)

7

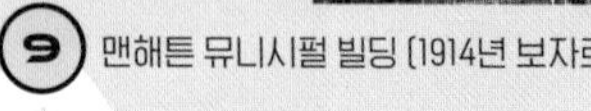

9 맨해튼 뮤니시펄 빌딩 (1914년 보자르)

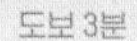

도보 3분

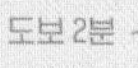

도보 2분

도보 8분

8 8 스프루스 스트리트 (2010년 해체주의 by 프랭크 게리)

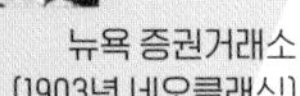

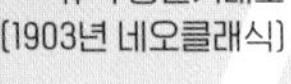

3 뉴욕 증권거래소 (1903년 네오클래식)

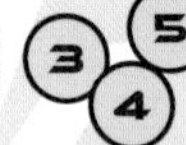

5 페더럴 홀 (1842년 네오클래식)

도보 10분

4

모건 하우스 (1913년 네오클래식)

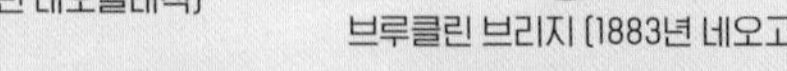

10 브루클린 브리지 (1883년 네오고딕)

도보 5분

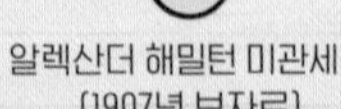

2 알렉산더 해밀턴 미관세청 (1907년 보자르)

포스트모던 2시간 코스

새로운 실험을 두려워하지 않는 뉴욕은 건축에서도 그 모습이 잘 드러난다. 첨단의 기술과 자본, 그리고 예술이 만나면서 매년 놀라운 건물들이 끊임없이 지어지고 있다.

1 원 콜럼버스 서클 (2003년 콜럼버스 서클의 곡면을 따라 곡선으로 지어진 유리 빌딩)

도보 3분

2 센트럴 파크 타워 (2021년 완공된 470m의 슈퍼 슬렌더 빌딩)

도보 1분

3 허스트 타워 (1928년 지어진 건물 위에 리노베이션 2006년 하이테크 by 노먼 포스터)

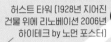

지하철 20분

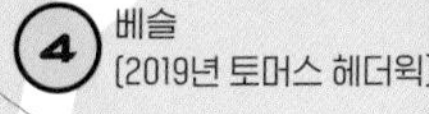

4 베슬 (2019년 토머스 헤더윅)

도보 5분

5 520 웨스트 28th (2017년 자하 하디드)

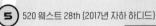

도보 10분

6 100 11th (2010년 장 누벨)

7 IAC 빌딩 (2007년 프랭크 게리)

도보 10분

8 휘트니 미술관 (2015년 렌조 피아노)

어퍼 & 미드 이스트 4~5시간 코스

업타운의 5번가에서 시작해 미드타운까지 내려가다 보면 뉴욕의 건축이 유럽을 극복하는 과정을 생생히 볼 수 있다. 바우하우스로 대표되는 유럽의 모더니즘은 제2차 세계대전을 맞으며 미국으로 이전되고 뉴욕에서 국제주의로 꽃을 피운다.

GE빌딩 (5번가, 1968년 국제주의)

버스 12분

(3)

(4) 애플스토어 (5번가 2006년 포스트모던)

도보 2분

(5) LVMH 타워 (1999년 포스트모던 아르데코)

(6)

도보 2분

(7)

도보 4분

(8)

(9) 시그램 빌딩 (1958년 국제주의 by 미스 반데 로어)

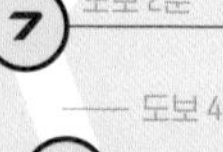

도보 3분

(10)

(15) 록펠러 센터 (1939년 아르데코)

도보 10분

지하철 10분

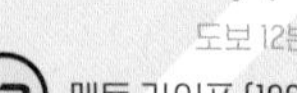

도보 12분

(14) 공립 도서관 (1911년 보자르)

도보 7분

(13) 메트 라이프 (1963년 국제주의)

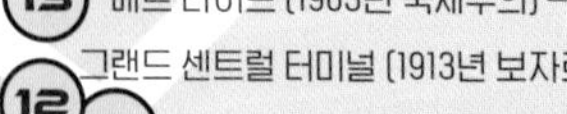

(12) 그랜드 센트럴 터미널 (1913년 보자르)

(11)

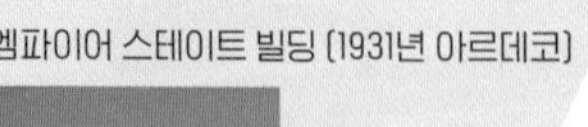

(16) 엠파이어 스테이트 빌딩 (1931년 아르데코)

도보 10분

(17) 플랫아이언 빌딩 (1902년 보자르, 네오르네상스)

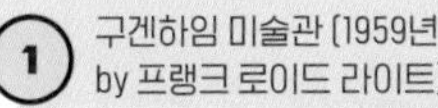
1 구겐하임 미술관 (1959년 모더니즘 by 프랭크 로이드 라이트)

도보 7분

2 메트로폴리탄 미술관 (5번가 입구 1902년 보자르 by 리처드 모리스 헌트)

풀러 빌딩 (1929년 아르데코)

550 매디슨 애비뉴 (1983년 포스트모던 by 필립 존슨)

레버 하우스 (1952년 국제주의)

립스틱 빌딩 (1986년 포스트모던)

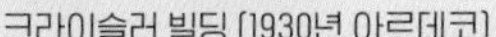
크라이슬러 빌딩 (1930년 아르데코)

03 아이와 함께 타는 이층 버스와 크루즈 3일

아동을 동반한 여행이라면 무엇을 보느냐도 중요하지만 어떻게 보느냐도 문제. 대중교통보다는 투어버스와 크루즈를 활용해보자. 정해진 정류장에서 자유롭게 내렸다 탈 수 있는 홉온 홉오프 버스는 대부분의 명소와 가깝다.

인트리피드 뮤지엄
(아이의 취향과 연령에 따라)

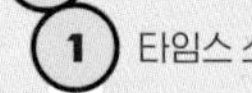

8 타임스 스퀘어 야경과 브로드웨이 뮤지컬

1 타임스 스퀘어

6 허드슨 야즈

2 엠파이어 스테이트 빌딩

첫날은 타임스 스퀘어에서 출발하는 다운타운 홉온 홉오프 버스에 오르자. 주요 명소들을 편하게 돌아볼 수 있다. 날씨에 따라 다르지만 오픈된 2층 좌석은 아이들도 신이 난다.

3 다리미 빌딩
(옆에는 해리포터 스토어)

5 월드 트레이드 센터

4 월 스트리트 (아이가 어리다면 근처에 범선이 있는 사우스 스트리트 시포트로 가자)

DAY 2

둘째날은 대중교통을 시도해보자.
버스나 지하철을 이용해
메트로폴리탄 미술관에서 시작해
5번가를 일직선으로 걷거나 버스를
이용해 시내 중심으로 내려온다.

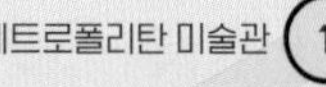

메트로폴리탄 미술관 ①

② 센트럴 파크

③ 5번가

④ 뉴욕 현대미술관
(아이의 취향과
연령에 따라 유엔본부나
그랜드 센트럴 터미널로 대체)

⑤ 록펠러 센터
(전망대, 레고 매장, 겨울에는 스케이트장)

DAY 3

셋째날은 뉴욕의 상징 자유의
여신상을 만나러 가자.
더 배터리 파크에서 출발하는
크루즈를 타고 시원한 바람을
맞으며 리버티섬과 엘리스섬을
방문하고 늦은 오후에는
자유시간을 보내자.

① 더 배터리

③ 엘리스섬

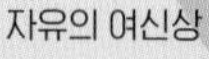

자유의 여신상 ②

뉴욕 지역별 여행
New York Area by Area

콜럼버스 서클 &
어퍼 웨스트 사이드

어퍼 이스트 &
센트럴 파크

타임스
스퀘어

5번가

허드슨 야즈 &
첼시

헤럴드 스퀘어 &
미드타운 이스트

유니언 스퀘어 &
매디슨 스퀘어 파크

그리니치
빌리지

소호 &
놀리타

이스트 빌리지 &
로어 이스트 사이드

윌리엄스버그

로어 맨해튼

덤보

맨해튼
Manhattan

로어 맨해튼
Lower Manhattan

맨해튼의 가장 남쪽 끝부분으로 다운타운이라고 하면 보통 이 지역을 뜻한다. 최남단에 녹지대인 더 배터리가 있고 여기서 배를 타고 가면 뉴욕의 상징인 자유의 여신상을 만날 수 있다. 그리고 바로 북쪽에는 월스트리트로 유명한 금융가 파이낸셜 디스트릭트가 있으며 행정의 중심인 시빅 센터도 있다. 이처럼 로어 맨해튼은 뉴욕의 역사가 시작된 곳이자 현재 뉴욕의 행정이 이루어지는 곳, 그리고 세계의 금융을 움직이는 다이내믹한 곳이다.

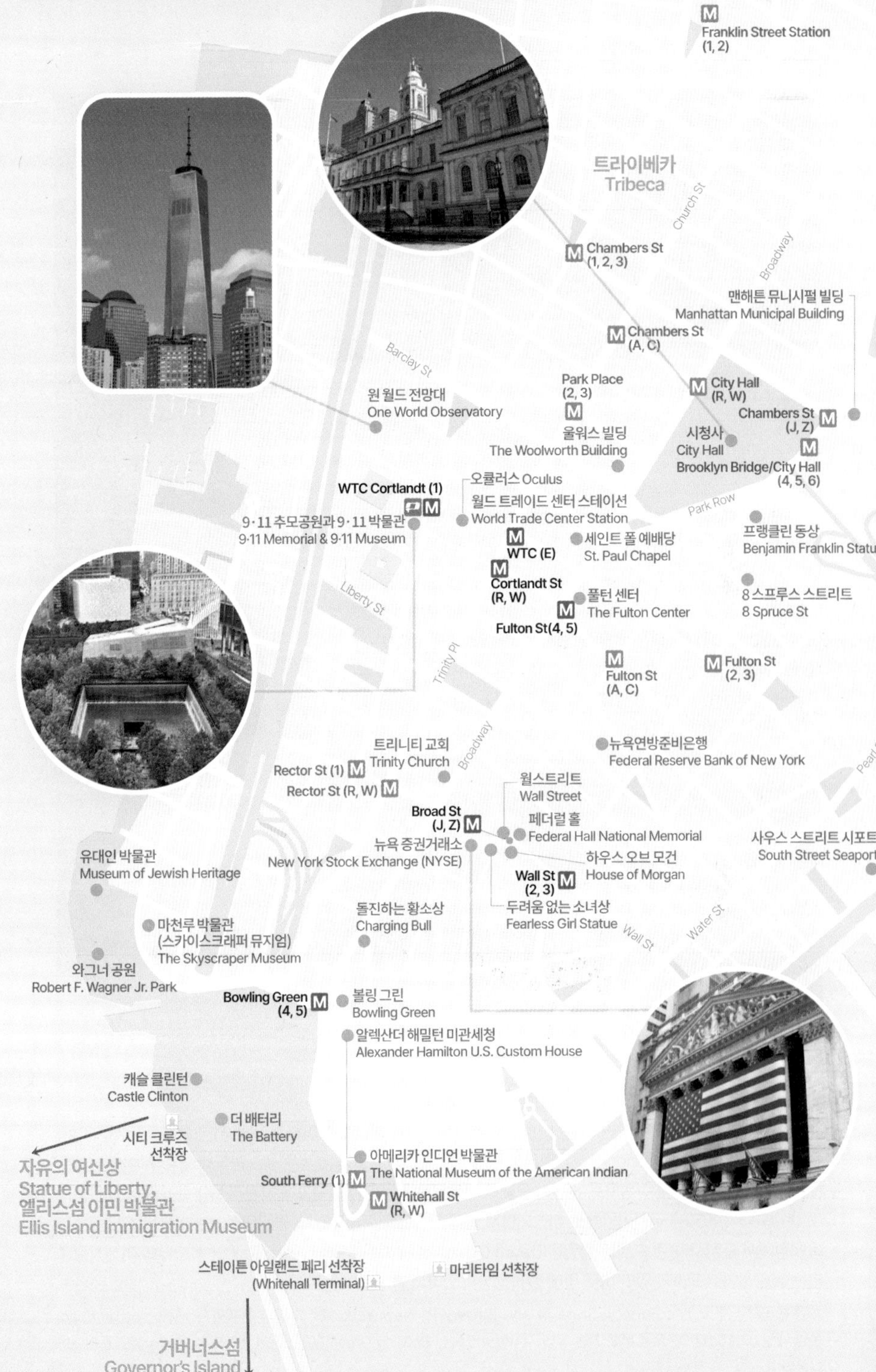

Franklin Street Station
(1, 2)
트라이베카
Tribeca
Church St
Chambers St
(1, 2, 3)
Broadway
맨해튼 뮤니시펄 빌딩
Manhattan Municipal Building
Chambers St
(A, C)
Barclay St
Park Place
(2, 3)
City Hall
(R, W)
원 월드 전망대
One World Observatory
Chambers St
(J, Z)
울워스 빌딩
The Woolworth Building
시청사
City Hall
Brooklyn Bridge/City Hall
(4, 5, 6)
오큘러스 Oculus
WTC Cortlandt (1)
월드 트레이드 센터 스테이션
World Trade Center Station
Park Row
9·11 추모공원과 9·11 박물관
9·11 Memorial & 9·11 Museum
WTC (E)
세인트 폴 예배당
St. Paul Chapel
프랭클린 동상
Benjamin Franklin Statue
Cortlandt St
(R, W)
풀턴 센터
The Fulton Center
8 스프루스 스트리트
8 Spruce St
Liberty St
Fulton St(4, 5)
Trinity Pl
Fulton St
(A, C)
Fulton St
(2, 3)
트리니티 교회
Trinity Church
Broadway
뉴욕연방준비은행
Federal Reserve Bank of New York
Rector St (1)
Rector St (R, W)
월스트리트
Wall Street
Pearl St
Broad St
(J, Z)
페더럴 홀
Federal Hall National Memorial
사우스 스트리트 시포트
South Street Seaport
뉴욕 증권거래소
New York Stock Exchange (NYSE)
하우스 오브 모건
House of Morgan
유대인 박물관
Museum of Jewish Heritage
Wall St
(2, 3)
돌진하는 황소상
Charging Bull
두려움 없는 소녀상
Fearless Girl Statue
Wall St
Water St
마천루 박물관
(스카이스크래퍼 뮤지엄)
The Skyscraper Museum
와그너 공원
Robert F. Wagner Jr. Park
Bowling Green
(4, 5)
볼링 그린
Bowling Green
알렉산더 해밀턴 미관세청
Alexander Hamilton U.S. Custom House
캐슬 클린턴
Castle Clinton
더 배터리
The Battery
시티 크루즈
선착장
자유의 여신상
Statue of Liberty,
엘리스섬 이민 박물관
Ellis Island Immigration Museum
아메리카 인디언 박물관
The National Museum of the American Indian
South Ferry (1)
Whitehall St
(R, W)
스테이튼 아일랜드 페리 선착장
(Whitehall Terminal)
마리타임 선착장
거버너스섬
Governor's Island

더 배터리 The Battery

맨해튼섬의 최남단에 조성된 공원으로, 17세기에 네덜란드인들이 요새를 쌓았던 곳이다. 공원 서쪽에는 국가기념물이자 매표소로 이용되고 있는 캐슬 클린턴(Castle Clinton)이 있으며, 그 옆에는 배를 탈 수 있는 선착장이 있다. 선착장 주변으로 길게 이어진 부둣가에 서면 멀리 거버너스섬과 리버티섬, 엘리스섬이 보인다. 공원 곳곳에 시원한 분수와 함께 한국전쟁 추모비(Korean War Memorial), 이민자들(The Immigrants) 같은 동상들이 있으며, 공원 동남쪽에는 밤에 더욱 밝게 빛나는 물고기 모양의 회전목마(SeaGlass Carousel)도 있다.

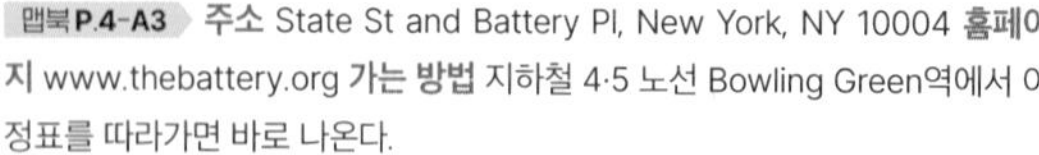

맵북 P.4-A3 **주소** State St and Battery Pl, New York, NY 10004 **홈페이지** www.thebattery.org **가는 방법** 지하철 4·5 노선 Bowling Green역에서 이정표를 따라가면 바로 나온다.

캐슬 클린턴 Castle Clinton

더 배터리 안에 자리한 원형 요새다. 1812년 영국군의 침입을 방어하기 위해 지은 요새로 당시의 이름은 웨스트 배터리(West Battery)였다. 영국이 전쟁에서 패하면서 요새는 뉴욕시로 넘어갔으며 후에 캐슬 가든(Castle Garden)이라는 이름으로 바뀌어 오페라 극장으로 사용되기도 했고 입국관리소나 수족관 등으로 용도가 변경되다가 1950년 국가기념물로 지정되면서 원래 모습으로 복원되었다. 클린턴이라는 이름은 1817년에 뉴욕시장에서 주지사가 된 드위트 클린턴(Dewitt Clinton)에서 따온 것이다. 현재 요새 안에 자유의 여신상으로 가는 유람선의 매표소가 있고 바로 앞에 선착장까지 있어서 늘 관광객들로 붐빈다.

맵북 P.4-A3 **주소** The Battery, State St and Battery Pl, New York, NY 10004 **홈페이지** www.nps.gov/cacl **운영** 매일 07:45~17:00 **요금** 무료 **가는 방법** 지하철 4·5 노선 Bowling Green역에서 공원 안쪽으로 300m 정도 들어가면 나온다.

마천루 박물관(스카이스크래퍼 뮤지엄) The Skyscraper Museum

맨해튼의 화려한 스카이라인을 구성하는 고층 건물들에 대해 알고 싶을 경우 잠시 들러볼 만한 작은 박물관이다. 작은 공간이지만 뉴욕시의 건축사를 중심으로 공동주택에서 마천루까지 전시하고 있으며 세계 여러 도시의 스카이라인도 일부 소개하고 있다. 주로 옛 사진과 건물의 모형, 비디오 등의 자료를 통해 볼 수 있는데 영어 자료를 꼼꼼히 읽지 않는다면 금방 돌아볼 수 있다.

맵북 P.4-A3 **주소** 39 Battery Pl, New York, NY 10280 **홈페이지** https://skyscraper.org **운영** 수~토요일 12:00~18:00, 일~화요일 휴관 **요금** 일반 $5 (2025년 현재 기부금으로 무료) **가는 방법** 지하철 4·5 노선 Bowling Green역에서 도보 5분.

유대인 박물관 Museum of Jewish Heritage

세계적인 규모의 홀로코스트 박물관으로 유대인 입장에서 홀로코스트 전후의 유대인의 생활과 역사, 그리고 홀로코스트의 끔찍한 경험에 대해 여러 자료를 전시하는데 죽음의 수용소를 오갔던 실물 크기의 기차 복제품도 있다. 박물관 건물의 윗부분이 뾰족한 육면체로 디자인된 것은 홀로코스트에 희생된 600만 명의 유대인과 다윗의 별을 상징한다. 업타운에 자리한 유대인 박물관은 유대인의 예술과 문화에 관한 박물관이니 참고하자.

맵북 P.4-A2 **주소** 36 Battery Pl, New York, NY 10280 **홈페이지** https://mjhnyc.org **운영** 수·일요일 10:00~17:00, 목요일 10:00~20:00, 금요일 10:00~15:00, 월·화·토요일 휴무 **요금** 성인 $18(목요일 16:00 이후에는 무료입장이 가능하지만, 예약 필수) **가는 방법** 지하철 4·5 노선 Bowling Green역에서 도보 5분.

Tip 룩스 카페

박물관 2층의 룩스 카페(Lox Cafe)에서는 간단한 유대인 음식을 파는데, 카페 밖에 노천 테이블과 정원이 있어 쉬어가기 좋다. 돌마다 나무가 심겨 있는 '돌의 정원(Garden of Stones)'은 2003년에 홀로코스트의 생존자와 유족, 그리고 예술가들이 만든 것으로 영원한 기억과 반성을 의미한다.

와그너 공원 Robert F. Wagner Jr. Park

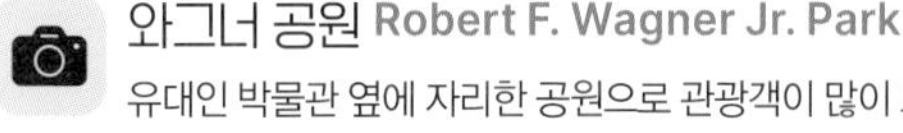

유대인 박물관 옆에 자리한 공원으로 관광객이 많이 모여드는 더 배터리와 달리 현지인의 크고 작은 이벤트가 열리거나 조용히 산책을 즐기는 곳이다. 넓게 펼쳐진 잔디밭 너머로 멀리 자유의 여신상이 아득하게 보이고 서쪽으로는 뉴저지주의 현대적인 도시 저지 시티(Jersey City)의 풍경이, 동쪽으로는 뾰족한 지붕의 피어 에이(Pier A) 건물이 보인다.

맵북 P.4-A3 **주소** 20 Battery Pl, New York, NY 10280 **운영** 현재 공사로 임시 휴업 중이며 2025년 여름 재개장 예정 **가는 방법** 유대인 박물관 바로 옆에 위치.

자유의 여신상 Statue of Liberty

뉴욕의 상징이자 미국의 상징이기도 한 자유의 여신상은 미국의 독립 100주년을 기념해 프랑스에서 선물한 것이다. 로마 신화에 등장하는 자유의 여신 리베르타스(Libertas)를 연상시키는 이 조각상의 공식 이름은 '세계를 밝히는 자유(Liberty Enlightening the World)'. 영국으로부터 독립과 자유를 쟁취한 미국인들에게 매우 의미 있는 상징물일 뿐만 아니라, 자유와 기회의 땅을 찾아 머나먼 길을 떠나온 이민자들에게는 낯선 뉴욕 항구에서 처음 마주하는 안도감의 표식이었다.

맨해튼 남쪽의 리버티섬(Liberty Island)에 세워진 이 거대한 조각의 여신은 오른손에 자유를 밝히는 횃불을 들고 있으며 왼손에는 1776년 7월 4일이라는 날짜가 새겨진 독립선언서를 들고 있다. 머리에 씌워진 뾰족한 관은 세계로 뻗어나갈 자유를 뜻하며, 오른발은 자유를 빼앗은 족쇄를 짓밟고 있다. 조각의 높이는 받침대까지 무려 92m나 된다. 받침대 내부의 엘리베이터를 통해 발코니까지 올라갈 수 있으며, 조각상 내부로는 계단이 있어 머리에 쓴 관의 전망대까지 연결된다. 1924년에 미국의 국가기념물로 지정되었으며 1984년에는 유네스코 세계문화유산으로 등록되었다.

맵북 P.4-A3, 25-A2 **주소** Liberty Island, New York, NY 10004 **홈페이지** www.statueofliberty.org, www.nps.gov/stli **운영** 유람선 시간에 맞춰 오픈하는데, 첫 배는 보통 오전 9시에 출발하고 마지막 배는 월별로 15:30~17:00에 출발한다. **가는 방법** 지하철 4·5 노선 Bowling Green역에서 공원 안쪽으로 들어가면 캐슬 클린턴 바로 앞에 선착장(여신상 유람선 P.193)이 있다. ※ 섬 입장료는 따로 없고 유람선 요금만 있다. 자유의 여신상을 밖에서 보든 안으로 들어가든 요금 차이는 거의 없지만 반드시 사전에 예약을 해야 한다.

● 유람선 요금

	섬 입장만	받침대 (Pedestal) 까지	왕관 (Crown) 까지
성인	$25.50	$25.80	$25.80
62세 이상	$22.50	$22.80	$22.80
4~12세	$16.50	$16.80	$16.80

● 왕관 구역은 5세 이상, 신장 107cm 이상의 혼자 계단을 오를 수 있는 경우만 입장 가능

자유의 여신상 즐기기

1 리버티섬 들어가기

자유의 여신상을 가까이서 보려면 리버티섬(Liberty Island)으로 들어가는 배를 타야 한다. 섬 주변을 지나는 배는 많지만 섬으로 들어가는 것은 '여신상 유람선(Statue City Cruises)'만 가능하다. 이 배는 캐슬 클린턴 앞에서 출발해 리버티섬과 엘리스섬에 갔다 오는 노선인데, 스케줄이 제한되어 성수기에는 늦어도 1~2주 전에는 예약해야 하며 여신상 내부로 들어가려면 훨씬 더 일찍 예약을 해야 한다. 그리고 선착장 앞에서 보안 검색을 통과해야 하기 때문에 성수기에는 매우 복잡하므로 전체적으로 시간을 여유 있게 잡고 가는 것이 좋다. 배가 출발하면 배 뒤쪽으로 맨해튼의 멋진 경치가 한눈에 들어오고, 잠시 후 붉은 건물이 자리한 엘리스섬이 보인다. 반대편으로는 (배 진행 방향 왼쪽) 멀리 거버너스섬과 브루클린이 보인다. 그리고 리버티섬에 내리면 오른편으로 여신상의 뒷모습이 보인다.
홈페이지 (예약 필수) www.cityexperiences.com/new-york/city-cruises/statue

2 자유의 여신상 오르기

리버티섬에서 여신상을 바라보는 것에 그치지 않고 여신상의 내부로 들어가고 싶다면 생각보다 일찍 예매해야 한다. 이곳은 더욱 보안 검색이 철저하고 공간이 협소해 티켓이 한정되어 있기 때문에 성수기에는 2~3개월 전에 매진되기도 한다. 여신상 내부는 두 부분으로 나뉘는데, 하나는 여신상의 발 아래 받침대(Pedestal)까지 가는 것이고, 여기서 더 올라가면 여신상의 머리 위 왕관(Crown)까지 갈 수 있다(왕관까지 가는 표는 더 구하기 어렵다).
입장 시 반드시 신분증을 지참하고 리버티섬에 도착한 뒤 다시 여신상 뒤에 줄을 서서 검색대를 지난다. 이때 가방은 라커에 맡겨야 한다. 여신상 내부로 들어가면 215개의 계단을 올라 발코니로 나갈 수 있다. 발코니에는 전망대가 있어서 맨해튼을 조망할 수 있으며 여신의 얼굴도 훨씬 가까이서 보인다. 그리고 다시 좁은 162개의 계단을 올라가면 왕관에 이른다. 왕관에는 작은 창이 있어 밖을 내다볼 수 있다.

3 박물관 관람

여신상 뒤의 성조기 광장(Flagpole Plaza) 옆에는 자유의 여신상 박물관(Statue of Liberty Museum)이 있으니 이곳도 놓치지 말자. 여신상의 역사를 알 수 있는 사진과 자료들이 전시되어 있으며 특히 안쪽의 인스퍼레이션 갤러리(Inspiration Gallery)에는 거대한 오리지널 횃불이 있다. 1986년 100주년 보수공사 때 새로운 횃불로 교체되면서 원래 횃불은 이곳으로 옮겨졌으며 대형 유리창으로 둘러싸여 풍경도 빼어나다. 박물관 옥상은 정원으로 개방되어 시원한 풍광을 즐길 수 있다. 박물관에서 선착장으로 가는 길에 기념품점이 있고, 선착장 바로 근처에도 작은 기념품점과 간단한 카페테리아가 있으니 페리 시간을 기다리면서 시간을 보내기에 좋다.

엘리스섬 국립 이민 박물관 Ellis Island National Museum of Immigration

리버티섬을 출발한 배는 맨해튼으로 돌아가기 전에 엘리스섬에 들른다(마지막 스케줄은 제외). 엘리스섬은 19세기 미국의 관문이었던 뉴욕항으로 쏟아지는 이민자들을 입국심사 전에 수용소처럼 대기시켜 놓았던 곳이다. 세계 각지에서 아메리칸 드림을 꿈꾸며 모여든 이민자들은 이곳에서 미국 정부에 받아들여지기만을 간절히 바라고 있었다. 섬을 대표하는 붉은색의 벽돌 건물은 과거 이민자 대기 시설이었으며 현재는 이민 박물관으로 이용되고 있다. 한때 아무도 찾지 않는 썰렁한 섬이었으나 이 박물관으로 인해 다시 북적이고 있다. 조상들의 서글픈 이민사를 되새겨 보려는 수많은 미국인들은 물론, 각국에서 찾아든 관광객들로 항상 붐빈다. 박물관에는 현재의 미국 사회를 형성하게 된 수많은 이민자들의 역사를 다양한 자료와 사진들로 전시해 놓았으며 다큐멘터리도 상영하고 있다.

맵북 P.4-A3 **주소** Ellis Island, Jersey City, NJ 07305 **홈페이지** www.nps.gov/elis, www.statueofliberty.org **운영** 09:40~17:00(유람선 스케줄에 따라 월별로 바뀜) **요금** 무료 **가는 방법** 캐슬 클린턴 앞에서 출발하는 페리 대부분이 리버티섬에 갔다가 엘리스섬으로 간다.

거버너스섬 Governor's Island

맨해튼 바로 남쪽, 브루클린과의 사이에 위치한 작은 섬이다. 오랫동안 군사적 목적으로 사용되다가 일반인들에게 공개되면서 점차 찾는 사람이 늘고 있다. 1794년부터 1966년까지 군사기지로 사용되었고 그 이후로는 미군 해안경비대로 사용되다가 1997년 군비 삭감으로 기지가 철수했다. 2003년 이후로는 미연방과 뉴욕시에서 공동 운영하여 일부 지역을 관광지로 조성하였다. 섬에 도착해 작은 안내소를 지나면 정면에 포대가 있고, 오른쪽으로 가면 1796년과 1811년에 세워져 뉴욕시 방어를 담당해왔던 제이 요새(Fort Jay)와 윌리엄 요새(Castle Williams)가 있다. 섬 안의 역사적인 건물들을 구경하는 것도 좋지만 가장 멋진 볼거리는 바로 섬에서 보이는 맨해튼의 풍경이다. 선착장 주변의 공원에서도 쉽게 감상할 수 있다.

맵북 P.4-B3 **주소**(선착장) 10 South Street Maritime building Slip7 **홈페이지** www.nps.gov/gois, www.govisland.com **운영** 07:00~18:00 **요금** 입장은 무료, 페리는 일반 왕복 $5(토·일요일 오전 페리는 무료) **가는 방법** 지하철 1 노선 South Ferry역에서 도보 1분 거리의 선착장 배터리 마리타임 빌딩(Battery Maritime Building)에서 페리 탑승(평일보다 주말에 스케줄이 많다). ※ 사우스 페리(South Ferry)역 주변에는 선착장이 세 곳 있으니 주의한다. 거버너스섬으로 가는 페리 선착장은 가장 동쪽(지하철역에서 갈 때 왼쪽)에 위치한 녹색 건물이다.

알렉산더 해밀턴 미관세청 Alexander Hamilton U.S. Custom House

19세기 초에 뉴욕항의 세관 검사를 위해 지어진 건물이다. 당시 유행했던 보자르 양식으로 지어져 웅장하면서도 아름다운 건물로 입구에는 4개의 대륙의 상징하는 4개의 조각상이 있다. 안으로 들어가면 원형의 로툰다홀이 나오는데 천장 벽면에 미국의 역사를 배경으로 한 그림들이 가득하다. 1974년에 관세청이 이전하면서 10년간 비어 있다가 1990년에 미국 초대 재무장관이었던 알렉산더 해밀턴을 기념하기 위해 이름을 바꾸었으며, 현재 박물관, 문서보관소 등으로 사용되고 있다.

맵북 P.4-B3 **주소** 1 Bowling Green, New York, NY 10004 **가는 방법** 지하철 4·5 노선 Bowling Green역에서 볼링 그린 공원과 마주하고 있는 커다란 건물이다.

아메리카 인디언 박물관 The National Museum of the American Indian

미관세청 건물 안에 자리한 박물관으로 아메리카 인디언의 문화를 엿볼 수 있는 곳이다. 지역별로 다양한 아메리카 인디언 부족들이 사용했던 도구나 의상, 공예품들을 전시하고 있으며, 로컬 상인들과 직거래로 연계된 상점에서는 아메리카 인디언들이 직접 만든 수공예품과 기념품들을 살 수 있다. 박물관은 스미스소니언 재단에서 운영하는 국립 박물관으로 워싱턴 D.C.에 본관이 있다.

볼링 그린 Bowling Green

미관세청 건물 앞에 자리한 작은 공원으로 뉴욕에서 가장 오래된 공원이다. 아메리카 원주민 시대부터 만남의 장소로 사용되다가 식민지 시대인 1733년 공원으로 조성되었다. 1770년 영국 정부가 이곳에 조지 3세의 동상을 세웠으나 1776년 미국의 독립선언 후 군중들이 몰려와 동상을 무너뜨렸다. 한동안 방치되다가 20세기에 다시 공원으로 꾸며졌다.

맵북 P.4-B3 **주소** Broadway &, Whitehall St, New York, NY 10004 **가는 방법** 알렉산더 해밀턴 미관세청 건물 바로 앞에 위치.

파이낸셜 디스트릭트 Financial District

맨해튼 남쪽의 월스트리트와 WTC 인근 지역엔 금융기관이 밀집해 있다. 대형 은행들이 점차 미드타운으로 옮겨가고는 있지만 여전히 세계 금융의 중심으로 뉴욕증권거래소와 뉴욕연방준비은행, 그리고 골드만삭스나 아메리칸 익스프레스 같은 세계 굴지의 금융회사들이 자리한다.

돌진하는 황소상 Charging Bull

볼링 그린 바로 북쪽에는 '월스트리트 황소'라 불리는 유명한 청동 조각상이 있다. 월스트리트에 온 관광객이라면 누구나 이 황소상 앞에서 인증샷을 남길 정도로 인기가 높다. 황소상은 1987년 증권시장이 폭락하는 '암흑의 월요일(Black Monday)'로 뉴욕이 충격에 빠졌을 때 조각가 아투로 디 모디카(Arturo Di Modica)가 미국 자본주의의 꺼지지 않을 생명력을 보여주기 위해 제작했다. 돌진할 준비를 하고 있는 황소의 모습은 금융계의 밝은 미래를 상징한다. 주식 시장에선 상승장을 불 마켓(Bull Market), 하락장을 베어 마켓(Bear Market)이라 한다.

맵북 P.4-B3 주소 Broadway & Morris St 가는 방법 지하철 4·5 노선 Bowling Green역에서 도보 1분.

월스트리트 Wall Street

파이낸셜 디스트릭트의 상징적인 거리로 세계 최대의 증권거래소인 뉴욕증권거래소가 위치한 곳이다. 과거에는 이 거리를 중심으로 주변에 체이스, 골드만삭스, 시티, 바클리 등 세계 굴지의 금융 회사들이 모여 있었으나 현재는 대부분 미드타운이나 WTC 쪽으로 이전하였으며 근처에 미연방준비은행의 뉴욕지점이 남아 있다. 월스트리트라는 이름은 맨해튼에 살기 시작한 네덜란드인들이 원주민의 공격에 대비해 쌓은 벽(Wall)에서 유래했다. 1792년에 최초로 증권 거래가 이루어지고 1817년 공식적으로 증권거래소가 생겨나면서 금융업의 중심으로 발전하기 시작했다.

맵북 P.4-B2 가는 방법 지하철 4·5 노선 Wall St역에서 나오면 트리니티 교회가 보이는데, 맞은편으로 뻗은 골목이다.

뉴욕증권거래소 New York Stock Exchange (NYSE)

월스트리트를 상징하는, 전 세계의 자본이 모여드는 곳으로 그 건물도 화려하다. 육중한 건물 전면에는 코린트 양식의 화려한 기둥 위로 아름다운 조각이 새겨져 있다. 세계 증시 뉴스에 단골로 등장하는 분주한 모습과는 달리 외관은 조용하고 고풍스러운 모습을 하고 있다. 유난히 경찰들이 눈에 띄는 건물 주변은 항상 경계가 삼엄한 편이며 입구에서는 관계자 외의 출입을 통제하고 있어 일반인들은 들어갈 수 없다.

맵북 P.4-B2 **주소** 11 Wall St, New York, NY 10005 **홈페이지** www.nyse.com **가는 방법** 지하철 J·Z 노선 Broad St역에서 나오면 Broad St에 건물의 정면이 바로 보인다.

Tip 두려움 없는 소녀상 Fearless Girl Statue

증권거래소 바로 앞에 연약하지만 당당한 모습으로 서 있는 소녀상 하나가 있다. 이 동상은 황소상 못지않게 인기를 누리는 조각상이다. 2017년 세계 여성의 날을 맞아 제작된 것으로 원래 황소상 앞에 제작되었다가 지금의 자리로 옮겨졌다.

트리니티 교회 Trinity Church

월스트리트와 브로드웨이가 만나는 곳에 자리한 붉은색 고딕 양식의 교회다. 1697년에 지어진 성당을 두 번이나 개축했으며 현재의 모습은 1846년에 지어진 것이다. 당시에는 뉴욕에서 가장 높은 건물이었다. 건물 내부에는 박물관이 있어 당시의 역사를 알 수 있으며 교회 옆 묘지에는 알렉산더 해밀턴의 묘가 있다. 교회 정면으로 뻗은 좁고 어두운 골목이 월스트리트다.

맵북 P.4-B2 **주소** 89 Broadway, New York, NY 10006 **홈페이지** https://trinitychurchnyc.org **운영** 08:30~18:00 **가는 방법** 지하철 4·5 노선 Wall St 역에서 나오면 바로 보인다.

페더럴 홀 Federal Hall National Memorial

1700년에 뉴욕 시청사로 처음 지어졌다가 1789년 미연방정부 청사로 개조되었고, 다시 1842년 뉴욕 세관 건물로 재건축되었다. 그리스 신전 모양을 하고 있는 이 건물은 대리석으로 된 도리아식 원기둥 8개가 지붕을 떠받치고 있는 육중한 모습을 하고 있으며 계단 중앙에는 바로 이 건물에서 취임식을 했던 초대 대통령 조지 워싱턴의 동상이 있다.

맵북 P.4-B2 **주소** 26 Wall St, New York, NY 10005 **홈페이지** www.nps.gov/feha **운영** 월~금요일 10:00~17:00, 주말 및 공휴일 휴관 **가는 방법** 지하철 J·Z 노선 Broad St역에서 바로.

Tip 하우스 오브 모건 House of Morgan

페더럴 홀과 뉴욕증권거래소 사이의 코너에 자리한 건물로 당시 은행가들은 '더 코너(The Corner)'라 불렀다. 20세기 초 금융계의 황제 존 피어폰트 모건이 설립한 JP모건의 본사가 있었던 곳으로 금융 위기가 닥칠 때마다 모건은 중앙은행 역할을 대신하며 해결사로 군림했다.

맵북 P.4-B2 **주소** 23 Wall St, New York, NY 10005

뉴욕연방준비은행 Federal Reserve Bank of New York

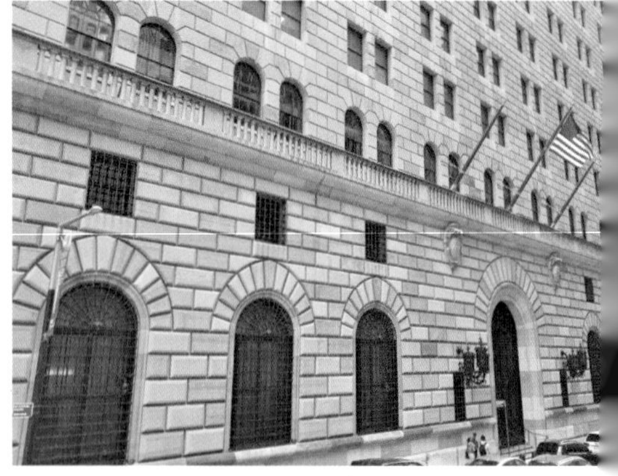

미국은 물론 세계 경제를 움직이는 미국의 연방준비제도(Federal Reserve System)는 1913년에 설립되어 중앙은행 역할을 한다. 연방준비제도이사회(Federal Reserve Board; FRB)를 통해 미국의 통화정책을 관리하고 지역별 연방준비은행을 감독하고 있다. 총 12개로 구성된 준비은행들 중 가장 핵심적인 역할을 하는 곳이 바로 뉴욕이다(연방준비은행 총재 5명 중 1명은 항상 뉴욕에서 맡으며 나머지 4명은 11곳에서 돌아가면서 한다). 건물 지하 24m 아래에는 세계에서 가장 많은 금을 보관하고 있는 엄청난 금고가 있다. 원래 가이드 투어를 통해 볼 수 있었으나 코로나 팬데믹 이후 2025년 현재까지 관광객은 받지 않고 있다.

맵북 P.5-B2 **주소** 33 Liberty St, New York, NY 10045 **홈페이지** www.newyorkfed.org **운영** (가이드 투어) 교사를 동반한 학생 단체 예약만 가능(신분증 지참, 30분 전 도착해 보안 검색, 사진 촬영 금지) **가는 방법** 지하철 A·C·J·Z 노선 Fulton St역에서 도보 1분.

트리니티 플레이스 Trinity Place

금융가에 잘 어울리는 식당으로 트리니티 교회 옆에 자리한 고딕 양식의 쌍둥이 건물 지하에 있다. 1904년에 앤드루 카네기와 뉴욕 부동산 은행에 의해 만들어진 거대한 은행 금고 문이 그대로 남아 있어 파이낸셜 디스트릭트의 분위기를 느낄 수 있다. 20세기 초 금융가의 모습을 갖추기 시작할 무렵의 월스트리트 모습을 상상할 수 있다. 식당 입구는 시더 스트리트(Cedar St) 쪽에 있는데 반지하를 내려가면 바로 금고 문이 나오고 바를 지나면 금고 문이 또 하나 있다. 저녁보다 점심시간이 붐비는 편이며 콥 샐러드, 와규 버거, 비프와 기네스 파이 등이 인기 메뉴다.

맵북 P.4-B2 **주소** 115 Broadway, New York, NY 10006 **홈페이지** trinityplacenyc.com **운영** 월~금요일 11:30~01:00, 토·일요일 휴무 **가는 방법** 트리니티 교회에서 도보 1분.

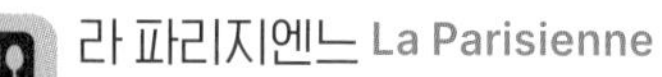

라 파리지엔느 La Parisienne

월스트리트와 풀턴 센터 중간쯤 자리한 작은 브런치 맛집이다. 파리지엥이란 이름에서 느껴지듯 프렌치 메뉴를 맛볼 수 있는 곳으로 크루아상, 프렌치토스트, 크로크 마담 등이 인기다. 아침 일찍 오픈해 직장인들에게 즐거운 아침식사를 제공하는 곳으로 가격도 무난한 편이라 항상 많은 사람으로 붐빈다.

맵북 P.4-B2 **주소** 9 Maiden Ln, New York, NY 10038 **홈페이지** laparisiennenyc.com **운영** 월~금요일 07:30~19:30, 토·일요일 08:00~17:00 **가는 방법** 지하철 A·C·J·Z 노선 Fulton St역에서 도보 1분.

조스 피자 Joe's Pizza

파이낸셜 디스트릭트를 정신없이 오가는 바쁜 직장인들에게 인기 만점인 피자집. 가성비 좋은 조각 피자를 빠르게 조리해 주는데, 빠르고 간단하게 식사를 끝낼 수 있어서 항상 붐빈다. 이탈리아 피자의 원조인 나폴리 출신의 조 포추올리(Joe Pozzuoli)가 1975년에 빌리지에 처음 오픈해 인기를 끌면서 맨해튼 곳곳에 지점이 있다.

맵북 P.5-B2 **주소** 124 Fulton St, New York, NY 10038 **홈페이지** www.joespizzanyc.com **운영** 월~수요일 10:30~03:00(목·금요일 ~05:00) 토·일요일 11:00~04:00 **가는 방법** 지하철 2·3·4·5 노선 Fulton St역에서 도보 1분.

애드리언스 피자바 Adrienne's Pizzabar

8파이낸셜 지구의 맛집 골목으로 알려진 스톤 스트리트(Stone Street) 중간에 자리한 깔끔한 분위기의 피자집이다. 뉴욕에서 흔치 않은 사각 피자를 파는 곳으로 토핑도 원하는 대로 고를 수 있다. 일반 뉴욕 피자와 달리 얇고 바삭한 도우로 플랫브레드 같은 피자이며 온도도 따뜻하게 유지되어 맥주 안주로 천천히 즐기기에도 좋다. 다른 이탈리아 요리도 대부분 맛있다.

맵북 **P.4-B3** 주소 54 Stone St, New York, NY 10004 **홈페이지** www.adriennespizzabar.com **운영** 일·월요일 11:30~22:00, 화·수요일 11:30~23:00, 목~토요일 11:30~24:00 **가는 방법** 뉴욕증권거래소에서 도보 4분.

여기 어때?

스톤 스트리트 Stone Street

파이낸셜 디스트릭트 바로 남쪽에 위치한 운치 있는 골목길로, 돌바닥 위에 벽돌 건물들이 모여 있어 오랜 역사를 느낄 수 있다. 특히 펍, 바, 그리고 맛집들이 옹기종기 모여 있어 점심시간과 퇴근시간이면 늘 직장인들로 북적이며 활기를 띤다.

프런시스 태번 Fraunces Tavern

18세기 초 주택으로 지어졌다가 18세기 말부터 새뮤얼 프런시스(Samuel Fraunces)가 선술집으로 운영하며 독립전쟁을 이끈 전우들의 아지트로 이용되었던 유서 깊은 곳이다. 실제로 조지 워싱턴 장군이 바로 이곳에서 180여 명의 장교들과 만찬을 나누었다고 한다. 19세기에 여러 차례 주인이 바뀌었다가 20세기 들어 건물을 복원하면서 1층은 선술집, 2층은 박물관(Fraunces Tavern Museum)으로 대중에게 개방하였다. 현재는 뉴욕에서 가장 오래된 식당이자 역사적으로 의미 있는 곳으로 관광객들에게 필수 코스가 되었다. 음식 맛도 훌륭하니 박물관을 둘러보고 식사나 맥주를 즐겨보자.

맵북 **P.4-B3** **주소** 54 Pearl St, New York, NY 10004 **홈페이지** www.fraunces tavern.com, 박물관 fraunces tavernmuseum.org **운영** 식당 월~금요일 11:30~21:00(토·일요일 11:00~), 박물관 12:00~17:00 **가는 방법** 뉴욕증권거래소(P.197)에서 도보 5분.

월드 트레이드 센터 World Trade Center (WTC)

세계무역센터가 있었던 비즈니스 구역을 통칭해서 월드 트레이드 센터(World Trade Center), 또는 WTC라 부른다. 뉴욕의 랜드마크였던 쌍둥이 빌딩은 9·11 테러로 처참히 무너졌고, 장기간의 공사 끝에 9·11 추모공원과 대규모 환승센터, 그리고 WTC 건물들이 지어졌다. 그중 1번 건물인 원 월드 트레이드 센터 건물에 유명한 초고층 전망대가 있다.

맵북 P.4-B2 **홈페이지** www.officialworldtradecenter.com, www.wtc.com **가는 방법** 가장 가까운 지하철역은 1 노선 WTC Cortlandt St역이고, N·R·W 노선 Cortland St역, E 노선 WTC역, 2·3 노선 Park Pl역, 4·5 노선 Fulton St역 하차 후 모두 도보 5분.

원 월드 전망대 One World Observatory

9·11 테러로 무너져 내린 월드 트레이드 센터 자리에 가장 먼저 지어진 건물이다. 2014년 9월에 오픈한 상징적인 건물로 이름은 원 월드 트레이드 센터다. 미국이 독립한 해인 1776년을 기념해 1,776피트(541m) 높이로 지어져 현재 뉴욕 최고층을 자랑하며, 이듬해인 2015년에는 건물의 100~102층에 전망대가 들어서 단숨에 인기 관광명소가 되었다. 다운타운에 자리한 이 전망대에선 미드타운의 빌딩숲이 조금 멀리 떨어져 보이지만 맨해튼 남쪽의 자유의 여신상과 브루클린까지 볼 수 있다. 미드타운에 위치한 대부분의 전망대와는 조금 다른 뷰를 선사하는 곳이다. 엘리베이터를 오르는 동안 펼쳐지는 화면도 놓치지 말자.

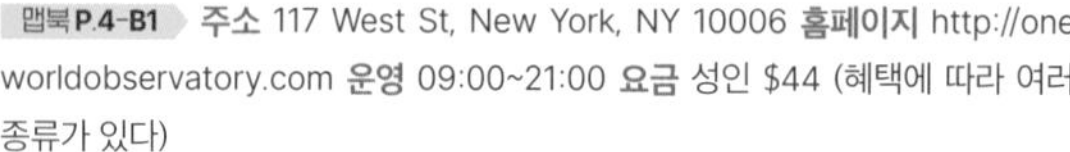

맵북 P.4-B1 **주소** 117 West St, New York, NY 10006 **홈페이지** http://oneworldobservatory.com **운영** 09:00~21:00 **요금** 성인 $44 (혜택에 따라 여러 종류가 있다)

9·11 추모공원 9·11 Memorial

9·11 테러 10주기가 되는 2011년 9월 11일에 오픈했다. 테러로 무너진 두 건물 자리에 조성된 두 개의 거대한 분수는 땅 밑으로 끊임없이 물을 흘러보내며 숙연함을 더한다. '부재의 반추(Reflecting Absence)'라는 작품의 제목에서 느껴지듯 떠나간 사람들의 부재를 떠올리는 가족들의 끝없이 흘러내리는 눈물을 떠올리게 한다. 사각형 분수의 테두리 동판에는 테러 희생자 전원의 이름이 새겨져 있으며 생일이나 기념일에는 꽃이나 국기가 꽂히기도 한다. 매년 9월 11일 추모일 저녁에는 '추모의 빛(Tribute in Light)'이라는 퍼포먼스를 하는데, 두 개의 강렬한 조명을 하늘 높이 쏘아올려 반경 100km 거리에서도 볼 수 있다. 남쪽 분수 옆에는 테러의 잔해 속에서 살아남아 희망의 상징이 된 서바이벌 트리(Survival Tree)가 있다.

맵북 P.4-B2 **주소** 180 Greenwich St, New York, NY 10007

9·11 박물관 9·11 Museum

9·11 추모공원 옆에 자리한 박물관으로 테러 희생자들을 추모하기 위해 지어졌으며 당시의 끔찍했던 상황과 탈출 및 구조 과정 등을 알 수 있는 사진과 잔해, 유품 등 다양한 자료가 전시되어 있다. 또한 9·11뿐 아니라 인류가 겪어온 수많은 테러에 대해 전시하고 있다.

맵북 P.4-B2 **주소** 180 Greenwich St, NewYork, NY 10007 **홈페이지** https://911memorial.org **운영** 09:00~19:00(휴무인 화요일도 있으니 홈페이지 참조) **요금** 성인 $36

Tip 9·11 테러

2001년 9월 11일 아침, 세계 최강국인 미국의 하늘에 구멍이 뚫렸다. 테러리스트들이 여객기를 납치해 세계무역센터에 자살테러를 감행했다. 순식간에 도시 전체가 마비되었으며 전 세계가 큰 충격에 빠졌다. 초고층의 두 건물이 붕괴하면서 로어 맨해튼 일대는 완전히 잿더미로 뒤덮였고 주변은 아비규환이었다. 모든 항공기의 운항이 중지되고 국가 비상사태에 돌입해 미군 전투기와 전함이 미국 동부에 배치되었다. 테러로 인한 사망자는 3,000명 가까이 되었다. 9·11 테러는 미국의 안보전략에 큰 영향을 미쳐 항공기는 물론 중요 시설의 보안검색이 강화되었다. 이러한 정책은 아직까지도 이어져 현재 UN 빌딩, 자유의 여신상 등에 검문·검색이 있으며 뉴욕증권거래소는 아예 관광객의 출입이 금지됐다.

오큘러스 Oculus

월드 트레이드 센터 건물들 사이에 자리한 하얀색 건물로 멀리서 보면 날개를 펴고 비상하려는 새의 모습 같은데 가까이에서 보면 하얀 가시나 뼈가 드러난 모습처럼 보이기도 한다. 건물 안으로 들어가면 전혀 다른 분위기의 건물로 바뀌는데, 밝은 날에는 높은 천장으로 햇살이 가득 들어와 내부를 밝히며 밤에는 은은한 조명을 비춘다. 이 독특하면서도 아름다운 건축물은 산티아고 칼라트라바(Santiago Calatrava)의 작품으로 2016년 오픈 당시 큰 화제를 모았다. 건물 내부에는 환승역인 월드 트레이드 센터 스테이션이 있다.

맵북 P.4-B2 **주소** 50 Church St. New York, NY 10007 **운영** 05:00~01:00

월드 트레이드 센터 스테이션 World Trade Center Station

9·11 테러로 잿더미가 된 월드 트레이드 센터 자리에 들어선 거대한 환승센터다. 지하 도시처럼 얽혀 있는 지하의 긴 통로로 지하철 노선 12개가 연결될 만큼 엄청난 규모로 지어졌다. 가장 지하층으로는 뉴저지주(New Jersey State)를 오가는 통근 열차 패스 PATH역이 있어서 저지 시티(Jersey City)를 편리하게 오갈 수 있다. 이처럼 맨해튼은 물론 뉴저지까지 연결하는 교통의 허브로 수많은 사람들이 지나는 곳이다. 또한 웨스트필드(Westfield)에서 운영하는 상점과 식당들이 있으며, 서쪽으로 브룩필드 플레이스, 동쪽으로 풀턴 센터까지 지하로 연결되어 거대한 상업지구 역할도 담당하고 있다.

맵북 P.4-B2 **주소** 185 Greenwich St, New York, NY 10007

이탤리 Eataly

월드 트레이드 센터 건물에 자리한 이탈리아 식료품점과 푸드홀을 겸한 곳으로 매우 활기찬 분위기다. 신선한 이탈리아 음식들을 맛볼 수 있으며 가격대도 무난하다. 창가 좌석에 앉으면 월드 트레이드 센터의 멋진 풍경도 볼 수 있다.

맵북 P.4-B2 **주소** 101 Liberty St 3rd Floor, New York, NY 10007 **홈페이지** www.eataly.com **운영** 07:00~23:00

웨스트필드 WTC Westfield WTC

WTC2, WTC3, WTC4 세 개의 건물에 걸쳐 있는 대규모 쇼핑몰로 환승센터인 WTC역과 바로 연결되어 많은 사람들로 북적이는 곳이다. 애플 스토어를 비롯해 다양한 상점과 식당이 있으며 지상으로는 오큘러스와 연결된다.

맵북 P.4-B2 **주소** 185 Greenwich St, New York, NY 10007 **홈페이지** www.westfield.com **운영** 월~금요일 09:00~19:00, 토요일 10:00~20:00, 일요일 11:00~19:00

브룩필드 플레이스 Brookfield Place

9·11 테러 당시 심하게 손상되어 재건축된 월드 파이낸셜 센터(World Financial Center)의 새 이름이다. 월드 트레이드 센터 옆에 위치한 빌딩군으로 세계 굴지의 금융 회사인 아메리칸 익스프레스(American Express), 메릴 린치(Merrill Lynch) 등의 사무실이 있다. 건물 옆으로는 허드슨 강변을 따라 산책로가 조성되어 있다. 건물 안에는 열대나무들로 꾸며진 윈터 가든(Winter Garden)이라는 실내 정원이 있는데 여기서 작은 공연이 열리기도 한다. 주변에 상점과 카페, 푸드홀이 있어 쇼핑과 식사를 모두 즐길 수 있다.

맵북 P.4-A2 **주소** 230 Vesey St. New York, NY 10281 **홈페이지** www.bfplny.com **운영** 월~토요일 10:00~20:00, 일요일 11:00~18:00 **가는 방법** 지하철 1 노선 WTC Cortlandt역에서 도보 4분, N·R·W 노선 Cortlandt St역 또는 E-World Trade Center역에서 도보 6분.

허드슨 이츠 Hudson Eats

브룩필드 플레이스 2층에 자리한 푸드홀로 고급스러운 분위기에 허드슨강의 풍경도 즐길 수 있어 좋다. 이미 검증된 맛집의 분점들도 입점해 있어 평일 점심시간이면 직장인들로 매우 북적이니 시간을 조금 피해갈 것을 권한다.

맵북 P.4-A2 **주소** 225 Liberty St, New York, NY 10281 **홈페이지** https://bfplny.com/food **운영** 보통 08:00~10:00 오픈, 19:00~21:00 닫는데 매장마다 다르다.

르 디스트릭트 Le District

브룩필드 플레이스 1층에 조성된 푸드 디스트릭트다. 주변의 직장인들이 주로 이용하기 때문에 점심시간에 특히 붐빈다. 커피, 디저트, 버거, 샐러드 등을 간단히 먹을 수 있다. 허드슨 강이 보이는 노천 테이블이 있는 비스트로 앤 바(Bistro and bar)에서는 브런치를 즐길 수 있다.

맵북 P.4-A2 **주소** 225 Liberty St, New York, NY 10281 **홈페이지** www.ledistrict.com **운영** 월~금요일 07:30~22:00 토·일요일10:00~22:00 (비스트로 앤 바 11:30~22:00)

시빅센터

뉴욕의 시청사를 비롯해 시의회, 지방법원 등 지자체 행정과 관련된 건물들이 모여 있는 지역이다. 과거 행정과 언론의 중심지로 기념비적인 건물들이 많으며 초현대적인 건물도 들어서고 있다.

시청사 City Hall

1803~1812년에 지어져 현재 사용하는 시청사 중에서는 미국에서 가장 오래된 곳으로, 뉴욕 시장의 집무실과 시의회가 있으며 나머지 행정업무는 별관에서 한다. 아름다운 외관과 내부 인테리어 모두 국립 사적지로 등재되어 있다. 모든 출입자들이 보안검색을 받아야 하며, 투어를 통해 조지 워싱턴의 책상과 여러 점의 초상화가 걸려 있는 Governor's Room과 옛 법정이자 오늘날 뉴욕 시의회인 City Council Chamber 등을 볼 수 있다.

맵북 P.5-B2 **주소** City Hall Park, New York, NY 10007 **홈페이지** www.nyc.gov **운영** (투어) 보통 월~금요일 10:00~12:00이며 홈페이지에 가까운 스케줄만 나오는데 매우 불규칙하며 제한적이다. **요금** 무료(예약 필수) **가는 방법** 지하철 4·5·6 노선 Brooklyn Bridge/City Hall역 또는 J·Z 노선 Chambers St역, N·R·W 노선 City Hall역 공원 안에 있다.

맨해튼 뮤니시펄 빌딩 Manhattan Municipal Building

시청사 옆쪽에 자리한 웅장한 건물로 시청의 별관에 해당한다. 2009년 혼인업무 부서가 옮겨가기 전까지 2층에 위치한 채플에서 수많은 커플들이 결혼식을 올렸는데, 건물 모양이 웨딩케이크와 비슷하여 '웨딩케이크에서 결혼하기'라는 별명이 있었다. 40층 규모의 거대한 몸체가 멀리 브루클린에서도 보인다. 맨 꼭대기에 세워진 황금색의 조각상 '시빅 페임(Civic Fame)'은 높이가 8m나 되어 뉴욕에서 자유의 여신상 다음으로 큰 조각상이다.

맵북 P.5-C1 **주소** 1 Centre St, New York, NY 10007 **가는 방법** 지하철 4·5·6 노선 Brooklyn Bridge/City Hall역 또는 J·Z 노선 Chambers St역 바로 앞에 위치.

시티 스토어 City Store

맨해튼 뮤니시펄 빌딩 1층에 조그맣게 자리한 뉴욕시 공식 기념품점이다. 중국산 저가제품 대신 뉴욕의 지역 소상공인 제품들이라 가격이 저렴하지는 않지만 품질이 좋은 편이며 일반 기념품점에 없는 것도 있다.

맵북 P.5-C1 **주소** 1 Centre St, New York, NY 10007
홈페이지 https://a856-citystore.nyc.gov **운영** 월~금요일 09:00~17:00

프랭클린 동상 Benjamin Franklin Statue

시청사 건물 바로 남쪽에는 근대 저널리즘의 아버지로 불리는 벤저민 프랭클린의 동상이 있다. 19세기 중반 시청, 법원 등 행정 건물 부근에 더 선, 트리뷴, 뉴욕 타임스, 헤럴드 등 언론사가 모여 있던 지역이다.

맵북 P.5-B2 **주소** Frankfort St와 Spruce St가 만나는 곳에 위치.

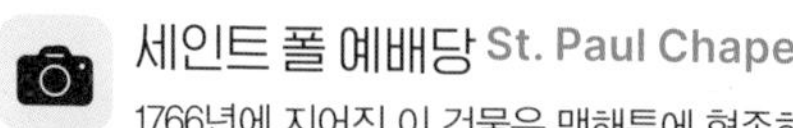

세인트 폴 예배당 St. Paul Chapel

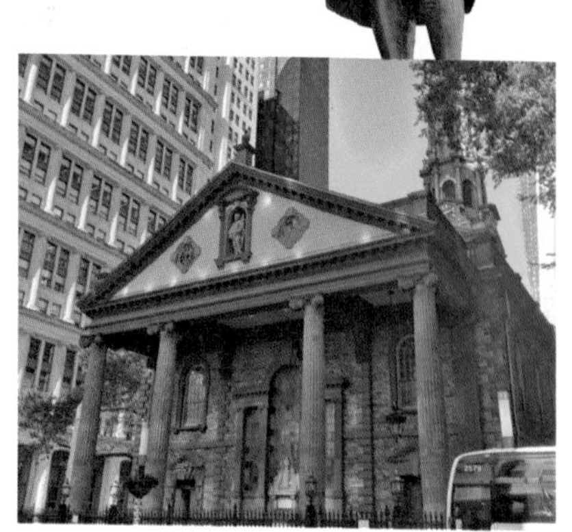

1766년에 지어진 이 건물은 맨해튼에 현존하는 가장 오래된 예배당으로 독립전쟁 이전의 조지안 양식을 간직한 곳이다. 1789년 조지 워싱턴 대통령이 취임식 후 기도했던 장소로, 그 덕분인지 2001년 9·11 테러 당시 전혀 피해를 입지 않아 수백 명의 자원봉사자들이 모여 재난 복구를 돕고 기도와 응원을 보냈다. 현재에도 매년 9월 11일에 추모 예배가 열리고 있다.

맵북 P.4-B2 **주소** 209 Broadway, New York, NY 10007
홈페이지 www.trinitywallstreet.org **운영** 08:30~18:00
가는 방법 지하철 4·5 노선 Fulton St역 바로 옆에 위치.

울워스 빌딩 The Woolworth Building

1913년 네오 고딕 양식으로 지어진 이 건물은 당시 57층으로 세계 최고의 높이를 자랑했던 곳이다. 현재는 일반인의 출입이 통제되고 있다. 100년이 넘은 건물이지만 아직도 그 높고 아름다운 자태로 존재감을 뽐내고 있다.

맵북 P.5-B2 **주소** 233 Broadway, New York, NY 10007

8 스프루스 스트리트 8 Spruce St

시빅 센터 주변에서 눈에 띄는 독특한 외관의 건물. 해체주의로 유명한 건축가 프랭크 게리(Frank Gehry)의 작품이다. 전 세계에 인상적인 명작들을 남긴 프랭크 게리는 맨해튼에 IAC빌딩과 8 스프루스 스트리트를 남겼는데, IAC빌딩은 사무실, 이곳은 주택이라 내부로는 들어갈 수 없다.

맵북 P.5-B2 **주소** 8 Spruce St, New York, NY 10038

여기 어때?

풀턴 센터 The Fulton Center

시청사 바로 남쪽에 브로드웨이와 풀턴 스트리트가 만나는 지역에 조성된 환승센터다. 지하철 12개 노선이 지나는 환승역으로 부근의 거대한 환승센터인 WTC역까지 연결된다. 위층에는 상점과 식당들이 있으며 지하까지 밝은 채광이 드는 현대적인 건축미가 돋보인다.

피어 17 Pier 17

사우스 스트리트 시포트 부둣가에 역사적인 건물을 개조해서 만든 곳. 레스토랑과 공연장이 있으며 특히 루프탑 야외 테라스에서 보면 시원한 풍경을 볼 수 있다. 해 질 무렵이면 붉게 물든 브루클린 브리지의 멋진 풍경을 감상할 수 있고, 오른쪽으로 빛을 받아 반짝이는 맨해튼의 빌딩들과 돛단배가 어우러진 풍경도 운치가 있다.

맵북 P.5-C3 **주소** 89 South St, New York, NY 10038 **홈페이지** https://rooftopatpier17.com **가는 방법** 지하철 2·3 노선 Fulton St역에서 도보 7분.

사우스 스트리트 시포트 South Street Seaport

19세기 중반까지 항구였으며 현재는 역사문화지구이자 상점과 식당들이 들어서 있다. 그리고 해 질 무렵에 아름다운 전망을 즐길 수 있는 곳이다. 풀턴 스트리트 주변으로 박물관(South Street Seaport Museum)이 있고, 과거 해산물 시장이었던 풀턴 마켓(Fulton Market)에는 여러 상점과 식당이 있다. 풀턴 스트리트가 끝나고 길을 건너면 16번 부둣가에 붉은색의 앰브로즈호(Lightship Ambrose)가 보이는데, 이는 앰브로즈 해협을 통해 뉴욕항으로 들어오는 배들을 안내했던 등대호였다.

맵북 P.5-C2 **주소** 89 South St, New York, NY 10038 **홈페이지** https://southstreetseaportmuseum.org **가는 방법** 지하철 A·C·J·Z·2·3·4·5 노선 Fulton St역에서 도보 5~7분(2·3번 노선이 가장 가깝다).

맥널리 잭슨 북스 McNally Jackson Books Seaport

인터넷 서점 아마존 때문에 수천 개의 서점이 폐업했던 시절, 2004년 소호에 과감히 오픈한 독립서점 맥널리 잭슨은 작가와 편집자, 독자가 함께하는 토론회 등 다양한 북이벤트와 북카페 형식으로 반향을 일으키며 맨해튼과 브루클린에 5개의 지점으로 늘어났다. 시포트점은 1층의 구수한 커피향과 2층의 나무 다락방 같은 분위기로 아늑함을 선사하며 단골층을 두텁게 하고 있다.

맵북 P.5-C2 **주소** 4 Fulton St, New York, NY 10038 **홈페이지** www.mcnallyjackson.com **운영** 10:00~21:00 **가는 방법** 지하철 2·3 노선 Fulton St역에서 도보 5분.

인더스트리 키친 Industry Kitchen

15번 부둣가 남쪽에 위치한 레스토랑으로 이스트 리버를 바라보며 식사를 즐길 수 있는 곳이다. 맛과 가격대도 무난한 편이며 실내는 현대적인 인테리어로 깔끔하고 날이 좋을 때는 야외 테라스 좌석을 구하기 어려울 정도다. 근처에 자유의 여신상 주변을 다녀오는 유람선의 선착장이 있어서 투어를 마친 관광객들이 단체로 모여들기도 한다.

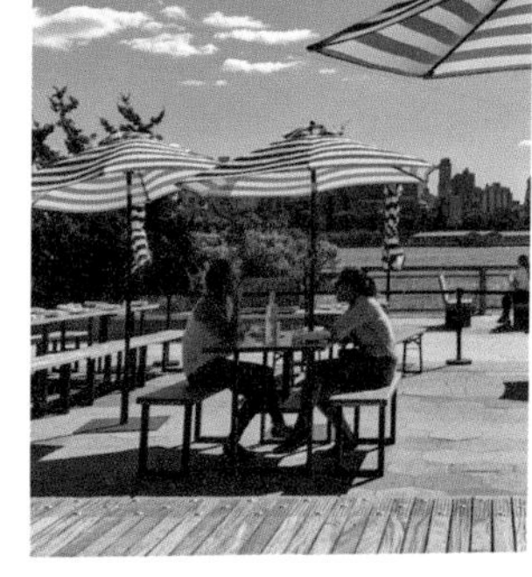

맵북 P.5-B3 **주소** 70 South St, New York, NY 10005 **홈페이지** www.industry-kitchen.com **운영** 12:00~22:00(금·토요일 ~23:00) **가는 방법** 지하철 2·3 노선 Wall St역에서 도보 5분.

소호 & 놀리타
Soho & Nolita

맨해튼
Manhattan

소호와 빌리지는 다운타운과 미드타운을 이어주는 지역으로 화려한 볼거리보다는 쇼핑과 맛집들이 모여 있는 곳이다. 골목들이 많아서 복잡해 보이지만 중심이 되는 지하철역 프린스 스트리트역과 프라다 매장을 기억해두면 길들을 쉽게 찾을 수 있다. 포석이 깔려 있는 오래된 골목 사이로 세련된 부티크들이 가득 자리한 재미있는 동네다.

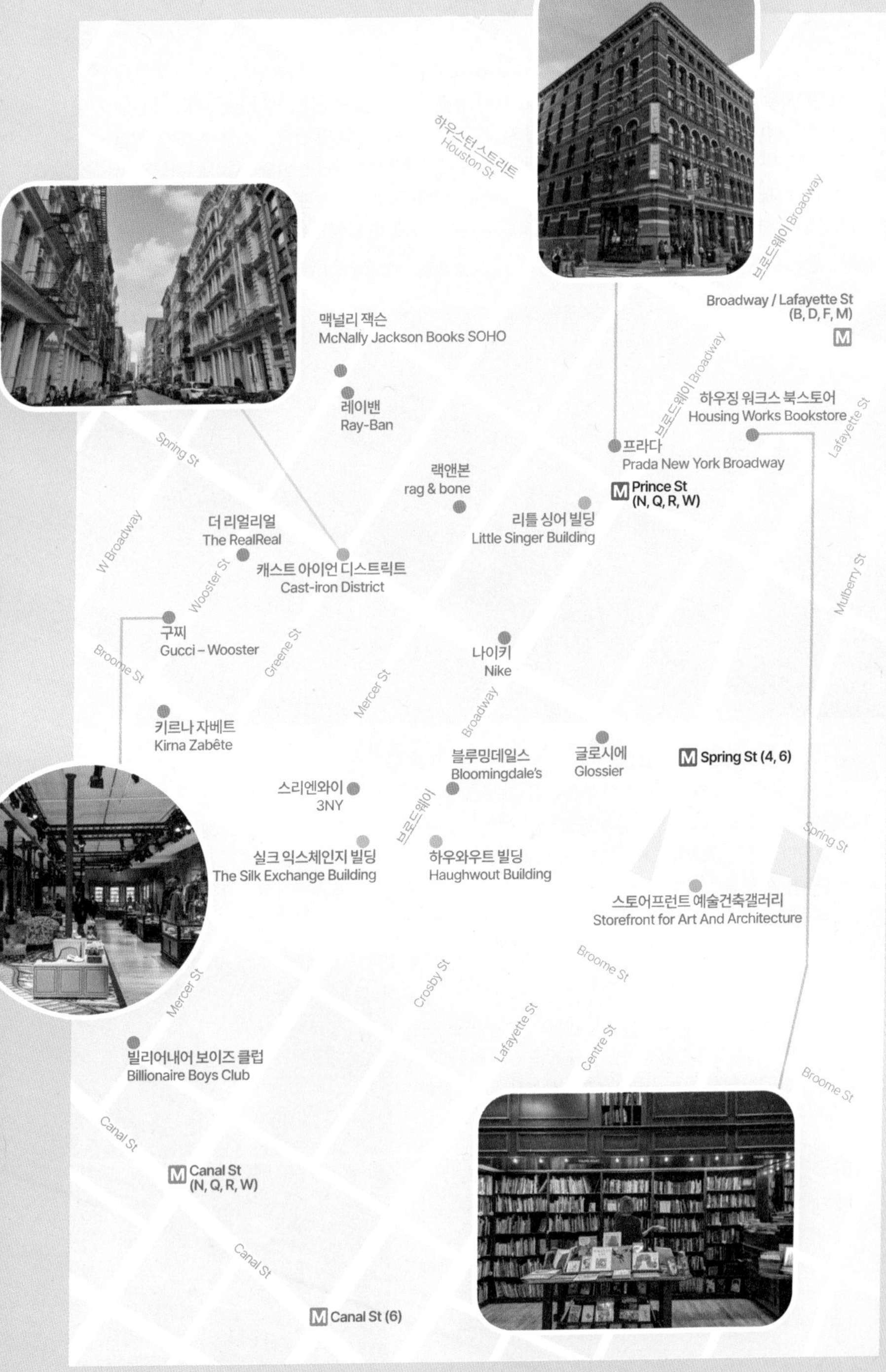
하우스턴 스트리트
Houston St
브로드웨이 Broadway
Broadway / Lafayette St
(B, D, F, M)
M
맥널리 잭슨
McNally Jackson Books SOHO
레이밴
Ray-Ban
브로드웨이 Broadway
하우징 워크스 북스토어
Housing Works Bookstore
Lafayette St
프라다
Prada New York Broadway
Spring St
랙앤본
rag & bone
M Prince St
(N, Q, R, W)
리틀 싱어 빌딩
Little Singer Building
더 리얼리얼
The RealReal
W Broadway
Wooster St
캐스트 아이언 디스트릭트
Cast-iron District
Mulberry St
구찌
Gucci – Wooster
Broome St
Greene St
나이키
Nike
Mercer St
Broadway
키르나 자베트
Kirna Zabête
블루밍데일스
Bloomingdale's
글로시에
Glossier
M Spring St (4, 6)
스리엔와이
3NY
브로드웨이
실크 익스체인지 빌딩
The Silk Exchange Building
하우와우트 빌딩
Haughwout Building
Spring St
스토어프런트 예술건축갤러리
Storefront for Art And Architecture
Broome St
Crosby St
Mercer St
Lafayette St
Centre St
빌리어내어 보이즈 클럽
Billionaire Boys Club
Broome St
Canal St
M Canal St
(N, Q, R, W)
Canal St
M Canal St (6)

소호 Soho

소호란 '사우스 오브 하우스턴(South of Houston)'의 앞 글자를 딴 것으로 하우스턴 거리(휴스턴의 뉴욕 사투리) 이남 지역을 뜻한다. 과거 공장 지대였으나 대공황 이후 빈 건물들이 생겨났으며 천장이 높고 널찍한 건물들은 화가나 조각가들의 작업실로 인기가 있어 가난한 예술가들이 모여들기 시작했다. 한때는 이러한 예술가들로 개성과 낭만의 분위기를 띠었으나 자본이 밀려들면서 고급 갤러리가 들어서고 급기야는 부티크, 레스토랑, 명품점, 대형 매장들이 입점해 쇼핑가로 변모하였다.

캐스트 아이언 디스트릭트 Cast-iron District

1973년 뉴욕시 랜드마크 보존위원회(LPC)는 소호의 캐스트 아이언 빌딩(주철 건물)이 많이 모여 있는 지역을 역사지구로 지정해 보호하고 있다. 캐스트 아이언 역사지구 총 26개 블록으로 소호 대부분의 지역이 이에 해당된다. 또한 뉴욕시에 지어진 250여 개의 캐스트 아이언 건물 대부분이 소호에 위치한다. 19세기 뉴욕의 산업화 과정에서 돌이나 벽돌, 청동보다 훨씬 빠르고 저렴하며 섬세한 장식까지 가능한 주철로 건물들을 지었는데 이후에 강철이 출현하기 전까지 유행하였다.

그린 스트리트 Greene Street

캐스트 아이언 건물이 많이 모여 있는 골목으로 돌바닥과 어우러져 운치 있는 분위기를 자아낸다. 특히 프린스 스트리트(Prince St)부터 브룸 스트리트(Broome St)까지 색색의 주철 건물이 연이어 있는 모습을 볼 수 있다. 맵북 P.6-A2

하우와우트 빌딩 Haughwout Building (1857년)

창문마다 아치와 기둥이 반복적인 패턴으로 이어진 이 건물은 파사드에 주철 계단과 테라스 장식이 있으며 최초의 오티스 안전 엘리베이터를 설치했던 것으로 유명하다. 도자기와 유리 제품을 만들었던 하우와우트사의 건물이었다.

맵북 P.6-B2 주소 488 Broadway, New York, NY 10012

리틀 싱어 빌딩 Little Singer Building (1904년)

아르누보 양식의 아름다운 건물로 붉은색의 테라코타에 녹색 주철의 대비가 눈길을 끈다. 예전에 남쪽에 41층의 높은 싱어 빌딩이 있었기에 12층짜리 이 건물은 작은 싱어 빌딩으로 불렸다. 유명한 재봉틀 회사였던 싱어의 사무실과 공장이 있었다.

맵북 P.6-B2 **주소** 561 Broadway, New York, NY 10012

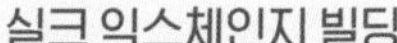

실크 익스체인지 빌딩 The Silk Exchange Building (1894년)

윗부분은 화려하고 섬세한 테라코타 장식, 아래쪽은 석회암 건물로 좁고 긴 형태의 12층 건물이다. 20세기 초에 미국실크협회를 비롯해 여러 실크 회사들과 상점들이 입점해 있었던 데서 붙여진 이름이다.

맵북 P.6-B2 **주소** 487 Broadway, New York, NY 10013

놀리타 Nolita

놀리타(Nolita)는 'North of Little Italy'의 앞 글자를 따서 지은 이름이다. 상점과 맛집들이 소호와는 또다른 분위기로 빈티지 상점이나 특이한 디자인의 잡화점 등이 있다. 브루클린 지역이 부상하면서 예전의 분위기보다는 소호와 닮아가는 느낌이다.

스토어프런트 예술건축갤러리 Storefront for Art And Architecture

놀리타의 개성 있는 이미지와 잘 어울리는 소형 갤러리다. 1982년 설립된 비영리 예술건축재단에서 시작했는데, 초반에 한인 예술가도 참여했으며 도시 환경이나 노숙자 등 지역사회 문제와 공공정책에 영향을 줄 만한 여러 아이디어를 다루었다. 길고 좁은 공간에 벽면을 최대한 활용하여 절반이 오픈된 독특한 형태의 갤러리로, 켄메어 거리(Kenmare St)를 지나다 보면 내부로 들어가지 않더라도 반쯤 열려 있는 벽면에서 안을 들여다볼 수 있으며 반대로 내부에서는 틈을 통해 다른 느낌으로 바깥이 보인다.

맵북 P.7-B2 **주소** 97 Kenmare St, New York, NY 10012 **홈페이지** https://storefrontnews.org **운영** 수~토요일 12:00~18:00, 일~화요일 휴관 **요금** 무료 **가는 방법** 지하철 4·6 노선 Spring St역에서 도보 2분.

프라다 Prada New York Broadway

소호에서 가장 유명한 플래그십 스토어다. 쇼핑을 공간문화로 발전시키려는 프라다의 담대한 프로젝트와 파격적인 건축가 렘 쿨하스(Rem Koolhaas)가 만나서 탄생한 첫 번째 에피센터로 당시 커다란 반향을 일으켰다. 지하를 크게 뚫고 기둥을 세워 만든 공간은 땅값 비싼 소호에서 자칫 낭비처럼 보이기도 하지만 이곳이 패션쇼를 비롯한 다양한 이벤트의 장으로 활용되면서 새로운 공간의 창조로 평가받기도 한다. 소호의 중심이 되는 프린스 스트리트역에서 나오면 바로 앞에 대형 매장이 있어 절묘한 위치와 함께 커다란 존재감으로 소호를 대표하며 입구가 눈에 띄지는 않지만 붉은 벽돌에 청록색 파사드가 소호의 분위기와 너무나 잘 어울린다.

맵북 P.7-B1 **주소** 575 Broadway, New York, NY 10012 **홈페이지** www.prada.com **운영** 월~토요일 11:00~19:00, 일요일 12:00~18:00 **가는 방법** 지하철 N·Q·R·W 노선 Prince St역에서 바로.

나이키 Nike

나이키는 5번가에 대형 플래그십 스토어가 있지만 소호에도 그에 못지않은 매장들이 있다. 브로드웨이 큰길에 위치한 나이키 소호(Nike Soho) 매장은 6층 전체가 나이키로 가득한 대형 매장이다. 신발뿐 아니라 다양한 굿즈도 있어서 나이키 팬들에게 소소한 즐거움을 주며 진정한 러너들을 위한 보다 전문적인 공간도 마련되어 있다.

맵북 P.6-B2 **주소** 529 Broadway, New York, NY 10012 **홈페이지** www.nike.com **운영** 월~토요일 11:00~20:00, 일요일 11:00~19:00 **가는 방법** 지하철 N·Q·R·W 노선 Prince St역에서 도보 2분.

글로시에 Glossier

코로나로 철수했던 글로시에 매장이 2023년 다시 입점했다. 직구템으로도 인기인 울트라립, 클라우드 페인트, 립글로스, 립밤은 물론 가볍고 상큼한 느낌의 향수도 직접 시향해 볼 수 있다. 넓고 깔끔한 매장을 돌아다니며 발라보면 직원들이 도와준다.

맵북 P.7-B2 **주소** 72 Spring St, New York, NY 10012 **홈페이지** www.glossier.com **운영** 월~토요일 10:00~20:00, 일요일 11:00~19:00 **가는 방법** 지하철 4·6노선 Spring St역에서 도보 1분.

블루밍데일스 Bloomingdale's

소호에 자리한 6층 건물의 백화점으로 규모가 그리 크지는 않지만 여러 브랜드가 모여 있어 편리하게 쇼핑할 수 있다. 맨해튼 내에 워낙 화려한 백화점들이 많아서 상대적으로 덜 붐비는 편이지만 접근성이 좋아서 소호와 함께 돌아보기 좋다. 2층에는 요거트와 샌드위치, 샐러드 등 간단한 건강식을 할 수 있는 카페 포티 캐롯(Forty Carrots) 소호점이 있어 쇼핑 도중에 잠시 쉬어 갈 수 있다.

맵북 P.6-B2 **주소** 504 Broadway, New York, NY 10012 **홈페이지** www.bloomingdales.com **운영** 월~토요일 11:00~20:00, 일요일 11:00~19:00 **가는 방법** 지하철 N·Q·R·W 노선 Prince St역에서 도보 3분.

랙앤본 rag & bone

뉴욕 감성의 컨템퍼러리 브랜드 랙앤본은 도시적이고 모던한 느낌을 잘 살려낸 미니멀리즘으로 국내에서도 인기 있는 브랜드다. 소호 매장은 남성 매장과 여성 매장이 안쪽에서 연결되어 제법 규모가 큰 편이며 의류는 물론 신발도 다양하게 갖추고 있다.

맵북 P.6-B2 **주소** 119 Mercer St, New York, NY 10012 **홈페이지** www.rag-bone.com **운영** 11:00~19:00 **가는 방법** 지하철 N·Q·R·W 노선 Prince St역에서 도보 2분.

스리엔와이 3NY

유니크한 편집숍으로 작은 매장이지만 직접 골라낸 컨템퍼러리 패션의 중고급 명품들이 잘 매칭되어 있다. 셀럽들이 즐겨 찾으면서 많은 패션 피플이 가고 싶어 하는 매장이 되었다.

맵북 P.6-B2 **주소** 448 Broome St, New York, NY 10013 **홈페이지** https://3nyconcept.com **운영** 11:00~18:30(토·일요일 ~19:00) **가는 방법** 지하철 N·Q·R·W 노선 Prince St역에서 도보 5분.

더 리얼리얼 The RealReal

꽤 큰 규모의 명품 리셀숍이다. 중고 명품도 있지만 택이 그대로 붙어 있는 새 제품도 있다. 온라인으로 시작해 인기를 끌면서 LA, 뉴욕, 샌프란시스코, 시카고에 매장을 오픈했다. 일부 명품 브랜드와 파트너십을 운영하기도 한다. 고급 빈티지숍 분위기에 가끔 리미티드 에디션도 있어 구경하는 사람들로 북적이는 곳이다.

맵북 P.6-A2 **주소** 80 Wooster St, New York, NY 10012 **홈페이지** www.therealreal.com **운영** 월~토요일 10:00~19:00, 일요일 11:00~18:00 **가는 방법** 지하철 N·Q·R·W 노선 Prince St역에서 도보 5분.

빌리어네어 보이스 클럽 Billionaire Boys Club(BBC)

힙합 뮤지션이자 패셔니스트로 유명한 퍼렐 윌리엄스가 일본의 프로듀서 겸 패션 디자이너 니고와 함께 만든 브랜드로 스트리트 패션과 서브 컬처를 지향하는 그의 스타일을 한눈에 볼 수 있는 곳이다. 규모가 크지는 않지만 재미난 티셔츠에서부터 인테리어 소품, 피규어 등 다양한 물건이 있다.

맵북 P.6-A3 **주소** 7 Mercer St, New York, NY 10012 **홈페이지** www.bbcicecream.com **운영** 매일 12:00~18:00 **가는 방법** 지하철 N·Q·R·W 노선 Canal St역에서 도보 2분.

구찌 Gucci - Wooster

트렌디한 명품으로 거듭난 구찌는 소호에서 더욱 빛을 발한다. 우스터 거리의 100년도 넘은 건물에 자리한 이곳은 오프닝 때부터 셀럽들이 모여들어 주목을 끌었다. 소호의 자유분방한 느낌과 유니크한 개성에 빈티지 감성이 가미되었지만 그렇다고 고급스러움을 놓치지 않는 구찌만의 컬러를 확실하게 보여주는 장소다. 화려한 가구와 멋진 피팅룸을 갖추고 있으며 한쪽 끝에 영상을 관람할 수 있는 공간이 있고 북스토어도 있어서 예술 서적이나 문구, 굿즈 구입도 가능하다.

맵북 P.6-A2 **주소** 63 Wooster St, New York, NY 10012 **홈페이지** www.gucci.com **운영** 월~토요일 11:00~19:00, 일요일 12:00~18:00 **가는 방법** 지하철 N·Q·R·W 노선 Prince St역에서 도보 7분.

키르나 자베트 Kirna Zabête

소호에서 가장 유명한 명품 편집숍이다. 화려한 인테리어에 훌륭한 셀렉션으로 가격은 만만치 않지만 구경하는 재미가 있다. 명품 매장에서 보기 힘든 희귀템도 가끔 들어와 멋지게 디스플레이된다.

맵북 P.6-A2 **주소** 160 Mercer St, New York, NY 10012 **홈페이지** www.kirnazabete.com **운영** 월~토요일 11:00~19:00, 일요일 12:00~18:00 **가는 방법** 지하철 N·Q·R·W 노선 Prince St역에서 도보 2분.

레이밴 Ray-Ban

미국의 국민 선글라스 레이밴은 비교적 합리적인 가격으로 많은 사람이 애용해왔다. 다소 평범하고 클래식한 느낌의 레이밴이 메타(페이스북)와 함께 스마트 선글라스 '레이밴 스토리 Ray-Ban Stories'를 선보이며 첨단의 이미지를 더했다. 소호의 대형 매장은 신나는 음악이 흐르는 체험장으로 부담없이 써보기 좋다.

맵북 P.6-B1 **주소** 116 Wooster St, New York, NY 10012 **홈페이지** https://stores.ray-ban.com **운영** 월~토요일 10:00~19:00, 일요일 11:00~19:00 **가는 방법** 지하철 N·Q·R·W 노선 Prince St역에서 도보 3분.

하우징 워크스 북스토어 Housing Works Bookstore

뉴욕의 시민단체 하우징 워크스(Housing Works)는 노숙자와 에이즈 퇴치를 위한 비영리 자선단체다. 이곳에서 중고 서점과 카페를 함께 운영해 운치 있는 북카페로 인기가 많다. 2층까지 뚫린 높은 천장과 나선형 계단, 목조 책장에 빼곡이 꽂힌 서적들이 오래된 서재를 연상시키며 고소한 커피향이 더해져 뉴요커는 물론 관광객도 많이 찾는다.

맵북 P.7-B1 **주소** 126 Crosby St, New York, NY 10012 **홈페이지** http://housingworks.org **운영** 11:00~20:00 **가는 방법** 지하철 N·Q·R·W 노선 Prince St역에서 도보 2분.

맥널리 잭슨 McNally Jackson Books Prince Street

2000년대 초반 오프라인 서점들이 대형 온라인 서점 아마존에 밀려 문을 닫아야만 했던 시절에 과감히 문을 연 독립서점이다. 많은 사람들의 우려 속에 기존 오프라인 서점과의 차별성을 두고 온라인에서 할 수 없는 다양한 북이벤트를 열며 성공적으로 안착해 현재 뉴욕에 5곳의 지점으로 확장했다. 지점마다 조금씩 다른 분위기로 인기를 누리고 있는데, 소호점은 플래그십 매장으로 처음 오픈했던 본점이 2023년 이전한 곳이다.

맵북 P.6-A1 **주소** 134 Prince St, New York, NY 10012 **홈페이지** www.mcnallyjackson.com **운영** 10:00~21:00 **가는 방법** 지하철 N·Q·R·W 노선 Prince St역에서 도보 3분.

잭스 와이프 프리다 Jack's Wife Freda

소호에서 너무나도 유명한 지중해 식당이다. 아담한 규모에 아기자기한 분위기로 노천 테이블까지 꽉 차서 항상 줄을 서는 맛집이다. 깔끔하고 신선한 건강식을 맛깔스럽게 제공하는데 우리에게는 익숙하지 않은 메뉴가 많으니 지중해 음식을 선호하지 않는다면 브런치 메뉴를 고려해보는 것도 좋다.

맵북 P.7-B2 **주소** 226 Lafayette St, New York, NY 10012 **홈페이지** https://jackswifefreda.com **운영** 월~수요일 08:30~22:00(목~토요일 ~23:00, 일요일 ~21:00) **가는 방법** 지하철 4·6 노선 Spring St역에서 도보 1분.

마망 Maman

2014년 소호에서 작은 카페와 베이커리로 시작해 이제는 캐나다까지 10개가 넘는 지점으로 확장된 인기 카페다. 마망이란 이름에서 알 수 있듯이 엄마의 음식 같은 편안함과 소박함, 건강함을 콘셉트로 하며 남프랑스를 연상시키는 화이트와 블루, 그리고 나무를 재료로 하는 인테리어가 아늑하면서도 귀여운 느낌으로 다가온다. 커피와 쿠키, 브런치 메뉴 모두 인기다.

맵북 P.6-B3 **주소** 239 Centre St, New York, NY 10013 **홈페이지** https://mamannyc.com **운영** 월~금요일 07:30~18:00, 토·일요일 08:00~18:00 **가는 방법** 지하철 4·6 노선 Spring St역에서 도보 4분.

롬바르디스 Lombardi's

1905년 오픈해 미국 최초의 피자 가게라고 알려진 곳이다. 오랜 역사뿐 아니라 맛으로도 인정받았다. 워낙 오랫동안 베스트 피자로 꼽혀 뉴요커라면 모르는 사람이 없을 정도다. 맛의 비결은 오븐이다. 일반 가스 오븐보다 두 배나 높은 온도를 낼 수 있는 석탄 오븐이 남아 있는 곳으로 얇고 바삭하게 구워지는 피자 맛이 일품이다. 기본 마르게리타 피자에 다양한 토핑을 추가할 수 있어 메뉴에 없는 것도 만들어준다. 현금만 받으며 ATM도 있다.

맵북 P.7-B2 **주소** 32 Spring St, New York, NY 10012 **홈페이지** www.firstpizza.com **운영** 일~목요일 12:00~22:00 (금·토요일 ~24:00) **가는 방법** 지하철 4·6 노선 Spring St역에서 도보 2분

아일린스 스페셜 치즈케이크 Eileen's Special Cheesecake

놀리타의 한쪽 끝 모퉁이에 자리한 아주 작은 가게지만 많은 사람들이 줄을 서서 픽업해 가는 마성의 치즈케이크 전문점이다. 1975년에 오픈해 지금까지 딸들과 변함없는 맛을 이어오고 있는 이곳은 진한 치즈와 다양한 토핑으로 맛을 낸 미니 케이크들로 가득하다. 내부 공간이 너무 협소하여 앉아서 먹기 어렵다는 것이 유일한 흠이다. 종류별로 포장해가서 맛보도록 하자. 스트로베리와 솔티드 캐러멜이 가장 인기 있다.

맵북 P.7-B2 **주소** 17 Cleveland Pl, New York, NY 10012 **홈페이지** www.eileenscheesecake.com **운영** 일~목요일 11:00~19:00(금·토요일 ~20:00) **가는 방법** 지하철 4·6 노선 Spring St역에서 도보 1분.

도미니크 앙셀 베이커리 Dominique Ansel Bakery

포숑과 대니얼의 파티시에였던 도미니크 앙셀이 오픈한 디저트 가게로 크루아상과 도넛을 합친 '크로넛(Cronut)'을 최초로 선보여 돌풍을 일으켰던 유명한 곳이다. 이제는 한국에서도 비슷한 맛을 볼 수 있지만 이곳의 원조 크로넛은 역시 다르다. 레몬 등을 사용해 생각보다 단맛이 적은 편이다. 늦게 가면 품절되는 경우도 있다. 미국인들의 향수를 자극하는 스모어를 변형시킨 프로즌 스모어도 인기다. 복도보다 안쪽으로 들어가면 좌석이 더 많다.

맵북 P.6-A1 **주소** 189 Spring St, New York, NY 10012 **홈페이지** www.dominiqueanselny.com **운영** 08:00~19:00 **가는 방법** 지하철 A·C·E 노선 Spring St역에서 도보 1분.

더 부처스 도터 The Butcher's Daughter

놀리타 한쪽 끝에 자리한 인기 브런치 식당으로 이름과는 달리 채식주의 메뉴가 주를 이룬다. 아침식사부터 점심, 저녁에 이르기까지 사람들이 붐비는 편이며 특히 주말에는 브런치 손님들로 가득하다. 건강한 재료를 사용한 샌드위치와 볼, 버거, 피자 등 미국식 메뉴는 물론 아시아 퓨전 등 다양한 메뉴가 있다.

맵북 P.7-C3 **주소** 19 Kenmare St, New York, NY 10012 **홈페이지** www.thebutchersdaughter.com **운영** 08:00~21:00 **가는 방법** 지하철 J·Z 노선 Bowery역에서 도보 2분.

맨해튼
Manhattan

그리니치 빌리지
Greenwich Village

그리니치 빌리지는 뉴요커들이 간단히 '더 빌리지(The Village)'라고도 부르는 친숙한 지역으로 20세기 중반에는 저항의 상징이기도 했다. 현재는 재즈, 소규모 공연과 LGBQT 커뮤니티 활동이 활발하게 벌어지고 있으며 브런치 카페 같은 아기자기한 상점과 나지막한 브라운스톤 건물들이 가득한 운치 있는 분위기를 가진 동네다. 그리니치 빌리지의 서쪽을 웨스트 빌리지라고 부르는데 대부분은 그리니치 빌리지에 속한다. 그리고 동쪽은 이스트 빌리지라고 부른다.

14 St/ 6 Av M (F, M, L)

14 St(Path역)

8th Ave

W 4th St

7th Ave

6th Ave

W 12th St

9A

블리커 스트리트
Bleeker Street

캐리 브래드쇼의 집
Carrie Bradshaw's Apartment

제퍼슨 마켓 라이브러리
Jefferson Market Library

Bleecker St

스톤월 인
The Stonewall Inn

9 St(Path역)

W 10th St

West St

Christopher St (1, 2) M

크리스토퍼 파크
Christopher Park

피어 46 앳 허드슨 리버 공원
Pier 46 at Hudson River Park

Christopher St

Christopher St(Path역)

W 4 St/ Wash Sq M
(A, C, E, B, D, F, M)

9A

워싱턴 스퀘어 파크
Washington Square Park

West St

뉴욕대학교
New York University(NYU)

허드슨 리버 그린웨이
Hudson River Greenway

W Houston St

M Houston St (1, 2)

W 3rd St

소호
SOHO

M Spring St. (A, C, E)

NY

그리니치 빌리지 Greenwich Village

워싱턴 스퀘어 파크를 중심으로 한 일대와 서쪽 지역으로 보통 더 빌리지(The Village)라 부른다. 20세기 초중반 보헤미안의 수도이자 예술가들의 마을로 진보적인 아이디어가 꽃피고 대안 문화가 번성하는 지역이었다. 특히 스톤월 항쟁을 통해 동성애자 등 LGBQT 운동의 발상지로 주목받았으나 20세기 후반부터는 비싼 주거비로 예술가들이 떠나가는 상업화 과정을 겪었다. 아직도 곳곳에 언더그라운드 재즈 클럽이 자리하며 운치 있는 골목에는 아기자기한 카페와 레스토랑이 손님을 맞고 있다.

워싱턴 스퀘어 파크 Washington Square Park

빌리지의 중앙에 자리한 넓은 공원이다. 공원 북쪽에 서있는 워싱턴 아치(Washington Arch)는 조지 워싱턴의 취임 100주년을 기념해 세워진 것으로 빌리지의 랜드마크 역할을 하고 있을 뿐만 아니라 뉴욕대의 중심에 있어 캠퍼스가 없는 뉴욕대의 상징이 되었다. 공원에는 분수를 중심으로 휴식을 취하는 사람들, 체스를 두거나 그림을 그리는 사람들, 공연을 펼치는 사람들, 이를 구경하는 사람들로 가득하다.

공원에서 바로 한 블록 떨어진 곳에는 워싱턴 뮤즈(Washington Mews)라는 운치 있는 골목길이 있는데, 18세기에 농장의 일부로 마굿간(mews)이 있던 곳으로 현재는 뉴욕대에서 건물들을 사용하고 있다.

맵북 P.9-B2 **주소** Washington Square, New York, NY 10012 **홈페이지** www.nycgovparks.org/parks/washington-square-park **가는 방법** 지하철 A·B·C·D·E·F·M 노선 W 4 St역에서 Washington Pl 골목을 한 블록 걸어가면 나온다.

뉴욕대학교 New York University (NYU)

NYU로 잘 알려진 뉴욕대학교는 아이비리그로 착각하는 사람이 있을 정도로 유명한 동부의 명문 사립대학교다. 워싱턴 스퀘어 파크 주변에 흩어져 있는 뉴욕대학교의 건물에는 학교의 상징 횃불이 그려진 보라색 깃발이 꽂혀 있다. 1831년에 처음 세워졌으며 1835년에 법과대학, 1841년에 의과대학이 생기면서 꾸준히 성장해 현재는 미국 최대의 사립대학 중 하나가 되었다. 역사와 규모뿐 아니라 학문적으로도 명성이 높아 비즈니스 스쿨인 스턴 스쿨(Stern School of Business)과 법대(The School of Law), 그리고 예술대학인 티시 스쿨(Tisch School of the Arts)은 높은 랭킹을 자랑한다.

방문자들이 찾는 명소는 워싱턴 스퀘어 파크 바로 남쪽에 위치한 붉은 건물 밥스트 라이브러리(Bobst Library)다. 건축가 필립 존슨(Philip Johnson)의 설계로 유명한 이 건물은 유기적인 공간 구성이 잘 되어 있는 것으로 평가받는다. 붉은색의 외관과는 달리 내부는 유리로 되어 있으며 중앙이 천장까지 뚫려 있어 밖에서 보는 것과 전혀 다른 분위기를 띤다. 외부인은 로비에서만 살짝 볼 수 있다.

맵북 P.9-C2 **주소 [도서관]** 70 Washington Square S. New York, NY 10012 **홈페이지** www.nyu.edu **가는 방법** 지하철 N·Q·R·W 노선 8 St, 또는 지하철 4·6 노선 Astor Place역에서 도보 1~5분에 여러 건물들이 있다.

여기 어때?

NYU 북스토어 New York University Bookstore

뉴욕대학교에서 운영하는 서점이자 공식 기념품점으로 대학 로고가 들어간 티셔츠와 후디, 머그, 텀블러, 학용품 등 다양한 기념품을 살 수 있는 곳이다. 학교의 상징색인 보라색의 굿즈가 많다.

맵북 P.9-C3 **주소** 726 Broadway, New York, NY 10003
홈페이지 www.bkstr.com **운영** 월~금요일 09:00~18:00, 토요일 10:00~17:00, 일요일 휴무

NY

웨스트 빌리지 West Village

그리니치 빌리지의 서쪽 구역을 따로 웨스트 빌리지라고 부른다. 보통 6번가 또는 7번가를 기준으로 나뉘는데, 크리스토퍼 파크 주변과 블리커 스트리트가 주요 번화가다. 보헤미안 감성과 퀴어 문화까지 다양성을 보인다.

크리스토퍼 파크 Christopher Park

웨스트 빌리지의 상징적인 공원으로 작은 공간이지만 일부가 2016년 미국 전역에서 동성 결혼을 합법화한 대법원 판결의 1주년을 기념해 스톤월 국립기념지(Stonewall National Monument)로 지정된 곳이다. 중앙에 하얀색 '게이 해방(Gay Liberation)' 조각이 있다.

맵북 P.9-B2 **주소** 38-64 Christopher St, New York, NY 10014 **가는 방법** 지하철 1·2 노선 Christopher St역에서 바로.

스톤월 인 The Stonewall Inn

동성애는 1960년대까지 미국에서 불법이었을 뿐만 아니라 차별과 탄압의 대상이었다. 그러던 1969년 어느 날 새벽, 바로 이곳 1층의 게이바에 경찰들이 잠입해 대대적인 단속과 무자비한 폭행으로 체포하려 하자 이에 저항하는 사람들이 모여들면서 4일간이나 경찰과 대치했고 이 사건은 시각에 따라 스톤월 폭동 또는 스톤월 항쟁으로 불렸다. 1년 후 1970년 6월 28일에 이를 기념하기 위해 크리스토퍼 거리에서는 자긍심을 위한 행진(프라이드 퍼레이드 Pride Parade)이 시작되었고 미국 전역은 물론 세계 곳곳으로 퍼져나가 인권운동의 촉매가 되었다. 현재도 저녁이면 사람들이 모여드는 바이며 역사적 명소로 지정되었다.

맵북 P.8-B2 **주소** 53 Christopher St, New York, NY 10014 **홈페이지** 유적지 www.nps.gov/ston, 바 https://thestonewallinnnyc.com **운영** 월~금요일 14:00~04:00 토·일요일 13:00~04:00 **가는 방법** 지하철 1·2 노선 Christopher St역에서 도보 1분.

블리커 스트리트 Bleeker Street

웨스트 빌리지에서 가장 번화한 거리다. 상업화된 모습이 아쉽기도 하지만 깔끔해지고 볼거리가 많아져 방문자들은 더 늘었다. 드라마 '섹스 앤 더 시티(Sex & the City)'에 등장했던 매그놀리아 베이커리를 시작으로 남쪽으로 이어진 거리 양옆으로 빼곡히 상점이 들어서 있다.

맵북 P.8-B1 **가는 방법** 지하철 1·2 노선 Christopher St역에서 도보 1분.

캐리 브래드쇼의 집 Carrie Bradshaw's Apartment

전 세계적으로 인기를 끌었던 미국 드라마 '섹스 앤 더 시티(Sex & the City)'의 주인공 캐리 브래드쇼가 극중 살았던 집이다. 드라마가 끝난 지 한참이 지났지만 아직도 전 세계에서 모여드는 팬들 때문에 현재 집주인은 계단을 폐쇄했지만 여전히 계단 앞 도로에서 인증샷을 찍는 사람들을 볼 수 있다. 2021년부터 다시 방영된 후속작 '앤 저스트 라이크 댓(And Just Like That)'에도 다시 등장한다.

맵북 P.8-B1 **주소** 68 Perry St, New York, NY 10014 **가는 방법** 지하철 1·2 노선 Christopher St역에서 도보 3분.

제퍼슨 마켓 라이브러리 Jefferson Market Library

빌리지에서 드물게 높고 눈에 띄는 붉은색의 아름다운 건물이다. 원래 토머스 제퍼슨 대통령의 이름을 딴 제퍼슨 마켓이 있던 자리였는데 1877년 법원 건물로 지어졌으며 재판소와 함께 지하에는 구치소가 있었다. 30m나 되는 꼭대기 타워에는 아직도 종탑이 남아 있는데 과거 화재 발생을 알리던 용도로 사용했다고 한다. 법원이 옮겨가면서 경찰훈련소 등으로 이용하다가 방치되어 철거될 위기에 처했는데 지역 보존의 목소리가 커지면서 1967년 공공도서관으로 복원되었다. 특별한 행사가 없다면 종탑을 개방하기도 한다.

맵북 P.9-B2 **주소** 425 6th Ave, New York, NY 10011 **홈페이지** www.nypl.org **운영** 월~목요일 10:00~20:00, 금·토요일 10:00~17:00, 일요일 13:00~17:00 **가는 방법** 지하철 A·B·C·D·E·F·M 노선 W 4St/Wash Sq역에서 도보 2분.

매그놀리아 베이커리 Magnolia Bakery

드라마 '섹스 앤 더 시티(Sex & the City)'로 유명해져 이제는 우리나라에도 지점이 생겼지만 원조는 웨스트 빌리지의 블리커 스트리트에 있는 바로 이곳이다. 귀여운 베이커리숍으로 공간이 매우 협소해 픽업해 가는 사람이 많다.

맵북 P.8-B1 **주소** 401 Bleecker St, New York, 10014 **홈페이지** www.magnoliabakery.com **운영** 일~목요일 09:30~22:00(금·토요일 ~23:00) **가는 방법** 지하철 1·2 노선 Christopher St역에서 도보 5분.

타르틴 Tartine

빌리지의 인기 브런치 맛집이다. 주말이면 특히 붐비지만 예약을 받지 않아 줄서기는 기본. 내부는 협소해서 테이블이 몇 개 없고 그나마 노천 테이블에 좌석이 있다. 에그 베네딕트가 가장 인기이며 사이드로 감자나 샐러드를 선택할 수 있다. 저녁에는 프렌치 어니언수프가 인기다. 맨해튼 맛집들에 비해 가성비도 좋은 편이다.

맵북 P.8-B1 **주소** 253 W 11th St, New York, NY 10014 **홈페이지** www.tartine.nyc **운영** 월~금요일 11:00~16:00/17:30~22:30, 토요일 10:00~16:00/17:00 ~22:30, 일요일 10:00~16:00/17:00~22:00 **가는 방법** 지하철 1·2 노선 Christopher St역에서 도보 4분.

시오 비걸로 CO Bigelow

1838년에 문을 열어 오랜 역사를 자랑하는 약국 겸 스킨케어용품점이다. 지금까지도 영업을 하는 약국 중에는 미국에서 가장 오래된 곳이다. 역사가 느껴지는 고풍스러운 건물 안에 약품과 화장품 등 많은 물품이 빼곡히 들어차 있다. 자체 브랜드 화장품도 만들어 백화점이나 세포라 등에서 판매해 일부 아이템은 잘 알려져 있다. 립밤과 샤워젤이 인기다.

맵북 P.9-B2 **주소** 414 6th Ave, New York, NY 10011 **홈페이지** www.bigelowchemists.com **운영** 월~토요일 09:00~19:00(일요일 ~17:30) **가는 방법** 제퍼슨 마켓 도서관 건너편.

제임스 퍼스 JAMES PERSE

블리커 스트리트의 분위기와 잘 어울리는 브랜드로 심플한 디자인에 맞게 매장도 상당히 깔끔하다. 플래그십 스토어임에도 불구하고 외관은 너무나 평범하고 수수하지만 지하로 이어지는 인테리어는 제임스 퍼스의 느낌이 그대로 살아 있다.

맵북 P.8-B2 **주소** 368 Bleecker St, New York, NY 10014 **홈페이지** www.jamesperse.com **운영** 월~토요일 11:00~19:00, 일요일 12:00~18:00 **가는 방법** 지하철 1·2 노선 Christopher St역에서 도보 3분.

북마크 Bookmarc

마크 제이콥스의 북숍 겸 편집숍으로 블리커 스트리트에 대대적으로 진출했던 마크 제이콥스가 매장을 이곳 하나로 통합하면서 좀 더 알찬 느낌이다. 패션과 디자인 관련 잡지나 서적, 그리고 독특한 아이템들을 모아 두어 구경하는 재미가 있다.

맵북 P.8-B1 **주소** 400 Bleecker St, New York, NY 10014 **운영** 11:00~17:00 **가는 방법** 지하철 1·2 노선 Christopher St역에서 도보 5분.

부베트 뉴욕 Buvette New York

빌리지의 프렌치 레스토랑이자 브런치 맛집으로 주말이면 긴 줄이 서 있는 곳으로 유명하다. 런던, 파리, 도쿄에 지점이 있고 이제 한국에서도 맛볼 수 있게 되었지만 뉴욕지점이야말로 빌리지의 느긋한 분위기와 빈티지스러움을 느낄 수 있는 장소다. 아침과 점심에는 와플, 크로크마담, 크로크무슈, 토스트 등의 브런치 메뉴가 있으며 저녁에는 라타투이, 코코뱅 같은 프랑스 가정식 메뉴가 대부분이다.

맵북 P.8-B2 **주소** 42 Grove St, New York, NY 10014 **홈페이지** https://ilovebuvette.com **운영** 08:00~24:00 **가는 방법** 지하철 1·2 노선 Christopher St역에서 도보 2분.

존스 오브 블리커 스트리트 John's of Bleecker St

가게 앞에 항상 길게 줄을 선 이 피자집은 벽돌로 된 오븐에서 직접 구워내는 수십 가지 종류의 피자로 유명하다. 낡은 가게이지만 가끔 유명 연예인들도 방문할 정도로 맨해튼에서 소문난 맛집이다. 뉴욕 베스트 피자에 꼽히는 곳이며 흔히 존스 피자로 불린다.

맵북 P.8-B2 **주소** 278 Bleecker St, New York, NY 10014 **홈페이지** https://johnsofbleecker.com **운영** 일~목요일 11:30~22:00(금·토요일~23:00) **가는 방법** 지하철 1·2- Christopher St역에서 도보 3분.

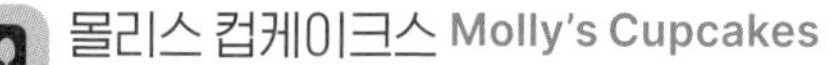

몰리스 컵케이크스 Molly's Cupcakes

보통 미국의 컵케이크라 하면 달달한 맛이 강하고 미국인들이 좋아하는 아이싱 가득한 미니케이크라 우리에게는 다소 부담스럽기도 하다. 하지만 이곳 몰리스에서는 앙증맞은 사이즈에 그리 부담스럽지 않은 단맛으로 많은 사람들이 찾는다. 가장 인기 있는 것은 크렘브륄레와 초콜릿이며 우리에겐 낯설지만 케이크 생반죽(Batter)를 올린 케이크 배터도 인기다.

맵북 P.8-B2 **주소** 228 Bleecker St, New York, NY 10014 **홈페이지** www.mollyscupcakes.com **운영** 10:00~21:00(금·토요일 ~22:00) **가는 방법** 지하철 A·B·C·D·E·F·M 노선 W 4St/Wash Sq역에서 도보 2분.

포르토 리코 임포팅 Porto Rico Importing Co.

붉은색 차양에 빈티지 느낌 물씬 풍기는 간판이 인상적인 이곳은 100년 넘게 운영 중인 빌리지의 터줏대감이다. 작은 가게지만 들어서는 순간 은은한 커피향에 기분이 좋아지는 곳으로 좌석은 입구의 빨간 벤치가 전부다. 커피는 테이크아웃해서 벤치에서 마시거나 대부분 원두를 사간다. 원두의 종류가 매우 다양하고 스페셜 블렌드도 있다.

맵북 P.9-B2 **주소** 201 Bleecker St, New York, NY 10012 **홈페이지** www.portorico.com **운영** 월~금요일 08:00~19:00, 토요일 09:00~19:00, 일요일 10:00~18:00 **가는 방법** 지하철 A·B·C·D·E·F·M 노선 W 4St/Wash Sq역에서 도보 3분.

마제다 베이커리 Mah-Ze-Dahr Bakery

주인이 오랜 베이커리 경험과 전 세계를 여행하며 맛보고 느낀 것들에서 영감을 받아 나름의 철학을 가지고 오픈한 베이커리다. 깔끔한 인테리어에 맛있는 빵과 케이크로 많은 사람이 찾으며 특히 촉촉한 크림이 들어있는 브리오슈 도넛과 진한 치즈케이크가 인기다.

맵북 P.9-B2 **주소** 28 Greenwich Ave, New York, NY 10011 **홈페이지** https://mahzedahrbakery.com **운영** 월~목요일 07:00~20:00(금요일 ~21:00), 토요일 08:00~21:00, 일요일 08:00~20:00 **가는 방법** 지하철 A·B·C·D·E·F·M 노선 W 4St/Wash Sq역에서 도보 3분.

밥보 Babbo

이탈리안 요리로 유명한 스타 셰프 마리오 바탈리의 레스토랑. 미슐랭 스타를 받았을 정도로 유명하지만 비교적 캐주얼한 분위기다. 메뉴는 계절별로 바뀌는데 파스타나 스테이크 같은 단품 메뉴들도 대부분 맛이 좋으며 다양하게 맛볼 수 있는 테이스팅 메뉴도 인기다.

맵북 P.9-B2 **주소** 110 Waverly Pl, New York, NY 10011 **홈페이지** www.babbonyc.com **운영** 일~화요일 16:30~21:00(수·목요일 ~22:00, 금·토요일 ~22:30) **가는 방법** 지하철 A·B·C·D·E·F·M 노선 W 4St/Wash Sq역에서 도보 1분.

카페 레지오 Caffe Reggio

1927년에 오픈해 뉴욕에 처음으로 이탈리아 카푸치노를 소개했다는 오래된 카페다. 카페 내부는 작고 어둡지만 세월의 흔적을 느낄 수 있는 소품들로 가득하다. 특히 100년도 넘은 에스프레소 머신이 구석에 남아 있다. '대부'와 같은 영화에도 배경으로 나와 인기를 끌면서 지금은 상당히 상업화되어 커피맛보다는 스토리로 이어가는 곳이다.

맵북 P.9-B2 **주소** 119 MacDougal St, New York, NY 10012 **홈페이지** www.caffereggio.com **운영** 일~목요일 09:00~03:00(금·토요일 ~04:30) **가는 방법** 지하철 A·B·C·D·E·F·M 노선 W 4St/Wash Sq역에서 도보 2분.

어빙 팜 뉴욕 Irving Farm New York

어빙 플레이스에서 작게 시작한 커피숍이 동네에서 인기를 얻으며 본격적으로 로스팅에 집중해 맨해튼 곳곳으로 지점을 넓혀갔다. 신맛보다는 고소한 단맛이 느껴지는 블렌딩으로 무난한 커피를 찾는 사람들이 좋아하며 특히 빌리지점은 넓고 쾌적한 분위기로 항상 붐비는 곳이다.

맵북 P.9-B2 **주소** 78 W 3rd St, New York, NY 10012 **홈페이지** https://irvingfarm.com **운영** 월~금요일 07:00~17:00, 토·일요일 09:00~17:00 **가는 방법** 지하철 A·B·C·D·E·F·M 노선 W 4St/Wash Sq역에서 도보 4분.

맨해튼
Manhattan

이스트 빌리지 & 로어 이스트 사이드
East Village & Lower East Side

그리니치 빌리지 동쪽에 위치한 이스트 빌리지와 그 남쪽의 로어 이스트는 가난한 예술가들과 이민자들이 모여 살았던 동네로, 현재는 이민자들이 생계로 시작했던 각 나라의 식당들이 독특한 맛집으로 남아 있다. 동네는 여전히 허름하지만 원조 에스닉 푸드를 즐기려는 사람들이 즐겨 찾으며 빈티지 스타일을 찾는 사람들이 좋아하는 곳이다.

3rd Ave

E 14th St

M 1 Av (L)

2nd Ave

M 8 St
(N, Q, R, W)

M Astor Pl (4, 6)

쿠퍼 유니언
The Cooper Union

맥솔리스 올드 에일 하우스
McSorley's Old Ale House

노매드 빈티지
Nomad Vintage

머천트 하우스 뮤지엄
Merchant House Museum

E 7th St

커피 프로젝트
Coffee Project NY

Tompkins Square Park

키스
Kith

M
Bleecker St (6)

M
Broadway/Lafayette St
(B, D, F, M)

E 4th St

M 2 Av (F)

E Houston St

Bowery

뉴 뮤지엄
New Museum

Sara D. Roosevelt Park

Allen St

Orchard St

M Bowery (J, Z)

Essex St

테너먼트 뮤지엄
Tenement Museum

M Delancey St/Essex St
(F, M, J, Z)

M Grand St (B, D)

에섹스 마켓
Essex Market

Delancey St

노호 Noho

그리니치 빌리지와 이스트 빌리지 중간에 자리한 작은 구역으로, 소호와 반대 의미인 하우스턴 북쪽(North of Houston St)의 앞 글자를 따온 말이다. 애스터 플레이스와 쿠퍼 스퀘어를 중심으로 남쪽 하우스턴까지의 구역으로 작지만 볼거리가 많은 편이다.

머천트 하우스 뮤지엄 Merchant's House Museum

뉴욕에 남아 있는 19세기 주택 중 유일하게 온전한 모습으로 보존돼 있으며 당시의 생활상을 직접 볼 수 있어 높은 가치를 지닌 곳이다. 1835년에 이 집을 매입한 트레드웰은 부유한 상인이었는데 100여 년간 한 가문이 사용했던 가구와 장식품, 식기, 변기 등 다양한 물품들이 그대로 남아 있다. 주변 건물들이 하나둘 철거되어도 그의 막내딸이 홀로 남아 고집스럽게 지켜낸 덕에 1933년 친척에게 넘겨져 대중에 개방되었다.

맵북 P.10-A1 **주소** 29 E 4th St, New York, NY 10003 **홈페이지** https://merchantshouse.org **운영** 수~일요일 13:00~17:00 **요금** 성인 $15.50 **가는 방법** 지하철 4·6- Astor Place역에서 도보 4분.

쿠퍼 유니언 The Cooper Union

증기기관차 엔진을 만든 발명가이자 사업가 피터 쿠퍼가 1859년에 설립한 명문 사립대다. 본관인 파운데이션 빌딩은 고상한 브라운스톤 건물인데 피터 쿠퍼가 발명하고 생산한 아이빔을 처음 사용했다고 한다. 지하에 있는 중앙홀은 1860년 에이브러햄 링컨이 대통령 후보 당시 연설했던 장소로 유명하다.

파격적인 장학금제도로 유명한 이 대학은 재정난 속에서도 2009년에 길 건너편에 41 쿠퍼 스퀘어(41 Cooper Square) 공대 건물을 완공해 큰 관심을 받았다. 건축과 예술에 특화된 대학의 모습을 그대로 드러낸 독특한 건물이다.

맵북 P.10-A1 **주소** 30 Cooper Sq, New York, NY 10003 **홈페이지** https://cooper.edu **가는 방법** 지하철 4·6- Astor Place역에서 도보 3분.

로어 이스트 사이드 Lower East Side

이스트 빌리지 남쪽에 자리한 동네로 과거 이민 노동자들이 살았던 지역이다. 유대인 문화가 남아 있으며, 독일, 이탈리아, 동유럽, 러시아, 중남미, 아프리카, 아시아 등 다양한 이민자들이 모여 살았다. 낙후된 지역이었으나 최근 젠트리피케이션으로 낡은 건물 사이에 신축 건물이 늘어나고 있다.

뉴 뮤지엄 New Museum

휘트니 미술관의 첫 여성 큐레이터인 마샤 터커(Marcia Tucker)가 1977년 신진 작가들을 위해 만든 미술관으로 항상 다양한 전시와 새로운 시도를 하는 실험적인 공간이다. 지금의 독특한 건물은 일본의 유명 건축가 세지마 가즈요(妹島和世)와 니시자와 류에(西澤立衛)가 공동 운영하는 유명 건축회사 사나(SANAA)에서 지은 것으로 2007년 오픈 당시부터 화제를 모았다. 육면체의 상자들을 쌓아올린 듯한 모습이 인상적. 7층 스카이룸에서 보이는 다운타운의 시원한 풍경도 놓치지 말자.

맵북 P.10-A2 **주소** 235 Bowery, New York, NY 10002 **홈페이지** www.newmuseum.org **운영** 현재 확장 공사로 임시 휴무. 2025년 가을에 리오픈 예정 **가는 방법** 지하철 J·Z 노선 Bowery역에서 도보 3분.

테너먼트 뮤지엄 Tenement Museum

뉴욕에 이민자들이 몰려들던 19세기 말, 항구에서 비교적 가까웠던 로어 이스트에는 수많은 이민자들이 생활 터전을 마련해 모여 살았다. 당시의 생활사를 전시하는 박물관으로 실제 이용되었던 옛날식 공동주택(Tenement)을 중심으로 과거 이민자들의 열악했던 환경을 볼 수 있다. 이 박물관은 투어를 통해서만 볼 수 있는데, 건물 안 투어뿐만 아니라 밖을 돌아다니는 투어도 있다. 투어를 통해 이민자의 이야기와 그 당시 공공정책, 도시 개발, 건축의 발전 모습 등도 알 수 있으며 1층에는 기념품점이 있다.

맵북 P.10-A2 **주소** 103 Orchard St, New York, NY 10002 **홈페이지** www.tenement.org **운영** 10:00~18:00 **요금** 투어마다 다르고 내용도 바뀌므로 홈페이지 참조 **가는 방법** 지하철 F·J·M·Z 노선 Delancey St/Essex St역에서 도보 2분.

키스 Kith

뉴욕에 기반을 둔 하이엔드 스트리트 패션 브랜드이자 편집숍으로 LA, 마이애미, 파리, 도쿄 등에도 매장을 두고 있다. 우리나라에서는 직구족들에게 잘 알려져 있다. 나이키, 아디다스, 아식스, 뉴발란스 등 여러 스포츠 브랜드들은 물론 코카콜라나 하이네켄 같은 회사들과도 스포츠웨어나 스니커즈를 콜라보한다. 또한 의류와 신발, 액세서리, 잡화뿐 아니라 향초, 스킨케어 같은 라이프스타일 제품으로도 확장해 가고 있다. 노호 매장에서 한 블록 떨어진 곳에 키즈 매장도 있다.

맵북 P.10-A1 **주소** 337 Lafayette St, New York, NY 10012 **홈페이지** https://kith.com **운영** 11:00~20:00 **가는 방법** 지하철 4·6 노선 Bleecker St역에서 바로, B·D·F·M 노선 Broadway-Lafayette St역에서 도보 2분(2025년 봄까지 공사 중이며 임시 매장은 두 블록 떨어진 611 Broadway).

모스콧 Moscot

뉴욕에서 탄생한 아이웨어 브랜드로 국내뿐 아니라 여러 나라에 매장이 있고 뉴욕에만 5개의 지점이 있다. 로어 이스트 사이드에 자리한 본점은 1915년에 오픈해 100년이 넘는 역사를 자랑하는 곳으로 빈티지한 느낌을 그대로 간직하고 있어 많은 사람들이 찾는다. 노란색의 익숙한 간판이 눈에 띈다. 시그니처 모델인 렘토쉬는 클래식하면서도 지적인 분위기로 셀럽들이 많이 착용해 더욱 유명해졌다.

맵북 P.10-A2 **주소** 94 Orchard St, New York, NY 10002 **홈페이지** https://moscot.com **운영** 월~토요일 10::00~18:00, 일요일 12:00~18:00 **가는 방법** 지하철 F·J·M노선 Delancey St-Essex St역에서 도보 2분.

키엘 1호점 Kiehl's

1851년 약국으로 시작해 세계적인 화장품 회사가 된 키엘이 탄생한 곳이다. 규모가 꽤 큰 매장이 두 부분으로 나뉘어 한쪽은 아주 오래된 약국의 분위기를 그대로 간직하고 있다. 창업자의 아들이 대를 이어 운영하는데 모터사이클 마니아라 매장과는 어울리지 않는 다소 엉뚱한 아이템들도 함께 디스플레이하고 있다.

맵북 P.10-B1 **주소** 109 3rd Ave, New York, NY 10003 **홈페이지** https://stores.kiehls.com **운영** 월~토요일 10:00~20:00, 일요일 11:00~18:00 **가는 방법** 지하철 L 노선 3Av역에서 도보 1분.

존 데리안 컴퍼니 John Derian Company

빌리지에는 예쁜 생활용품점이 한두 곳 아니지만 부침이 심한 이곳에 30년 넘게 터줏대감 자리를 지켜올 만큼 인정받은 곳이다. 일부 셀렉션도 좋지만 수작업으로 자체 제작하는 개성 있는 제품이 많으며 인테리어 잡지에 자주 등장하기도 한다. 가구, 도자기, 문구, 장식품 등 다양한 소품들을 구경하는 것만으로도 즐겁다.

맵북 P.10-A1 **주소** 6 E 2nd St, New York, NY 10003 **홈페이지** www.johnderian.com **운영** 화~일요일 11:30~18:00, 월요일 휴무 **가는 방법** 지하철 F 노선 2Av역에서 도보 3분.

Tip 빈티지숍

최근에는 브루클린이 빈티지의 성지로 각광을 받고 있지만 이스트 빌리지 곳곳에도 빈티지숍이 있다. 아무래도 브루클린 지점이 규모가 더 크니 자세한 설명은 브루클린점을 참조하자.

- 노매드 빈티지(Nomad Vintage) https://nomadvintage.com
- 버펄로 익스체인지(Buffalo Exchange) https://buffaloexchange.com
- 엘 트레인 빈티지(L Train Vintage) www.ltrainvintagenyc.com

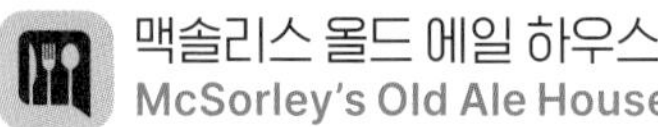

맥솔리스 올드 에일 하우스 McSorley's Old Ale House

간판에 크게 써 있듯이 1854년에 문을 연 아주 오래된 아이리시 펍이다. 안으로 들어서는 순간 타임캡슐이 열린 듯 낡은 나무 벽과 닳고닳은 의자, 벽면을 가득 메운 빛바랜 사진들이 눈길을 끈다. 또한 골동품점에나 있을 법한 선풍기와 시계, 난로까지 있으며 바닥에는 톱밥이 깔려 있다. 심플한 메뉴 수도 돋보인다. 딱 두 종류의 에일 맥주가 있으며, 음식도 그날의 메뉴에 적힌 몇 가지뿐이다.

맵북 P.10-A1 **주소** 15 E 7th St, New York, NY 10003 **홈페이지** https://mcsorleysoldalehouse.nyc **운영** 월~토요일 11:00~01:00, 일요일 12:00~01:00 **가는 방법** 지하철 4·6 노선 Astor Pl역에서 도보 2분.

커피 프로젝트 Coffee Project NY

자그마한 가게지만 줄을 서서 마실 정도로 인기 있는 커피숍이다. 공정무역을 통해 엄선한 원두만을 취급하며 롱 아일랜드 시티에 로스터 트레이닝 코스, 바리스타 코스 등 전문 교육을 위한 학교까지 있을 정도로 커피에 열정적이다. 이스트 빌리지 지점은 매장 규모는 작지만 노천 좌석이 있다.

맵북 P.10-A1 **주소** 239 E 5th St, New York, NY 10003 **홈페이지** https://coffeeprojectny.com **운영** 월~금요일 07:30~17:00, 토·일요일 08:00~17:00 **가는 방법** 지하철 F 노선 2Av역에서 도보 5분.

베셀카 Veselka

이스트 빌리지에서 오랫 동안 인기를 누려온 우크라이나 레스토랑이다. 1954년에 오픈해 피에로기(만두와 비슷), 보르슈트(수프), 굴라시(헝가리식 스튜)와 같은 우크라이나 전통 음식으로 꾸준히 인기를 누려왔다. 새로운 음식을 경험하고 싶다면 다양한 메뉴가 있는 평일 저녁 시간이 좋고 적당히 맛보고 싶다면 브런치 메뉴가 무난하다. 베셀카는 우크라이나어로 무지개란 뜻이다.

맵북 P.10-B1 **주소** 144 2nd Ave, New York, NY 10003 **홈페이지** https://veselka.com **운영** 월~금요일 09:00~24:00(금요일 ~01:00), 토요일 08:00~01:00, 일요일 08:00~23:00 **가는 방법** 지하철 4·6 노선 Astor Pl역에서 도보 5분.

카페 모가도르 Café Mogador

인기는 물론 각종 수상 경력까지 섭렵한 모로코 레스토랑이다. 생소할 수 있는 모로코 요리를 부담스럽지 않게 만들어 많은 사람에게 사랑받고 있다. 실내 분위기도 좋고 야외 테이블도 있어 좋다. 허머스, 타진, 쿠스쿠스 같은 전통 음식도 인기가 높고 주말 브런치에 나오는 모로칸 베네딕트는 기존의 에그 베네딕트를 중동 스타일로 매콤하게 요리해 우리 입맛에 잘 맞는다.

맵북 P.10-B1 **주소** 101 St. Marks Pl, New York, NY 10009 **홈페이지** https://cafemogador.com **운영** 월~목요일 10:00~22:30(금요일 ~23:30) 토요일 09:30~23:30 일요일 09:30~22:30 **가는 방법** 지하철 L 노선 1Av역에서 도보 7분.

베니에로스 Veniero's

100년이 넘은 오래된 베이커리로 19세기 말에 이탈리아 이민자 출신의 안토니오 베니에로가 커피집을 열면서 시작됐다. 가게에 들어선 순간, 명성에 비해 허름함에 한 번 놀라고, 줄 서있는 수많은 사람들에 또 한번 놀란다. 진하면서도 담백한 정통 뉴욕 치즈케이크와 카놀리 같은 이탈리안 디저트로 유명한 가게다. 뉴욕 치즈케이크는 고소한 짠맛, 단짠단짠은 스트로베리 치즈케이크가 제격이다.

맵북 P.10-B1 **주소** 342 E 11th St, New York, NY 10003 **홈페이지** https://venieros.com **운영** 일~목요일 08:00~22:00(금·토요일 ~23:00) **가는 방법** 지하철 L 노선 1Av역에서 도보 4분.

클린턴 스트리트 베이킹 컴퍼니
Clinton St. Baking Company

한때 뉴욕 최고의 팬케이크로 알려졌을 정도로 유명한 브런치 식당이다. 주 메뉴는 팬케이크, 와플 등 브런치 메뉴다. 아침 일찍부터 밤늦게까지 문을 열어 주말이면 긴 줄을 감수해야 한다. 전형적인 미국식 팬케이크도 있고 미국 남부에서 유래한 소울푸드인 포보이나 치킨 앤 와플도 있다.

맵북 P.10-B2 **주소** 4 Clinton St, New York, NY 10002 **홈페이지** www.clintonstreetbaking.com **운영** 09:00~16:00, 수~토요일 09:00~16:00/17:30~22:00 **가는 방법** 지하철 F·J·M·Z 노선 Delancey St/Essex St역에서 도보 7분.

카츠 델리카트슨
Katz's Delicatessen

1989년 영화 '해리와 샐리가 만났을 때'에서 인상적인 장면의 배경이 되어 유명세를 탄 식당으로 파스트라미(Pastrami) 샌드위치가 대표적인 메뉴다. 고기를 듬뿍 넣어 입을 벌리기 어려울 정도의 푸짐함을 자랑한다. 1888년에 오픈해 오랜 전통을 자랑하며 지금도 낡고 어둡지만 레트로 감성이 물씬 풍긴다. 대형 식당의 번잡함이 느껴지지만 밤늦은 시간에는 활기찬 느낌이다.

맵북 P.10-B2 **주소** 205 E Houston St, New York, NY 10002 **홈페이지** https://katzsdelicatessen.com **운영** 월~목요일 08:00~23:00, 금요일 08:00에서 일요일 23:00까지는 24시간 오픈 **가는 방법** 지하철 F 노선 2Av역에서 도보 3분.

슈퍼문 베이크하우스
Supermoon Bakehouse

로어 이스트 사이드에서 가장 핫한 베이커리 카페로 오픈 시간이 제한적이라 항상 긴 줄을 서야 하는 곳이다. 크루아상과 머핀을 합친 크러핀이 인기이며 바삭한 크루아상에 여러 재료를 얹거나 속을 채워 종류가 다양하다. 대부분의 빵이 맛도 있지만 반짝이는 포장으로 선물하기 좋으며 인스타용으로도 인기다.

맵북 P.10-B2 **주소** 120 Rivington St, New York, NY 10002 **홈페이지** www.supermoonbakehouse.com **운영** 수~일요일 10:00~22:00 월·화요일 휴무 **가는 방법** 지하철 F·J·M·Z 노선 Delancey St/Essex St역에서 도보 2분.

러스 앤 도터스 카페 Russ & Daughters Cafe

유대인 이민자들이 1914년에 오픈한 유명한 베이글 전문점으로 이스트 하우스턴 거리(E Houston St)에 위치한 낡은 본점은 테이크아웃 전문점이고 오차드 거리의 카페엔 좌석이 있다. 베이글에 크림치즈를 발라 훈제연어, 양파, 케이퍼와 함께 먹는 식사 메뉴가 인기다.

맵북 **P.10-A2** **주소** [카페] 127 Orchard St, New York, NY 10002 **홈페이지** www.russanddaughters.com **운영** 월~목요일 08:30~14:30(금~일요일 ~15:30) **가는 방법** 지하철 F·J·M·Z 노선 Delancey St/Essex St역에서 도보 2분.

에섹스 마켓 Essex Market

1888년 에섹스 거리에 모여 농산물과 축산물 등을 매매하던 것에서 시작해 1940년 시장이 들어서며 오랫동안 이 지역의 식료품 거래를 담당해온 마켓이다. 하지만 20세기 후반 대형 슈퍼마켓의 등장으로 점차 소외되어 폐쇄 위기까지 몰렸다가 2019년 건너편으로 자리를 옮겨 완전히 새로운 모습으로 재오픈했다. 재래시장 분위기를 어느 정도 유지하면서도 현재에 맞게 다양한 로컬 맛집 매장이 들어오고 2층에 커다란 유리창이 있는 푸드홀까지 들어서며 많은 사람들이 찾는 공간이 되었다.

맵북 **P.10-B2** **주소** 88 Essex St, New York, NY 10002 **홈페이지** www.essexmarket.nyc **운영** 매장마다 다름. 보통 월~토요일 08:00~20:00, 일요일 10:00~18:00 **가는 방법** 지하철 F·J·M·Z 노선 Delancey St/Essex St역에서 바로.

여기 어때?

차이나타운 Chinatown

로어 이스트 바로 남쪽에 위치한 차이나타운은 사실 쾌적한 동네는 아니지만 가성비 좋은 음식으로 많은 사람들이 찾는 곳이다. 중국요리뿐 아니라 베트남, 태국 등 여러 동남아시아 식당들이 있다. 맥도날드 간판조차 한자로 써 있는 이 동네는, 중국산의 저렴한 기념품을 비롯해 재래시장에서 장을 보는 사람들로 항상 북적인다.

맨해튼
Manhattan

허드슨 야즈 & 첼시
Hudson Yards & Chelsea

맨해튼 서쪽, 다운타운에서 미드타운으로 이어지는 지역에 미트패킹 지역이 자리하고 그 위쪽이 첼시다. 부촌으로 변해가는 빌리지의 대안에 불과했다가 하이 라인이라는 도시의 명물이 생기면서 더 많은 사람들이 찾는 곳이 되었다. 한적한 갤러리 거리와 대조되는 북적이는 첼시 마켓까지 다양한 모습을 가진 곳이기도 하다.

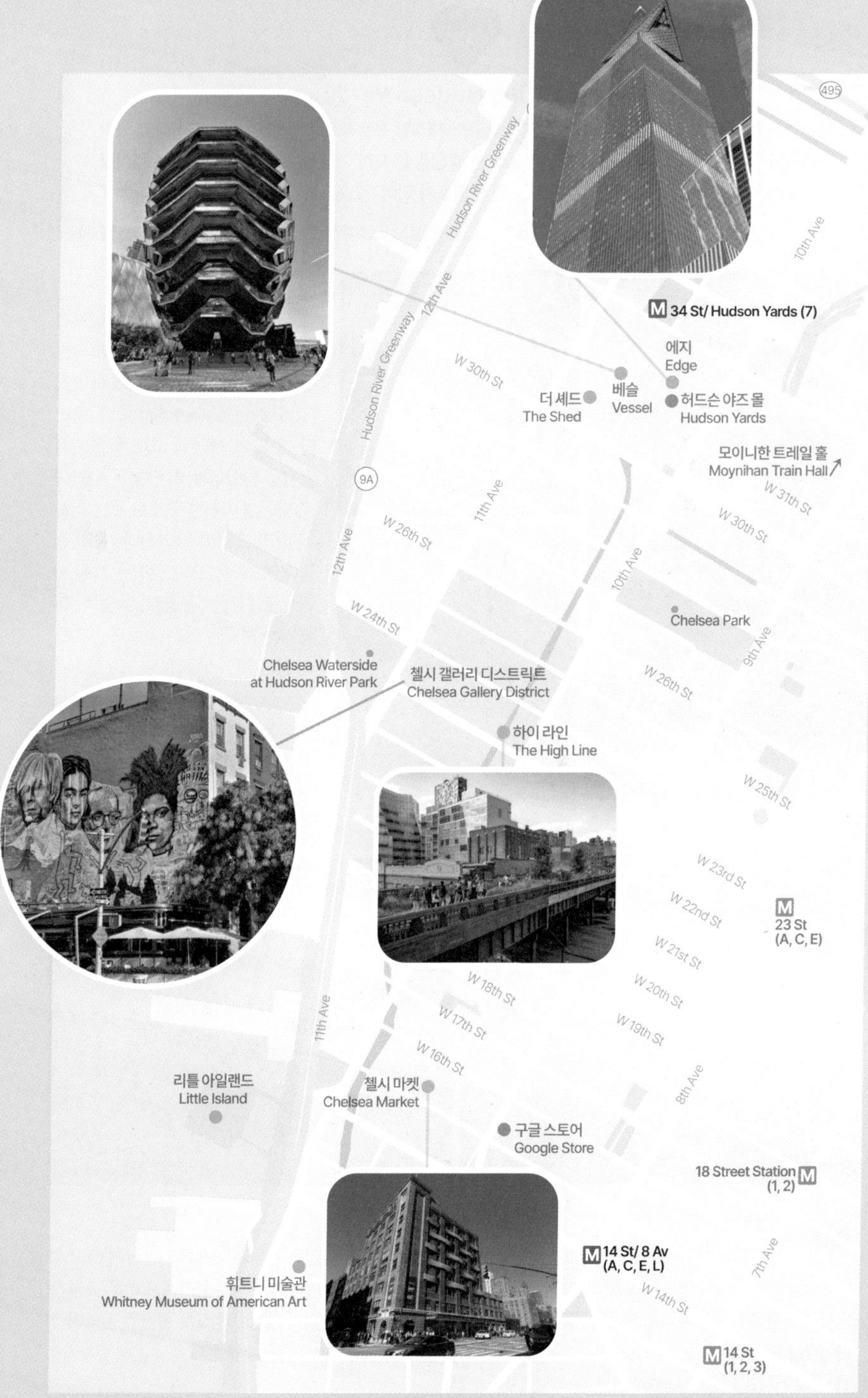

495
10th Ave
Hudson River Greenway
12th Ave
M 34 St/ Hudson Yards (7)
에지
Edge
W 30th St
더 셰드
The Shed
베슬
Vessel
허드슨 야즈 몰
Hudson Yards
모이니한 트레일 홀
Moynihan Train Hall
9A
W 31th St
W 30th St
11th Ave
W 26th St
12th Ave
10th Ave
W 24th St
Chelsea Park
9th Ave
Chelsea Waterside
at Hudson River Park
첼시 갤러리 디스트릭트
Chelsea Gallery District
W 26th St
하이 라인
The High Line
W 25th St
W 23rd St
W 22nd St
M
23 St
(A, C, E)
W 21st St
W 20th St
W 18th St
W 17th St
W 19th St
11th Ave
W 16th St
8th Ave
리틀 아일랜드
Little Island
첼시 마켓
Chelsea Market
구글 스토어
Google Store
18 Street Station M
(1, 2)
M 14 St/ 8 Av
(A, C, E, L)
7th Ave
휘트니 미술관
Whitney Museum of American Art
W 14th St
M 14 St
(1, 2, 3)

허드슨 야즈 Hudson Yards

첼시의 북서쪽 끝에 버려져 있던 철도기지가 대규모 재개발 프로젝트를 통해 새롭게 태어나고 있다. 세계적인 건축가들이 다수 참여해 16개의 초고층 빌딩들을 지어 거대한 복합단지를 만드는 것이다. 여러 기대와 비판이 있지만 관광객들에게는 인기 명소가 되어가고 있다.

베슬 Vessel

거대한 벌집 모양의 기괴하면서도 독특한 이 건물은 화려한 수상 경력의 건축가 토머스 헤더윅(Thomas Heatherwick)의 작품이다. 인도의 계단식 고대 우물에서 영감을 받았다는 이 건물은 사방에서 빛이 쏟아지는 구조로 보는 각도에 따라 모양이 달라진다. 원래 전망대로 지어졌으나 연이은 자살 사건으로 현재는 올라갈 수 없다. 아쉽기는 하지만 여전히 허드슨 야즈의 상징적인 건물이다.

맵북 P.11-B1 **주소** 20 Hudson Yards, New York, NY 10001 **가는 방법** 지하철 7 노선 34St/Hudson Yards역에서 도보 1분.

더 셰드 The Shed

베슬 옆에 자리한 종합예술센터. 허드슨 야즈가 고가 주택과 상업용 건물로 가득하다는 비판에서 다소 벗어날 여지를 준 문화공간으로 4층의 건물에 갤러리와 공연장을 갖추고 있다. 유리 천막을 드리운 듯한 외관 자체도 독특하지만 유리로 된 덮개(Shell) 아래 바퀴가 달려 여닫을 수 있어 다양한 용도로 활용될 전망이다.

맵북 P.11-B1 **주소** 545 W 30th St, New York, NY 10001 **홈페이지** www.theshed.org **운영** 전시마다 시간과 요금 상이 **가는 방법** 지하철 7 노선 34St/Hudson Yards역에서 도보 2분.

에지 Edge

허드슨 야즈에서 가장 높은 건물인 노스 타워(The North Tower; 30 Hudson Yards)에 자리한 전망대다. 건물의 100층, 334m 높이에 삼각형으로 뾰족하게 돌출된 야외 전망대에서 시원하게 펼쳐지는 맨해튼의 전경을 감상할 수 있다. 일부 바닥에 강화 유리가 있어 100층 아래 낭떠러지를 그대로 볼 수 있으며 전망대의 안전 유리벽 모서리에 서면 더욱 실감나는 사진을 찍을 수 있지만 길게 줄을 서야 한다. 또한 초고층 빌딩을 기어오르는 짜릿한 프로그램 '시티 클라임(City Climb)'도 있다.

맵북 P.11-B1 **주소** 30 Hudson Yards, New York, NY 10001 **홈페이지** www.edgenyc.com **운영** 월~목요일 09:00~22:00 금~일요일 08:00~22:00 (시즌별로 변동) **요금** 성인 기본 티켓 $40 **가는 방법** 지하철 7 노선 34 St/Hudson Yards역에서 도보 1분, 허드슨 야즈 건물에 있다.

피크 레스토랑 Peak Restaurant

101층에 자리한 전망 레스토랑으로 풍경은 물론 음식맛도 좋아서 인기가 많다. 런치 스페셜이 가성비가 좋은 편이나 야경을 보기 위해 저녁 시간대가 더 붐빈다.

맵북 P.11-B1 **주소** 30 Hudson Yards, New York, NY 10001 **홈페이지** www.peaknyc.com **운영** 런치 11:30~14:30, 디너 17:00~22:00(요일별로 30분 정도 차이) **가는 방법** 에지 전망대 바로 위층에 있으나 올라가는 엘리베이터가 다르다.

허드슨 야즈 몰 Hudson Yards

'20 허드슨 야즈(20 Hudson Yards)' 건물 안에 들어선 상업지역으로 7개 층에 상점과 레스토랑이 있다. '30 허스든 야즈' 건물과 붙어 있어 에지 전망대로 오를 때도 이 지역을 들르게 되며 에지, 베슬 등 허드슨 야즈 관련 기념품점도 이곳에 있다. 디오르, 펜디 같은 명품 브랜드부터 H&M, ZARA 같은 대중 브랜드까지 다양하게 입점해 있으며, 블루보틀, 블루스톤레인 같은 인기 커피숍부터 푸드홀, 고급 레스토랑도 입점해 있다.

맵북 P.11-B1 **주소** 20 Hudson Yards, New York, NY 10001 **홈페이지** www.hudsonyardsnewyork.com **운영** 월~토요일 10:00~20:00, 일요일 11:00~19:00 **가는 방법** 지하철 7 노선 34St/Hudson Yards역에서 도보 1분.

메르카도 리틀 스페인 Mercado Little Spain

시끌시끌한 스페인 시장을 연상시키는 푸드홀이다. 세계적인 셰프 호세 안드레스가 엘불리의 동료들을 불러 오픈한 곳으로 스페인어로 시장을 뜻하는 메르카도에서 영감을 얻었다. 허드슨 야즈 몰로 들어가면 지하에 있지만 웨스트 30번 거리(W 30th St)에서 들어갈 때는 1층에 위치한다. 스페인 식재료 상점에서부터 시작해 타파스 바와 레스토랑이 있어 낮엔 간단한 점심을, 저녁엔 술과 안주를 즐기기에 좋다.

맵북 P.11-B1 **홈페이지** www.littlespain.com **운영** 매일 11:00~22:00 추수감사절, 크리스마스 휴무

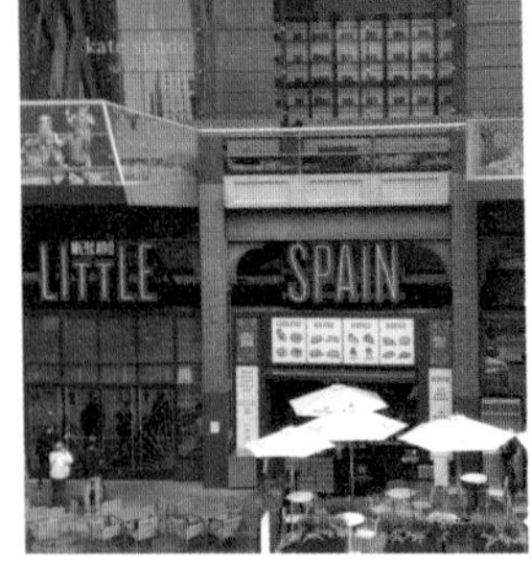

밀로스 Milos

허드슨 야즈 몰 5층에 있는 지중해 요리 레스토랑이다. 바로 눈앞에 베슬이 보이는 거대한 유리창과 맛있는 음식으로 항상 붐비며 특히 런치 메뉴는 가성비가 좋은 편이라 직장인들로 가득하다. 신선한 해산물을 맛볼 수 있고 생선을 석쇠에 올려 구수하게 구워내는 오픈 키친이 바로 보인다. 1층에 와인바도 있다.

맵북 P.11-B1 **홈페이지** www.estiatoriomilos.com **운영** 월~금요일 11:30~15:30/16:30~23:30, 토·일요일 12:00~23:00

일렉트릭 레몬 Electric Lemon

'35 허드슨 야즈(35 Hudson Yards)' 건물에 자리한 레스토랑 겸 루프탑 바다. 미국의 고급 피트니스센터 이퀴녹스에서 야심차게 오픈한 고급 힐링호텔 레스토랑으로 야외 테라스가 있어 석양 무렵 허드슨강의 시원하면서도 은은한 경치를 감상하기 좋다. 특히 공공미술 프로젝트로 유명한 하우메 플렌사(Jaume Plensa)의 조각이 떠 있는 잔잔한 분수는 보기만 해도 평온한 느낌을 준다. 건강한 재료로 만든 메뉴들도 무난하고 바에서는 간단한 핑거푸드를 즐길 수 있다.

맵북 P.11-B1 **주소** 33 Hudson Yards 24th Floor, New York, NY 10001 **홈페이지** www.electriclemonnyc.com **운영** 월~목요일 07:00~22:00(금요일 ~23:00), 토요일 08:00~23:00, 일요일 08:00~22:00(오전·오후에 브레이크 타임 있음)
가는 방법 허드슨 야즈 건너편 건물에 위치.

더 하이 라인 The High Line

맨해튼 남서쪽에 버려진 철로 위에 조성된 공원이다. 물류 이동이 활발하던 20세기 초에 화물열차가 이용하던 고가철로는 트럭의 발달로 점차 기능이 떨어져 결국 1980년에 철도 운행이 중단되면서 방치되었다. 그후 우범지역으로 변해 철거될 위기까지 몰렸으나 시민들의 노력 끝에 멋진 공원으로 재탄생하였다. 지상 9m 높이에서 빌딩숲 사이를 걷는 것도 좋지만 중간에 나무가 우거진 숲길도 나오고 빛바랜 철로가 보이기도 하며 곳곳에 설치미술과 쉼터가 있어 진정한 휴식처의 역할을 하고 있다. 또한 문화센터 더 셰드에서 하이 라인을 타고 내려가면 휘트니 미술관과 연결되어 문화적 체험이 완성되는 느낌을 준다. 이처럼 하이 라인은 낡고 버려진 공간을 창의적이고 생명력 넘치는 공간으로 변화시킴으로써 도시 재생의 훌륭한 귀감이 되고 있다.

맵북 P.11-B2 **주소** The High Line, NY 10011 **홈페이지** www.thehighline.org **운영** 07:00~22:00(12~3월 ~20:00) **가는 방법** 허드슨 야즈에서부터 휘트니 미술관까지 이어지며 곳곳에 계단이 있다(오른쪽 지도 참조).

리틀 아일랜드 Little Island

첼시 부둣가에 새롭게 조성된 인공섬 공원으로 배리 딜러와 다이앤 본 퍼스텐버그 부부 재단의 후원으로 지어졌다. 다양한 종의 꽃과 나무가 있으며 미로처럼 이어진 조경이 여러 각도로 녹지대와 허드슨강을 즐길 수 있도록 꾸며졌다. 또한 700석 규모의 원형 극장 디 앰프(The Amph)에서 시민들을 위한 공연이 펼쳐지고 아래쪽 플레이 그라운드(Play Ground)에는 로컬 식당에서 운영하는 음식 판매대와 휴식공간이 있다. 공원 전체를 떠받치고 있는 수많은 꽃받침 모양의 독특한 디자인은 베슬을 설계한 토머스 헤더윅의 작품이다.

맵북 P.11-A2 **주소** Pier 55 at Hudson River Park Hudson River Greenway, NY 10014 **홈페이지** https://littleisland.org **운영** 06:00~23:00(이벤트에 따라 달라짐) **가는 방법** 휘트니 미술관에서 도보 9분 또는 첼시 마켓에서 도보 6분.

zoom in

더 하이 라인 하이라이트

○ 출입구 계단

W 34th St
W 33rd St
34 St/ Hudson Yards (7)
허드슨 야즈
W 30th St
11th Ave
W 28th St
W 26th St
첼시 갤러리 디스트릭트
W 23rd St
10th Ave
9th Ave
W 20th St
23rd St (A, C, E)
8th Ave
W 17th St
첼시 마켓
W 14th St
리틀 아일랜드
휘트니 미술관
Gansevoor St

❶ 허드슨 야즈 뷰
베슬, 에지 등 허드슨 야즈의 건물군이 보인다.

❷ 스퍼 Spur
테라스처럼 돌출된 곳에는 시즌마다 바뀌는 설치 미술이 있다.

하이 라인이 시작되는 허드슨 야즈의 랜드마크 베슬

❹ 23rd St 계단정원
야트막한 계단으로 이루어진 아담한 정원이다.

❸ 자하 하디드 건물
(위치: 520 W 28th St)
하이 라인 바로 옆에 자하 하디드가 디자인한 주택이 있어 감상하기 좋다.

❻ 더 스탠다드 The Standard
루프탑바로 유명한 스탠다드 호텔이 하이라인 위에 필로티로 지어져있다.

❺ 10th Ave 전망대
10번가를 향해 튀어나온 전망대로 멀리 에지 건물이 보인다.

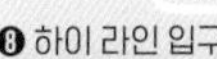

❽ 하이 라인 입구

❼ 갠서보트 우드랜드
(Gansevoort Woodland)
마치 숲길을 지나는 듯 무성한 나무들이 반갑다.

첼시 Chelsea

뉴욕의 산업화 시기에 첼시는 허드슨강의 초입에 자리해 항구를 통해 엄청난 물류가 드나들던 곳이다. 따라서 주변에 물류 창고나 공장, 정비창과 노동자들의 낡은 주택단지가 있는 낙후 지역이었다. 하지만 뉴욕시와 시민들의 노력으로 옛것을 보존하면서 도시를 재생하는 작업들이 하나둘 이어지면서 현재는 예술과 문화를 이끌어가는 지역으로 부상하고 있다.

첼시 갤러리 디스트릭트 Chelsea Gallery District

소호의 예술가들이 치솟는 임대료를 피해 1990년대 후반부터 첼시로 이동하면서 현재 400여 개의 갤러리가 모여있는 예술지구가 되었다. 창고 건물이 많았던 동네라 골목에 따라 분위기가 밝지는 않지만 세계적인 컨템포러리 예술의 중심지로 전시에 따라서 엄청난 방문객들이 줄을 서기도 한다. 첼시 안에서도 남북으로 18th St에서 29th St까지, 동서로는 10th Ave에서 12th Ave에 이르는 곳에 수많은 갤러리가 있으며 하루에 다 볼 수 없으니 미리 전시 주제를 확인하고 몇 곳만 골라서 감상해보자. 맵북 P.11

갤러리 관람 팁

❶ 갤러리 명성보다는 어떤 전시가 열리는가가 더 중요하다. 방문 날짜의 전시 스케줄을 미리 확인해두자.
홈페이지 www.galleriesnow.net/exhibitions/new-york-chelsea
❷ 초보 방문자라면 24th와 25th 거리(10th Ave와 11th Ave 사이) 두 블록에 집중하자.
❸ 오픈 시간은 갤러리마다 다른데 보통 일요일과 월요일에 휴관하며 17:00~18:00에 문을 닫는다. 그리고 여름 휴가철에는 1달 이상 휴관하는 곳이 많다.
❹ 대부분 입장료는 무료다.

첼시 갤러리 디스트릭트 주요 갤러리

1 가고시안 갤러리 Gagosian Gallery

전 세계 20여 곳에 지점을 둔 유명 갤러리로 뉴욕에 6곳이나 있다. 데미안 허스트, 앤디 워홀 등의 작품이 전시되었으며 특히 리처드 세라 작품이 들어갈 정도로 큰 규모를 자랑한다.

맵북 P.11 **주소** 522 W 21st St, New York, NY 10011/ 555 W 24th St, New York, NY 10011

홈페이지 https://gagosian.com

2 페이스 갤러리 Pace Gallery

과거 알렉산더 칼더, 장 뒤뷔페, 마크 로스코부터 최근에는 알렉스 카츠, 키키 스미스 등의 작품을 전시했으며 서울을 포함해 전 세계 8개 도시에 지점을 두고 있는 갤러리다.

맵북 P.11 **주소** 540 W 25th St, New York, NY 10001

홈페이지 www.pacegallery.com

3 데이비드 즈비르너 David Zwirner

가고시안, 페이스와 함께 3대 갤러리로 불릴 만큼 유명한 곳으로 구사마 야요이 전시로 유명해서 인스타그래머 사이에서 인기가 높다.

맵북 P.11 **주소** 525 W 19th St, New York, NY 10011/ 537 W 20th St, New York, NY 10011

홈페이지 www.davidzwirner.com

4 매튜 막스 갤러리 Matthew Marks Gallery

1991년에 오픈해 3개의 갤러리를 가지고 있는 곳으로 조각 작품이 많다.

맵북 P.11 **주소** 523 W 24th St, New York, NY 10011 / 522 W 22nd St, New York, NY 10011

홈페이지 www.matthewmarks.com

5 카스민 갤러리 Kasmin Gallery

1989년 소호에 처음 문을 열었다가 첼시로 이전해왔다. 하이 라인 바로 아래에 자리한 육면체의 건물로 옥상에 조각가든도 있다. 팝아트 전시가 많은 편이다.

맵북 P.11 **주소** 509 W 27th St, New York, NY 10001

홈페이지 www.kasmingallery.com

첼시 마켓 Chelsea Market

첼시 지역 남쪽에 자리한 복합상업건물로 첼시에서 가장 인기 있는 명소다. 1890년대에 지어진 건물은 세계적인 과자회사 나비스코의 공장으로 오레오 쿠키를 생산하던 곳이었다. 도시 재생과 지역 보존을 위해 100년이 넘은 건물의 상당 부분을 활용해 지금의 모습으로 탈바꿈했다. 위층은 사무실로 이용되고 1층과 2층에는 수많은 맛집과 시장, 의류점, 서점 등이 들어서 활기찬 모습을 띠고 있다. 중앙의 어두운 복도 양쪽으로 상가들이 나란히 늘어서 있고 곳곳에 과거의 흔적이 남아 있다. 건물은 2018년 구글의 모회사에 인수되었다.

맵북 P.11-A2 **주소** 75 9th Ave, New York, NY 10011 **홈페이지** www.chelseamarket.com **운영** 07:00~22:00 **가는 방법** 지하철 A·C·E·L 노선 14St/8Av역에서 도보 3분.

첼시 마켓 추천 상점

● 아티스츠 앤 플리스 첼시
Artists & Fleas Chelsea

규모가 큰 벼룩시장으로 지역 상인들이 직접 만든 공예품이나 티셔츠, 가방, 액세서리, 그림, 양초 등 다양한 종류를 팔고 있다.

홈페이지 www.artistsandfleas.com

● 펄 리버 마켓 Pearl River Mart

아시아에서 건너온 물품들이 가득한 곳으로 원래 중국풍이나 일본풍 위주였으나 최근에는 한류 영향으로 한국 관련 소품들도 있다.

홈페이지 https://pearlriver.com

● **첼시 마켓 바스켓 Chelsea Market Baskets**
아기자기한 선물용품부터 다양한 생활용품, 아이디어 상품을 구경할 수 있다.
홈페이지 www.chelseamarketbasket.com

● **포스만 북스 Posman Books**
책은 물론, 예쁜 문구류와 뉴욕에 관한 아기자기한 기념품이 있는 서점이다.
홈페이지 www.posmanbooks.com

● **시드+밀 Seed+Mill**
견과류(Seed)를 갈아(Mill) 만든 중동의 전통 간식 할바(Halva)와 참깨를 갈아 만든 전통 소스 타히니(Tahini) 전문점이다. 할바는 케이크처럼 생겼는데 조각으로 잘라서 팔며, 타히니는 통에 담아 팔며 아이스크림으로도 먹을 수 있다. 참깨, 흑임자, 코코넛, 피스타치오 등 건강한 재료로 만들어져 맛도 고소하다.
홈페이지 www.seedandmill.com

● **랍스터 플레이스 Lobster Place**
1974년부터 첼시 마켓에서 싱싱한 해산물로 인기를 누려온 이곳은 랍스타를 비롯해 굴, 새우 등 다양한 해산물을 즐길 수 있다.
홈페이지 www.lobsterplace.com

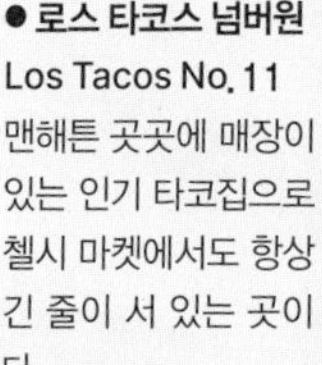

● **로스 타코스 넘버원 Los Tacos No. 11**
맨해튼 곳곳에 매장이 있는 인기 타코집으로 첼시 마켓에서도 항상 긴 줄이 서 있는 곳이다.
홈페이지 www.lostacos1.com

● **에이미스 브레드 Amy's Bread**
빌리지의 인기 베이커리가 뉴욕 곳곳에 지점을 늘려 이곳에도 매장이 있다.
홈페이지 www.amysbread.com

● **먹바 Mokbar**
첼시 마켓에서 인기 있는 한식집으로 포차 메뉴를 다양하게 갖추고 있다.
홈페이지 www.mokbar.com

휘트니 미술관 Whitney Museum of American Art

하이 라인 공원의 끝자락에 위치한 현대미술관으로 렌초 피아노(Renzo Piano)의 멋진 건축이 돋보이는 건물이다. 미술관의 공식 명칭이 시사하듯 미국 미술에 초점을 두고 있으며 1930년 당시 조각가이자 미술품 애호가였던 거트루드 밴더빌트 휘트니(Gertrude Vanderbilt Whitney)의 후원으로 설립되어 수차례 확장 이전하여 지금에 이르렀다. 설립 취지에 맞게 한동안은 미국 작가들의 작품만을 다루다가 점차 영역을 확대했다. 1982년 대규모로 기획된 백남준 회고전에서 알 수 있듯이 매우 개방적이고 진보적인 자세로 일찍 비디오아트나 설치미술을 전시했다. 건물은 총 8층인데 그중 5~8층에 야외 갤러리를 겸한 전망 테라스가 있어서 조각이나 설치미술과 함께 첼시 지역의 풍경을 감상할 수 있다.

맵북 P.11-A2 **주소** 99 Gansevoort St, New York, NY 10014 **홈페이지** https://whitney.org **운영** 수~월요일 10:30~18:00(금요일 ~22:00), 화요일 휴관 **요금** 성인 $30 **가는 방법** 지하철 A·C·E·L 노선 14St/8 Av역에서 도보 7분.

휘트니 미술관의 대표 작가와 작품

1 조지아 오키프 Georgia O'Keeffe (1887~1986)

꽃 그림으로 잘 알려져 있는 조지아 오키프는 뉴멕시코에 머물면서 짐승의 뼈를 소재로 한 많은 작품을 남겼다. 그녀는 주로 자연에서 소재를 찾아 추상화하거나 탐미적인 시각으로 표현하였으며 이는 환상적인 느낌을 자아내곤 한다. 추상환상주의로 불리는 새로운 양식을 개발하기도 했다.

[대표 작품]
뮤직, 핑크 앤 블루 넘버투 Music, Pink and Blue No.2 (1918) / 여름날 Summer Days (1936)

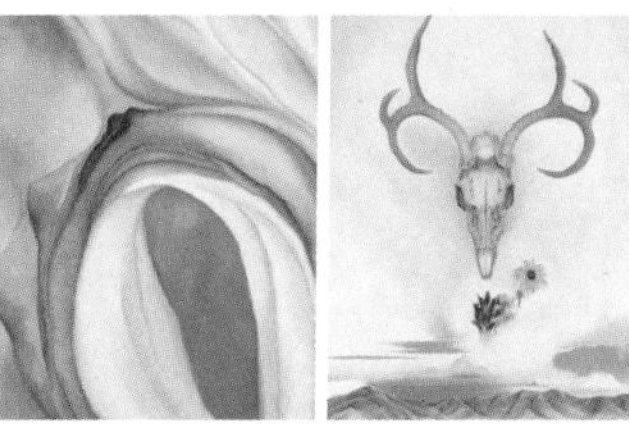

©Georgia O'Keeffe Museum/ARS

2 에드워드 호퍼 Edward Hopper (1882~1967)

가장 미국적인 화가라고 불리는 에드워드 호퍼는 1930년대의 대공황을 겪으며 대도시의 공허함과 단절, 무기력 등을 사실적으로 표현했다. 그의 작품은 대부분 현대인들의 고독과 소외, 상실감 등의 느낌을 정적인 풍경을 통해 담담히 묘사하고 있다. 따라서 대개의 작품들이 인적이 드문 풍경이나 침묵하는 군상들의 모습이다.

[대표 작품] 푸른 밤 Soir Bleu(Blue Night) (1914) / 일요일 이른 아침 Early Sunday Morning (1930)

©Heirs of Josephine N. Hopper/ARS

©Heirs of Josephine N. Hopper/ARS

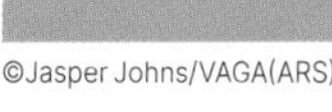
©Jasper Johns/VAGA(ARS)

3 재스퍼 존스 Jasper Johns (1930~)

국기 시리즈로 유명한 재스퍼 존스는 국기나 과녁판 등의 소재를 새로운 질감과 형태로 재구성해 그림이 대상의 바로 그 자체라는 개념을 도입했다. 추상표현주의가 대세였던 당시 상황에서 이를 팝아트로 이끌어내는 데 결정적 역할을 한 화가로 평가받는다.

[대표 작품] 세 개의 국기 Three Flags (1958)

NY

미트패킹 디스트릭트 Meatpacking District

첼시 바로 남쪽의 작은 구역으로 이름에서 알 수 있듯이 과거 200개가 넘는 도축업체들이 모여 있던 지역이다. 현재는 하이 라인의 최남단으로 운치 있는 돌바닥이 분위기를 더하며 훌륭한 미술관과 멋진 부티크, 쇼룸, 클럽과 바들이 들어선 핫한 지역이다.

구글 스토어 Google Store

구글이 세계 최초로 오픈한 오프라인 플래그십 스토어로 구글의 뉴욕 지사 건물 1층에 있다. 애플 같은 화려함은 없지만 구글의 휴대폰 픽셀시리즈와 크롬캐스트, 핏빗 등의 하드웨어 기기를 판매하고 있으며 소소한 굿즈도 있다. 또한 미래 AI를 이용한 스마트홈 공간을 체험할 수도 있다.

맵북 P.11-B2 **주소** 76 9th Ave, New York, NY 10011 **홈페이지** https://store.google.com **운영** 월~토요일 10:00~20:00, 일요일 11:00~19:00 **가는 방법** 첼시 마켓 건너편에 위치.

앤트로폴로지 Anthropologie

다양한 라이프스타일 제품을 판매하는 유명 체인점으로 의류는 컬러풀하고 넉넉한 사이즈가 많고 같이 매칭할만한 잡화, 액세서리도 있다. 예쁘고 귀여운 생활용품이나 선물용품도 많고 지하층에는 이국적인 스타일의 인테리어 소품들로 가득해 구경하기 좋다.

맵북 P.11-B2 **주소** 75 9th Ave, New York, NY 10011 **홈페이지** www.anthropologie.com **운영** 월~토 10:00~19:00, 일요일 11:00~18:00 **가는 방법** 첼시 마켓 입구 쪽 (구글 스토어 건너편)

콤 데 가르송 Comme Des Garçons

일본 아방가르드 패션의 대모로 불리는 가와쿠보 레이가 론칭한 컨템포러리 브랜드다. 우리나라에서는 눈이 달린 빨간 하트 모양 로고로 유명하며 미국에서는 레이디 가가가 좋아하는 브랜드로 알려져 있다. 첼시에 2개의 매장이 있는데 본점은 22nd St 매장으로 동굴 모양의 입구부터가 독특하다.

맵북 P.11-A2 **주소** 520 W 22nd St, New York, NY 10011 **홈페이지** www.comme-des-garcons.com **운영** 월~수요일 11:00~18:00(목~토요일 ~19:00), 일요일 12:00~17:00 **가는 방법** 지하철 A·C·E 노선 23St역에서 도보 10분.

다이앤 본 퍼스텐버그 Diane von Furstenberg (DVF)

랩드레스로 선풍적인 인기를 끌었던 브랜드로, 다이앤의 홈그라운드라고 할 수 있는 첼시의 미트패킹 한복판에 그녀의 플래그십 스토어가 있다. 코로나 여파로 여러 지점을 정리했지만 이곳 본점만큼은 그 어느 때보다 개성 있는 모습으로 그녀의 작업실과 갤러리를 갖추고 있다.

맵북 P.11-A2 **주소** 874 Washington St, New York, NY 10014 **홈페이지** www.dvf.com **운영** 월~토요일 11:00~18:00(일요일 ~17:00) **가는 방법** 첼시 마켓에서 도보 3분.

자딕 앤 볼테르 Zadig & Voltaire

패션 비즈니스계에서 탄탄한 기반을 지닌 티에리 질리에가 론칭한 브랜드로 시크한 분위기의 프렌치 컨템포러리 캐주얼이다. 우리나라에도 마니아층이 있는 이 브랜드는 프랑스 셀럽들이 즐겨 입으며 화제가 됐었다.

맵북 P.11-A2 **주소** 831 Washington St, New York, NY 10014 **홈페이지** https://zadig-et-voltaire.com **운영** 월~토요일 11:00~18:00, 일요일 12:00~19:00 **가는 방법** 휘트니 미술관에서 도보 1분.

스타벅스 리저브 로스터리 Starbucks Reserve Roastery

시애틀에서 온 스타벅스의 뉴욕 플래그십 스토어로 규모도 크지만 엄청난 양의 원두를 로스팅해서 이동시키는 모습을 직접 볼 수 있다. 스페셜티 커피의 유행으로 뉴욕의 스타벅스 지점이 다수 폐업했고, 뉴욕까지 와서 스타벅스를 갈 필요는 없지만 이곳만큼은 특별하다. 로스터리 바에서 신선한 원두로 커피를 즐길 수 있을 뿐 아니라 이탈리아의 유명 베이커리 브랜드 프린치(Princi)의 음식을 함께 맛볼 수 있는 곳이다. 스타벅스 로고가 새겨진 굿즈도 매우 다양하며 로스터리 투어도 있다.

맵북 P.11-B2 **주소** 61 9th Ave, New York, NY 10011 **홈페이지** www.starbucksreserve.com **운영** 일~목요일 08:00~22:00(금·토요일 ~23:00) **가는 방법** 첼시 마켓 바로 앞 건물에 위치.

알에이치 루프탑 레스토랑
RH Rooftop Restaurant

미국의 고급 인테리어 회사인 레스토레이션 하드웨어(Restoration Hardware; RH)의 플래그십 스토어 건물 꼭대기층에 마련된 루프탑 레스토랑이다. 첼시의 오래된 건물을 사들여 7년간의 대대적인 공사 끝에 완성된 이 건물은 저층부는 첼시의 분위기를 살린 붉은 벽돌로, 상층부는 유리로 마감해 현대적이고 고급스러운 브랜드 이미지를 제대로 살려냈다. 레스토랑은 투명한 샹들리에와 그린하우스의 녹색이 가득한 인테리어에 맛있는 식사까지 더해져 오감이 즐거운 곳이다.

맵북 P.11-A2 **주소** 9 9th Ave, New York, NY 10014 **홈페이지** https://rh.com **운영** 11:30~21:00(토·일요일 10:00~) **가는 방법** 지하철 A·C·E 노선 14St역에서 도보 5분.

르뱅 Le Bain

하이 라인 중간에 당당히 자리한 대형 호텔 스탠더드 하이 라인(The Standard High Line) 꼭대기층에 자리한 루프탑 바다. 허드슨 강변은 물론, 다운타운의 원 월드 건물이 한눈에 들어오는 멋진 전망을 가지고 있다. 특히 해 질 녘 멋진 석양을 볼 수 있어 항상 붐비는 곳이며 다양한 칵테일과 간단한 핑거푸드로 즐거운 저녁 시간을 보낼 수 있다. 바로 아래층 라운지에는 자쿠지풀이 있어 주말이면 핫한 클럽으로 변신한다.

맵북 P.11-A2 **주소** 848 Washington St, New York, NY 10014 **홈페이지** www.lebainnewyork.com **운영** 수·목요일 22:00~04:00, 금요일 16:00~04:00, 토요일 14:00~04:00, 일요일 14:00~24:00 월·화요일 휴무 **가는 방법** 휘트니 미술관에서 도보 3분.

올드 홈스테드 스테이크하우스 Old Homestead Steakhouse

미트패킹 디스트릭트의 역사와 가장 잘 어울리는 오래된 스테이크하우스다. 간판부터가 올드함 가득한 레트로 감성을 자극하며 입구는 작고 낡은 편이지만 내부 공간은 전형적인 스테이크하우스의 모습이다. 1868년에 오픈해 지금까지도 명성을 이어오고 있는 이곳의 비결은 질 좋은 USDA 프라임 등급의 드라이에이징된 소고기를 넉넉하게 제공하는 것이다.

맵북 P.11-B2 **주소** 56 9th Ave, New York, NY 10011 **홈페이지** www.theoldhomesteadsteakhouse.com **운영** 화~금요일 17:00~21:00(토요일 ~22:00), 일요일 16:00~21:00, 월요일 휴무 **가는 방법** 첼시 마켓에서 도보 1분.

인텔리겐차 커피 Intelligentsia Coffee

1995년 시카고에 처음 문을 열어 직접 정성스럽게 로스팅하며 명성을 쌓은 브랜드로 우리나라도 입점해 있다. 하이 라인을 걷다가 중간쯤에 내려가서 방문하기에 좋은 이곳은 고풍스러운 분위기의 하이 라인 호텔 안에 자리해 아늑한 실내 공간과 아담한 정원을 함께 즐길 수 있다.

맵북 P.11-B2 **주소** High Line Hotel 180 10th Ave at, W 20th St, New York, NY 10011 **홈페이지** www.intelligentsia.com **운영** 매일 07:00~17:00 **가는 방법** 지하철 A·C·E 노선 23St역에서 도보 10분.

엠파이어 다이너 Empire Diner

첼시의 터줏대감으로 오랜 역사를 자랑하는 이곳은 영화에도 종종 등장했던 식당이다. 깔끔하게 리노베이션하면서 지붕 위의 엠파이어 스테이트 빌딩 모형 대신 멋진 벽화를 그려 넣었다. 여러 차례 주인이 바뀌면서 현재는 현대적인 데일리 메뉴로 아침식사부터 저녁식사까지 다양하게 제공한다. 첼시 갤러리 디스트릭트에 위치해 갤러리를 구경하다가 들르기 좋다.

맵북 P.11-B2 **주소** 210 10th Ave, New York, NY 10011 **홈페이지** https://empire-diner.com **운영** 09:00~23:00 **가는 방법** 지하철 A·C·E 노선 23St역에서 도보 7분.

유니언 스퀘어 & 매디슨 스퀘어 파크

Union Sqare & Madison Square Park

맨해튼
Manhattan

맨해튼 미드타운의 중심부로, 사무실 지구이자 상업지구다. 삭막해 보일 수 있는 지역이지만 각기 다른 3개의 커다란 공원이 도심 속 오아시스 같은 역할을 한다. 북쪽에서부터 브라이언트 파크, 매디슨 스퀘어 파크, 유니언 스퀘어 파크 순으로 이어져서 길을 찾을 때 이정표로 삼기 좋다.

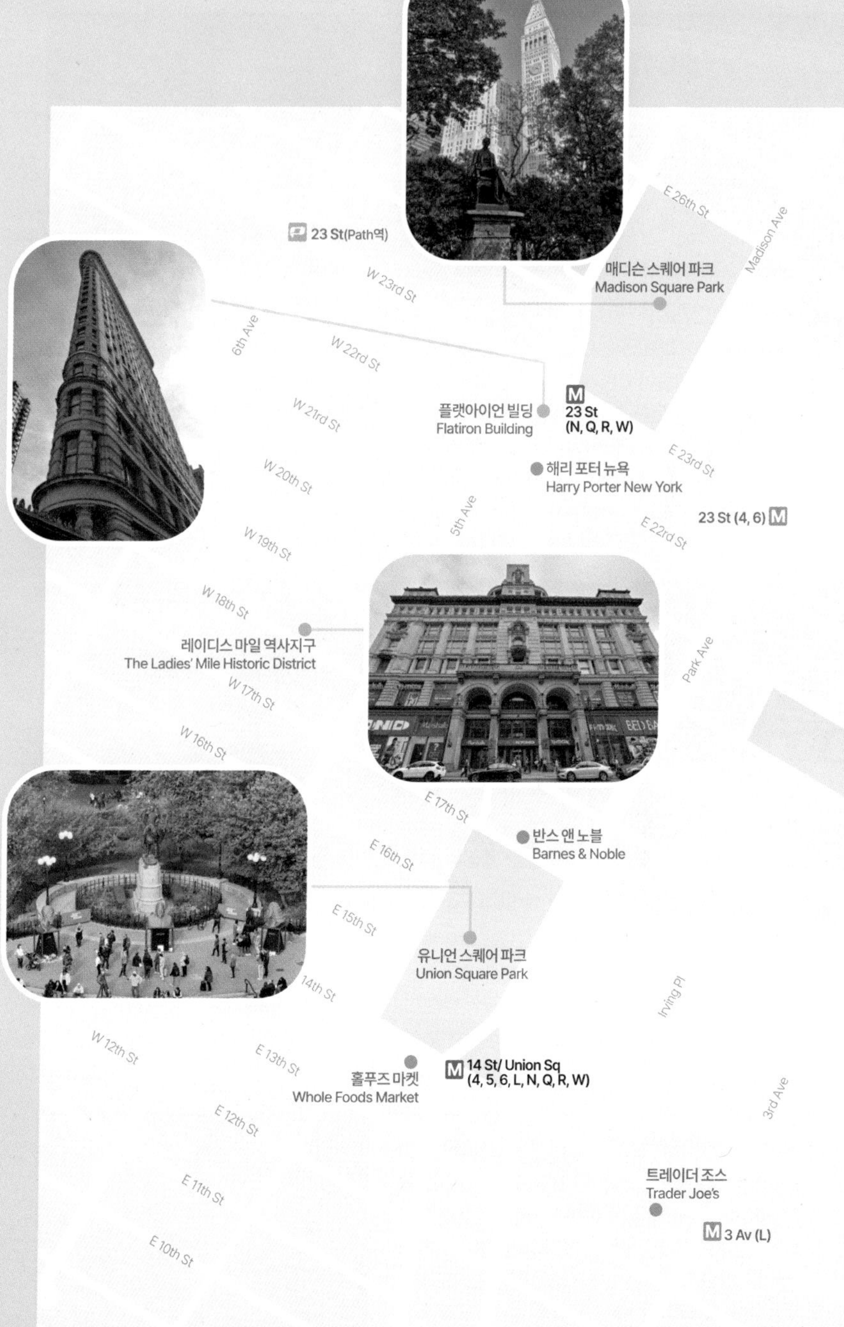
23 St(Path역)
W 23rd St
E 26th St
Madison Ave
매디슨 스퀘어 파크
Madison Square Park
6th Ave
W 22rd St
W 21rd St
플랫아이언 빌딩
Flatiron Building
M 23 St (N, Q, R, W)
E 23rd St
W 20th St
해리 포터 뉴욕
Harry Porter New York
5th Ave
23 St (4, 6) M
E 22rd St
W 19th St
W 18th St
레이디스 마일 역사지구
The Ladies' Mile Historic District
W 17th St
Park Ave
W 16th St
E 17th St
반스 앤 노블
Barnes & Noble
E 16th St
E 15th St
유니언 스퀘어 파크
Union Square Park
14th St
Irving Pl
W 12th St
E 13th St
홀푸즈 마켓
Whole Foods Market
M 14 St/ Union Sq (4, 5, 6, L, N, Q, R, W)
3rd Ave
E 12th St
트레이더 조스
Trader Joe's
E 11th St
M 3 Av (L)
E 10th St

유니언 스퀘어 Union Square

유니언 스퀘어 파크(Union Square Park)를 중심으로 미드타운이 시작되는 곳이다. 도심 속 녹지대에서 햇볕을 즐기는 사람들이 있는가 하면, 조지 워싱턴 동상이 있는 광장 앞에는 노점상을 비롯해 퍼포먼스를 하는 사람, 시위하는 사람들이 모여들기도 한다. 3개의 흉상은 각각 조지 플로이드(George Floyd), 존 루이스(John Lewis), 브리오나 테일러(Breonna Taylor)로 흑인 과잉 진압에 대한 항의에서 시작된 비폭력 운동 '블랙 라이브스 매터(Black Lives Matter; MLM 흑인의 목숨도 소중하다)'를 촉발시켰던 인물들이다.

맵북 P.12-B2 **가는 방법** 지하철 4·5·6·L·N·Q·R·W 노선 14St-Union Sq역에서 바로.

유니언 스퀘어 그린마켓 Union Square Greenmarket

유니언 스퀘어는 월 · 수 · 금 · 토요일에 더욱 활기를 띤다. 야외 장터가 열려 각지에서 모여든 농부들이 신선한 식재료를 팔기 때문이다. 맨해튼에서 가장 큰 규모의 그린마켓으로 북쪽은 주로 식재료와 꽃이 많고 남쪽에는 수공예품도 있다. 계절에 따라 이벤트가 열리거나 재미있는 팝업 스토어도 등장한다.

주소 Union Square W &, E 17th St, New York, NY 10003 **홈페이지** www.grownyc.org

Tip 미국의 대표 대형 유기농 마켓이 한 곳에!

유기농 마켓 체인으로 유명한 두 브랜드가 유니언 스퀘어 부근에 자리한다. 유기농 마켓에 관심있는 사람이라면 놓치지 말자. 유니언 스퀘어 바로 앞에는 홀푸즈 마켓(Whole Foods Market)이 있다. 쇼핑은 물론 간단한 식사도 가능하다. 홀푸즈 마켓에서 두 블록 떨어진 곳에는 가성비 좋은 마켓 트레이더 조스(Trader Joe's)도 있다.

매디슨 스퀘어 파크 Madison Square Park

1847년에 조성된 공원으로 매디슨 거리에 면해 있다. 이름 때문에 많은 사람들이 유명 공연장인 매디슨 스퀘어 가든(Madison Square Garden)으로 착각하기도 하는데, 매디슨 스퀘어 가든은 미드타운 웨스트에 위치한다. 주변의 플랫아이언 빌딩과 함께 눈에 띄는 또 하나의 건물은 메트 라이프 타워(Met Life Tower). 뾰족한 모양의 시계탑이 인상적인 이 건물은 플랫아이언과 비슷한 시기인 1909년에 지어졌다. 주변이 고층 건물로 둘러싸여 오랜 시간 도심 속 작은 오아시스 역할을 해왔으며, 2004년 공원 안에 햄버거점 쉐이크쉑(Shake Shack)이 들어서면서 유명세를 타기도 했다.

맵북 P.12-B1 **주소** Madison Ave. & 23rd St. New York, NY 10010 **홈페이지** www.madisonsquarepark.org **운영** 06:00~23:00 **가는 방법** 지하철 N·R 노선 23St역에서 공원이 보인다.

플랫아이언 빌딩 Flatiron Building

삼각형의 좁다란 부지에 높게 지어진 모양이 다리미같이 생겨 원래 이름이었던 풀러(Fuller) 빌딩에 빗대어 플랫아이언(Flatiron; 다리미) 빌딩이라 부르게 되었다. 19세기 중반 엘리베이터의 발명으로 경쟁적으로 늘어난 고층 빌딩 속에서도 이 건물은 완공 당시 가장 높은 22층 건물이었다. 보기에는 다소 위태로워 보이지만 당시로서는 선두적이었던 철근 공법을 사용해 100년이 지난 지금도 끄떡없는 위용을 보여주고 있다. 또한 당시 유행했던 유럽풍의 보자르 양식으로 지어져 우아한 아름다움을 지니고 있는데, 건축가는 시카고 마천루의 창시자로 불리는 대니얼 번햄(Daniel H. Burnham)이다.

맵북 P.12-B1 **주소** 175 5th Ave. New York, NY 10010 **가는 방법** 지하철 N·R 노선 23St역에서 나오면 보인다.

반스 앤 노블 Barnes & Noble

온라인 서점인 아마존의 등장으로 수많은 오프라인 서점들이 문을 닫았지만 마지막까지 살아남은 대형 서점이다. 반스 앤 노블 역시 여러 지점이 문을 닫았지만 맨해튼에 남아 있는 이곳은 건물 전체가 서점으로 되어 있어 방대한 서적과 함께 다양한 문구용품, 장난감 등을 살 수 있다. 스타벅스가 있어서 시간을 보내기 좋으며 북클럽을 통해 저자 강의나 토론 등 여러 이벤트에 참여할 수도 있다.

맵북 P.12-B2 **주소** 33 E 17th St, New York, NY 10003 **홈페이지** https://stores.barnesandnoble.com **운영** 월~목요일 09:00~21:00(금·토요일 ~22:00), 일요일 10:00~21:00 **가는 방법** 지하철 4·5·6·L·N·Q·R·W 노선 14St-Union Sq역에서 도보 3분(공원 뒤쪽).

스트랜드 북스토어 Strand Book Store

뉴욕에서 가장 큰 중고 서점으로 섹션별로 많은 책을 보유하고 있으며 새 책들도 할인가에 판매하고 있어 학생들에게 인기가 많다. 특히 사진, 인테리어, 회화 등 예술 관련 서적들이 많으며 과월호 잡지도 많다. 서점에서 자체 브랜드로 만드는 빨간 로고가 들어간 가방, 에코백, 컵 등 굿즈도 판매하고 있다.

맵북 P.12-A2 **주소** 828 Broadway, New York, NY 10003 **홈페이지** www.strandbooks.com **운영** 10:00~21:00 **가는 방법** 지하철 4·5·6·L·N·Q·R·W 노선 14St-Union Sq역에서 도보 2분.

포비든 플래닛 Forbidden Planet

만화 덕후들의 천국이다. 마블 시리즈를 시작으로 해리포터, 스타워즈, 각종 공상과학 캐릭터들이 가득한 곳으로 만화책은 물론 피규어, 티셔츠 등 각종 굿즈를 판다.

맵북 P.12-A2 **주소** 832 Broadway, New York, NY 10003 **홈페이지** www.fpnyc.com **운영** 10:00~20:00 **가는 방법** 지하철 4·5·6·L·N·Q·R·W 노선 14St-Union Sq역에서 도보 2분.

주미에즈 Zumiez

시애틀에서 탄생한 스트리트 패션 전문 매장이다. 힙합 감성이 충만한 티셔츠, 후디, 신발, 액세서리와 스케이트 보드 등을 판매하며 물건의 종류도 많다.

맵북 P.12-A2 **주소** 840 Broadway, New York, NY 10003 **홈페이지** www.zumiez.com **운영** 10:00~21:00 **가는 방법** 지하철 4·5·6·L·N·Q·R·W 노선 14St-Union Sq역에서 도보 2분.

플라이트 클럽 Flight Club

슈즈 마니아들이 좋아하는 신발 편집숍으로 리셀 서비스도 해준다. 스니커즈 종류가 많고 디스플레이가 멋진 곳으로 다른 곳에서 볼 수 없는 레어템도 많아서 구경하는 재미가 있다.

맵북 P.12-A2 **주소** 812 Broadway, New York, NY 10003 **홈페이지** www.flightclub.com **운영** 11:00~19:00 **가는 방법** 지하철 4·5·6·L·N·Q·R·W 노선 14St-Union Sq역에서 도보 3분.

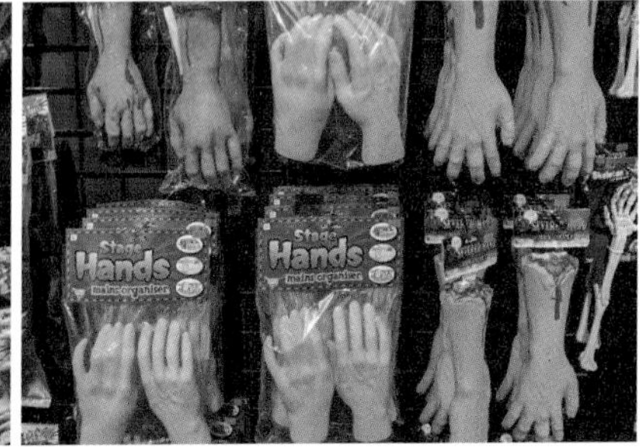

할로윈 어드벤처 Halloween Adventure

할로윈 코스튬과 재미있는 분장용품, 파티용품, 캐릭터 상품 등을 파는 가게로 내부가 어둡고 으스스한 분위기다. 주변에 여러 코스튬점이 있지만 가장 유명하고 규모도 큰 편이다. 괴기스러운 물건도 있지만 구경하는 재미가 있다.

맵북 P.12-B2 **주소** 104 4th Ave, New York, NY 10003 **홈페이지** www.nychalloweenadventure.com **운영** 월~토요일 11:00~20:00, 일요일 12:00~19:00 **가는 방법** 지하철 4·5·6·L·N·Q·R·W 노선 14St-Union Sq역에서 도보 3분.

레이디스 마일 역사지구 The Ladies' Mile Historic District

19세기 말 부유층의 화려한 쇼핑가였던 곳으로 많은 뉴욕 여성들이 마차를 타고 와 쇼핑을 즐기곤 했다. 따라서 당시 유행했던 보자르 양식, 네오 르네상스 양식 등 가장 스타일리시한 건물에 백화점이나 대형 상가들이 들어섰다. 당시의 건물이 잘 남아있는 거리는 6번가 18th St에서 22nd St까지로, 아직도 대형 상점들이 입점해 있다.

티제이 맥스 TJ Maxx / 마샬스 Marshalls

19세기 말 유명 백화점인 알트만 백화점이 있던 웅장한 건물 2층에 티제이 맥스가, 지하에는 마샬스가 입점해 있다. 두 곳 모두 재고 상품을 파는 디스카운트 스토어다. 옷걸이에 다량의 제품이 걸려있어 물건을 고르기가 쉽지는 않지만 잘 찾으면 '득템의 기회'가 있어 많은 사람이 찾는다.

맵북 P.12-A1 **주소** 620 6th Ave, New York, NY 10011 **홈페이지** [티제이맥스] https://tjmaxx.tjx.com, [마샬스] www.marshalls.com **운영** 두 매장이 상이하나 보통 09:30~21:30 **가는 방법** 지하철 1 노선 18St역에서 도보 4분.

컨테이너 스토어 The Container Store

티제이 맥스 바로 건너편에 자리한 각종 수납 및 정리용품 전문 체인점이다. 아주 소소한 상자부터 가구 수준의 대형 수납장까지 종류가 다양하고 아기자기한 생활용품도 있다.

맵북 P.12-A1 **주소** 629 6th Ave, New York, NY 10011 **홈페이지** www.containerstore.com **운영** 월~토요일 10:00~20:00, 일요일 11:00~19:00 **가는 방법** 지하철 1 노선 18St역에서 도보 3분.

에이비시 카펫 앤 홈 ABC Carpet & Home

뉴요커들이 좋아하는 토털 인테리어 전문점으로 1897년에 조그맣게 시작한 것이 지금의 거대한 규모로 성장했다. 이제는 오래된 건물의 특징을 잘 살려 빈티지 느낌의 디스플레이부터 현대적이고 깔끔한 스타일까지 두루 갖추고 있으며 가격대도 다양하다. 자체 브랜드에서 운영하는 레스토랑도 있다.

맵북 P.12-B2 **주소** 888 Broadway, New York, NY 10003 **홈페이지** https://abchome.com **운영** 월~토요일 10:00~19:00, 일요일 11:00~18:00 **가는 방법** 지하철 N·Q·R·W 노선 23St역에서 도보 3분.

피시스 에디 Fishs Eddy

그릇, 접시, 컵 등의 부엌용품과 일부 인테리어용품을 파는 곳이다. 귀여운 디자인이 많으며 특히 뉴욕을 테마로 한 디자인이 많아서 기념품으로도 인기다. 스토리나 유머가 담긴 디자인도 있고 선거철에는 정치 테마를 넣은 것도 있어서 구경하는 재미가 있다.

맵북 P.12-B2 **주소** 889 Broadway, New York, NY 10003 **홈페이지** https://fishseddynyc.com **운영** 월~수요일 10:00~19:00, 목~토요일 10:00~20:00, 일요일 11:00~18:00 **가는 방법** 지하철 N·Q·R·W 노선 23St역에서 도보 3분.

포터리 반 Pottery Barn

전국에 체인이 있는 가구 및 인테리어용품점으로 국내에도 입점했다. 대형 매장이라 물건이 많으며 국내에 입점하지 않은 인테리어 소품들이 볼 만하다. 두 블록 떨어진 곳에 자회사인 윌리엄스 소노마도 있다.

맵북 P.12-A1 **주소** 12 W 20th St, New York, NY 10011 **홈페이지** www.potterybarn.com **운영** 월·화·목~토요일 10:00~19:00, 수요일 11:00~19:00 일요일 11:00~18:00 **가는 방법** 지하철 N·Q·R·W 노선 23St역에서 도보 4분.

프리 피플 Free People

자유로운 느낌의 캐주얼 브랜드로 보헤미안 스타일이 특징이다. 편집숍 체인인 어반 아웃피터스의 계열사답게 편안함은 물론 트렌디함도 놓치지 않는다. 의류뿐 아니라 액세서리, 잡화, 그리고 화장품까지 다양한 아이템이 있다.

맵북 P.12-A2 **주소** 79 5th Ave, New York, NY 10003 **홈페이지** www.freepeople.com **운영** 월~토요일 10:00~20:00, 일요일 11:00~18:00 **가는 방법** 지하철 4·5·6·L·N·Q·R·W 노선 14St-Union Sq역에서 도보 3분.

제이 크루 J Crew

뉴욕에서 탄생한 아메리칸 캐주얼의 대표적인 브랜드로 다양한 연령대의 여성들이 좋아한다. 깔끔한 클래식룩으로 세미 정장부터 캐주얼까지 부드러운 컬러가 이어진다. 코로나로 파산 위기까지 갔다가 가까스로 회생했다.

맵북 P.12-A2 **주소** 91 5th Ave, New York, NY 10003 **홈페이지** https://stores.jcrew.com **운영** 월~토요일 10:00~19:00, 일요일 11:00~19:00 **가는 방법** 지하철 4·5·6·L·N·Q·R·W 노선 14St-Union Sq역에서 도보 3분.

아리치아 Aritzia

캐나다 밴쿠버에서 시작한 브랜드로 심플하면서도 여성적인 디자인에 실용적인 소재를 사용해 가성비가 좋은 편이다. 뉴욕의 모든 매장이 넓고 인테리어도 예쁘다.

맵북 P.12-A2 **주소** 89 5th Ave, New York, NY 10003 **홈페이지** www.aritzia.com/us/en **운영** 월~토요일 10:00~20:30, 일요일 11:00~20:00 **가는 방법** 지하철 4·5·6·L·N·Q·R·W 노선 14St-Union Sq역에서 도보 3분.

레미니신스 Reminiscence

파슨스 디자인스쿨 옆에 자리한 빈티지숍이다. 가게 이름처럼 과거를 추억할 만한 레트로 감성의 소품들뿐 아니라 의류, 액세서리와 독특한 물건들도 많아 구경하는 재미가 있다.

맵북 P.12-A2 **주소** 74 5th Ave, New York, NY 10011 **운영** 월~토요일 11:00~19:00, 일요일 휴무 **가는 방법** 지하철 F·M·L 노선 14St-6Av역에서 도보 3분.

해리 포터 뉴욕 Harry Porter New York

2021년 오픈한 뉴욕 최초의 해리포터 플래그십 매장으로 개장 당시 코로나가 무색할 만큼 인산인해를 이루었다. 항상 사람이 많아서 아침 일찍부터 QR코드로 예약을 하지 않으면 입장하기 어려울 정도다. 마법지팡이를 비롯한 다양한 상품을 구경하고 살 수 있으며 해리포터의 시그니처 음료라고 할 수 있는 비어버터(Beerbutter)를 마실 수 있는 바도 있다. 무알코올 음료이고 비어버터 아이스크림도 있다.

맵북 P.12-B1 **주소** 935 Broadway, New York, NY 10010 **홈페이지** www.harrypotterstore.com **운영** 월~토요일 09:00~21:00(일요일 ~19:00) **가는 방법** 지하철 N·Q·R·W 노선 23St에서 도보 1분.

레고 LEGO

국내에서도 인기 많은 덴마크의 블록 장난감 레고의 플래그십 매장이다. 맨해튼에 2곳의 레고 매장이 있는데, 5번가의 록펠러센터 매장은 번화가에 있어 위치가 편리하지만 매장이 작고 매우 복잡한 데 비해 이곳은 규모가 더 크고 덜 붐비는 편이다.

맵북 P.12-B1 **주소** 200 5th Ave, New York, NY 10010 **홈페이지** http://stores.lego.com **운영** 월~토요일 10:00~19:00, 일요일 10:00~18:00 **가는 방법** 지하철 N·Q·R·W 노선 23St역에서 바로.

이탤리 Eataly NYC Flatiron

매디슨 스퀘어 파크 바로 옆에 자리한 이탈리아 레스토랑과 카페가 함께 있는 마켓이다. 이탈리아산 식재료가 가득하고 이탈리아 베이커리, 디저트, 아이스크림까지 갖췄다. 안쪽으로 들어가면 두 개의 이탈리아 레스토랑이 있는데 런치 메뉴가 무난해서 점심 시간이면 항상 붐빈다.

맵북 P.12-B1 **주소** 200 5th Ave, New York, NY 10010 **홈페이지** www.eataly.com **운영** 매일 07:00~23:00 **가는 방법** 지하철 N·Q·R·W 노선 23St역에서 바로.

쉐이크쉑 Shake Shack

2001년 스트리트 푸드인 핫도그 카트로 시작해 2004년 매디슨 스퀘어 파크에 간이매점을 연 것이 엄청난 인기를 끌면서 전 세계로 지점을 넓힌 햄버거 가게다. 이제는 당당히 1호점으로서 많은 사람들이 찾는다. 비가 오거나 추운 겨울을 제외하면 공원 안 야외 테이블에서 먹을 수 있다.

맵북 P.12-B1 **주소** E 23rd St Madison Square Park, New York, NY 10010 **홈페이지** www.shakeshack.com **운영** 매일 10:30~22:00 **가는 방법** 지하철 N·Q·R·W 노선 23St역에서 도보 1분.

일레븐 매디슨 파크
Eleven Madison Park (EMP)

미슐랭 3스타에 빛나는 너무나도 유명한 레스토랑으로 예약이 어려운 곳이다. 대니얼 흄(Daniel Humm) 셰프가 이끄는 이곳은 뉴욕뿐 아니라 월드 베스트 레스토랑에서도 손에 꼽히는 곳으로 알려져 있다. 코로나 팬데믹 이후 비건 레스토랑으로 변신해 많은 미식가들에게 논란의 대상이 되기도 했으나 이제는 자리를 잡아가고 있다. 기존의 메뉴와 비슷하면서도 재료를 비건으로 바꾼 것도 있어서 신기하지만 호불호는 갈리는 편이다. 다이닝 룸 테이스팅과 바 테이스팅으로 나뉘며 전자는 풀 코스, 후자는 5코스를 제공한다.

맵북 **P.12-B1** **주소** 11 Madison Ave, New York, NY 10010 **홈페이지** www.elevenmadisonpark.com **운영** 월~수요일 17:30~22:00, 목·금요일 17:00~23:00, 토·일요일 12:00~14:00/17:00~23:00 **가는 방법** 지하철 N·Q·R·W 노선 23St역에서 도보 2분.

230 피프스 루프탑 바
230 Fifth Rooftop Bar

미드타운의 중간에 자리해 엠파이어 스테이트 빌딩을 정면으로 바라볼 수 있는 멋진 루프탑 바다. 2개 층으로 되어 있어 한 층은 실내 공간이지만 창문을 통해 풍경을 볼 수 있고 옥상층은 시원하게 뚫려 있어 주변 경치를 즐길 수 있다. 라이브 음악 등 다양한 이벤트가 열리며 여름에는 가든테라스 분위기로, 겨울과 봄에는 투명 이글루를 설치해 1년 내내 색다른 분위기로 인기가 많다. 저녁 8시 이후에는 커버차지가 붙으며 운동복이나 요가복 차림으로는 입장할 수 없다.

맵북 **P.12-B1** **주소** 230 5th Ave, New York, NY 10001 **홈페이지** https://230-fifth.com **운영** 월~목요일 14:00~01:00(금요일 ~03:00), 토요일 11:30~04:00(일요일 ~01:00) **가는 방법** 지하철 N·Q·R·W 노선 28St역에서 도보 2분.

헤럴드 스퀘어 & 미드타운 이스트
Herald Square & Midtown East

헤럴드 스퀘어는 미드타운의 가장 중심에 해당하는 곳으로 주변에 타임스 스퀘어와 5번가, 엠파이어 스테이트 빌딩 등 주요 관광지가 있다. 그리고 기차역과 시외버스 터미널이 있어 대부분의 지하철이 지나가는 교통의 중심지다. 복잡한 상업지구지만 우리에게는 코리아타운이 있어 정겨운 느낌이 든다.

맨해튼
Manhattan

링컨터널
42 St/ Port Auth
9th Ave
포트
Port Au

W 34th St
34 St/ Penn Station (A, C, E) M
펜 스테이션
Penn Station(기차역)
팔리 빌딩
The James A. Farley Building/
모이니핸 홀
Moynihan Hall
Madison Squa
(경기장
W 31s
W 30th St
W 29th St
W 28th St

minal
C, E)
터미널
rminal

W 42nd St
Times Sq/ 42 St
(1, 2, 3)

Times Sq/ 42 St (7)

Times Sq/ 42 St (S)

W 40th St

Ave

42 St/ Bryant Pk
(B, D, F, M)

Times Sq/ 42 St
(N, Q, R, W)

7th Ave

5th Ave

5 Av (7)

W 37th St

브라이언트 파크
Bryant Park

뉴욕공립도서관
New York Public Library

서밋 원 밴더빌트
SUMMIT One Vanderbilt

그랜드 센트럴 터미널
Grand Central Terminal

Grand Central/ 42 St
(4, 5, 6, 7, S)

6th St

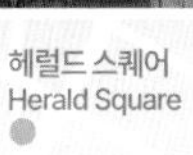

크라이슬러 빌딩
Chrysler Building

ion
3)

헤럴드 스퀘어
Herald Square

Park Ave

Lexington Ave

34 St/ Herald Sq
(B, D, F, M, N, Q, R, W)

더 모건 라이브러리 & 뮤지엄
The Morgan Library & Museum

국제연합 본부 UN

33 St(Path역)

엠파이어 스테이트 빌딩
Empire State Building

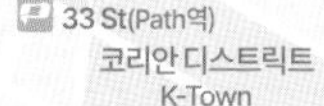

코리안 디스트릭트
K-Town

2nd Ave

해럴드 스퀘어 Herald Square

브로드웨이와 6번가(6th Ave)와 34번가(34th St)가 만나는 교차로다. 대중적인 브랜드 숍들이 밀집해 있고 맨해튼에서 가장 큰 백화점인 메이시스가 있어 쇼핑을 즐기려는 사람들로 가득하다. 또한 근처에는 대형 콘서트장이자 경기장인 매디슨 스퀘어 가든이 있으며 기차가 출·도착하는 펜 스테이션이 있어 주변에 호텔도 많다.

맵북 P.13-B2 **가는 방법** 지하철 B·D·F·M·N·Q·R·W 노선 34St/Herald Sq역에서 바로.

가먼트 디스트릭트 Garment District

6th & 8th Ave 사이, 그리고 34th & 40th St에 이르는 지역은 과거 고가철로가 지나가 의류업자들이 도매로 재료를 사고팔던 곳이다. 이제는 비싼 임대료로 다 떠나갔지만 38th & 39th St에 단추, 끈, 리본 등 장식품 재료가게와 도매 옷가게가 조금 남아있다. 한때 미국의 의류산업을 좌지우지했던 곳으로 의류업을 상징하는 단추와 바늘 조각상이 있다. 단추 조각상의 단추 구멍 5개는 Fashion의 F자를 상징한다.

팔리 빌딩 The James A. Farley Building

미드타운의 한복판, 8번가에 육중한 모습으로 자리한 이 건물은 두 블록을 통으로 차지한 거대한 건물이다. 1911~1914년에 지어진 전형적인 보자르 양식의 공공건물로 처음에 펜실베이니아역으로 이용되다가 우체국이 들어서면서 오랫동안 우체국 건물(General Post Office Building)로 불렸다. 중앙 파사드는 세계에서 가장 큰 코린트 양식의 회랑으로 매우 웅장하면서도 화려하다. 1973년 미국 국립사적지로 지정되었다. 현재는 일부 사무실과 우체국을 제외하면 대부분 펜실베이니아역으로 이용되고 있다. 특히 2021년에 오픈한 거대한 유리 천장의 모이니핸 홀(Moynihan Hall)에는 역의 업무실, 매표소, 대합실, 그리고 푸드홀이 들어섰다.

맵북 P.13-A2 **주소** 447 8th Ave, New York, NY 10199 **가는 방법** 지하철 A·C·E 노선 34St/Penn Station역에서 바로.

엠파이어 스테이트 빌딩 Empire State Building

뉴욕을 상징하는 초고층 빌딩으로 이미 영화나 사진을 통해 익숙하다. 대공황기였던 1929년에 공사를 시작해 102층(381m) 높이의 건물을 불과 1년여 만에 지어버려 한때 부실공사를 우려하던 목소리가 높았다. 더구나 건물이 완공된 1931년 당시 미국은 대불황을 겪고 있던 터라 한동안 입주자들이 나타나지 않아 건물이 비어 있었으며 이를 비웃던 사람들은 '엠프티(Empty; 텅 빈)' 빌딩이라 불렀다. 하지만 머지않아 많은 사무실로 채워졌으며 1973년 쌍둥이 빌딩이라 불리는 세계무역센터가 세워지기 전까지 42년간이나 세계의 지붕 역할을 해왔다. 뉴욕의 상징인 이 건물은 밤에 봐야 더 멋있다. 기념일에 따라 변하는 꼭대기 30개 층의 아름다운 조명은 맨해튼 어디에서나 바라볼 수 있으며 맨해튼의 야경을 더욱 빛낸다. 전망대는 86층과 102층에 있으며 86층은 야외, 102층은 실내에서 맨해튼을 한눈에 내려다볼 수 있다. 해가 질 무렵에는 맨해튼의 석양과 야경을 보려는 사람들로 가장 많이 붐빈다. 성수기에는 5번가에 위치한 입구에서부터 붐비기 시작해 건물 안에서도 한참을 기다려야 한다.

맵북 P.13-B2 **주소** 20 W 34th St, New York, NY 10001 **홈페이지** www.esbnyc.com **운영** 09:00~24:00 **요금** 성인 86층 전망대 $44, 86층+102층 통합권 $79(대기줄이 짧은 Express Pass 등 여러 종류가 있다) **가는 방법** 지하철 B·D·F·M·N·Q·R·W 노선 34St/Herald Sq역에서 34th St를 따라 한 블록 걸으면(도보 2분) 5번가에 입구가 있다.

1. 건물 준공 과정 **2.** 킹콩과 인증샷 **3.** 건물 인증샷 **4.** 기념품점

Tip 고전영화 속 엠파이어 스테이트 빌딩

- **러브 어페어 Love Affair (1994)** 로맨틱 러브스토리의 고전으로 여자 주인공이 빌딩 꼭대기에서 만나기로 한 남자를 생각하며 빌딩을 올려다보다 교통사고를 당한다. 정말 이 건물 바로 아래서 꼭대기를 보려면 정신이 빠질 만큼 목을 꺾어야 한다.
- **시애틀의 잠 못 이루는 밤 Sleepless In Seattle (1993)** 멕 라이언과 톰 행크스로 유명해진 이 영화는 마지막 장면에 엠파이어 스테이트 빌딩의 꼭대기에서 멋진 야경과 함께 감동적인 재회가 이루어진다.
- **킹콩 King Kong (2005)** 거대한 고릴라 킹콩이 제인을 데리고 끝없이 빌딩을 올라 전투기들과 사투를 벌이는 장면은 바로 이 빌딩의 꼭대기탑이 배경이다. 물론 CG를 이용했고 실제 모양과도 다르지만 영화 속 중요한 장소로 기념품이 많다.

모건 라이브러리 & 뮤지엄 The Morgan Library & Museum

뉴욕이 금융 도시로 성장하는 데 중요한 역할을 했던 J.P. 모건의 저택에 조성된 박물관이다. 1906년에 찰스 매킴이 저택과 서재로 지은 것을 100주년이 되는 2006년에 렌초 피아노가 새로운 모습으로 탄생시켰다. 근대와 현대를 대변하는 두 건축가의 작품이 대비를 이루는 것도 볼 만하고 건물 내부도 볼거리가 많다. 모건은 램프를 사용하던 당시 토머스 에디슨을 통해 최초로 이 저택에 전등을 밝혔다.

맵북 P.13-B2 **주소** 225 Madison Ave, New York, NY 10016 **홈페이지** www.themorgan.org **운영** 화~일요일 10:30~17:00(금요일 ~20:00), 월요일 휴관 **요금** 성인 $25(금요일 17:00 이후 예약 시 무료) **가는 방법** 지하철 4·6 노선 33St역에서 도보 5분.

● 원형 홀 The Rotunda

대리석 기둥으로 이루어진 홀로 아름다운 천장의 조각과 그림들이 인상적이다. 이 홀 양쪽으로 모건 도서관과 서재가 있다.

● 모건 도서관 Morgan's Library

높은 천장에 아름다운 그림이 가득하고 3단으로 이루어진 고풍스러운 책장 빼곡히 고서적들로 차있다. 유리 전시관 안에 구텐베

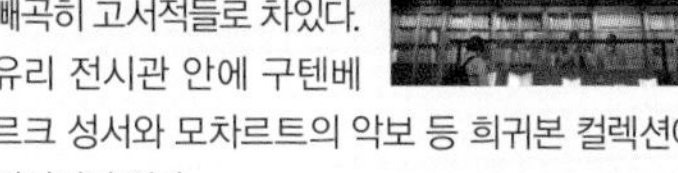

르크 성서와 모차르트의 악보 등 희귀본 컬렉션이 전시되어 있다.

● 모건 서재 Morgan's Study

붉은 벽에 르네상스 예술품으로 가득한 모건의 서재는 그가 말년에 주로 시간을 보내던 곳이다. 벽난로 위에는 그의 초상화가 걸려 있으며 왼쪽으로 쪽방 같은 금고실이 있다.

● 모건 카페 The Morgan Café

밝은 유리창으로 지어진 길버트 코트(Grilbert Court)에 자리한 카페로 탁 트인 공간에서 커피나 차를 즐길 수 있으며 종종 작은 콘서트도 열린다. 제대로 된 식사를 원한다면 안쪽의 기념품점 옆에 자리한 모건 다이닝룸 레스토랑(The Morgan Dining Room)이 있다.

● 특별전시관 Exhibition Galleries

동관과 서관으로 이루어진 모건스탠리 갤러리(Morgan Stanley)와 2층의 엥겔하드 갤러리(The Engelhard Gallery)에서 다양한 특별전이 열린다.

그랜드 센트럴 Grand Central Terminal (Grand Central Station)

영화에 자주 등장한 이 기차역은 1913년에 지어져 현재 남아있는 뉴욕 황금시대의 마지막 건물이다. 44개의 플랫폼이 있는 엄청난 규모의 역이다. 보자르 양식의 외관은 웅장하면서도 섬세한 조각들이 아름다움을 더하고 있으며 아치형의 커다란 창문으로는 자연광이 들어 고풍스러운 분위기를 자아낸다. 내부 중앙의 안내소가 위치한 홀에는 거대한 연녹색 둥근 천장이 있는데 저녁이면 별자리 모양으로 빛을 발한다. BTS가 공연했던 장소로 더욱 유명해졌다.

맵북 P.13-C1 **주소** 89 E 42nd St, New York, NY 10017 **홈페이지** https://grandcentralterminal.com **가는 방법** 지하철 4·5·6·7·S 노선 42St/Grand Central Station역에서 내리면 바로.

크라이슬러 빌딩 Chrysler Building

뉴욕의 하늘을 빛내는 아르데코 양식의 아름다운 빌딩이다. 높이 319m, 77층의 이 빌딩은 지어진 지 1년 만에 엠파이어 스테이트 빌딩에게 최고층의 영광을 빼앗겨 버렸다. 하지만 엠파이어 스테이트 빌딩에 올라가는 이유가 바로 크라이슬러 빌딩을 보기 위해서라고 할 만큼 아름답기로 유명하다. 이 빌딩이 특별한 이유는 일단 건물의 자재다. 스테인리스 스틸로 첨탑을 세워 항상 반짝반짝 빛이 난다. 스테인리스는 값이 비싸 건물 외관에는 잘 사용하지 않으나 크라이슬러 자동차 공장에서 조달했다고 하며 첨탑의 모양도 자동차의 라디에이터 그릴을 본뜬 것이라고 한다. 특히 건축가 윌리엄 반 알렌(William Van Alen)에 의해 아름다운 아르데코 양식으로 탄생하면서 훌륭한 건축으로 인정받았다. 1950년대 중반 크라이슬러 본사는 다른 곳으로 이주했다. 2020년 전망대를 설치할 계획을 발표했으나 코로나 팬데믹으로 무기한 연기되었다.

맵북 P.13-C2 **주소** 405 Lexington Ave, New York, NY 10017 **가는 방법** 지하철 4·5·6·7·S 노선 42St/Grand Central Station역에서 나오면 큰길에서 보인다.

서밋 Summit

그랜드 센트럴역 바로 옆 밴더빌트 애비뉴(Vanderbilt Ave)에 세워진 '원 밴더빌트(One Vanderbilt)' 건물 꼭대기층 전망대다. 로비에서 전망대로 올라가는 엘리베이터 안에서부터 화려한 영상을 즐길 수 있다. 전망대는 '트랜센던스(Transcendence)'라 불리는 유리와 거울로 된 2개 층으로 이루어져 있으며, 중간에 '리플렉트(Reflect)' '어피니티(Affinity)' 등 여러 방이 있다. 위층으로 올라가면 돌출된 유리 발코니 '레비테이션(Levitation)'에서 발아래의 짜릿함을 느낄 수 있다. 실내 라운지와 테라스에는 간단한 간식이나 음료를 즐길 수 있는 카페 겸 바 '아프레(Après)'가 있고, 바로 옆에는 유리 엘리베이터인 '어센트(Ascent)'가 있다. 뉴욕에 새로 입성한 전망대인 만큼 여러 체험을 추가한 것이 특징이고, 엠파이어 스테이트 빌딩과 크라이슬러 빌딩이 가까이 보이는 것이 장점이다.

맵북 P.13-C1 **주소** 45 E 42nd St, New York, NY 10017 **홈페이지** https://summitov.com **운영** 매일 09:00~24:00 **요금** 성인 기본 $43 **가는 방법** 지하철 4·5·6·7·S 노선 42St/Grand Central Station역 바로 옆에 위치. ※ 드레스 코드 : 유리나 거울바닥이 많으니 짧은 치마나 하이힐은 피한다.

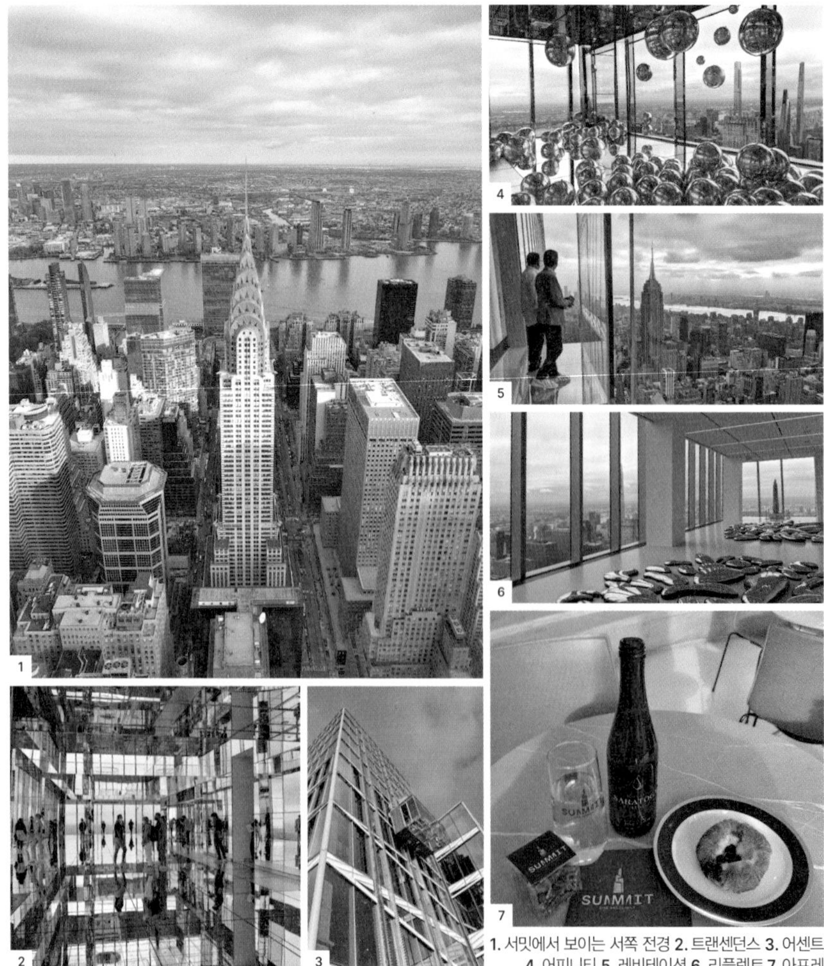

1. 서밋에서 보이는 서쪽 전경 **2.** 트랜센던스 **3.** 어센트 **4.** 어피니티 **5.** 레비테이션 **6.** 리플렉트 **7.** 아프레

국제연합 United Nations (UN)

UN(United Nations), 즉 국제연합은 제2차 세계대전 이후 세계 평화와 안전을 위한 국제협력을 목적으로 창설된 국제기구로 뉴욕에 자리한 UN 본부는 록펠러 2세가 기증한 거대한 토지 위에 세워졌다. 철문을 들어서면서부터는 치외법권이 인정되는 국제지역(International Zone)이다.

건물 내부는 가이드 투어를 통해 볼 수 있다. 입구의 보안검사대를 지나서 바로 오른쪽 건물이 BTS가 공연했던 총회장이 있는 곳이며 앞에는 이스트 강변이 보이는 공원이 있다. 건물은 사무국 빌딩(Secretariat Building), 총회 빌딩(General Assembly Building), 회의장 빌딩(Conference Building), 해머숄드 도서관(Dag Hammarskjold Library)으로 이루어져 있다. 가장 높은 38층의 직사각형 건물이 사무국 빌딩으로 각 나라의 UN 대표부가 있는데 일반인은 출입할 수 없다. 둥근 지붕의 총회 빌딩은 UN 총회가 열리는 곳으로 내부의 스테인드글라스가 샤갈의 작품이다. 지하에는 기념품점이 있어 세계 각국의 우표를 살 수 있다. 회의장에는 안전보장이사회(Security Council), 경제사회이사회(Economic & Social Council), 신탁통치이사회(Trusteeship Council) 등이 있다.

맵북 P.13-C2 **주소** 405 E 42nd St, UN Plaza (1st Ave 42nd & 48th St 사이, 입구는 46th St) **홈페이지** www.un.org/tours **운영** [투어] 월~금요일 09:00~17:00, 주말 및 공휴일 휴무 ※ 투어는 반드시 예약해야 하며 보안 검색을 위해 투어시각 30분 전에 도착해야 한다. 15분 이상 늦을 시 예약은 취소되며 예약비는 환불되지 않는다. **요금** 성인 $26 **가는 방법** 버스 M15 노선 1Ave/E 45St 정류장에서 한 블록 떨어진 곳에 위치.

메이시스 백화점 Macy's

미국에서 가장 대중적인 백화점 체인이다. 1858년에 뉴욕에 오픈해 오랜 역사를 자랑하는 이곳은 규모 면에서도 미국 내 최대 지점으로 꼽힌다. 실제로 백화점 건물이 한 블록 전체를 차지할 만큼 어마어마하다. 또한 메이시스는 해마다 추수감사절에 화려한 퍼레이드를 펼치는 것으로도 유명하다. 100년을 이어온 이 퍼레이드는 메이시스 백화점 앞을 지나기 때문에 추수감사절 아침부터 미드타운 전체가 수많은 인파로 북적인다.

맵북 **P.13-B2** **주소** 151 West 34th St, New York, NY 10001 **홈페이지** www.macys.com **운영** 월~목요일 10:00~21:00(금·토요일 ~22:00), 일요일 11:00~21:00 **가는 방법** 지하철 B·D·F·M·N·Q·R·W 노선 34St/Herald Sq역에서 바로.

어반 아웃피터스 Urban Outfitters (UO)

의류는 물론 다양한 패션 아이템이 모여 있는 인기 편집숍 체인점. 미국 전역에 매장을 두고 있는데, 특히 뉴욕에는 멀티숍 형태의 대형 매장이 있다. 메이시스 백화점 바로 옆 블록에 위치한 헤럴드 스퀘어점은 거대한 규모를 자랑한다. 2층에서는 창문으로 헤럴스 스퀘어가 내려다 보인다.

맵북 **P.13-B2** **주소** 1333 Broadway Herald Sq, NY 10018 **홈페이지** https://urbanoutfitters.com **운영** 10:00~21:00(일요일 ~20:00) **가는 방법** 메이시스 백화점 바로 건너편에 위치.

바나나 리퍼블릭 팩토리 스토어 Banana Republic Factory Store

무난한 오피스룩의 남녀 의류, 신발, 액세서리를 판매하는 대형 체인점으로 미국 전역에 지점이 있는데, 이곳은 재고 상품을 할인된 가격에 판매하는 아웃렛 매장이라 디스플레이는 다소 떨어지지만 가성비가 좋아 인기가 많다.

맵북 P.13-B2 **주소** 17 W 34th St, New York, NY 10001 **홈페이지** https://bananarepublic.gap.com **운영** 월~토요일 10:00~20:00, 일요일 11:00~19:00 **가는 방법** 지하철 B·D·F·M·N·Q·R·W 노선 34St/Herald Sq역에서 도보 2분.

얼타 뷰티 Ulta Beauty

세포라와 종종 비교되는 스킨케어와 메이크업 제품 전문점이다. 세포라보다 가격대가 좀더 다양한 편이고 인디 브랜드가 많다. 트렌드를 잘 반영해 K뷰티 제품도 쉽게 볼 수 있다.

맵북 P.13-B2 **주소** 51 W 34th St., New York, NY 10001 **홈페이지** www.ulta.com **운영** 월~토요일 09:00~21:00, 일요일 11:00~20:00 **가는 방법** 지하철 B·D·F·M·N·Q·R·W 노선 34St/Herald Sq역에서 바로.

슈퍼드라이 Superdry

화려한 컬러감이 돋보이는 남녀 캐주얼 브랜드로 영국에서 탄생했다. 디자인에 일본어가 많이 들어가 일본 브랜드로 오해하는 경우가 있지만 자세히 보면 틀린 말이나 이상한 말이 많다. 티셔츠나 점퍼가 인기다.

맵북 P.13-B2 **주소** 21-25 W 34th St, New York, NY 10001 **홈페이지** https://stores.superdry.com **운영** 10:00~21:00 **가는 방법** 지하철 B·D·F·M·N·Q·R·W 노선 34St/Herald Sq역에서 도보 2분.

킨스 스테이크하우스 Keens Steakhouse

뉴욕 최고의 스테이크하우스 리스트에 항상 들어가는 이곳은 미드타운 중심부에 자리해 찾아가기도 편리하다. 1885년에 오픈해 오랜 역사와 함께 고풍스러운 분위기를 간직하고 있다. 이곳에서 추천하는 메뉴인 머튼 찹스(Mutton Chops)는 부드러운 육질을 자랑한다. 어둑한 내부를 자세히 보면 세월의 흔적이 느껴지는 추억의 소품들이 가득하다. 특히 천장을 가득 메운 5만여 개의 클레이 파이프들이 인상적인데, 과거 (담배를 피우는) 파이프 클럽으로서 깨지기 쉬운 클레이 파이프를 보관해주었다고 한다. 당시 9만 명이 넘는 회원이 있었으며 그중엔 유명인도 많았다.

맵북 P.13-B2 **주소** 72 W 36th St, New York, NY 10018 **홈페이지** www.keens.com **운영** 월~금요일 11:45~22:30, 토요일 17:00~22:30(일요일 ~21:30) **가는 방법** 지하철 B·D·F·M·N·Q·R·W 노선 34St/Herald Sq역에서 도보 1분.

그랜드 센트럴 다이닝 Grand Central Dining

그랜드 센트럴 터미널은 규모가 크고 유동인구가 많은 역이라 내부에 식당도 상당수가 입점해 있다. 지하에 오이스터 바(Oyster Bar)와 같은 유명한 해산물 레스토랑이 오랫동안 터줏대감 역할을 해왔고, 지하 푸드홀인 다이닝 콘코스(Dining Concourse)에는 쉐이크쉑, 조 커피 같은 인기 맛집들도 있다. 상점들이 자리한 1층에는 식료품 시장인 그랜드 센트럴 마켓(Grand Central Market)이 있어 베이커리, 치즈 등 간단한 먹거리를 구입할 수 있다.

맵북 P.13-C1 **주소** 89 E 42nd St level l, New York, NY 10017 **홈페이지** www.grandcentralterminal.com/shop-and-dine **운영** 05:15~02:00 **가는 방법** 지하철 4·5·6·7·S 노선 Grand Central/42St역에서 바로.

코리안 디스트릭트 Korean District (K-Town)

헤럴드 스퀘어 주변인 5번가와 6번가 사이, 30~33rd St, 특히 32nd St에는 한글 간판이 가득하다. 짧은 골목이 깨끗하진 않지만 한국 식당들과 잡화점, 마트, 서점, 빵집 등이 있어 반가운 느낌이 든다. 주로 한국인들이 드나들던 뒷골목 분위기였지만 한류 덕분인지 외국인들의 모습도 쉽게 눈에 띈다. 한국 음식이 그립다면 잠시 들러볼 만하다.

맵북 P.13-B2 **가는 방법** 지하철 B·D·F·M·N·Q·R·W 노선 34St/Herald Sq역에서 도보 2분.

푸드 갤러리 32 Food Gallery 32

코리안 디스트릭의 중심 거리인 32번가에 자리한 푸드코트로 한국 메뉴가 가득하다. 셀프서비스라 팁 부담도 없고 가격도 저렴한 편이라 많은 사람들이 찾는다. 분식부터 다양한 일품요리까지 메뉴의 종류가 많으며 밤늦게까지 운영해 한국 음식이 그리운 한인 유학생들에게 특히 인기다. 좁은 공간이지만 복층에 추가 좌석이 있다.

맵북 P.13-B2 **주소** 11 W 32nd St, New York, NY 10001 **홈페이지** www.foodgallery32nyc.com **운영** 11:00~23:00

초당골 Cho Dang Gol

두부 전문 한식당으로 직접 만든 두부로 순두부찌개와 비지찌개를 만들며 그 외에도 불고기 등 다양한 메뉴가 있다. 가정식 백반처럼 밑반찬과 전, 그리고 돌솥밥에 누룽지까지 간이 세지 않고 속이 편한 음식들이 많다. 분위기는 편안한 주점 분위기다. 메인 골목인 32번가에서 조금 떨어진 35번가에 있지만 항상 붐빈다.

맵북 P.13-B2 **주소** 55 W 35th St, New York, NY 10001 **홈페이지** https://chodanggolnyc.com **운영** 12:00~21:15(월~목요일은 브레이크타임이 있다)

루프탑 바

엠파이어 스테이트 빌딩은 이제 더 이상 뉴욕의 최고층이 아니지만 여전히 뉴욕의 상징이다. 미드타운의 중심부이자 엠파이어 스테이트 빌딩이 자리한 헤럴드 스퀘어 부근에는 이 멋진 빌딩이 보이는 루프탑 바들이 유난히 많다. 여유 있게 야경을 즐기는 곳이라 평일에는 대부분 늦은 시간에 오픈한다.

더 스카이락 The Skylark

미드타운 30층에 자리한 분위기 좋은 루프탑 바. 3개 층으로 되어 있는데 입구층은 작은 로비 라운지가 있고 중간층은 고급스러운 분위기의 칵테일 라운지가 있다. 맨 위층 루프탑은 시즌에 따라 운영되는데 규모는 작지만 유리 보호대 너머 시원한 전망을 즐길 수 있다. 동쪽으로 엠파이어 스테이트 빌딩이 보이고 북쪽으로는 뉴욕타임스 건물이, 그리고 서쪽으로 허드슨 야즈의 에지와 허드슨강이 보인다.

맵북 P.13-B1 **주소** 200 W 39th St, New York, NY 10018 **홈페이지** www.theskylarknyc.com **운영** 월~금요일 17:00~23:00, 토·일요일 휴무 **가는 방법** 지하철 N·Q·R·W 노선 Times Sq/42St역에서 도보 2분.

탑 오브 더 스트랜드 Top of the Strand

메리어트 그룹에서 운영하는 메리어트 베이케이션 클럽(Marriott Vacation Club) 호텔 18층에 자리한 루프탑 바다. 규모는 작지만 엠파이어 스테이트 빌딩이 정면에 가까이 보인다. 시설상 겨울보다는 봄 · 가을에 적합하다.

맵북 P.13-B2 **주소** 33 W 37th St, New York, NY 10018 **홈페이지** www.topofthestrand.com **운영** 목~토요일 16:00~23:00, 일~수요일 휴무 **가는 방법** 엠파이어 스테이트 빌딩에서 도보 5분.

모나크 루프탑 Monarch Rooftop

역시 메리어트 그룹에서 운영하는 코트야드 바이 메리어트 맨해튼(Courtyard by Marriott Manhattan) 호텔 18층에 있는 루프탑 바다. 남쪽으로 엠파이어 스테이트 빌딩이 손에 잡힐 듯 가까이 보이며 서쪽으로는 메이시스 백화점과 헤럴드 스퀘어가 내려다보인다. 공간도 여유 있고 분위기도 좋아서 인기다.

맵북 P.13-B2 **주소** 71 W 35th St, New York, NY 10001 **홈페이지** www.monarchrooftop.com **운영** 화~목요일 15:00~02:00(일·월요일 ~01:00, 금·토요일 ~04:00) **가는 방법** 엠파이어 스테이트 빌딩에서 도보 4분.

리파이너리 루프탑 Refinery Rooftop

빈티지 느낌의 고급 호텔인 리파이너리 호텔(Refinery Hotel)에 위치한 루프탑 바다. 가먼트 디스트릭트의 100년도 넘은 모자 공장을 개조해 높은 천장의 세련된 호텔로 탈바꿈한 건물로, 꼭대기층 루프탑은 붉은 벽돌의 인더스트리얼 스타일로 마감했다. 운치 있는 벽난로로 아늑함을 더하고 테라코타 타일과 유리 천장은 세련됨을 더하며 칵테일과 식사, 그리고 전망을 즐길 수 있다.

맵북 P.13-B1 **주소** 63 W 38th St, New York, NY 10018 **홈페이지** https://refineryrooftop.com **운영** 월~목요일 11:30~23:00(금요일 ~02:00), 토요일 10:30~01:00(일요일 ~23:00) **가는 방법** 엠파이어 스테이트 빌딩에서 도보 7분.

스파이글라스 루프탑 바 Spyglass Rooftop Bar

부티크 호텔인 아처 호텔(Archer Hotel)의 22층에 자리한 루프탑 바다. 실내와 실외 공간으로 나뉘어 있는데 실외가 좁지만 엠파이어 스테이트 빌딩의 모습을 가까이 볼 수 있다. 스파이글라스라는 이름은 앨프리드 히치콕의 영화 '리어 윈도우(Rear Window)'에서 영감을 받아 지은 것으로 영화의 주인공처럼 바깥 사람들을 훔쳐볼 수 있다는 재미난 콘셉트다. 세련된 분위기로 음식과 칵테일도 맛있다.

맵북 P.13-B2 **주소** 47 W 38th St, New York, NY 10018 **홈페이지** www.spyglassnyc.com **운영** 월~목요일 16:00~23:00(금·토요일 ~24:00), 일요일 15:00~22:00 **가는 방법** 엠파이어 스테이트 빌딩에서 도보 7분.

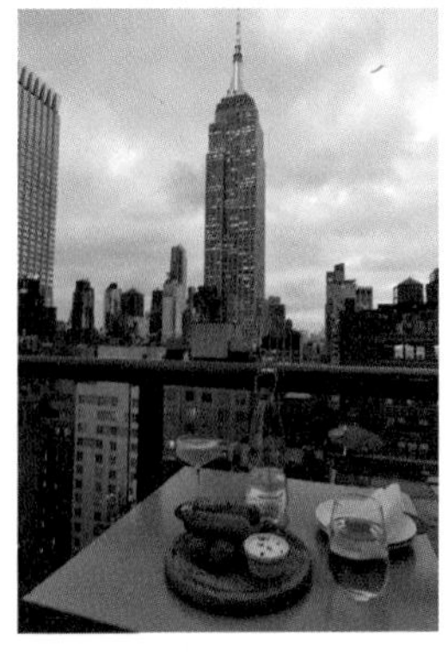

맨해튼
Manhattan

5번가
5th Avenue

뉴욕에서 가장 번화한 쇼핑가인 5번가는 화려한 명품숍과 대형 플래그십 스토어가 가득한 곳이다. 맨해튼의 5번가는 남쪽의 빌리지에서 북쪽의 할렘까지 뻗은 길인데, 특히 '5번가'라고 명명하는 지역은 센트럴파크 남동쪽 코너에서 미드타운으로 이어지는 42nd St에서 58th St까지를 말한다. 다양한 상점과 오래된 대형 교회들, 훌륭한 미술관과 전망대도 있어서 관광객들에게 매력적인 곳이다. 5번가 동쪽의 파크애비뉴에는 현대 건축의 기념비적 작품들이 있으니 잠시 들러보는 것도 좋다.

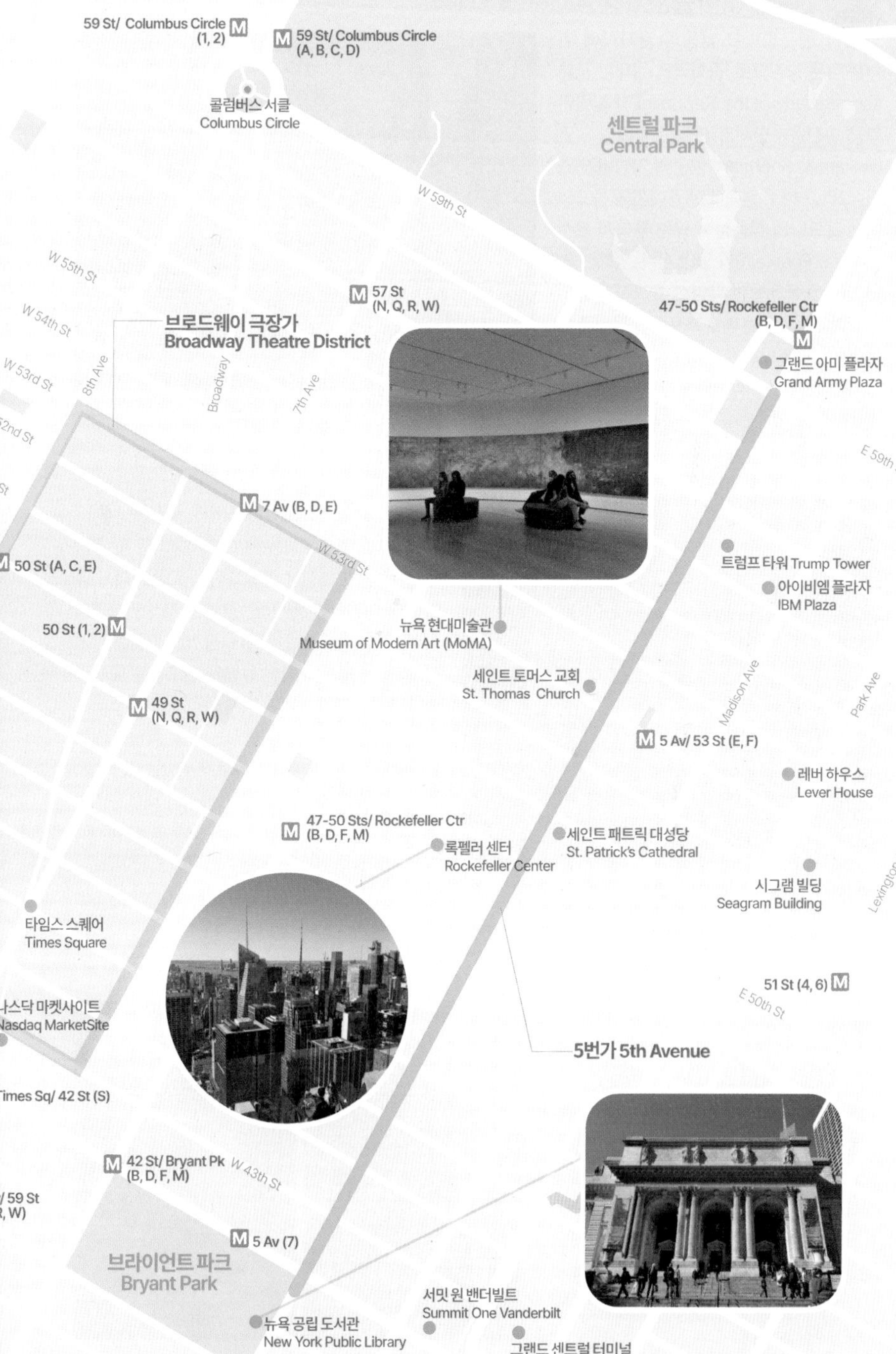

59 St/ Columbus Circle (1, 2)
59 St/ Columbus Circle (A, B, C, D)
콜럼버스 서클
Columbus Circle
센트럴 파크
Central Park
W 59th St
W 55th St
W 54th St
W 53rd St
W 52nd St
57 St (N, Q, R, W)
브로드웨이 극장가
Broadway Theatre District
8th Ave
Broadway
7th Ave
47-50 Sts/ Rockefeller Ctr (B, D, F, M)
그랜드 아미 플라자
Grand Army Plaza
E 59th St
7 Av (B, D, E)
W 53rd St
50 St (A, C, E)
트럼프 타워 Trump Tower
아이비엠 플라자
IBM Plaza
50 St (1, 2)
뉴욕 현대미술관
Museum of Modern Art (MoMA)
세인트 토머스 교회
St. Thomas Church
Madison Ave
Park Ave
49 St (N, Q, R, W)
5 Av/ 53 St (E, F)
레버 하우스
Lever House
47-50 Sts/ Rockefeller Ctr (B, D, F, M)
록펠러 센터
Rockefeller Center
세인트 패트릭 대성당
St. Patrick's Cathedral
시그램 빌딩
Seagram Building
Lexington Ave
타임스 스퀘어
Times Square
51 St (4, 6)
E 50th St
나스닥 마켓사이트
Nasdaq MarketSite
5번가 5th Avenue
Times Sq/ 42 St (S)
42 St/ Bryant Pk (B, D, F, M)
W 43th St
5 Av (7)
브라이언트 파크
Bryant Park
서밋 원 밴더빌트
Summit One Vanderbilt
뉴욕 공립 도서관
New York Public Library
그랜드 센트럴 터미널
Grand Central Terminal

그랜드 아미 플라자 Grand Army Plaza

센트럴파크 남동쪽 끝자락에 위치한 작은 광장으로 '공화국의 위대한 군대(Grand Army of the Republic)'라 불렸던 북군 참전용사단체가 헌정한 윌리엄 셔먼(William T. Sherman) 장군의 기념비가 있다. 그리고 바로 남쪽에는 꼭대기에 풍요의 여신 포모나의 청동상이 있는 퓰리처 분수(Pulitzer Fountain)가 있다. 분수 옆에는 많은 영화에 등장했던 유명한 플라자 호텔이 있으며 건너편에는 애플 스토어의 유리로 된 육면체 건물이 보인다. 바로 이곳에서부터 화려한 5번가가 시작된다.

맵북 P.15-C1 **주소** Grand Army Plaza, NY 10019 **가는 방법** 지하철 N·R·W 노선 5Av/59St역에서 바로.

애플 스토어 Apple Store

애플 스토어는 어느 도시에서든 핫한 장소지만 5번가 매장은 플래그십 스토어로 더욱 유명하다. 디자인을 중시하는 애플인지라 인테리에서부터 시작해 직원들의 유니폼까지 깔맞춤은 기본. 뉴욕은 세계의 최신 유행을 선도하는 곳이니 애플의 플래그십 스토어 역시 단연 최고다. 스티브 잡스의 구상으로 디자인했다는 유리 계단과 거대한 유리 큐브 안에 애플의 로고가 떠있는 입구에서부터 이미 볼거리가 시작된다. 해마다 새로운 기기가 나올 때마다 길고 긴 행렬을 이루며 밤새 기다리는 사람들로 뉴스에도 자주 등장하는 곳이다.

맵북 P.15-C1 **주소** 767 5th Ave, New York, NY 10153 **홈페이지** www.apple.com **가는 방법** 지하철 N·R·W 노선 5Av/59St역에서 도보 1분.

트럼프 타워 Trump Tower

5번가를 걷다 보면 화려한 건물들 사이에서도 금빛으로 번쩍이는 건물이 있다. 부동산 재벌로 대통령 자리까지 오른 도널드 트럼프의 건물이다. 빌딩의 중간부가 계단식으로 깎이면서 독특한 느낌을 준다. 안으로 들어가면 내부 인테리어도 금빛으로 화려한데 일부는 상점이고 위층은 고급 아파트다.

맵북 P.15-C2 **주소** 725 5th Ave, New York, NY 10022 **가는 방법** 지하철 N·R·W 노선 5Av/59St역에서 도보 2분.

아이비엠 플라자 IBM Plaza

뉴욕시가 복잡함 속에서도 매력을 잃지 않는 이유는 도심 곳곳에 자리한 공공장소가 큰 몫을 한다. 임대료 비싼 뉴욕이지만 1961년 시정부가 도심 개혁 프로젝트의 일환으로 건축조례를 개정해 공개공간(Public Places)을 제공받고 용적률을 올려주어 현재 500곳이 넘는 공공쉼터가 생겨났다. 특히 실내형 개방공간으로 모범이 되고 있는 곳이 바로 IBM 플라자다. 고층 빌딩들로 가득한 도심 속에 높고 투명한 유리창을 설치해 햇빛이 들게 하고 나무들로 꾸며 시민들에게 쾌적함과 편안함을 안겨준다. 누구나 잠시 쉬어 갈 수 있으며 커피를 파는 곳도 있다.

맵북 P.15-C2 **주소** 590 Madison Ave, New York, NY 10022 **가는 방법** 지하철 N·R·W 노선 5Av/59St역에서 도보 4분.

여기 어때?

현대 건축에 관심 있다면, 파크 애비뉴

조금 떨어져 있기는 하지만 현대 건축에 관심이 있다면 조금만 더 걸어서 파크 애비뉴로 가보자. 근대 건축의 거장으로 불리는 미스 반 데어로에가 1958년에 완성한 시그램 빌딩(Seagram Building)과 건너편에 라켓 앤 테니스 클럽(Racquet & Tennis Club; R&T), 레버 하우스(Lever House)가 모두 한 곳에 모여 있다. R&T 건물은 1916년에 지어진 이탈리아 르네상스 양식의 건물로 주변의 현대적인 건물들과 대조된다. 시그램 빌딩은 사무용 고층 건물의 표본으로 불릴 만큼 중요한 건물이며 1952년 완공된 레버 하우스와 함께 인터내셔널 스타일로 뉴욕 현대 건축의 문을 열었다.

맵북 P.15-C2 **주소** [시그램 빌딩] 375 Park Ave, New York, NY 10152
가는 방법 지하철 4·6 노선 51St역에서 도보 2분.

세인트 토머스 교회 St. Thomas Church

화려한 5번가에 조용한 모습으로 자리한 이 교회는 뉴욕 성공회의 교구 교회다. 1824년에 브로드웨이와 하우스턴 거리 사이에 처음 지어졌다가 1870년에 지금의 자리에 새롭게 지어졌으며, 1905년 화재로 소실되어 1914년에 복원되었다. 프랑스 고딕 양식의 석회암 건물로 비대칭 탑을 가지고 있는 것이 특징이며 입구에 성 토머스와 그의 제자 3명이 조각되어 있다. 내부에는 어둠 속에서도 빛을 발하고 있는 제단의 장식 벽이 눈에 띈다. 이 교회의 하이라이트인 이 장식 벽은 미국의 유명한 조각가 리 로리(Lee Lawrie)의 작품으로 24m나 되는 높은 벽면에 60개의 조각상이 가득 차 있다.

맵북 P.15-C2 **주소** 1 W 53rd St, New York, NY 10019 **홈페이지** www.saintthomaschurch.org **운영** 월~금요일 08:30~18:30, 토요일 10:00~16:00, 일요일은 예배 시간에 따라 운영 **가는 방법** 지하철 E·M 노선 5Ave/53St역에서 나오면 5번가 쪽으로 보인다.

브라이언트 파크 Bryant Park

뉴욕 공립도서관 바로 뒤에 자리한 공원이다. 도심 속의 평화로운 녹지대로 점심 시간이면 직장인들이 모여들어 간단한 식사나 휴식을 즐기는 모습을 볼 수 있다. 날씨가 좋은 날이면 서늘한 그늘 아래서 낮잠을 자는 사람, 차를 마시는 사람, 잔디밭에서 책을 읽는 사람들, 벤치에 앉아 수다를 떠는 사람들의 풍경이 여유롭게 느껴진다. 한여름 밤 무료 음악제와 영화제가 열리는 곳으로도 잘 알려져 있다.

맵북 P.14-B3 **주소** 40th~42nd St & 5th~6th Ave, NY10018 **홈페이지** https://bryantpark.org **가는 방법** 지하철 B·D·F·M 노선 42St/Bryant역에서 바로.

뉴욕 공립 도서관 New York Public Library

중후한 외관이 낯익은 이곳은 영화의 배경으로 자주 등장했다. 2002년 '스파이더 맨(Spider Man)'과 2004년 '투모로우(The day after tomorrow)'에 나왔으며 특히 투모로우는 영화의 상당 부분이 이곳을 배경으로 했다. 뉴욕이 해일로 뒤덮이는 상황에서 주인공들이 꼭대기층 열람실로 피신해 책들을 땔감으로 써가며 사투를 벌인다. 영화 속에서도 멋진 도서관으로 등장하는데 외관뿐 아니라 소장품도 상당하다. 콜럼버스가 쓴 편지, 토머스 제퍼슨의 '독립선언문' 자필 원고, 구텐베르크의 성서, 셰익스피어의 작품집 등 귀중한 자료가 많다. 보자르 양식의 웅장한 대리석 외관은 1911년 완공된 것이며, 일부는 현재 노먼 포스터의 설계로 장기간 재건축에 들어갔다.

맵북 P.14-B3 **주소** 476 5th Ave, New York, NY 10016 **홈페이지** www.nypl.org **운영** 월~토요일 10:00~18:00(화·수요일 ~20:00), 일요일 13:00~17:00 **가는 방법** 지하철 7 노선 5Ave역에서 나오면 바로 옆에 위치.

세인트 패트릭 대성당 St. Patrick's Cathedral

뉴욕 가톨릭의 대주교가 있는 대형 성당으로 1858년에 처음 착공되었다가 남북전쟁으로 중단되어 1878년에 완공되었다. 그 후에도 계속 대주교의 주택과 사제관, 서쪽 탑 등이 추가되어 현재의 모습을 갖추었다. 외관은 2개의 높은 첨탑을 지닌 고딕 양식으로 5번가의 수많은 고층 건물들 사이에 웅장한 모습으로 서 있다. 5번가 정문에서 보이는 것보다 뒤쪽으로 훨씬 더 큰 규모다. 입구의 청동으로 만들어진 문은 한 짝이 1톤에 이르는 엄청난 무게로 성당을 지키고 있으며 뉴욕의 성자들이 조각되어 있다. 성당 내부에는 지름이 8m나 되는 화려한 장미의 창이 아름다움을 더한다. 영화 '스파이더 맨(Spider Man)'에도 등장했었다.

맵북 P.15-B2 **주소** 5th Ave 50th & 51st, New York, NY 10022 **홈페이지** www.saintpatrickscathedral.org **운영** 06:45~20:45 **가는 방법** 지하철 E·M 노선 5Ave/53St역에서 두 블록 떨어진 곳에 위치.

뉴욕 현대미술관
Museum of Modern Art (MoMA)

세계 최초의 현대 미술관으로, 뉴욕이 현대 미술의 중심 도시임을 실감케 하는 곳이다. 1929년에 개관한 이래 현재까지 끊임없이 변화, 발전하여 현대 미술의 메카로서 자리를 굳건히 지키고 있다. 미술관의 공식 명칭은 'Museum of Modern Art'이지만 간단히 줄여 '모마(MoMA)'라는 애칭으로 불린다. 1880년대 이후의 회화, 조각, 판화, 사진에서부터 현대의 상업디자인, 건축, 공업, 영화에 이르기까지 다양한 형태의 예술작품을 전시한다. 건물 자체도 빛과 공간을 잘 이용한 설계로 쾌적하게 작품들을 감상할 수 있는 공간이다.

맵북 P.15-B2 **주소** 11 W 53 St(5th & 6th Ave 사이), New York, NY 10019 **홈페이지** www.moma.org **운영** 10:30~17:30(금요일 ~20:30), 추수감사절 및 크리스마스 휴관 **요금** 성인 $30, 65세 이상 $22, 학생 $17, 16세 이하 무료 **가는 방법** 지하철 E·M 노선 5Ave/53St역에서 한 블록 떨어진 곳에 위치.

뉴욕 현대미술관 관람팁

미술관은 6층 건물인데 유명한 작품은 거의 대부분 4층과 5층에 몰려 있다. 특히 5층에는 19세기 말부터 20세기 초까지 명작들이 가득해서 우리 눈에 익은 작품들이 많기 때문에 보는 재미가 있다. 4층에는 주로 20세기 중반 작품들이다. 1층의 조각정원과 카페, 레스토랑, 기념품점도 놓치지 말자.

관람 시 주의사항

❶ 갤러리에 들어갈 때는 보안을 위해 짐 검사가 있다(큰 짐은 반입 금지).
❷ 카메라는 플래시와 삼각대를 사용하지 않는 조건으로 사용 가능하다.
❸ 휴대폰은 갤러리 안에서 사용할 수 없다.
❹ 음료와 음식은 갤러리나 정원에 반입할 수 없으며 건물 전체가 금연이다.
❺ 악천후에는 조각 정원이 폐쇄된다.

모마의 대표 작품

*작품 순환이나 외부 전시 등으로 잠시 옮겨질 수 있다.

5층

1 별이 빛나는 밤 The Starry Night (1889)

▶ **빈센트 반 고흐** Vincent van Gogh

모마에서 가장 인기 있는 작품이다. 회오리치는 밤하늘과 대비된 고요한 대지 사이에는 고흐의 작품에 자주 등장하는 사이프러스 나무가 하늘을 향해 꿈틀거리고 있다. 이 작품이 그려진 곳은 고흐가 정신병원에 있었던 생레미다. 그래서인지 실제로 그림을 보면 일반인이 그려낼 수 없을 것만 같은 광기를 느낄 수 있다. 고흐는 자신의 광기 어린 열정을 표현하기에는 한계가 있었던 인상주의에서 벗어나 과감한 표현주의를 이끌어 냈다.

2 잠자는 집시 The Sleeping Gypsy (1897)

▶ **앙리 루소** Henri Rousseau

루소의 작품들은 한 장의 예쁜 그림엽서 같다. 이 작품 역시 루소 특유의 몽환적인 느낌을 풍기면서 동시에 귀엽고 따뜻한 분위기가 감돈다. 세금 징수원이었던 루소는 49세의 나이에 독학으로 미술 공부를 시작해 초기에는 인정받지 못했으나 점차 자유로운 색채와 양식을 구사하면서 전위파 화가들의 찬사를 받게 되었다. 그의 작품들은 대개 원시적이며 색감이 풍부하고 비현실적 상황들을 매우 사실적으로 묘사한 것으로 유명하다.

3 나와 마을 I and the Village (1911)

▶ **마르크 샤갈** Marc Chagall

많은 사람들이 좋아하는 한 편의 예쁜 동화 같은 작품이다. 소와 내가 마주 보고 있는 친근감 있는 모습에서 동물과 인간이 연결된 조화로움을 느낄 수 있다. 고향을 떠나온 샤갈의 마음속에 자리한 전원의 모습도 담고 있다. 삼각형, 원형, 선, 면들이 배치된 기하학적 구성은 큐비즘의 영향을 받은 것이며 그 안에 화사하면서도 따뜻한 색감과 동화 같은 느낌을 넣어 독특하게 풀어냈다. 샤갈의 분위기가 듬뿍 담긴 작품이다.

4 아비뇽의 처녀들 Les Demoiselles d'Avignon (1907)

▶ **파블로 피카소** Pablo Picasso

피카소는 고전미의 전통인 원근법을 무시하고 인체를 분해해 평면적으로 배치함으로써 대상을 보는 새로운 시각을 제시하였다. 1907년에 완성된 초기 큐비즘답게 제한된 색채를 사용하였으며 흑인 조각에서 영감을 얻은 직선적인 면의 구성을 볼 수 있다. 피카소의 천재성을 입증한 작품으로 그는 이 작품을 위해 수백 장의 스케치를 반복하는 열정과 성실함을 보였다. 완성 당시 미술계는 혹평과 함께 충격에 빠졌으나 결국 피카소로 인해 현대 미술사는 새로운 장을 열었다.

5 희망 II Hope II (1907~1908)

▶ **구스타프 클림트** Gustav Klimt

클림트 특유의 화려한 색감과 패턴 속에 인간의 탄생과 죽음을 동시에 볼 수 있는 작품이다. 임신을 한 여인이 조용히 눈을 감고 있고 그 뒤로는 해골이 보이며 여인의 발밑에는 세 여인이 역시 눈을 감고 있다. '희망 I'에서와는 달리 고요하고 차분한 분위기를 전달하고 있다.

6 춤 Dance (1909)

▶ **앙리 마티스** Henri Matisse

다섯 명의 벌거벗은 사람들이 손을 잡고 원무를 추고 있는 모습이 낯익은 작품이다. 원근법이 사라지고 거칠게 표현된 이 작품은 당대에 혹평을 받았다. 하지만 이 작품은 마티스에게 중요한 작품이다. 그에게 있어 춤은 생명과 리듬을 뜻한다.

---

7 수련 Water Lilies (1914~1926)

▶ **클로드 모네** Claude Monet

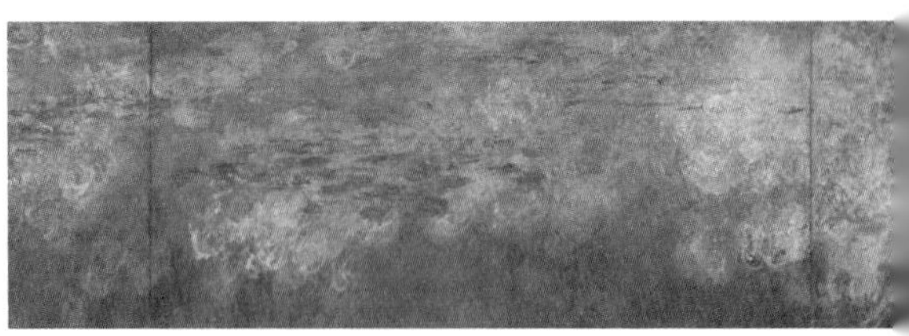

미술관의 벽면을 가득 채우고 있는 거대한 작품이다. 모네가 '무한한 물의 환영'이라 표현한 수련은 그의 수많은 연작들의 주요 소재다. 그는 이 작품을 3면화로 그려 입체감 있게 전시했었다. 그는 끊임없이 변화하는 빛과 이에 따른 색채의 변화를 포착해 캔버스에 담아내는 인상주의의 대표적인 화가 중 하나였다.

---

8 마이어 헤르만 박사
Dr. Mayer-Hermann (1926)

▶ **오토 딕스** Otto Dix

베를린의 유명한 의사 헤르만 박사의 초상화다. 오토는 '신 즉물주의(Neue Sachlichkeit)'라는 새로운 회화기법을 이용하여 사물을 냉정하게 직시하고 이를 표현하려 했다. 그러나 실제로 그의 작품들은 풍자적인 요소들이 많으며 이 작품 역시 뚱뚱한 박사를 더욱 둥글게 표현하기 위해 램프, 기계, 소켓 등 모든 소재로 둥근 얼굴과 몸체를 강조하고 있다.

9 브로드웨이 부기우기
Broadway Boogie Woogie (1943)

▶ **피에트 몬드리안** Piet Mondrian

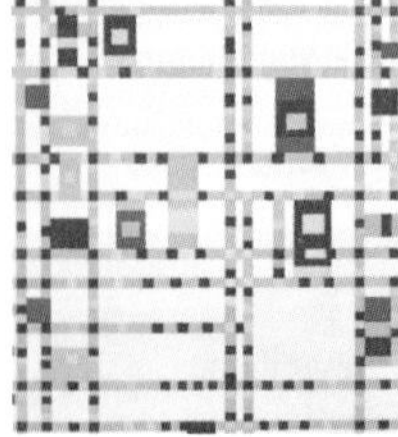

제2차 세계대전을 피해 뉴욕으로 건너온 몬드리안은 뉴욕에서 부기우기 음악을 듣고 이를 그림으로 옮겼다. 그는 수직과 수평의 선들, 그리고 빨강, 파랑, 노랑의 원색들로 자신만의 스타일을 완성했는데, 이렇게 형태와 색상을 단순화, 주상화시켜 표현하는 것을 신조형주의, 또는 데 스틸(De Stijl)이라 한다. 이 작품에서는 그가 자주 사용했던 검은색 테두리를 과감히 삭제하고 더 작은 블록으로 나누어 부기우기 음악처럼 경쾌한 리듬을 표현했다.

⑩ 사랑의 노래 The Song of Love (1914)

▸ **조르조 데 키리코** Giorgio de Chirico

©ARS/SIAE

키리코는 이탈리아의 초현실주의 화가다. 그는 구체적인 사물들, 즉 이 그림에서 보면 고무장갑이나 조각, 공, 기차 등의 사물들을 아무런 연관성 없이 그리고 크기의 비례에 구애받지 않고 뒤섞어 배치했다. 이러한 기법을 '데페이즈망(Depaysement) 기법'이라 하는데 환상적인 색감과 함께 이러한 조합들은 기묘한 느낌을 전달해준다. 키리코는 이러한 형이상학적(Metaphysical) 그림들을 통해 제1차 세계대전의 부조리를 표현했다.

⑪ 허상의 거울 False Mirror (1929)

▸ **르네 마그리트** Rene Magritte

벨기에의 초현실주의 화가 마그리트는 무의식의 세계에 관심이 많았던 다른 초현실주의자들과 달리 새, 파이프, 구름, 사과, 돌 등 우리 주변에서 쉽게 볼 수 있는 소재들을 엉뚱한 환경에 배치시키는 데페이즈망 기법을 사용해 모호함과 동시에 신비감을 불러 일으켰다. 조르조 데 키리코에게서 영향을 받은 마그리트는 영화 '매트릭스' 등 대중예술에도 영향을 미쳤다.

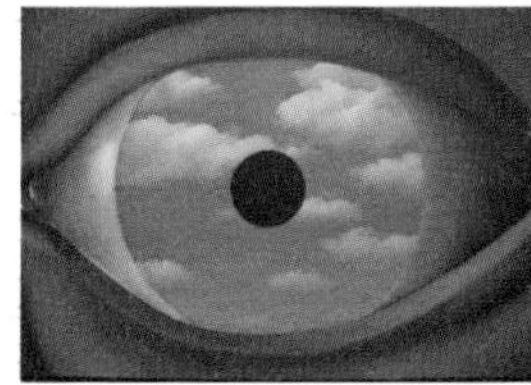
©C. Herscovici, Brussels/ARS

⑫ 기억의 영속 The Persistence of Memory (1931)

▸ **살바도르 달리** Salvador Dali

유명세와는 달리 그림의 사이즈가 너무 작아 당황스러운 작품이다. 달리의 여느 작품에서와 마찬가지로 흐느적거리는 시계와 함께 꾸물꾸물 모여든 개미 떼가 보인다. 달리의 작품에 자주 등장하는 개미 떼들은 '부패'를 의미하며, 치즈처럼 물렁거리는 시계의 모습은 물체의 속성을 왜곡하여 표현한 것이다. 무의식의 세계에도 관심이 많았던 달리는 그의 작품에 기괴한 환각적 모습들을 자주 등장시켰다.

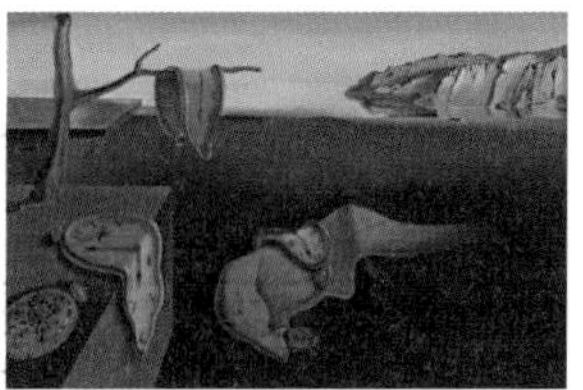
©Salvador Dalí, Gala-Salvador Dalí Foundation/ARS

4층

❶ 하나 One: No.31 (1950)

▸ **잭슨 폴록** Jackson Pollock

현대미술 평론의 대부로 알려진 클레멘트 그린버그(Clement Greenberg)의 전폭적인 지지로 유명해진 잭슨 폴록의 작품이다. 20세기 미술의 한 획을 그은 폴록은 캔버스를 바닥에 눕혀 놓고 물감을 떨어뜨리는 '드리핑' 기법으로 추상표현주의를 이끌었으며 2차대전 이후 세계 정치와 맞물려 현대미술의 메카를 유럽에서 미국으로 옮겨오는 데 핵심적인 역할을 하였다.

©Pollock-Krasner Foundation/ARS

❷ 금빛 마릴린 먼로 Gold Marilyn (1962)

▸ **앤디 워홀** Andy Warhol

©Andy Warhol Foundation for the Visual Arts/ARS

팝아트의 거장으로 불리는 앤디 워홀은 현대사회의 대량생산, 상업주의, 매스미디어 등을 통한 대중문화의 발전에 착안하여 대량 복제가 가능한 실크스크린 기법을 이용, 반복적 이미지를 생산해 낸다. 따라서 대중적 음식인 통조림이나 콜라, 또는 매스미디어 스타의 상징인 마릴린 먼로의 스틸 사진 등을 이용해 수많은 형태의 작품을 만들어냈다.

록펠러 센터 Rockefeller Center

미드타운의 중심인 5번가와 6번가, 그리고 남북으로는 48th에서 51st St에 걸쳐 19개의 건물군이 모여있는 곳으로 1930년대에 지어진 아르데코 양식의 건물들이 가득하다. 미국 최고의 부호로 꼽히는 록펠러의 아들 존 록펠러 2세에 의해 지어졌으며 건축가 벤저민 모리스가 설계했다. 딱딱해 보이는 건물들 사이에서도 곳곳에 그리스 · 로마 신화의 모습들이 남아 있다.

맵북 P.15-B2 **주소** 45 Rockefeller Plaza, New York, NY 10111 **가는 방법** 지하철 B·D·F·M 노선 47-50St/Rockefeller Ctr역에서 한 블록 떨어진 곳에 위치.

● 로어 플라자 Lower Plaza

록펠러 센터 중앙에 자리한 지하가 뚫려있는 광장이다. UN에 가입한 193개국의 국기가 광장을 둘러싸고 있어 '가든 오브 네이션스(Garden of Nations)'라 부르기도 한다. 중앙에는 인간에게 최초로 불을 선사해준 프로메테우스의 황금 동상이 있으며, 여름에는 시원한 분수와 노천 카페, 겨울에는 화려하고 웅장한 크리스마스트리와 아이스링크로 유명하다.

로어 플라자와 5번가를 이어주는 보행자 전용로는 '채널 가든(Channel Gardens)'이라고 하는데, 화단 양쪽으로 나란히 위치한 두 건물은 영국관(The British Building), 프랑스관(La Masion Francaise)이다. 영국과 프랑스 사이 해협(Channel)의 의미로 지어진 이름이다.

● 아틀라스 조각 Atlas

5번가 큰길에서 보이는 이 멋진 조각은 미국 최고의 건축 조각가 중 하나로 꼽히는 리 로리(Lee Lawrie)의 작품이다. 어깨 위로 지구를 짊어지고 있는 고달픈 모습의 아틀라스는 그리스 신화에 나오는 인물로, 최초의 신들이었던 티탄신들 중 하나다. 제우스와의 전쟁에서 패해 지구를 떠받치는 벌을 받게 되었는데, 후에 제우스의 아들인 영웅 페르세우스에 의해 메두사의 머리를 보고 돌로 변해버린다.

● 서티 록펠러 플라자 30 Rockefeller Plaza

록펠러 센터에서 가장 높은 중심 건물로 로어 플라자 바로 뒤에 있다. 과거 GE 빌딩이었다가 현재는 NBC 빌딩으로 불리는데 공식 명칭은 컴캐스트(NBC의 모회사) 빌딩(Comcast Building)이며, 보통 서티 록(30 Rock)이라 한다. 건물 내외벽에 새겨진 부조들은 리 로리(Lee Lawrie)의 작품으로 5번가의 아틀라스 조각과 같은 조각가다. 내부에는 원래 멕시코 민중화가 디에고 리베라의 작품이 있었으나 자본주의를 비판하고 레닌을 등장시켜 철거되었다. 지하에는 상점과 식당이 있고 위층에 NBC 스튜디오와 전망대가 있다.

● 록펠러 전망대 Observation Deck 'Top of the Rock'

서티 록펠러 플라자 건물 꼭대기에 위치한 360도 전망대로 유리 보호막으로 둘러싸여 있다. 건물 옥상에 1, 2층으로 이루어져 있어 시원한 공기를 느낄 수 있으며 훌륭한 전망을 자랑한다. 남쪽으로는 맨해튼의 미드타운 속에 우뚝 솟은 엠파이어 스테이트 빌딩이 보인다. 멀리 자유의 여신상까지 보려면 유료 망원경을 이용해야 한다. 밤에는 시시각각으로 변하는 엠파이어 스테이트 빌딩의 조명 빛이 아름답다. 동쪽으로는 이스트강 건너로 퀸스와 브루클린이, 서쪽으로는 허드슨강 건너 뉴저지가 보인다. 북쪽으로는 감동적인 센트럴 파크의 전경이 펼쳐진다.

주소 30 Rockefeller Plaza, New York, NY 10112 **홈페이지** www.rockefellercenter.com **운영** 08:00~24:00(마지막 엘리베이터는 23:10) **요금** 성인 기본 $40(대기줄이 짧은 티켓 등 여러 종류가 있다)

● NBC 스튜디오 NBC Studios

서티 록펠러 플라자는 미국의 3대 방송국 중 하나로 꼽히는 NBC(National Broadcasting Company) 본사 건물로서 방송국에서 운영하는 스튜디오가 있다. 실제 여러 프로그램이 진행되고 있으며 특히 한류 스타들이 종종 출연했던 '더 투나잇 쇼(The Tonight Show)' 'SNL(Saturday Night Live)'이 유명하다. 관광객들을 위한 가이드투어 프로그램이 있어서 스튜디오 내부를 구경할 수 있다.

홈페이지 www.thetouratnbcstudios.com

● 라디오 시티 뮤직홀 Radio City Music Hall

붉은색 네온사인 간판이 눈에 띄는 이곳은 1932년 처음 지어졌을 당시에는 세계에서 가장 큰 극장이었다. 1999년에 복원하면서 현재에도 콘서트홀로 쓰인다. 크리스마스와 부활절에 특별 공연하는 로케츠(The Rockettes) 댄스팀의 공연이 유명하다.

홈페이지 www.rockefellercenter.com

버그도프 굿맨 Bergdorf Goodman

5번가 초입에 자리한 고급 백화점이다. 1899년에 유니언 스퀘어 부근에 처음 양복점을 오픈한 것이 시초다. 현재는 5번가를 사이에 두고 2개의 건물로 나뉘어 있는데, 1920년에 지금의 자리로 이전했고 1928년에 오픈한 동쪽 건물은 남성용품점이다.

맵북 P.15-C1 **주소** 754 5th Ave, New York, NY 10019 **홈페이지** https://stores.bergdorfgoodman.com **운영** 11:00~19:00(일요일 ~18:00) **가는 방법** 애플 스토어 길 건너편에 위치.

디오르 Dior

애플 스토어 바로 옆에 위치한 5번가점은 반투명 유리로 은은한 빛을 내는 아름다운 건물이다. 찾기 쉽고 규모가 크며 운영 시간도 긴 편이다. 바로 한 블록 떨어진 근처 57th St에도 매장이 있는데, 매우 독특한 외관의 LVMH 타워 1층에 있어 함께 들러 보기 좋다.

맵북 P.15-C1 **주소** [5번가점] 767 5th Ave, New York, NY 10153 **홈페이지** www.dior.com **운영** 월~토요일 10:00~20:00, 일요일 11:00~19:00 **가는 방법** 지하철 N·R·W 노선 5Av/59St역에서 도보 1분.

생 로랑 Saint Laurent

샤넬과 루이비통의 틈바구니에서 꿋꿋이 자리를 지키고 있는 57th St 매장은 다른 럭셔리 브랜드 매장보다 개방적인 분위기로 편안함을 준다. 하얀 대리석과 유리와 거울을 사용해 더욱 청량감 있고 넓어 보이는 인테리어가 눈에 띈다.

맵북 P.15-C2 **주소** 3 E 57th St, New York, NY 10022 **홈페이지** https://ysl.com **운영** 월~토요일 11:00~19:00, 일요일 12:00~18:00 **가는 방법** 지하철 N·R·W 노선 5Av/59St역에서 도보 2분.

티파니 Tiffany & Co. The Land mark

고전 영화 '티파니에서 아침을'로 유명한 주얼리의 상징 티파니의 플래그십 스토어다. 다이아몬드와 스털링 실버 제품으로 특히 유명해 결혼 예물로 인기가 있으며, 프랑스 명품 그룹 LVMH가 인수하면서 새롭게 단장했으며 6층에 블루박스 카페도 있다.

맵북 P.15-C2 **주소** 727 5th Ave, New York, NY 10022 **홈페이지** www.tiffany.com **운영** 월~토요일 10:00~20:00, 일요일 11:00~19:00 **가는 방법** 지하철 N·R·W 노선 5Av/59St역에서 도보 2분.

펜디 Fendi

1929년에 지어진 아름다운 아르데코 디자인의 풀러 빌딩(Fuller Building)에 자리한 펜디 매장은 건물만큼이나 우아한 인테리어를 하고 있다. 입구 쪽의 나선형 계단을 통해 2층으로 올라가면 더 많은 아이템을 볼 수 있다. 5번가에서 한 블록 떨어진 매디슨 애비뉴에 있다.

맵북 P.15-C2 **주소** 595 Madison Ave, New York, NY 10022 **홈페이지** www.fendi.com **운영** 11:00~19:00(일요일 ~18:00) **가는 방법** 지하철 N·R·W 노선 5Av/59St역에서 도보 3분.

클럽 모나코 Club Monaco

모던한 감성의 클래식 캐주얼 브랜드로 블랙 앤 화이트 스타일이 주를 이룬다 5번가 매장은 규모도 크지만 건물 자체도 역사적이다. 20세기 초반에 지어진 아름다운 보자르 양식으로 출판사와 서점이었던 당시에는 스콧 피츠제럴드, 어니스트 헤밍웨이 같은 유명 작가들이 드나들던 곳이다.

맵북 P.15-B2 **주소** 160 5th Ave, New York, NY 10010 **홈페이지** www.clubmonaco.com **운영** 월~토 10:00~21:00, 일요일 11:00~20:00 **가는 방법** 지하철 B·D·F·M 노선 47-50St/Rockefeller Ctr역에서 도보 4분.

나이키 Nike

검은 유리로 된 건물에 하얀색 나이키 로고가 눈에 띄는 뉴욕 플래그십 스토어다. 소호에도 대형 매장이 있지만 이곳 역시 체험존까지 갖춘 6층의 대형 매장이다. 마네킹에 부착된 QR코드로 제품을 찾을 수 있고 홀로그램으로 디자인을 보는 등 디지털 기술을 이용해 다양한 체험을 할 수 있다.

맵북 P.15-B2 **주소** 650 5th Ave, New York, NY 10019 **홈페이지** https://nike.com **운영** 10:00~20:00 **가는 방법** 지하철 E·M 노선 5Ave/53St역에서 도보 1분.

룰루레몬 Lululemon

요가인이 많은 뉴욕에는 룰루레몬 매장도 상당수 있는데 특히 5번가 매장은 규모가 크고 찾아가기도 편리해서 항상 붐비는 곳이다. 물건도 많은 편이며 인공지능이 탑재된 스마트 미러도 있다.

맵북 P.15-B2 **주소** 592 5th Ave, New York, NY 10036 **홈페이지** www.lululemon.com **운영** 10:00~20:00 **가는 방법** 지하철 B·D·F·M 노선 47-50St/Rockefeller Ctr역에서 도보 2분.

아메리칸 걸 플레이스 American Girl Place

미국의 여자아이들이 좋아하는 인형의 천국이다. 엄마와 딸이 추억을 공유하는 곳이라고 할 정도로 미국의 성인 여성들도 어린 시절 가지고 놀았던 인형의 추억이 있는 곳이다. 엄청난 규모에 수많은 종류의 인형과 액세서리, 소품들이 가득하며 2층에는 인형을 위한 헤어살롱과 카페도 있다.

맵북 P.15-B2 **주소** 75 Rockefeller Plaza, New York, NY 10019 **홈페이지** www.americangirl.com **운영** 10:00~18:00 **가는 방법** 지하철 E·M 노선 5Ave/53St역에서 도보 2분.

엠엘비 스토어 MLB Store

5번가에서 한 블록 떨어진 6번가에 자리한 대형 MLB 플래그십 스토어다. 북미 최고의 프로야구 리그로 특히나 양키스와 메츠가 있는 뉴욕 사람들의 야구 사랑은 대단하다. 따라서 관련 굿즈들을 판매하는 이곳 MLB 스토어도 인기 만점이다. 물건 자체도 많지만 국내에서 볼 수 없는 아이템이 많다.

맵북 P.15-B2 **주소** 1271 6th Ave, New York, NY 10020 **홈페이지** www.mlb.com **운영** 10:00~19:00 **가는 방법** 지하철 B·D·F·M 노선 47-50St/Rockefeller Ctr역에서 도보 1분.

엔비에이 스토어 NBA Store

미국인들의 농구 사랑은 야구 못지않으며 특히 세계적인 팬층을 거느린 미국 프로농구 NBA에는 국내 팬도 상당하다. 3층에 걸쳐 모자와 운동화, 유니폼, 피규어, 그리고 각종 기념품을 파는 공식 스토어로 전설적인 선수들을 추억할 수 있어서 NBA 팬들에게는 성지 같은 곳이다. 성수기에는 줄을 서야 할 만큼 방문객도 많다.

맵북 P.15-B3 **주소** 545 5th Ave, New York, NY 10017 **홈페이지** https://store.nba.com **운영** 일~목요일 10:00~20:00(금·토요일 ~21:00) **가는 방법** 지하철 7 노선 5Av역에서 도보 3분.

파이브 빌로 Five Below

우리나라의 다이소처럼 저렴한 물건들을 파는 잡화점으로 가게 이름처럼 $5 이하의 제품들이 많아 청소년들이 좋아한다.

맵북 P.15-B3 **주소** 530 5th Ave, New York, NY 10036 **홈페이지** www.fivebelow.com **운영** 월~토요일 09:00~21:00, 일요일 10:00~19:00 **가는 방법** 지하철 7 노선 5Av역에서 도보 3분.

에프에이오 슈와츠 F·A·O Schwarz

여러 영화에 배경으로 등장하면서 더욱 유명해진 장난감 가게로 입구에서부터 붉은 제복을 입은 안내인이 반긴다. 2층까지 화려한 인테리어에 수많은 동물 인형과 재미난 장난감이 가득해 어른들도 신이 날 정도다.

맵북 P.15-B2 **주소** 30 Rockefeller Plaza, New York, NY **홈페이지** https://faoschwarz.com **운영** 10:00~20:00 **가는 방법** 록펠러 플라자 바로 옆에 위치.

삭스 피프스 애비뉴 Saks Fifth Avenue

미국 전역에 지점을 둔 대형 백화점 체인 삭스 피프스는 이름에서 알 수 있듯이 바로 이곳 5번가에서 태어났다. 록펠러 센터가 정면으로 보이는 5번가의 중심에 자리해 뛰어난 입지와 화려한 장식으로 관광 명소가 되었다. 고풍스러운 외관과 달리 현대적으로 단장한 내부는 고급 브랜드로 가득하다.

맵북 P.15-B2 **주소** 611 5th Ave, New York, NY 10022 **홈페이지** https://saksfifthavenue.com **운영** 월~토요일 11:00~19:00, 일요일 12:00~18:00 **가는 방법** 지하철 E·M- 5Ave/53St역에서 도보 5분.

사라베스 Sarabeth's

브런치 맛집으로 유명한 곳. 1981년 집에서 잼을 만들어 팔기 시작한 것이 이제는 16개의 체인 레스토랑으로 성장해 우리나라에도 문을 열었다. 센트럴 파크 바로 남쪽에 자리한 이곳은 아침부터 문을 열어 성수기에는 조식을 먹으러 온 사람들이 줄을 설 정도로 붐빈다. 인기 메뉴는 그린 샐러드와 함께 나오는 에그 베네딕트다.

맵북 P.15-C1 **주소** 40 Central Park S, New York, NY 10019 **홈페이지** www.sarabethsrestaurants.com **운영** 월~토요일 08:00~22:00(일요일 ~21:00) **가는 방법** 지하철 F 노선 57St역에서 도보 2분.

르 버나댄 Le Bernadin

미슐랭 3스타에 빛나는 프렌치 시푸드 레스토랑. 에릭 리페르(Eric Ripert) 셰프의 훌륭한 요리를 맛볼 수 있는 곳이다. 예약하기가 매우 힘든 곳으로도 유명하다. 벽면에 심플한 바다 사진이 말해주듯 바다에서 나오는 신선한 재료를 이용해 깔끔하면서도 풍부한 맛을 잘 살렸다. 해산물을 좋아하지 않는 사람이라도 시도해볼 만한 곳으로 저녁이 부담스럽다면 런치 메뉴로라도 체험해보자.

맵북 P.14-B2 **주소** 155 W 51st St, New York, NY 10019 **홈페이지** www.le-bernardin.com **운영** 월~목요일 12:00~14:30/17:00~22:30(금요일 ~23:00), 토요일 17:00~23:00, 일요일 휴무 **가는 방법** 지하철 B·D·E 노선 7Ave역 또는 N·R·W 노선 49St역에서 도보 3분.

피그 앤 올리브 Fig & Olive

지중해 요리 전문 레스토랑으로 무화과, 올리브, 부라타 치즈 등 프랑스 리비에라의 풍부하고 신선한 재료들로 맛깔스러운 음식들을 선보인다. 와인과 함께 곁들일 만한 간단한 파타스 요리도 많다. 미국의 주요 도시에 3개의 지점이 있다.

맵북 P.15-C2 **주소** 10 E 52nd St, New York, NY 10022 **홈페이지** www.figandolive.com **운영** 월~수요일 11:00~21:30(목~토요일 ~22:30, 일요일 ~21:00) **가는 방법** 지하철 E·M 노선 5Ave/53St역에서 도보 3분.

위트비 바 앤 레스토랑 The Whitby Bar & Restaurant

멋진 부티크 호텔로 유명한 위트비 호텔 1층에 자리한 아주 예쁜 바 겸 레스토랑이다. 호텔 정문으로 들어가면 바로 왼쪽에 위치하며 입구 쪽에 바가 있고 레스토랑 테이블은 안쪽까지 이어진다. 공간마다 색다르게 꾸며진 인테리어가 예쁘고 식기나 음식도 예뻐서 사진 찍기 좋아하는 사람들이 많이 찾는다. 아침에는 잉글리시 브렉퍼스트로도 잘 알려져 있어 신사나 노인들도 꽤 눈에 띈다.

맵북 P.15-C2 **주소** 18 W 56th St, New York, NY 10019 **홈페이지** www.firmdalehotels.com **운영** 07:00~22:30 **가는 방법** 지하철 F 노선 57St역에서 도보 2분.

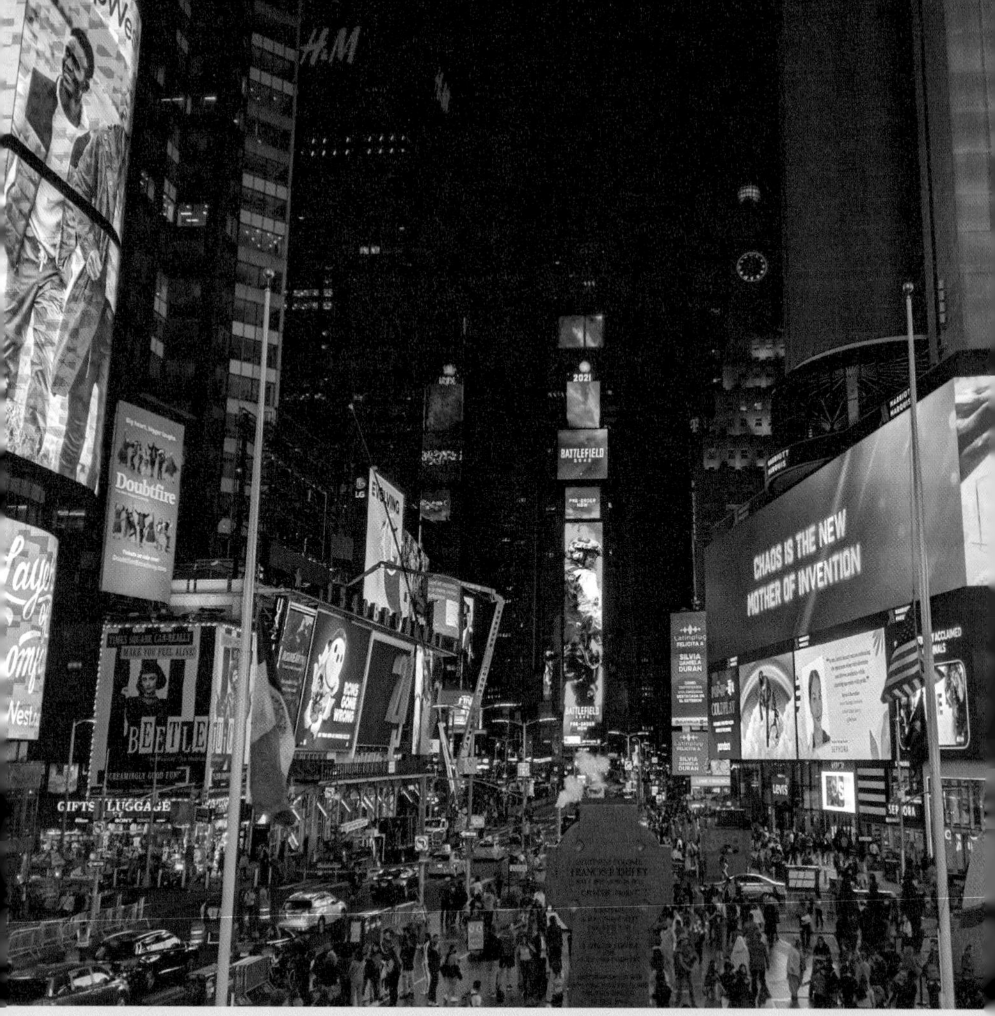

타임스 스퀘어
Times Square

뉴욕의 상징과도 같은 타임스 스퀘어는 20세기 초반부터 극장지구로 발전한 곳이다. 지금은 대형 광고판들이 가득해 화려한 밤거리를 만드는 곳으로 가장 활기차고 복잡한 지역이기도 하다. 그리고 바로 서쪽의 헬스 키친은 타임스 스퀘어와는 반대로 조금 낙후된 모습이지만 인터내셔널 식당들이 자리한 동네로 허드슨 강변의 선착장과 이어진다.

콜럼버스 서클
Columbus Circle

센트럴 파크
Central Park

W 59th St

10th Ave

M 57 St
(N, Q, R, W)

W 54th St

9th Ave

브로드웨이 극장가
Broadway Theatre District

W 53rd St

W 57th St

8th Ave

Broadway

7th Ave

57 St (F) M

W 52nd St

W 51st St

W 50th St

M 7 Av (B, D, E)

6th Ave

W 53rd St

W 49th St

M 50 St (A, C, E)

W 48th St

50 St (1, 2) M

뉴욕 현대미술관
Museum of Modern Art (MoMA)

W 47th St

W 46th St

M 49 St
(N, Q, R, W)

W 45th St

W 44th St

M 47-50 Sts/ Rockefeller Ctr
(B, D, F, M)

록펠러 센터
Rockefeller Center

W 43rd St

W 42th St

타임스 스퀘어
Times Square

5번가 5th Avenue

42 St/ Port Authority Bus Terminal
(A, C, E)

포트 오소리티 버스터미널
Port Authority
Bus Terminal

M

나스닥 마켓사이트
Nasdaq MarketSite

W 46th St

Times Sq/ 42 St
(1, 2, 3) M

W 40th St

더 뉴욕타임스
The New York Times

M Times Sq/ 42 St (7)

M Times Sq/ 42 St (S)

W 39th St

W 38th St

M 42 St/ Bryant Pk
(B, D, F, M)

W 43th St

M 5 Av/ 59 St
(N, R, W)

M 5 Av (7)

브라이언트 파크
Bryant Park

서밋 원 밴더빌트
Summit One Vanderbilt

뉴욕 공립 도서관
New York Public Library

그랜드 센트럴 터미널
Grand Central Terminal

타임스 스퀘어 Times Square

세계에서 가장 유명한 번화가로 뉴욕에 가보지 않은 사람도 그 이름만은 익숙하다. 휘황찬란하다는 표현이 딱 맞는 이곳은 브로드웨이(Broadway)와 7번가(7th Ave)가 만나는 광장이다. 과거 이곳에 뉴욕타임스 본사가 있었던 데서 지어진 이름이다. 매년 12월 31일 한 해의 마지막을 장식하는 새해 전야(New Year's Eve) 카운트다운 행사가 이루어지는 곳으로 'Happy New Year!'를 외치는 수많은 인파로 불야성을 이루며 미 전역에 생중계된다. 연간 수천만 명이 다녀가는 이곳의 광고 효과에 세계 유수 기업들이 앞다투어 광고판을 만들면서 화려한 홍보 전시장이 되었다. 타임스 스퀘어 중심에 자리한 붉은색의 대형 계단은 더피 스퀘어(Duffy Square)라 불리는데, 바로 앞에 군인이자 성직자로 존경받는 인물 프랜시스 더피(Francis Duffy)의 동상이 있다. 계단 아래에는 브로드웨이 공연 매표소인 TKTS 박스 오피스가 있다.

맵북 P.14-B2 **주소** [더피 스퀘어] 7th Ave &, W 47th St, New York, NY 10036 **홈페이지** www.timessquarenyc.org **가는 방법** 지하철 N·Q·R·W 노선 Times Sq/42St역에서 도보 1분.

나스닥 마켓사이트 Nasdaq MarketSite

타임스 스퀘어의 한쪽을 빛내는 거대한 원통형의 LED 화면이 눈에 띄는 건물이다. 나스닥(NASDAQ)은 National Association of Securities Dealers Automated Quotations의 약자로 미국 증권딜러협회 자동거래 시스템이다. 월스트리트에 위치한 뉴욕증권거래소(NYSE) 다음으로 시가총액이 크며, 미국이 자랑하는 애플, 구글, 아마존, 마이크로소프트 등 IT기업들이 상장되어 있다. 1971년 처음 만들어졌을 당시 100포인트에서 시작했던 지수는 이제 15,000 포인트를 넘을 정도로 폭발적인 성장을 했다. 전 세계 자본이 모여드는 거대 시장인 만큼 분주하게 돌아가는 마켓사이트에서는 밤새도록 실시간으로 관련 정보를 띄우고 있다.

맵북 P.14-A3 **주소** 4 Times Square, New York, NY 10036 **홈페이지** www.nasdaq.com/marketsite **가는 방법** 지하철 1·2·3·7·S 노선 Times Sq/42St역에서 도보 1분.

브로드웨이 극장가 Broadway Theatre District

타임스 스퀘어를 중심으로 40여 개의 극장이 모여 있는 극장지구다. 뮤지컬의 인기가 최고조에 달했던 20세기 초반에는 이 주변에만 80개가 넘는 극장이 있었다고 한다. 현재도 뮤지컬의 상징으로 수많은 공연이 펼쳐지는 공연예술의 중심지로 알려져 있다. 타임스 스퀘어에는 뮤지컬 배우이자 프로듀서, 극작가, 작곡가로서 브로드웨이의 전설로 불리는 조지 코언의 동상이 있다. 브로드웨이 뮤지컬은 1950년대 '웨스트사이드 스토리', 1960년대 '코러스 라인' '지붕 위의 바이올린' 등으로 인기를 끌었다. 하지만 1970년대부터 런던의 웨스트엔드에서 앤드루 로이드 웨버의 '캐츠' '오페라의 유령'이 나오고 숀베르의 '레미제라블' '미스 사이공'이 흥행을 거듭하며 뮤지컬의 주도권은 한때 영국으로 넘어간다. 1990년대 이후로도 런던은 '맘마미아' '위 윌 락유' 등 대중가요에 기초한 뮤지컬로 히트를 이어갔다. 그러나 2000년대로 넘어가면서 '시카고' 리메이크의 성공과 함께 디즈니의 '라이온 킹' '미녀와 야수' '알라딘' '위키드' '프로즌' 등이 흥행하며 다시 미국 뮤지컬이 강세를 보이고 있다. 뉴욕의 브로드웨이는 화려한 무대와 뛰어난 연출, 그리고 막강한 자본을 무기로 끊임없이 발전하고 있다.

맵북 P.14 **위치** 브로드웨이 거리 7th St~8th St 주변의 40th St~54t St 사이

더 뉴욕타임스 The New York Times (NYT)

1851년에 창간된 미국의 대표적인 일간지 본사다. 처음에는 시청사 부근에 있었으나 1905년 타임스 스퀘어 중앙의 원 타임스 스퀘어로 이전했다가 다시 43rd 건물로 이전, 그리고 2007년 현재의 위치에 자리를 잡았다. 391m, 59층의 이 초고층 빌딩은 렌초 피아노가 설계한 것으로 유명한데, 실제로 가벼움과 투명함의 미학이 그대로 나타난 더블스킨 벽면이 인상적이며 1층 로비 벽을 장식한 실시간 뉴스 화면들과 실내 정원도 볼 만하다.

맵북 P.14-A3 **주소** 620 8th Ave, New York, NY 10018 **홈페이지** www.nytimes.com **가는 방법** 지하철 A·C·E 노선 42St Port Authority Bus Terminal역에서 도보 1분.

허쉬스 초콜릿 월드 Hershey's Chocolate World

미국 초콜릿의 대명사로 미국에서 가장 오래된 역사를 지닌 허쉬는 1894년 처음 밀크초콜릿바를 선보여 크게 성공하자 1906년에는 키세스 초콜릿을 만들며 대기업으로 성장했다. 상점 안에는 허쉬에서 만드는 리시스(Reese's), 킷캣(KitKat), 롤로(Rolo) 등 다양한 제품이 가득하고 스페셜 에디션도 있으며 이들을 이용해 만든 굿즈들도 있다. 매장 안쪽에는 허쉬스 키친(Hershey's Kitchens) 카페가 있어 초콜릿 음료와 아이스크림을 맛볼 수 있다.

맵북 P.14-B2 **주소** 20 Times Square, 701 7th Ave, New York, NY 10036 **홈페이지** www.chocolateworld.com **운영** 매일 10:00~24:00 **가는 방법** 더피 스퀘어에서 도보 1분.

엠앤엠스 M&Ms

허쉬와 함께 국민 브랜드 초콜릿으로 유명한 엠앤엠스는 미국의 거대 기업 마즈(Mars)에서 1941년부터 생산한 제품으로 코팅을 입힌 초콜릿 캔디다. 단추같이 작은 사이즈에 컬러풀한 색감으로 아이들에게 인기이며 6가지 색깔의 캐릭터까지 내세워 다양한 장난감과 굿즈들을 팔고 있다. 타임스 스퀘어의 플래그십 스토어는 커다란 2층 규모로 물건의 종류도 상당하다.

맵북 P.14-B2 **주소** 1600 Broadway, New York, NY 10019 **홈페이지** www.mms.com **운영** 월~목요일 10:00~23:00, 금~일요일 09:00~23:00 **가는 방법** 더피 스퀘어에서 도보 1분.

디즈니 스토어 Disney Store

디즈니가 만든 캐릭터들이 가득한 아이들의 천국이다. 고전 캐릭터인 미키마우스부터 최신상까지 2개 층의 건물에 수많은 장난감과 귀여운 의류, 앙증맞은 굿즈들이 꽉 차있어 시간 가는 줄 모른다. 애니메이션뿐 아니라 영화, 마블 시리즈에 스타워즈 시리즈까지 인수하면서 공룡 기업이 된 디즈니는 성인 팬까지 사로잡아 온 가족이 구경하기 좋으며 시즌별로 화려한 장식도 볼 만하다.

맵북 P.14-B2 **주소** 1540 Broadway, New York, NY 10036 **홈페이지** https://stores.shopdisney.com **운영** 09:00~21:00 **가는 방법** 더피 스퀘어에서 도보 1분.

크리스피 크림 Krispy Kreme

달달하면서도 폭신한 도넛으로 잘 알려진 크리스피 크림의 플래그십 스토어다. 뉴욕을 상징하는 애플 모양의 도넛도 있고 다른 매장에서 찾기 어려운 특별한 맛 도넛도 있으며 관련된 굿즈도 있다. 무엇보다도 안쪽에 오픈 키친이 있어서 도넛을 만드는 과정을 직접 유리창 너머 볼 수 있는 재미도 있다. 막 튀겨져 나온 도넛 위에 글레이즈가 얹혀지는 모습이 신기하다.

맵북 P.14-B2 **주소** 1601 Broadway, New York, NY 10019 **홈페이지** www.krispykreme.com **운영** 08:00~24:00(금·토요일 ~02:00) **가는 방법** 더피 스퀘어에서 도보 1분.

울프강스 스테이크하우스 Wolfgang's Steakhouse

피터 루거의 수석 웨이터로 40년의 경력을 쌓아온 울프강 츠비너의 야심찬 스테이크하우스. 2004년 파크 애비뉴에 처음 문을 연 뒤 대성공했고, 현재 서울을 포함해 수많은 지점을 가지고 있다. 특히 맨해튼에 지점이 많은데 뉴욕타임스 건물 안에 자리한 타임스 스퀘어점은 고급스러우면서도 현대적인 인테리어가 돋보인다.

맵북 P.14-A3 **주소** 250 W 41st St, New York, NY 10036 **홈페이지** https://wolfgangssteakhouse.net **운영** 일~목요일 12:00~22:00(금·토요일 ~23:00) **가는 방법** 더 뉴욕타임스 건물 안에 위치.

알 라운지 R Lounge

타임스 스퀘어의 중심 건물인 원 타임스 스퀘어가 정면으로 가깝게 보이는 라운지다. 르네상스 뉴욕 타임스 스퀘어 호텔(Renaissance New York Times Square Hotel) 건물 안에 위치하는데 남쪽의 창가 좌석은 예약이 어렵기는 하지만 멋진 야경을 볼 수 있어 최고의 뷰 맛집으로 꼽힌다.

맵북 P.14-B2 **주소** 714 7th Ave, New York, NY 10036 **홈페이지** www.rloungetimessquare.com **운영** 17:00~23:00 **가는 방법** 더피 스퀘어에서 도보 1분.

주니어스 Junior's Restaurant & Bakery

치즈케이크로 잘 알려진 패밀리 레스토랑이다. 1950년에 브루클린에 처음 오픈해 오랫동안 인기를 누리면서 맨해튼에도 지점이 두 곳 생겼는데 모두 타임스 스퀘어에 위치한다. 레스토랑과 베이커리를 함께 운영하는데, 레스토랑 메뉴는 스테이크, 햄버거, 샌드위치 같은 전형적인 미국 음식으로 양이 푸짐하다. 베이커리에서는 다양한 케이크를 팔지만 역시 가장 유명한 것은 치즈케이크다.

맵북 P.14-A2 **주소** [45번가점] 1515 Broadway, New York, NY 10036, [49번가점] 1626 Broadway, New York, NY 10019 **홈페이지** www.juniorscheesecake.com **운영** 일~목 07:00~24:00(금·토요일 ~01:00) **가는 방법** 더피 스퀘어에서 도보 2분.

엘렌스 스타더스트 다이너 Ellen's Stardust Diner

브로드웨이에 가장 잘 어울리는 식당이다. 뮤지컬 배우가 되고자 하는 지망생들이 서빙을 하며 신나게 노래를 하는 재미난 곳으로 예약을 받지 않아 대기줄이 엄청나다. 시끄러울 수는 있지만 활기찬 브로드웨이의 분위기를 느끼고 싶다면 바로 이곳을 방문해보자. 음식은 햄버거와 같은 전형적인 다이너 메뉴인데 맛은 기대하지 말자.

맵북 P.14-B2 **주소** 1650 Broadway, New York, NY 10019 **홈페이지** https://ellensstardustdiner.com **운영** 07:00~24:00 **가는 방법** 더피 스퀘어에서 도보 4분.

카네기 피자 Carnegie Pizza

간단하고 빠르게 먹을 수 있는 피자집으로 가격도 저렴한 편이다. 공간이 좁아 보이지만 노천 테이블과 입구 쪽에 스탠딩 테이블, 그리고 안에도 일부 좌석이 있다. 작은 페퍼로니가 가득 박혀 있는 페퍼로니 피자가 짜지만 인기이고 마늘빵이나 엠파나다 등도 많이 찾는다.

맵북 P.14-A3 **주소** 200 W 41st St, New York, NY 10036 **홈페이지** www.carnegiepizza.com **운영** 월~목요일 11:00~24:00, 금요일 12:00~01:00(토·일요일 ~02:00) **가는 방법** 더피 스퀘어에서 도보 6분.

비블 앤 십 Bibble & Sip

귀여운 알파카 로고가 인상적인 디저트 맛집이다. 작은 공간이라 많은 사람들이 포장해 가려고 줄을 서 있는 모습을 쉽게 볼 수 있다. 맛있는 커피와 버블티, 그리고 먹기 아까울 만큼 앙증맞은 케이크들과 바삭한 슈 안에 촉촉한 크림이 들어있는 크림퍼프까지 대부분의 메뉴가 맛이 좋아 오후에 가면 품절되는 경우가 많다. 가장 인기 있는 메뉴는 홍차 향이 부드러운 얼그레이 크림퍼프다.

맵북 P.14-B2 **주소** 253 W 51st St, New York, NY 10019 **홈페이지** www.bibbleandsip.com **운영** 월~금요일 08:00~20:00(토~일요일 09:00~) **가는 방법** 더피 스퀘어에서 도보 6분.

헬스 키친 Hell's Kitchen

미드타운 웨스트(Midtown West) 중에서도 8번가 서쪽부터 허드슨강까지 이르는 지역을 헬스 키친이라 부른다. 이름의 유래에는 여러 가지 설이 있으나 지옥이란 의미가 들어가는 만큼 좋은 얘기는 별로 없다. 이렇듯 어두웠던 동네로 이민자들이 많이 살았지만 최근에는 식당과 바들이 늘어나고 있다.

인트리피드호

엔터프라이즈호

소유스

인트리피드 해양항공우주 박물관
Intrepid Sea, Air & Space Museum

크루즈미사일

실제 항공모함이었던 인트리피드호 안에 만든 박물관으로 선박, 항공기, 우주선을 전시하고 있다. 인트리피드호는 31년간(1943~1974) 운항되었으며 266m 길이의 엄청난 규모에 내부에 계단도 많아서 많이 걸어야 한다. 태평양 전쟁에서 일본 해군에 맞서 싸웠으며 가미카제 공격도 당했다. 박물관에는 30여 기의 비행기가 있는데 대부분 갑판 위에 전시되어 있다. 여러 전투기도 있지만 가장 인기 있는 것은 영화 '탑건(Top Gun)'에 나왔던 F-14와 전설의 초음속 여객기 콩코드다. 전 세계에 18기만 남아있는 콩코드 중 하나로 뉴욕에서 런던까지 가장 빠른 비행(2시간 26분 소요)을 했던 것으로 유명하다. 또한 최초의 우주왕복선 엔터프라이즈호(Enterprise), 구소련의 소유스(Soyuz Landing Module) 등도 볼 수 있으며, 인트리피드호 바로 옆에 있는 잠수함 그라울러호(Growler)에도 직접 들어가 볼 수 있다.

맵북 P.16-A3 **주소** Pier 86, W 46th St, New York, NY 10036 **홈페이지** https://intrepidmuseum.org **운영** 10:00~17:00(토·일요일 ~18:00) **요금** 성인 $38 **가는 방법** 버스 M50 노선 12Av/W 46St 정류장 바로 앞.

머큐리 캡슐

기념품점도 인기다

맨해튼
Manhattan

콜럼버스 서클 & 어퍼 웨스트 사이드
Columbus Circle & Upper West Side

센트럴 파크의 서남쪽 지역을 콜럼버스 서클이라 하고 그 북쪽 지역을 어퍼 웨스트라 부른다. 웨스트는 센트럴 파크를 중심으로 서쪽이기 때문이다. 고급 주택가와 박물관, 링컨 센터 등이 자리한 문화 지구로 세계적인 오페라와 오케스트라 공연을 감상할 수 있는 곳이다. 맨해튼을 사선으로 관통하는 브로드웨이길에는 상점가가 조성되어 있다.

Broadway
Amsterdam Ave
Columbus Ave
Central Park West
86 St (1, 2)
W 86th St
86 St (A, B, C)
허드슨강
Hudson River
1,2-79 St
W 81st St
구겐하임 미술관
Solomon R. Guggenheim Museum
센트럴 파크
Central Park
81 St (A, B, C)
자연사 박물관
American Museum of Natural History
노이에 갤러리
Neue Galerie
메트로폴리탄 미술관
Metropolitan Museum of Art

72 St (1, 2, 3)
72 St (A, B, C)
매디슨 애비뉴
Madison Avenue
77 St (4, 6)
66 St (1, 2)
프릭 매디슨
Frick Madison
링컨 센터
Lincoln Center for the Performing Arts
프릭 컬렉션
The Frick Collection
59 St/ Columbus Circle (A, C, B, D, 1, 2)
도이치뱅크 센터
Deutsche Bank Center
콜럼버스 서클 Columbus Circle
디자인 미술관 Museum of Arts and Design
68 St/ Hunter College (4, 6)
허스트 타워
The Hearst Tower
인트리피드 해양항공우주 박물관
Intrepid Sea, Air & Space Museum
M12, M50
M12
57 St (N, Q, R, M)
카네기 홀
Carnegie Hall
5 Av/ 59 St (N, R, W)
E 68th St
E 67th St
E 66th St
Lexington Av/ 63 St (F, N, Q, R)
Lexington Av/ 59 St (N, R, W)
브로드웨이
Broadway
Park Ave
루즈벨트 아일랜드 트램웨이
Roosevelt Island Tramway
5번가
5th Ave

루스벨트 아일랜드

콜럼버스 서클 Columbus Circle

맨해튼을 사선으로 지나는 브로드웨이는 업타운과 미드타운의 경계점에서 만나는 대형 교차로이자 교통의 요지다. 로터리의 중심에는 기둥 위로 크리스토퍼 콜럼버스의 동상이 우뚝 솟아 있으며 여름이면 동상 주변 분수들이 시원히 물을 내뿜고 있다. 동상 뒤 지하철역 옆에는 거대한 메탈 지구본이 있어 지구를 항해한 콜럼버스의 역동적인 분위기를 느낄 수 있다. 바로 옆은 센트럴 파크의 서남쪽 끝 출입구로, 1898년 쿠바에서 침몰한 미해군 함정 메인호를 추모하는 국립 기념비가 있다. 이곳은 센트럴 파크를 오가는 마차, 페디캡 등이 손님을 기다리고 있는 곳이기도 하다.

맵북 P.16-B2 **주소** 848 Columbus Cir, New York, NY 10019 **가는 방법** 지하철 A·B·C·D·1 노선 59St/Columbus Circle역에서 바로.

도이치뱅크 센터 Deutsche Bank Center

(구 타임워너 센터 Time Warner Center)

콜럼버스 서클 서쪽 면을 당당히 차지하고 있는 쌍둥이 건물이다. 2004년 오픈 당시 타임워너 미디어가 큰 부분을 차지해 건물의 이름도 타임워터 센터였으나 2021년 도이치뱅크가 들어서면서 현재는 도이치뱅크 센터(Deutsche Bank Center)로 부른다. 건물은 고급 콘도와 사무실로도 사용되지만, 상업용 부분도 있어서 만다린 오리엔탈 호텔과 링컨 센터의 재즈 공연장(Jazz at Lincoln Center), 그리고 상점들이 모여있는 숍스 앳 콜럼버스 서클(The Shops at Columbus Circle)(P.326)이 있다.

맵북 P.16-A2 **주소** 10 Columbus Cir, New York,NY 10019 **가는 방법** 지하철 A·B·C·D·I 노선 59St/Columbus Circle역에서 바로.

디자인 미술관 Museum of Arts and Design (MAD)

로버트(Robert) 레스토랑

콜럼버스 서클 남쪽에 자리한 하얀 건물로 1956년에 공예 미술관으로 처음 설립됐으며 수차례 이전하면서 2008년 지금의 자리에 커다란 규모로 오픈했다. 4개 층에 갤러리가 있으며 보석, 도자기, 가구 등 실용 예술 중심의 전시가 열린다. 특히 전통 기술에서 최첨단에 이르기까지 제작의 양상이나 재료가 변형되는 과정을 볼 수 있게 전시했다. 위층에는 교육센터와 이벤트홀 등이 있다. 1층에는 작품성 있는 다양한 물건이 많은 기념품점(The Store at MAD)이 있고 위층에는 전망 좋은 레스토랑 로버트(Robert)가 있다.

맵북 P.16-B2 **주소** 2 Columbus Cir, New York, NY 10019 **홈페이지** https://madmuseum.org **운영** 화~일요일 10:00~18:00, 월요일 휴무 **요금** 성인 $20(갤러리 리뉴얼 기간 동안 반값 할인) **가는 방법** 지하철 A·B·C·D·1 노선 59St./Columbus Circle에서 도보 1분.

허스트 타워 The Hearst Tower

하이테크 건축가로 유명한 노먼 포스터가 뉴욕에 최초로 완성한 건물이다. 언론 재벌 랜돌프 허스트의 오래된 아르데코 건물을 허물지 않고 상단부만 유리로 쌓아올린 이 건물은 친환경 건물로도 잘 알려져 있다. 자연광을 최대한 살리기 위해 기존 건물과 신축 건물 사이 외벽에 틈을 주어 유리 천장을 만들었고 로비층에도 충분한 채광이 들도록 6층까지 헐어 층고를 올렸다. 거대한 사선으로 연결되는 엘리베이터나 빗물을 이용해 만든 시원한 분수 등 신선하면서도 효율적인 기능으로 건축의 미래를 잘 보여주였다고 평가받는다.

맵북 P.16-A2 **주소** 300 W 57th St, New York, NY 10019 **가는 방법** 지하철 A·B·C·D·1 노선 59St./Columbus Circle에서 도보 2분.

카네기 홀 Carnegie Hall

음악인들의 꿈의 무대로 알려져 있는 카네기 홀은 뉴욕의 문화적 자부심이다. 뉴욕 심포니에 관심을 가졌던 철강왕 카네기의 후원으로 1891년에 문을 연 이곳은 아마추어 첼리스트로서 음악에 조예가 깊었던 건축가 윌리엄 터틸(William Tuthill)의 설계로 지어졌다. 클래식은 물론 비틀스, 베니 굿맨, 빌리 홀리데이, 티나 터너 등의 대중음악가들도 공연을 펼쳤던 곳으로 다양한 음악 애호가들의 사랑을 받고 있다. 영화 '그린 북'에서 피아니스트였던 주인공이 거주하는 곳으로도 나왔다.

맵북 P.16-B3 **주소** 881 7th Ave, New York, NY 10019 **홈페이지** www.carnegiehall.org **가는 방법** 지하철 N·Q·R·W 노선 57St /7Ave역에서 바로.

링컨 센터 Lincoln Center for the Performing Arts

거대한 규모의 종합 공연예술단지로 여러 공연장과 학교, 그리고 도서관까지 있다. 1959년에 단지를 조성하기 시작해 기라성 같은 건축가들이 각 건물을 맡아 1966년 메트로폴리탄 오페라하우스를 완공하면서 단지를 완성했다. 중앙 플라자는 여름에는 시원한 분수로, 겨울에는 멋진 크리스마스트리로 관객을 맞이한다. 분수를 중심으로 오른쪽 건물이 뉴욕 필하모닉의 전용 연주장이며 왼쪽은 뉴욕 시티오페라와 뉴욕 시티발레가 함께 사용하는 극장이다. 분수 뒤 건물은 뉴욕 메트로폴리탄 오페라의 전용극장임과 동시에 아메리칸 발레 시어터의 공연장이기도 하다. 이 극장에 안에는 샤갈의 벽화 '음악의 원천(The Sources of Music)'과 '음악의 승리(The Triumph of Music)'가 있다. 오페라하우스 왼쪽에는 노천극장과 담로슈 공원이 있고 오른쪽 뒤에는 공연예술극장과 도서관이 있으며 65th St 길을 건너면 세계적인 음악학교 줄리아드 스쿨(The Juiliard School)이 있다.

맵북 P.16-A2 **주소** 140 W 65th St, Lincoln Center Plaza, New York, NY 10023 **홈페이지** www.lincolncenter.org **가는 방법** 지하철 1·2 노선 66St/Lincoln Center역에서 바로.

자연사 박물관 American Museum of Natural History

1869년에 설립된 자연사 박물관은 자연과 우주, 인류의 역사와 문화를 발견해 해석하고 널리 알린다는 취지로 시작되었다. 건물은 당시의 분위기에 맞게 고풍스럽게 지어졌으며 점차 발전을 거듭해 2000년에는 북쪽으로 현대적인 외관의 로즈 지구우주센터를 증설했다. 육면체 안에 원형의 건물로 지어진 로즈센터는 발전된 기술로 우주의 미래까지 보여주는 세계적인 박물관으로 꼽힌다. 이곳에서 다루는 분야는 인류학, 고고학, 지질학, 광물학, 생물학, 해부학, 천문학에 이르기까지 방대하다.

맵북 P.16-B2 **주소** 200 Central Park West, New York, 10024 **홈페이지** www.amnh.org **운영** 10:00~17:30 **요금** 성인 $25(스페이스 쇼, 아이맥스, 특별 전시 등은 요금 추가) **가는 방법** 지하철 A·B·C 노선 81St-Museum of Natural History역에서 바로.

자연사 박물관 관람 팁

4개 층에 주제별로 전시하고 있는데, 수천만 점에 이르는 소장품을 모두 전시할 수 없어 일부만 진열하고 나머지는 주로 특별 전시를 이용하고 있다. 박물관에서 제공하는 애플리케이션이나 종이지도를 이용해 관심 있는 곳만 골라서 보는 것이 효율적이다. 특히 애플리케이션에는 추천 하이라이트가 있고, 거기에 자신이 원하는 주제를 선택해 추가할 수 있어 편리하다. 일부만 골라서 보더라도 최소 2~3시간은 잡아야 한다.

자연사 박물관 하이라이트

박물관에서 추천하는 하이라이트는 시즌별로 조금씩 바뀌지만
자주 언급되는 것은 다음과 같다.

❶ 인도의 별 Star of India

▶1층 보석광물관 Gems & Minerals

세계에서 가장 큰 563캐럿짜리 블루스타 사파이어로 스리랑카에서 발견되었으며 1900년 J.P. 모건이 기증했다.

❷ 긴수염흰고래 The Blue Whale

▶1층 해양생물관 Ocean Life

해양생물관 천장에 매달려 있는 29m의 거대한 고래다. 1925년에 남아메리카에서 잡혔던 암컷 고래를 복제한 것으로 지구상에서 가장 큰 동물이다.

❸ 거대한 카누 Great Canoe

▶1층 북서부연안관 Northwest Coast

카누 제조기술이 발달했던 태평양 북서부 하이다족의 전쟁용 카누다. 삼나무 한 그루를 통째로 파서 만든 것으로 20m 가까이 되는 거대한 규모가 놀랍다.

❹ 거대한 세쿼이아 Giant Sequoia

▶1층 북미삼림관 North American Forests

세계 최장수 식물로 알려진 세쿼이아로 1,342개의 나이테를 가지고 있으며 지름이 4.8 m가 넘는다. 1891년 캘리포니아에서 벌목된 것이다. 두꺼운 나무껍질은 불에 강하고 천연 방부제가 있어 질병에도 잘 견딘다고 한다.

❺ 바로사우루스 Barosaurus

▶2층 로비 테오도르 루스벨트 로툰다 Theodore Roosevelt Rotunda

로비에 있어 가장 유명하다. 엄마 바로사우루스가 적의 공격에서 새끼를 보호하려는 모습을 재현한 것으로 모두 실제 화석으로 만들어졌다. 이 초식 공룡은 1억 4,000만 년 전에 살았던 것으로 추정된다.

❻ 아프리카 코끼리 African Elephants

▶2층과 메자닌층 아프리카 포유류관 African Mammals

홀 중앙에 자리한 코끼리 떼는 1920년 아프리카 포유류 전문가였던 칼 애켈리가 박제한 것부터 전시되기 시작했는데 지금은 큰 무리를 차지해 인기가 많다. 메자닌층에서도 내려다볼 수 있다.

박물관 중심 테마

❶ 동물 Animals (1·2·3층)

자연환경을 무대 장식처럼 배경으로 만들고 그 안에 박제나 모형으로 동물을 만들어 넣는 다이오라마(Diorama) 기법을 잘 활용해 전시하고 있다. 발전된 조명기술, 뛰어난 박제기술과 함께 훌륭한 연구진들의 고증을 거쳐 당시의 생태환경을 훌륭하게 재현해냈다.

❷ 인류의 기원과 문화 Human Origins & Culture (1·2·3층)

인류의 진화와 발전, 그리고 다양한 문화에 대한 전시다. 전 세계에서 구해온 중요한 문화재들을 다량으로 보유하고 있으며 이들을 정확히 분석하고 연구할 수 있는 훌륭한 고고학자들과 문화인류학자들의 학술적 검증을 거쳐 전시되었다. 아시아, 아프리카, 아메리카, 태평양 연안의 다양한 문화를 한눈에 볼 수 있다.

❸ 공룡 Dinossaurs (4층)

엄청난 양의 공룡 화석을 소장하고 있으며 화석의 모형이나 석고로 본뜬 것을 전시하는 다른 박물관들과 달리 표본의 대부분이 진짜 화석들이다. 또한 일반 박물관들이 연대기별로 전시하는 것과 달리 자연물의 종류별 진화관계를 중심으로 전시했다. 이러한 방법은 같은 종의 동식물들이 어떻게 진화했는지를 쉽게 알 수 있게 해준다.

❹ 지구와 우주 Earth & Space (지하·1·2·3층)

첨단 전시관인 로즈센터는 투명한 유리 큐브 안에 거대한 구체가 중앙에 떠 있는 모습이다. 내부는 지하에 우주관(Hall of the Universe)이 있으며 1층에는 지구관(Hall of Planet Earth), 2층에는 우주의 탄생을 보여주는 빅뱅관(Big Bang), 3층에는 스페이스 쇼를 볼 수 있는 헤이든 천문관(Hayden Planetarium)이 있다.

노드스트롬 Nordstrom

미국의 유명 백화점 체인으로 1901년에 처음 문을 열어 지금의 고급 백화점으로 발전했다. 삭스 피프스, 블루밍데일스 등 뉴욕의 터줏대감들 때문에 맨해튼 입성은 매우 늦어졌지만 2019년 뉴욕 플래그십 스토어로 대대적으로 오픈했다. 땅값 비싼 콜럼버스 서클 부근에 거대한 규모로 들어왔는데 남성 매장은 길 건너편에 위치한다. 현대적인 인테리어에 여유 있는 공간 활용으로 쾌적함을 더했으며 브로드웨 이쪽의 고풍스러운 건물과는 달리 남북면(57th & 58th St)으로는 굴곡진 유리면이 독특한 인상을 준다.

맵북 P.16-B2 **주소** 225 W 57th St, New York, NY 10019 **홈페이지** www.nordstrom.com **운영** 월~토요일 10:00~20:00, 일요일 11:00~19:00 **가는 방법** 지하철 A·B·C·D·1 노선 59St/Columbus Circle역에서 도보 3분.

더 숍스 앳 콜럼버스 서클 The Shops at Columbus Circle

원 콜럼버스 서클 건물 하단부에 자리한 쇼핑몰이다. 원래 통으로 거대한 건물을 지으려 했으나 시민들의 반대로 햇빛이 들 수 있게 가운데 부분을 낮추어 지었다고 한다. 이 가운데 낮은 건물에 상점과 레스토랑이 있어 많은 시민들이 이용하고 있다. 지하층에 대형 유기농 슈퍼마켓 체인인 홀푸즈 마켓(Whole Foods Market)이 있고 지상 3개 층에는 고급 주방용품 브랜드 윌리엄스 소노마(Williams-Sonoma)를 비롯해 러닝화 전문점 플릿 핏(Fleet Feet), 알로, H&M, 룰루레몬 등 의류매장 등 여러 상점과 레스토랑이 있다.

맵북 P.16-A2 **주소** 10 Columbus Circle, New York, NY 10019 **홈페이지** www.theshopsatcolumbuscircle.com **운영** 월~토요일 10:00~20:00, 일요일 11:00~19:00 **가는 방법** 지하철 A·B·C·D·1 노선 59St/Columbus Circle역에서 바로.

블루밍데일스 아웃렛 Bloomingdale's Outlet

고급 백화점 체인인 블루밍데일스 백화점의 아웃렛 매장이다. 아웃렛이다 보니 정돈이 잘 되어 있는 것은 아니지만 중고급 브랜드의 재고물품을 보다 저렴하게 살 수 있어 많은 사람이 찾는다. 선글라스, 핸드백 등을 득템할 기회가 있다.

맵북 P.16-B2 **주소** 2085 Broadway, New York, NY 10023 **홈페이지** www.bloomingdales.com **운영** 월~토요일 10:00~20:00(일요일 11:00~18:00) **가는 방법** 지하철 1·2·3 노선 72St역에서 바로.

그랜드 바자 Grand Bazaar NYC

어퍼 웨스트에서 가장 크고 유명한 벼룩시장이다. 매주 일요일이면 많은 사람들이 모여들어 온갖 물품들을 파는 곳으로 시즌별로 주제를 정해 재미있는 이벤트도 종종 열린다. 의류는 물론이고 집 안에 돌아다니는 다양한 생활용품도 있으며 수공예품, 액세서리, 그리고 음식에 이르기까지 구경하는 재미가 있다. 가끔 김치를 담가서 파는 한국인도 있다.

맵북 P.16-B2 **주소** 100 W 77th St, New York, NY 10024 **홈페이지** https://grandbazaarnyc.org **운영** 일요일 10:00~17:00, 월~토요일 휴무 **가는 방법** 지하철 1·2 노선 79St역에서 도보 8분.

장 조지 Jean Georges

콜럼버스 서클의 트럼프 인터내셔널 호텔 건물 1층에 자리한 이곳은 스타 셰프 장 조지(Jean George Vongerichten)의 플래그십 레스토랑이다. 뉴욕의 여러 미슐랭 레스토랑 중에서도 예약, 접근성, 가격, 분위기 등 여러 면에서 무난한 평을 받는 곳으로 꼽힌다. 또한 장 조지가 한국계 혼혈인 부인 마르자와 함께 한국 음식들을 다룬 다큐멘터리 시리즈 '김치 연대기'를 찍으면서 한국인들에게 더욱 호감도가 커졌다.

맵북 P.16-B2 **주소** 1 Central Park West, New York, NY 10023 **홈페이지** www.jean-georgesrestaurant.com **운영** 화~토요일 12:00~14:00, 16:45~21:30, 일·월요일 휴무 **가는 방법** 콜럼버스 서클 북쪽 코너에 위치.

더 스미스 The Smith

링컨 센터 건너편에 위치해 콘서트 전후로 찾는 사람들도 많다. 내부는 조금 어둑한 편으로 바와 함께 레스토랑이 있고 바깥의 노천 테이블은 항상 사람들로 복잡하지만 활기가 넘친다. 샐러드, 샌드위치, 햄버거, 파스타, 스테이크 등 무난한 아메리칸 메뉴를 푸짐하게 즐길 수 있는 곳으로 뉴욕에 4곳의 지점이 있다.

맵북 P.16-B2 **주소** 1900 Broadway, New York, NY 10023 **홈페이지** https://thesmithrestaurant.com **운영** 월~목요일 08:00~23:00(금요일 ~24:00), 토요일 09:00~24:00(일요일 ~23:00) **가는 방법** 링컨 센터 건너편에 위치.

턴스타일 언더그라운드 마켓 Turnstyle Underground Market

콜럼버스 서클 지하에서 8번가로 뻗은 상가 거리로 지하철역과 연결되어 지하철 상가 같은 분위기다. 20여 곳의 음식매대와 상점들이 있어 간단한 식사나 쇼핑을 할 수 있다. 지하라서 비가 오는 날 많이 붐빈다.

맵북 P.16-A2 **주소** 1000 S 8th Ave, New York, NY 10019 **홈페이지** www.turn-style.com **운영** 매장마다 상이. 보통 11:00~19:00 **가는 방법** 콜럼버스 서클 지하에 위치.

베어 버거 Bareburger

쉐이크쉑, 파이브 가이스와 더불어 뉴욕의 3대 프랜차이즈 버거로 꼽히는 곳. 러스틱한 인테리어에 다양한 버거 메뉴, 그리고 유기농 재료를 사용해서 건강을 생각하는 버거로 알려져 있다. 빵의 종류와 속재료도 일일이 선택할 수 있으며 자체 개발하는 사이드 메뉴와 음료수도 독특하다. 특히 채식주의자들을 위한 비건 버거가 유명한데, 아보카도 같은 채소 위주로 들어가는 버거도 있고 대체육으로 유명한 임파서블 버거도 있다.

맵북 P.16-A2 **주소** 313 W 57th St, New York, NY 10019 **홈페이지** https://bareburger.com **운영** 일~수요일 11:30~21:30(목~토요일 ~22:30) **가는 방법** 콜럼버스 서클에서 도보 2분.

스시 야사카 Sushi Yasaka

합리적인 가격의 오마카세로 유명한 스시집이다. 양이 많지는 않지만 신선한 스시를 맛볼 수 있으며 런치 스페셜로 나오는 스시세트와 초밥세트 역시 가성비가 좋아서 많은 사람들이 찾는다. 정오에 열고 중간에 브레이크 타임이 있어서 예약을 하지 않으면 한참 기다리거나 못 들어갈 수도 있다.

맵북 P.16-A2 **주소** 251 W 72nd St, New York, NY 10023 **홈페이지** https://yasaka.nyc **운영** 화~목요일 12:00~22:00(금·토요일 ~22:15, 일~월요일 ~21:45), 브레이크 타임(매일) 14:45~17:15 **가는 방법** 지하철 1·2·3 노선 72St역에서 도보 1분.

르뱅 베이커리 Levain Bakery

두툼한 수제 쿠키로 국내에서도 '르뱅쿠키 레시피'가 인기를 끌면서 여러 카페와 베이커리에서 비슷하게 만들어 판매했었다. 겉은 바삭하고 속은 촉촉한 전형적인 쿠키 형태와는 달리 스콘처럼 두꺼운 형태인데, 커피와 함께 즐기면 간단한 식사가 될 만큼 꽤 묵직하다. 여러 종류 중 가장 인기 있는 것은 초콜릿칩 월넛과 다크 초콜릿 피넛버터칩이며 초콜릿 찐팬들에게는 다크 초콜릿 초콜릿칩도 인기다.

맵북 P.16-B2 **주소** 351 Amsterdam Ave, New York, NY 10024 **홈페이지** https://levainbakery.com **운영** 07:00~22:00 **가는 방법** 지하철 1·2 노선 79St역에서 도보 4분.

맨해튼
Manhattan

어퍼 이스트 & 센트럴 파크
Upper East & Central Park

맨해튼의 60th St 위쪽을 업타운이라 부르며, 센트럴 파크를 기준으로 동쪽을 어퍼 이스트라 한다. 집값 비싼 뉴욕에서도 가장 비싼 곳으로 고급 주택가와 박물관, 갤러리, 고급 부티크들이 자리하고 있다. 특히 센트럴 파크를 따라 이어진 박물관 거리는 중요한 박물관들이 모여있어 관광지로도 유명하다.

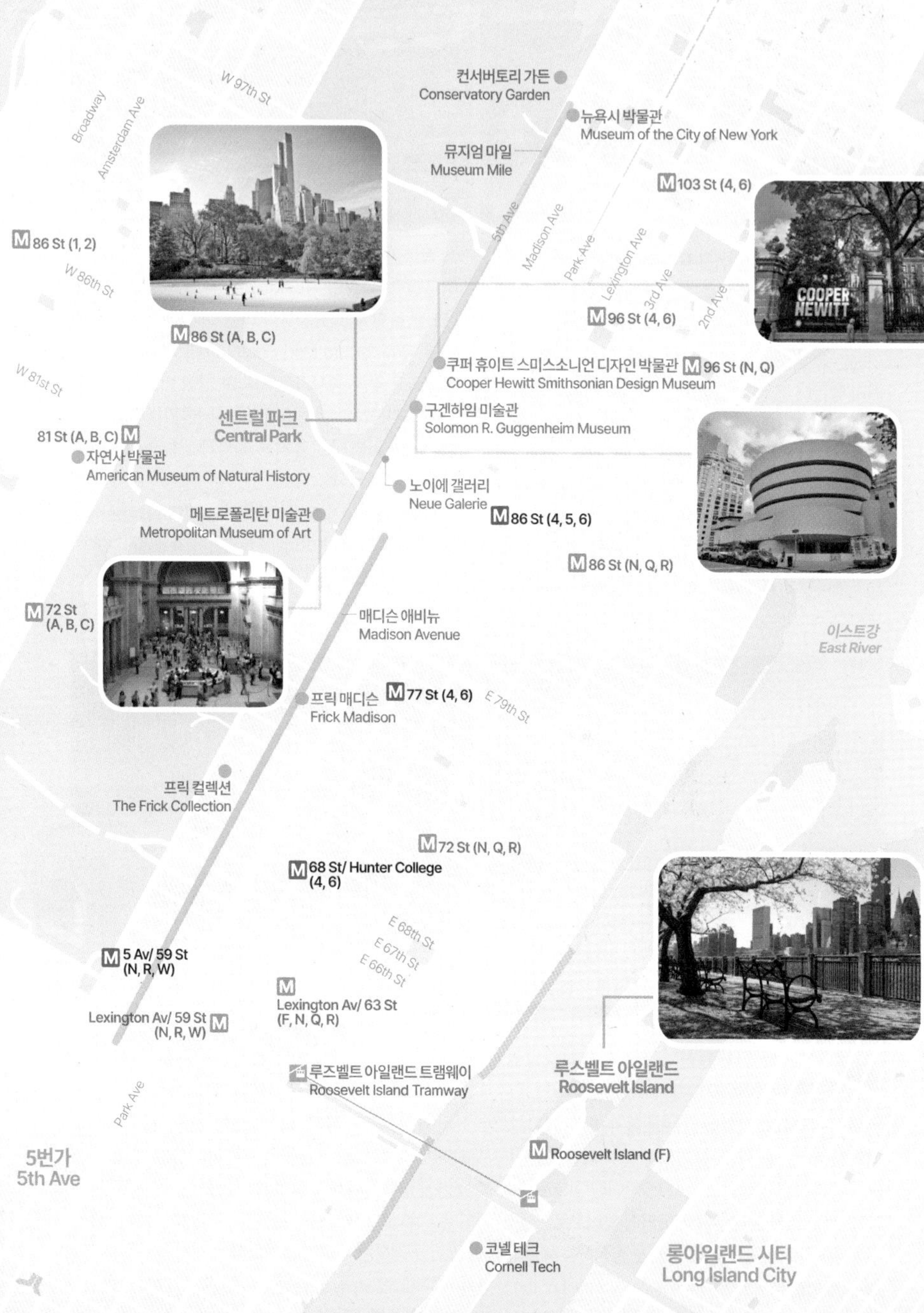

컨서버토리 가든
Conservatory Garden
뉴욕시 박물관
Museum of the City of New York
뮤지엄 마일
Museum Mile
103 St (4, 6)
86 St (1, 2)
W 97th St
Broadway
Amsterdam Ave
W 86th St
86 St (A, B, C)
5th Ave
Madison Ave
Park Ave
Lexington Ave
3rd Ave
2nd Ave
96 St (4, 6)
COOPER HEWITT
W 81st St
쿠퍼 휴이트 스미스소니언 디자인 박물관
Cooper Hewitt Smithsonian Design Museum
96 St (N, Q)
센트럴 파크
Central Park
구겐하임 미술관
Solomon R. Guggenheim Museum
81 St (A, B, C)
자연사 박물관
American Museum of Natural History
노이에 갤러리
Neue Galerie
86 St (4, 5, 6)
메트로폴리탄 미술관
Metropolitan Museum of Art
86 St (N, Q, R)
72 St (A, B, C)
매디슨 애비뉴
Madison Avenue
이스트강
East River
프릭 매디슨
Frick Madison
77 St (4, 6)
E 79th St
프릭 컬렉션
The Frick Collection
72 St (N, Q, R)
68 St/ Hunter College (4, 6)
E 68th St
E 67th St
E 66th St
5 Av/ 59 St (N, R, W)
Lexington Av/ 63 St (F, N, Q, R)
Lexington Av/ 59 St (N, R, W)
루즈벨트 아일랜드 트램웨이
Roosevelt Island Tramway
루스벨트 아일랜드
Roosevelt Island
Park Ave
5번가
5th Ave
Roosevelt Island (F)
코넬 테크
Cornell Tech
롱아일랜드 시티
Long Island City

뮤지엄 마일 Museum Mile

센트럴 파크 동쪽의 5번가에는 82nd St부터 104th St까지 여러 박물관이 모여있다. 이 길이 과거에는 부유층의 저택들이 늘어서 있던 '백만장자의 거리'였는데, 많은 부호들이 자신의 저택을 박물관으로 기증하면서 강철왕 카네기의 저택은 '쿠퍼 휴이트 국립디자인 박물관'으로, 금융가였던 펠릭스 와버그의 저택은 '유대인 박물관'으로, 사업가 아서 헌팅턴의 저택은 '국립디자인 아카데미'로, 헨리 클레이 프릭의 저택은 '프릭 컬렉션'으로 변모했다. 그리고 메트로폴리탄 박물관을 비롯해 구겐하임 미술관, 뉴욕시 박물관 등 수많은 박물관이 나란히 이어져 이제는 이 길을 '박물관의 거리(Museum Mile)'라 부른다. 매년 6월 둘째 주 화요일 저녁에는 이 길에서 뮤지엄 마일 축제(Museum Mile Festival)가 열린다. 교통이 통제되고 각종 행사가 펼쳐지며 참여 박물관은 무료 입장이 가능하다. 사람이 많아서 박물관을 제대로 관람하기는 어렵지만 흥겨운 음악과 문화축제를 구경하는 재미가 있다.

맵북 P.17-C1 **위치** 5번가 82nd St 메트로폴리탄 박물관부터 105th St 바리오 박물관까지 **홈페이지** www.museummilefestival.org

뉴욕시 박물관 Museum of the City of New York (MCNY)

뉴욕시의 역사와 문화를 한눈에 볼 수 있는 박물관으로 특히 19~20세기 뉴욕에 대해 많은 것을 배울 수 있다. 페인팅, 사진, 옷, 가구, 생활용품 등 다양한 물건이 전시되어 있어 소소한 재미가 있는 곳이다. 붉은 벽돌에 대리석이 가미된 건물은 1930년에 지어진 것으로 큰길 쪽 벽면에 알렉산더 해밀턴과 드위트 클린턴의 부조가 새겨져 있다. 박물관 내부에 베이커리 맛집으로 소문난 에이미스 브레드(Amy's Bread)가 있어 빵과 커피를 즐기기에 좋으며 기념품점에는 뉴욕을 상징하는 예쁜 물건이 많아 구경하는 재미가 쏠쏠하다.

맵북 P.17-C1 **주소** 1220 5th Ave, New York, NY 10029 **홈페이지** https://mcny.org **운영** 월~금요일 10:00~17:00, 토~일요일 10:00~18:00 **요금** $23 **가는 방법** 지하철 4·6 노선 103St역에서 도보 7분.

쿠퍼 휴이트 스미스소니언 디자인 박물관
Cooper Hewitt Smithsonian Design Museum

쿠퍼 유니언 대학을 설립한 발명가이자 사업가 피터 쿠퍼의 손녀들이 장식미술을 위해 지은 박물관을 훗날 스미스소니언에서 인수한 것이다. 장식미술과 디자인에 관한 수많은 소장품이 있으며 다양한 주제로 특별전을 열어 전시 내용은 자주 바뀐다. 디자인 박물관 답게 기념품점에도 예쁜 물건이 많고 아름다운 정원이 보이는 카페도 있다. 고풍스러운 건물은 강철왕 카네기가 살았던 카네기 맨션(Carnegie Mansion)을 기부받아 개조한 것이다. 1902년에 완성된 조지안 양식의 저택으로 64개의 방이 있다. 당대 손꼽히는 부호의 저택이었던 만큼, 가정집으로는 세계 최초로 철골을 사용했으며 뉴욕 최초로 오티스 엘리베이터가 설치되었다(현재는 역사박물관으로 이관). 또한 당대 보기 드문 중앙 난방 시스템과 초기 형태의 에어컨까지 갖추었다고 한다.

맵북 P.17-B1 **주소** 2 E 91st St, New York, NY 10128 **홈페이지** www.cooperhewitt.org **운영** 10:00~18:00 **요금** 성인 $22(17:00 이후는 기부금제) **가는 방법** 버스 M1·2·3·4 노선 Madison Av/E 91St 정류장에서 도보 2분.

여기 어때?

컨서버토리 가든 Conservatory Garden

센트럴 파크 안에 자리한 정원으로 시내에서 멀리 떨어져 있어 관광객이 거의 없는 한적함을 느낄 수 있다. 뉴욕시 박물관 길 건너편에 입구가 있으니 잠시 들러보는 것도 좋다.

맵북 P.17-C1 **운영** 06:00~01:00

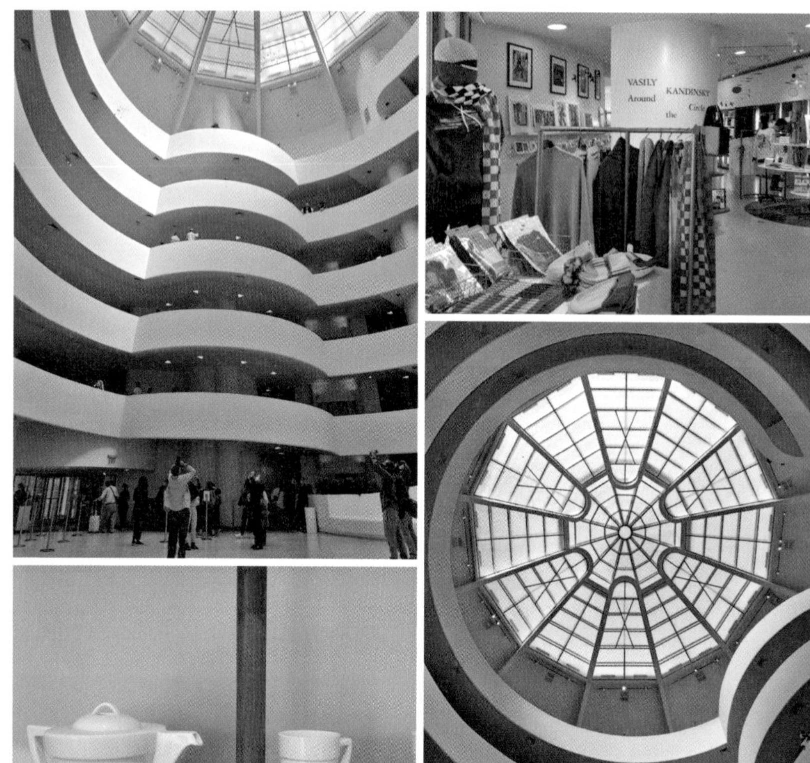

구겐하임 미술관 Solomon R. Guggenheim Museum

소장품뿐 아니라 건물 자체로도 유명한 미술관이다. 독특한 나선형의 이 건물은 미국 현대건축사에서 너무나도 중요한 프랭크 로이드 라이트(Frank Lloyd Wright)가 설계했다. 미술품 수집가이자 자선사업가였던 솔로몬 구겐하임(Solomon R. Guggenheim)에 의해 설립되었는데 그는 휘트니 미술관으로 유명한 페기 구겐하임의 숙부다. 건물의 중앙이 넓게 뚫려 있으며 벽면을 타고 층층이 오르내리는 구조로 천장의 유리창을 통해 자연광이 바닥까지 쏟아져 벽에 창문이 없는데도 어두운 느낌이 나지 않는다. 원형 홀은 전시 공간이 작아서 주로 특별 전시실로 쓰이며 별관과 타워 갤러리에 더 많은 작품이 전시되어 있다. 많은 독지가들의 매입과 기증에 의해 20세기 현대미술을 대표하는 작품들을 상당수 보유하고 있으며, 그중 칸딘스키의 작품은 세계에서 가장 많은 보유량을 자랑한다.

맵북 P.17-B1 **주소** 1071 5th Ave, New York, NY 10128 **홈페이지** www.guggenheim.org **운영** 매일 10:30~17:30 **요금** 성인 $30(월·토요일 16:00 이후 기부금제) **가는 방법** 버스 M1·2·3·4 노선 Madison Av/E 89St 정류장에서 도보 2분.

미술관 이용 시 유의사항

- 미술관 내 무료 와이파이를 이용할 수 있으며 미술관 무료 애플리케이션을 다운로드 받으면 지도와 간단한 안내를 이용할 수 있다.
- 사진촬영은 금지다.

구겐하임 미술관 하이라이트

1 여인과 앵무새 Woman with Parakeet (1871)

▶ **피에르 오귀스트 르누아르** Pierre-Auguste Renoir

여인의 아름다움을 묘사하는 데 여념이 없었던 르누아르는 특히 빨간색을 포인트로 이용하곤 했다. 이 작품에서 역시 여인의 아름다운 얼굴과 풍만한 몸매에 붉은색을 가미해 고상하면서도 화려한 아름다움을 표현했다. 검은 머리에 대비되는 하얀 얼굴과 검정 드레스에 대비되는 빨간 리본은 녹색빛의 벽과 화분에 자연스럽게 이어지며 부드러운 느낌을 더한다.

2 팔짱을 낀 사나이 Man with Crossed Arms (1899)

▶ **폴 세잔** Paul Cezanne

세잔은 프랑스의 후기 인상파 화가로 20세기의 중요한 미술 운동으로 꼽히는 입체파에게 큰 영향을 주었다. 특히 그는 작품의 주제가 되는 대상들의 객관적인 모습보다는 그 대상의 형태와 구조에 초점을 두어 전통적 가치들을 부정하고 형태를 왜곡되게 표현하기도 하였다. 그의 이러한 시도들은 후에 미술사에 큰 영향을 미쳐 세잔을 근대 회화의 아버지라 부르게 된다. 이 작품에서도 볼 수 있듯이 그는 항상 색채를 분할하고 전통적인 명암법을 무시하였으며, 배경과 인물의 일치감을 위해 얼굴색이 상당히 왜곡되어 있다.

3 다림질하는 여인 Woman Ironing (1904)

▶ **파블로 피카소** Pablo Picasso

작품의 분위기와 색감에서 알 수 있듯이 이 작품은 피카소의 청색 시대 작품이다. 파리의 세탁선에 머물 당시 하층민들의 가난과 고통을 몸소 체험했던 피카소는 피곤에 지친 여인의 모습을 깊고 어두운 눈매와 함께 고개를 떨군 채 흘러내리는 머리카락, 그리고 각을 세우며 드러난 어깨뼈와 앙상한 몸 등을 통해 효과적으로 묘사하고 있다.

4 푸른 산 Blue Mountain (1909)

▶ **바실리 칸딘스키** Vasily Kandinsky

칸딘스키는 프랑스에 귀화한 러시아 출신의 화가로 현대 추상미술의 선구자로 불린다. 한때 나치에 의해 퇴폐 예술가로 낙인 찍혀 작품이 몰수 당하기도 하였다. 칸딘스키는 대상을 있는 모습 그대로 표현하는 것에서 벗어나 화려한 색채와 기하학적 구성으로 비구상 회화를 이끌어 갔다. 그의 대표작으로 불리는 위 작품에서도 볼 수 있듯이 대담한 구도와 색감을 주로 사용하였으며 독특한 구도 속의 대상들은 매우 역동적으로 표현되었다.

5 창문을 통해 본 파리 Paris through the Window (1913)

▶ **마르크 샤갈** Marc Chagall

샤갈은 러시아 출신으로 화가들에게 동경의 대상이었던 파리에서 유학하였고 파리를 제2의 고향이라 부르며 수많은 작품들을 남겼다. 특히 샤갈이 처음으로 파리에 머물렀던 4년간의 작품들은 화려하면서도 옅은 색채로 그의 작품의 특징인 몽환적인 분위기가 잘 나타나 있다. 이 작품 역시 에펠탑을 통해 파리라는 것을 알 수 있을 뿐 다른 부분은 모두 기이한 모습들을 하고 있지만 어딘가 알 수 없는 친근감을 보여주고 있다.

노이에 갤러리 Neue Galerie New York

20세기 초 독일과 오스트리아의 작품을 주제로 한 미술관이다. '노이에(Neue)'는 독일어로 '새로운(New)'을 뜻한다. 뒤늦게 생겨난 이 미술관이 하루아침에 주목을 받게 된 것은 바로 현대판 모나리자로 불리는 클림트의 '아델레 블로흐 바우어의 초상 I (Portrait of Adele Bloch-Bauer I)' 때문이다. 당시 역대 최고 경매가를 경신하며 오스트리아에서 자리를 옮겨온 이 작품은 영화 '우먼 인 골드(Woman in Gold)'로 만들어질 만큼 드라마틱한 스토리를 담고 있다. 노이에 갤러리는 에스티 로더 화장품 창립자의 아들이자 미술품 애호가로 오스트리아 대사를 지냈던 로널드 로더가 설립한 미술관으로 19세기 말부터 20세기 초에 오스트리아를 풍미했던 구스타프 클림트, 에곤 실레, 코코 슈카를 비롯해 오토 딕스, 게오르게 그로츠, 파울 클레 등 독일 표현주의와 다다이즘 작품들을 감상할 수 있다.

맵북 P.17-B2 **주소** 1048 5th Ave(86th St), New York, NY 10028 **홈페이지** www.neuegalerie.org **운영** 수~월요일 11:00~18:00, 화요일 휴관 **요금** 성인 $28(매월 첫째 주 금요일 17:00~20:00 무료) **가는 방법** 버스 M1·2·3·4 노선 Madison Av/E 86St 정류장에서 도보 2분.

Tip 카페 사바스키 Café Sabarsky

노이에 갤러리와 잘 어울리는 20세기 초 커피하우스 분위기의 카페로 슈니첼, 소시지, 사우어크라우트, 그리고 자허토르테, 아펠슈트루델 등 독일과 오스트리아 음식들을 맛볼 수 있어 항상 붐비는 곳이다.

운영 수~일요일 09:00~21:00, 월요일 09:00~18:00, 화요일 휴무

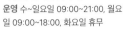

메트로폴리탄 미술관 Metropolitan Museum of Art (The Met)

뉴욕은 물론 세계적으로 손꼽히는 박물관으로 간단히 '메트(Met)'라 부른다. 1870년 미국인들의 예술적 소양과 문화교육을 위해 조그맣게 시작되었다가 소장품이 늘어나면서 1880년 지금의 자리로 이전했다. 고대 그리스 건축양식 중 하나인 코린트식 기둥들이 떠받치고 있는 웅장한 보자르 양식의 건물은 모리스 헌트의 작품으로 5번가를 따라 길게 지어졌으며 건물 뒤편으로는 센트럴 파크가 자리하고 있다. 뉴욕과 예술을 사랑하는 수많은 사람들의 기부로 세계 각지의 귀중한 유물과 값비싼 작품들을 모았으며 1954년 대대적인 개축을 통해 훌륭한 인테리어와 전시로 눈부시게 거듭났다.

맵북 P.17-B2 **주소** 1000 5th Ave(82nd St) New York, NY 10028 **홈페이지** www.metmuseum.org **운영** 일~화·목요일 10:00~17:00(금·토요일 ~21:00), 수요일 휴관 **요금** 성인 $30, 65세 이상 $22, 학생 $17, 12세 미만 무료 ※ 한 티켓으로 당일 클로이스터까지 입장 가능 **가는 방법** 버스 M1·2·3·4 노선 Madison Av/E 83St 정류장에서 도보 2분.

미술관 이용 시 유의사항

- 입구에서 보안 검색을 거쳐야 하며 큰 가방은 라커에 놔둬야 한다.
- 입구 안내소에서 한글로 된 안내지도를 챙기자. 주요 작품들의 위치가 잘 정리되어 있다.
- 플래시 없이 사진 찍는 것은 허용되나 특별 전시나 카메라 금지 표시가 있는 작품은 촬영 금지다.

놓치지 마세요!

● 루프 가든 Roof Garden

박물관의 옥상에는 시원하게 트인 조각 공원이 있다. 봄~가을에만 문을 여는 이곳은 간단한 카페와 함께 조각품들이 전시되어 있으며, 무엇보다도 센트럴 파크 너머로 펼쳐지는 맨해튼의 풍경이 아름답다. 전용 엘리베이터를 이용하면 쉽게 올라갈 수 있다.

● 기념품점

1층에 자리한 기념품점이 가장 크며, 예술 서적과 엽서, 문구류를 비롯해 전시 아이템을 활용한 다양한 굿즈가 있다. 값비싼 장식품과 액세서리부터 저렴한 열쇠고리, 볼펜, 에코백 등 품목별로 보는 것도 재미있다.

이것만 알고 가자!

메트로폴리탄 미술관 하이라이트

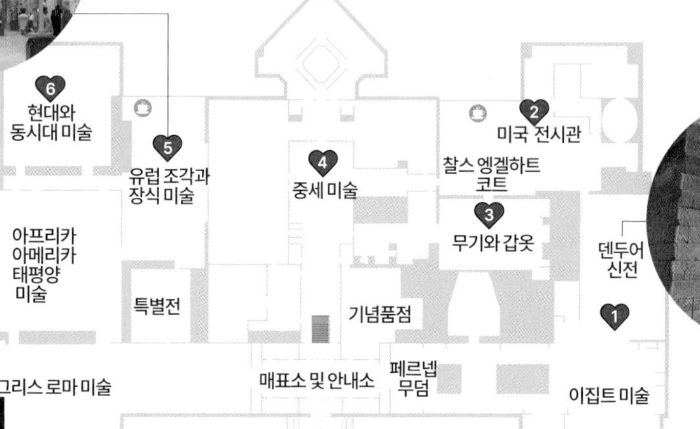

❶ 이집트 미술 Egyptian art

▶ **덴두어 신전** Temple of Dendur (15 B.C.)

전시실에 자리한 신전은 로마의 아우구스투스 황제가 이집트를 점령했을 당시 아이시스(Isis) 여신과 누비아의 신성한 두 왕자를 위해 만든 것이다. 그 후 아스완 댐 공사로 수몰 위기에 처하자 1965년 이집트 정부에서 이를 철거해 미국에 기증하여 이곳에서 재조립되었다. 사암으로 된 이 신전은 문, 전실, 공물실, 성소 등을 갖추고 있으며 벽면에는 파라오의 부조가 새겨져 있다. 신전을 둘러싼 해자와 전시실의 거대한 유리창이 신전을 더욱 돋보이게 한다.

❷ 미국 전시관 The American Wing

▶ **찰스 엥겔하드 코트** The Charles Engelhard Court

메트로폴리탄이 공들여 만든 미국 전시관 중에서도 특히 아름다운 공간이다. 높은 유리 천장 아래 조성된 안뜰이 인상적이며 센트럴 파크의 녹음이 느껴지는 카페도 있다. 벽면의 대리석 파사드는 19세기 초반 월스트리트에 있던 미국 제2은행 지점의 정문을 그대로 옮겨온 것이다. 중앙의 금빛 다이아나 조각상과 티파니의 스테인드글라스도 놓치지 말자.

3 무기와 갑옷 Arms & Armor

시간적으로는 석기시대와 고대 이집트에서 20세기를 넘나들고, 공간적으로 아프리카, 오세아니아, 아시아 지역에 이르기까지 방대한 지역의 무기와 갑옷을 소장하고 전시한다. 기마병의 멋진 퍼레이드 전시도 인상적이다.

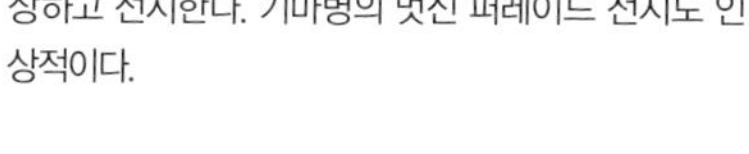

4 중세 미술 Medieval Art

과거 중세시대의 이미지에 걸맞게 어두운 분위기가 감도는 공간이다. 4세기부터 16세기 초반까지의 미술품들이 가득하며 기독교 유물도 많다. 일부는 맨해튼 북쪽의 클로이스터 분관에 나뉘어 있다.

5 유럽 조각과 장식미술 European Sculpture and Decorative Arts

높은 천장 아래 조각들이 매우 아름답게 보이며 바로 옆에는 시원하게 뚫린 창으로 센트럴 파크가 보인다. 바로 옆 카페에서 센트럴 파크를 바라보며 식사나 커피를 즐길 수 있다.

● 우골리노와 그의 아들들
Ugolino and His Sons (1865~1867)
▸ 장 바티스트 카르포 Jean–Baptiste Carpeaux

우골리노 백작은 13세기 이탈리아의 정치가로 교황파와 왕당파 간의 권력투쟁에 실패해 반역죄로 자식들과 함께 감옥에서 죽는다. 이 작품은 단테의 〈신곡〉을 바탕으로 하였는데, 지옥편에 나오는 우골리노는 감옥 안에서 비통에 잠겨 있다. 발밑에는 이미 굶어죽은 아들이 있으며 나머지 자식들도 절규하며 죽어간다. 단테는 마지막 부분을 "고통이 배고픔을 이기지 못했다"고 서술해 끔찍한 상상을 하게 만든다. 이 조각에서 우골리노의 표정은 회한과 분노, 죄책감, 유혹, 고뇌 등을 잘 나타내고 있다.

● 메두사의 머리를 들고 있는 페르세우스
Perseus with the Head of Medusa (1804~1806)
▸ 안토니오 카노바 Antonio Canova

조각실 중앙에서 가장 눈에 띄는 커다란 작품이다. 한 손엔 칼을, 그리고 다른 손에는 메두사의 머리를 들고 있는 페르세우스의 모습이다. 페르세우스는 제우스와 다나에의 아들로 다나에를 사랑한 폴리덱테스가 페르세우스를 없애기 위해 메두사의 목을 가져오라고 명한다. 메두사는 저주를 받아 머리카락이 뱀으로 된 괴물로 바라보기만 해도 돌로 변한다. 페르세우스는 여러 신과 님프들에게서 마법의 창과 방패, 투구 등을 받아 메두사의 목을 치는 데 성공한다.

❻ 현대와 동시대 미술
Modern and Contemporary Art

● 거트루드 스타인 Gertrude Stein (1905~1906)

▶ **파블로 피카소** Pablo Picasso

미국의 작가이자 시인이었던 스타인은 1차대전 이후 파리로 건너가 보헤미안적 예술가들의 물질적, 정신적 대모 역할을 하며 헤밍웨이, 피카소 등과 친분을 나누었다. 피카소는 그녀의 초상화를 그리기 위해 수 개월간 수십 차례 시도했으나 얼굴 부분을 완성하지 못하고 스페인으로 떠나버렸다가 한참 후에 돌아와 완성했다. 이 그림에서 그녀의 얼굴은 가면 같은 모습을 하고 있는데 이는 피카소가 아프리카 원시미술과 이베리아 조각에서 영향을 받은 것을 나타낸다.

● 가을의 리듬 Autumn Rhythm (No. 30) (1950)

▶ **잭슨 폴록** Jackson Pollock

현대미술 평론의 대부로 알려진 클레멘트 그린버그의 전폭적인 지지로 20세기 미술의 한 획을 그은 폴록은 캔버스를 바닥에 눕혀 놓고 물감을 떨어뜨리는 '드리핑' 기법으로 추상표현주의를 이끌었으며 2차대전 이후 세계정치와 맞물려 현대미술의 메카를 유럽에서 미국으로 옮겨오는 데 핵심적인 역할을 했다. 이 작품은 폴록이 뉴욕을 떠나 롱아일랜드에 머물면서 느낀 계절의 변화를 점과 선, 색으로 표현한 것으로 자신이 느끼는 가을의 리듬을 직접 물감을 뿌리는 행위(Action Painting)로 표현하였다.

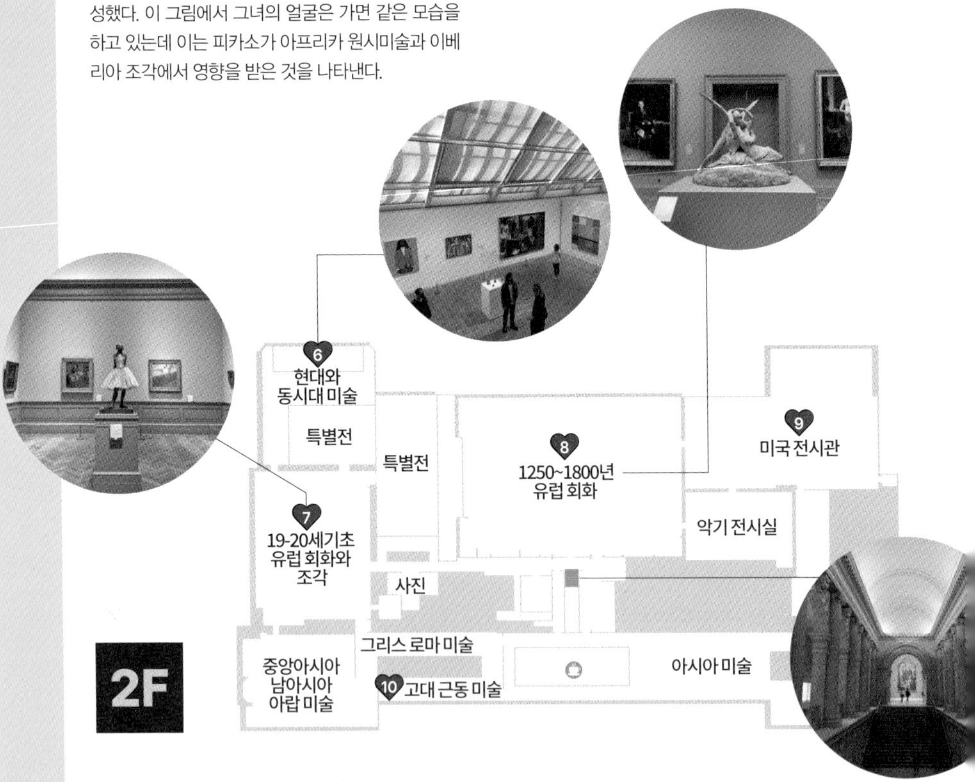

2F

6 현대와 동시대 미술

특별전

특별전

8 1250~1800년 유럽 회화

9 미국 전시관

악기 전시실

7 19-20세기초 유럽 회화와 조각

사진

그리스 로마 미술

중앙아시아 남아시아 아랍 미술

10 고대 근동 미술

아시아 미술

7 19~20세기 유럽 회화
19th Century European Paintings

● 생타드레스의 정원
Garden at Sainte-Adresse (1867)
▶ **클로드 모네** Oscar-Claude Monet

모네가 프랑스 해안도시 생타드레스를 방문했을 당시 가족들이 정원에 모여있는 풍경을 그린 것이다. 밝은 햇살과 시원한 바람, 바다와 함께 아름다운 정원이 만들어 내는 화사한 색채감을 잘 표현했다.

● 카드놀이 하는 사람들 The Card Players (1890~1892)
▶ **폴 세잔** Paul Cezanne

근대 회화의 아버지라 불리는 세잔의 '카드놀이 하는 사람들' 시리즈 중 하나다. 세잔은 수많은 정물화와 풍경화, 그리고 사람들의 소박한 일상을 담은 그림들을 그렸는데, 이러한 일상적인 소재와 주제를 다룸에 있어 전통에 도전하는 자신만의 방법으로 근대성을 이끌어 냈다.

● 사자의 식사 The Repast of the Lion (1907)
▶ **앙리 루소** Henri Rousseau

자유로운 양식을 구사하는 앙리 루소의 작품들은 대개 원시적이며 색감이 풍부한 것으로 유명하다. 재규어를 잡아먹는 사자의 모습이 다소 엉뚱하게 느껴지는 것은 루소가 그의 동물들을 주로 아이들의 동화책 사진을 바탕으로 그렸기 때문이며 주변을 둘러싸고 있는 식물들은 그가 식물원에서 본 것들이지만 그 크기를 자유롭게 변형시켜 비현실적인 느낌을 더한다.

● 밀짚모자를 쓴 자화상
Self-portrait with a Straw Hat (1887)
▶ **빈센트 반 고흐** Vincent van Gogh

뒤늦게 화가의 길로 접어 들어 젊은 나이에 자살로 생을 마감할 때까지 고흐는 짧은 기간에 30여 점에 달하는 자화상을 남겼다. 모델을 살 돈도 없고, 사람을 멀리하며 외로움과 고독 속에 내면을 향해 파고들던 고흐가 그렇게 많은 자화상을 남긴 것은 어쩌면 당연한 일일 것이다. 작은 그림이지만 항상 많은 사람들을 불러 모으는 유명한 작품이다.

● 사이프러스가 있는 밀밭
Wheat Field with Cypresses (1889)
▶ **빈센트 반 고흐** Vincent van Gogh

고흐가 계속되는 발작으로 결국 생레미에 있는 요양원으로 들어가 살게 되었을 당시 그린 작품으로 그의 대표작 중 하나다. 그는 이 시기에 사이프러스와 밀밭, 그리고 별을 소재로 많은 작품들을 남겼는데 이 작품은 그 사이프러스 연작들 중 마지막 작품이다. 사이프러스는 가지를 한 번 잘라내면 다시 자라지 않으며 무덤 주위에 심어져 '죽음'을 상징하는 나무이지만 여기서는 하늘을 향해 솟아오르는 역동적인 모습이 뭉게뭉게 피어오르는 구름과 함께 희망적인 느낌을 준다.

● '그랑자트섬의 일요일' 습작 Study for 'A Sunday on La Grande Jatte' (1884)

▶ **조르주 쇠라** Georges Seurat

시카고에 있는 '그랑자트섬의 일요일'의 습작편이다. 조르주 쇠라는 인상주의를 보다 과학적으로 접근하여 무수한 망점들을 이용해 혼합된 색들의 화면 구성에 집중하였다. 이처럼 그는 후기 인상주의에 리얼리티적 요소를 가져왔으나 작품의 결과물은 여전히 정적이고 따뜻한 느낌을 전달해 준다. 근대 기술에 의한 사진인쇄 기술의 원리도 이와 다르지 않다는 점을 생각해 본다면 쇠라의 이론이 정확했음을 알 수 있다.

● 오이디푸스와 스핑크스
Oedipus and the Sphinx (1864)

▶ **귀스타브 모로** Gustave Morea

모로는 19세기 말 프랑스의 대표적인 상징주의 화가로 성경이나 신화 등을 모티브로 환상적인 작품들을 펼쳤다. 이 작품은 그리스 신화의 오이디푸스 이야기를 그린 것이다. 저주받은 왕 라이오스의 아들로 태어나 버림받은 오이디푸스는 양자로 자라다가 자신의 불길한 운명을 깨닫고 고향으로 가던 중 스핑크스를 만난다. 스핑크스는 라이오스를 벌주기 위해 헤라가 보낸 괴물로 지나가는 사람들이 수수께끼를 풀지 못하면 죽였다. 이 작품은 스핑크스가 오이디푸스에게 수수께끼를 던지는 모습이다. 오이디푸스가 답을 맞히자 스핑크스는 자살하고 만다.

● 마리아를 경배하며
La Orana Maria(Hail Mary) (1891)

▶ **폴 고갱** Paul Gauguin

'La Orana Maria'란 타이티 말로 '마리아를 경배합니다!'란 뜻이다. 가브리엘 천사가 수태고지에서 마리아에게 처음 한 말이다. 고갱은 수태고지의 몇 가지 소재를 이 작품에 도입해 타이티를 배경으로 그려냈다. 왼쪽 뒤의 천사가 두 여인들에게 예수와 마리아라고 알려주고 이에 두 여인은 이들에게 경배를 올린다. 마리아는 타이티 원주민의 모습이지만 얼굴에는 고요와 신비를 띠고 있으며 머리에는 후광이 둘러져 있다. 고갱은 타이티의 원시성을 예술의 근원으로 삼아 열대의 강렬한 색채로 수많은 작품을 남겼다.

8 1250~1800년 유럽 회화
European Paintings

● 추수하는 사람들 The Harvesters (1565)

▶ **피터르 브뤼헐** Pieter Brueghel de Oude

브뤼헐은 신화나 성서, 인물 등을 주요 소재로 삼았던 당시, 배경에 지나지 않았던 풍경을 주요 주제로 이끌어 내면서 서양미술사에 큰 분기점을 가져온 화가다. 지방 농민들의 일상을 자연 속에 꾸밈없이 그려낸 풍속화가답게 이 작품에서도 계절의 변화에 따른 농부들의 모습을 재미있게 그려냈다.

톨레도 풍경 View of Toledo (1597)

▶ **엘 그레코** El Greco

제단화가로 유명한 그레코가 말년에 그린 유일한 풍경화다. 1597년에 그려진 이 작품은 1561년까지 스페인 제국의 수도였던 톨레도의 모습을 표현한 것으로 당시에 흔치 않았던 순수 풍경화의 선구적인 작품으로 꼽힌다.

● 자화상 Self-portrait (1660)

▶ **렘브란트** Rembrandt van Rijn

60여 점이나 되는 수많은 자화상을 남긴 렘브란트는 다양한 회화기법을 선보인 것으로 유명하다. 이 작품은 1660년에 그린 것으로, 갤러리 내부의 같은 방향으로 겹겹이 열려진 문을 통해 멀리서도 눈에 띄는 인상적인 작품이다.

● 젊은 여인의 초상 Portrait of a Young Woman (1665~1667)

▶ **요하네스 페르메이르** Johannes Vermeer

페르메이르의 몇 안 되는 초상화 중 하나로, 그의 가장 유명한 작품으로 꼽히는 '소녀의 초상화'와 매우 흡사한 작품이다. 소녀의 수줍은 미소가 신선하고 귀여운 느낌을 담고 있으며 어두운 배경 속에서 화사하게 빛난다.

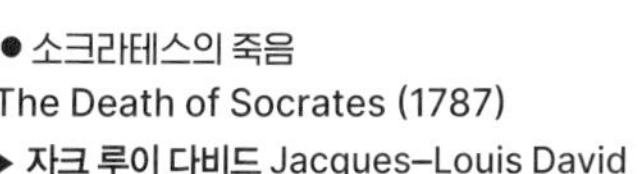

● 소크라테스의 죽음
The Death of Socrates (1787)

▶ **자크 루이 다비드** Jacques-Louis David

소크라테스의 죽음을 다룬 다비드의 걸작이다. 사회 비판적이었던 철학자 소크라테스는 신을 부정하고 젊은이들의 사상을 오염시켰다는 죄목으로 붙잡혀 사상 전향이나 자살 중에서 선택을 강요당해 결국 죽음을 택한다. 이 작품에서 다비드는 제자들에게 영혼의 불멸에 대한 마지막 설교를 하고 독배를 마시려는 소크라테스와 이를 비통해하는 제자들의 모습을 담담히 묘사했다.

9 미국 전시관 The American Wing

● 델라웨어강을 건너는 워싱턴 장군 Washington Crossing the Delaware (1851)

▶ **에마누엘 로이체** Emanuel Leutze

이 작품은 미국의 역사 교과서에도 종종 등장해 미국인들에게 감동을 선사하는 그림이다. 연속되는 패배에도 굴하지 않고 1776년 12월 새벽에 영국군을 기습공격하기 위해 얼어붙은 델라웨어강을 건너는 워싱턴 장군의 의연한 모습을 담았다. 워싱턴이 이끄는 독립군은 이 전투를 승리로 이끌며 마침내 1781년 영국군의 항복을 받아 미합중국 탄생의 초석을 마련하였다. 배에 타고 있는 13명의 사람들은 다양한 성과 인종으로 구성되어 있으며 당시 독립군이었던 13개의 주를 상징한다(760 전시실).

10 고대 근동 미술 Ancient Near Eastern Art

● 라마수 Lamassu(Human-Headed Winged Lion) (883~859 B.C.)

아슈르나시르팔 II 궁전의 입구를 지키고 있는 라마수 조각이다. 라마수란 아시리아의 신전과 궁전의 입구를 지키는 괴수들로, 인간의 머리를 지닌 사자이며 옆모습을 보면 날개와 함께 다리가 다섯 개인 것을 알 수 있다.

프릭 컬렉션 The Frick Collection

악명 높은 사업가이자 예술품 애호가인 헨리 프릭(Henry Clay Frick)이 자신의 저택과 미술품들을 기증하면서 설립된 미술관이다. 3층으로 된 보자르 양식의 거대한 저택은 당대 최고의 부호들이 좋아했던 도금시대 맨션으로 토머스 헤이스팅스(뉴욕 공립도서관 건축가)에 의해 1914년에 지어진 것이다. 유럽 미술에 관심이 많았던 프릭의 소장품엔 렘브란트, 페르메이르, 홀바인, 고야, 벨라스케스, 터너, 프라고나르 등 거장들의 작품이 많으며 이러한 작품들은 저택의 고풍스러운 분위기와 잘 맞는다. 회화작품뿐 아니라 상당수의 장식품과 가구도 볼 수 있다. 갤러리 내에서는 사진 촬영 금지다.

맵북 P.17-B2 **주소** 1 E 70th St, New York, NY 10021 **홈페이지** https://Frick.org **운영** 수~일요일 11:00~19:00 월·화요일 휴무 (2025년 6월 23일부터 월요일 정상 운영) **요금** 성인 $30 (수요일 14:00이후 기부금제) **가는 방법** 버스 M1·2·3·4·72 노선 Madison Av/E 69St 정류장에서 도보 2분.

프릭 컬렉션 주요 작품

❶ 토마스 모어 경 Sir Thomas More (1527) (한스 홀바인 Hans Holbein, the Younger)
❷ 장교와 웃는 소녀 Officer and Laughing Girl (1657) (요하네스 페르메이르 Johannes Vermeer)
❸ 자화상 Self Portrait (1658) (렘브란트 Rembrandt van Rijn)
❹ 디에프 항구 The Harbor of Dieppe (1826) (윌리엄 터너 J. M. William Turner)
❺ 오송빌 백작부인의 초상 Portrait of Comtesse d'Haussonville (1845)
(장 오귀스트 앵그르 Jean Auguste Dominique Ingres)

1

2

3

4

5

프릭 매디슨 Frick Madison

매디슨 애비뉴에 자리한 독특한 외관의 건축물로 바우하우스 모더니즘 건축가로 유명한 마르셀 브로이어(Marcel Breuer)가 설계했다. 휘트니 미술관에서 사용하다가 첼시로 이전한 뒤에는 메트로폴리탄 미술관, 프릭 컬렉션 등에서 임시로 사용했다. 현재 건물 내부는 임시 휴업 중이다.

맵북 P.17-B2 **주소** 945 Madison Ave, New York, NY 10021

센트럴 파크 Central Park

맨해튼 중앙에 위치한 거대한 공원이다. 5번가와 센트럴 파크 웨스트(Central Park West, 8th Ave) 사이의 59th에서 110th St까지 이르는 넓은 지역이 모두 공원으로 이루어져 있어 여러 호수와 분수, 동물원, 숲길, 산책로, 언덕길 등 매우 다채로운 풍경을 보여준다. 근대 조경의 아버지로 불리는 프레드릭로 옴스테드(Frederick Law Olmsted)가 설계했으며 복잡한 맨해튼의 거리와는 너무나도 상반된 평화로운 분위기로 뉴요커들의 사랑을 받는다. 곳곳에 운동하는 사람, 산책을 즐기는 사람, 조용히 책을 읽는 사람, 잔디밭에 누워 낮잠을 자는 사람, 호수에서 한가롭게 노를 젓는 사람, 겨울이면 스케이트를 타는 사람, 나무 밑에서 데이트를 즐기는 연인들을 볼 수 있다. 특히 여름이면 크고 작은 공연들이 펼쳐져 보다 풍요로운 여름밤을 만끽할 수 있다.

맵북 P.16~17 **홈페이지** www.centralparknyc.org **가는 방법** 지하철 A·B·C 노선이 Central Park West 길을 따라 정차하며, N·Q·R 노선은 5th Ave/59th St에 정차한다.

센트럴 파크 효율적으로 둘러보기

남북으로 직선거리만 4km에 이르는 거대한 공원을 하루에 다 볼 수는 없지만 아침 일찍 컨서버토리 가든에서 시작해 원하는 스폿만 골라 보면 더 폰드까지 하루 코스로 즐길 수 있다. 5th Ave와 59th St가 가까울수록 사람이 많아진다는 것도 알아두자.

센트럴 파크 대표 명소 둘러보기

1 컨서버토리 가든 Conservatory Garden

5번가의 북쪽 끝부분인 104th & 105th St에 위치한 아담한 정원이다. 큰길 바로 옆에 위치해 있지만 조용하고 아름다운 공원 속의 공원이다.

2 저수지 Reservoir

재클린 오나시스 저수지(Jacqueline Onassis Reservoir)라고도 부른다. 센트럴 파크에서 가장 큰 저수지다. 구겐하임 미술관 맞은편 입구로 들어가면 아름다운 풍경이 펼쳐진다.

3 그레이트 론 Great Lawn

저수지 옆에 위치한 잔디밭으로 여름에 뉴욕 필하모닉과 메트로폴리탄 오페라의 무료 공연이 펼쳐져 수많은 사람들로 붐빈다.

4 벨베데레 성 Belvedere Castle

센트럴 파크 중앙에 있는 중세풍의 작은 성으로 직접 올라가 볼 수 있다. 바로 가까이에 위치한 델라코타 노천 극장과 연못이 내려다보인다.

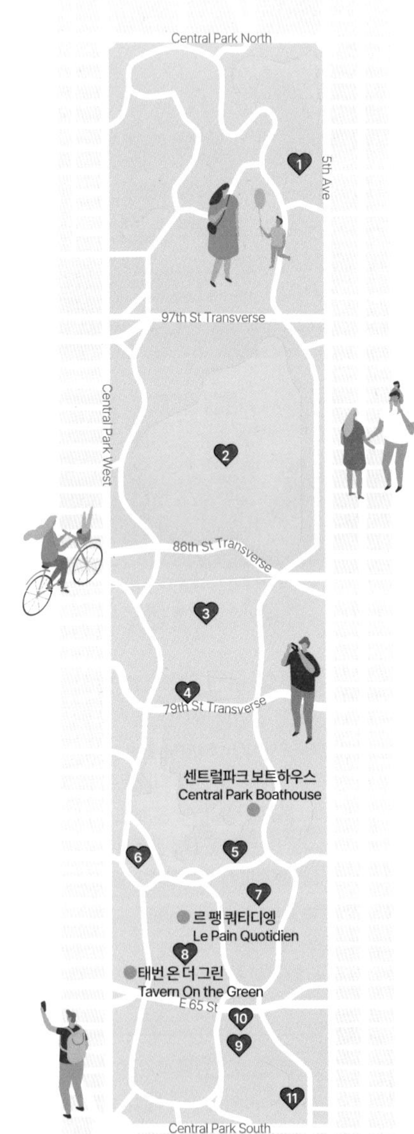

⑤ 베데스다 테라스 Bethesda Terrace

베데스다 분수가 내려다보이는 테라스로 센트럴 파크를 동서로 가르는 테라스 드라이브를 지날 때 들르기 좋다.

⑥ 스트로베리 필즈 Strawberry Fields

비틀스 팬이라면 'Strawberry Fields Forever'라는 노래를 기억할 것이다. 존 레넌의 부인 오노 요코가 그를 추모하기 위해 그들이 살았던 다코타 아파트에서 내려다보이는 곳에 만들었다.

⑦ 더 몰 The Mall

베데스타 테라스에서 남쪽으로 쭉 뻗은 넓은 숲길로 퍼포먼스가 열리기도 하며 길거리 밴더들이 아이스크림이나 간식거리를 팔기도 한다.

⑧ 쉽 메도 Sheep Meadow

이름에서 느껴지듯이 양들의 목초지처럼 시원하게 펼쳐진 잔디밭이다. 햇볕을 쬐며 휴식을 취하는 사람들의 평화로운 풍경들을 볼 수 있다.

⑨ 울먼 링크 Wollman Rink

겨울에 아이스 링크가 조성되는 곳으로 영화에도 자주 등장할 만큼 분위기 있는 곳이다.

⑩ 데어리 The Dairy

안내소 역할을 하는 녹색 지붕의 건물로 지도나 각종 행사에 대한 정보를 얻을 수 있다.

⑪ 더 폰드

5번가에서 가까워 쉽게 접근할 수 있는 센트럴 파크의 끝부분으로 나무들 너머 높이 솟은 건물들이 호수에 반사되어 멋진 풍경을 만든다.

센트럴 파크를 즐기는 다양한 방법

도심 속의 녹지대를 즐기는 방법은 산책뿐 아니라
자전거나 보트 같은 탈거리도 있고 낭만적인 맛집도 있다.

자전거 Bike

센트럴 파크를 효율적으로 돌아볼 수 있는 방법이다. 걸어서는 하루 만에 다 볼 수 없지만 자전거로는 하루 코스가 가능하고 원하는 곳만 간단히 돌아볼 수도 있다. 렌털숍은 공원 남쪽 입구 부근에 많으며 스쿠터도 있다.

요금 시간별로 다르며 기본 1시간 $16~27, 신분증이 필요하며 보증금을 요구하는 곳도 있다. 가장 유명한 곳은 바이크 렌트 NYC(Bike Rent NYC)(https://bikerent.nyc)

페디캡 Pedicab Tours

자전거 택시인 페디캡을 타고 다니며 구경할 수 있는 투어로 시간대별로 여러 코스가 있다. 공원 입구에 대기하고 있거나 공원 안에서도 찾을 수 있다.

요금 성인 기준 1시간 $40~95

마차 Horse Drawn Carriages

사진 찍기 좋아하는 관광객들이 이용하는데 가성비도 안 좋지만 동물 학대 이슈가 있으며 정작 아름다운 공원 안쪽으로는 들어가지 못한다. 공원 남쪽 입구에 있다.

요금 투어 별 $80~190(흥정 가능)

곤돌라 Gondola

이탈리아 베네치아의 곤돌라가 센트럴 파크 호수에도 있다. 투어로만 운영되며 6명까지 탈 수 있다.

주소 Loeb Boathouse (5th Ave 72nd St) **운영** 2025년 현재 임시 휴무

보트 Row Boats

센트럴 파크의 낭만적인 풍경 중 하나가 호수에서 보트를 저으며 데이트를 즐기는 커플이다. 보트하우스에서는 4명까지 탈 수 있는 보트를 대여한다.

주소 Loeb Boathouse (5th Ave 72nd St) **운영** 4~11월 10:00~해질녘 **요금** 기본 1시간 $25 ※ 현금 결제만 가능. 구명조끼 제공.

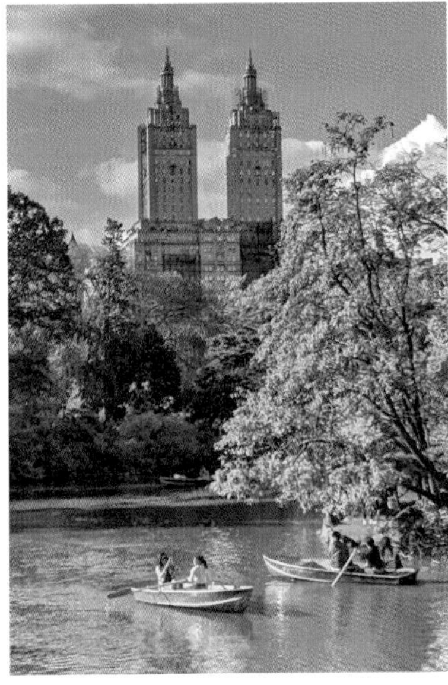

센트럴파크 보트하우스 Central Park Boathouse

보트 대여소 바로 옆에 위치한 분위기 좋은 아메리칸 레스토랑이다. 호수가 바로 보이는 곳에서 식사나 음료를 즐길 수 있어 인기가 많으며 여러 영화와 드라마의 배경으로 등장했다.

P.346 **주소** Park Drive North, E 72nd St **홈페이지** https://centralparkboathouse.com **운영** 월~금요일 12:00~17:00, 토·일요일 11:00~17:00

태번 온 더 그린 Tavern On the Green

쉽 메도 근처에 자리한 녹음이 가득한 아메리칸 레스토랑이다. 정원이 넓어서 야외 결혼식이 종종 열리는 곳이라 그만큼 시즌에는 예약이 어려운 곳이기도 하다. 오래된 건물은 바 분위기이며 바로 옆 유리 건물에서는 주말 브런치가 인기다.

P.346 **주소** W 67th St **홈페이지** www.tavernonthegreen.com **운영** 월~목요일 11:00~21:00(금요일 ~22:00), 토요일 09:00~22:00(일요일 ~21:00)

르 팽 쿼티디엥 Le Pain Quotidien

쉽 메도 바로 북쪽 언덕의 오래된 파빌리온에 자리한 베이커리 카페다. 벨기에에서 처음 오픈해 전 세계 수많은 지점이 있는 유명한 베이커리 체인점으로 여러 종류의 빵과 샌드위치, 샐러드, 커피 등 간단한 메뉴를 즐길 수 있다.

P.346 **주소** 2 W 69th St **홈페이지** www.lepainquotidien.com **운영** 06:30~18:00

매디슨 애비뉴 Madison Avenue

맨해튼 어퍼 이스트의 매디슨가에 이어진 명품 쇼핑거리다. 5번가처럼 화려하지는 않지만 매우 긴 거리에 최고급 명품 브랜드들이 들어서 있다. 에르메스(Hermès), 샤넬(Chanel), 고야드(Goyard), 보테가 베네타(Bottega Veneta), 마놀로 블라닉(Manolo Blahnik), 알렉산더 매퀸(Alexander McQueen), 랑방(Lanvin), 발렌티노(Valentino) 등 매장 수는 많지만 한데 모여 있지 않고 2km 정도 거리에 흩어져 있어서 걸어서 다니기에는 부담스럽다. 원하는 매장 위주로 다니는 것을 추천한다. 맵북 P.17-B2

랄프 로렌 Ralph Lauren

71st St부터 72nd St까지 한 블록을 통째로 차지하고 있는 랄프 로렌 플래그십 스토어다. 1967년에 뉴욕에서 시작해 아메리칸 캐주얼의 상징이 된 브랜드로 매디슨 애비뉴 양쪽에 남성복, 여성복, 아동복 세 개의 건물로 이루어져 있으며 여성복 매장 끝 쪽 72nd St 쪽으로는 카페도 있다.

맵북 P.17-B2 **주소** 888 Madison Ave, New York, NY 10021 **홈페이지** https://ralphlauren.com **운영** 월~목요일 10:00~18:00(금·토요일 ~19:00), 일요일 12:00~18:00 **가는 방법** 버스 M72 노선 E 72St/Madison Av 정류장 건너편에 위치.

Tip 랄프스 커피 Ralph's Coffee

의류만큼이나 인기를 누리고 있는 랄프 로렌의 커피 브랜드로 초록색 로고가 눈에 띈다. 커피 맛도 좋고 특히 매디슨 애비뉴 지점은 인테리어가 예뻐서 더욱 인기가 많다. 규모는 작지만 랄프 로렌 매장을 구경하면서 잠시 들르기에 좋다.

맵북 P.17-B2 **홈페이지** https://ralphlauren.com

운영 일~목요일 08:00~18:00(금·토요일 ~19:00)

대니얼 Daniel

미슐랭 레스토랑으로 오랫 동안 인기를 누리고 있는 고급 프렌치 레스토랑이다. 어퍼 이스트에 조용히 자리하며 깔끔하면서도 중후한 인테리어로 디너만 제공한다. 세계적인 셰프로 유명한 다니엘 불뤼(Daniel Boulud)가 1993년에 오픈해 지금까지 이어온 대표 레스토랑으로 현재 전 세계에 10개가 넘는 레스토랑이 있다.

맵북 P.17-B2 **주소** 60 E 65th St, New York, NY 10065 **홈페이지** www.danielnyc.com **운영** 17:00~22:00 **가는 방법** 지하철 4·6 노선 68St/Hunter College역에서 도보 5분.

라뒤레 Ladurée

마카롱을 전문으로 하는 고급 베이커리로 1862년에 프랑스에서 오픈했다. 수십 가지 독특한 맛을 가진 마카롱이 유명하며 특히 장미와 리치는 오묘한 맛과 향이 돋보인다. 그 외에도 산딸기, 피스타치오, 솔트캐러멜 등도 인기이며 코냑 같은 독특한 맛도 있다.

맵북 P.17-B2 **주소** 864 Madison Ave, New York, NY 10021 **홈페이지** www.laduree.us **운영** 08:00~19:00 **가는 방법** 지하철 4·6 노선 68St/Hunter College역에서 도보 5분.

엘리스 티 컵 Alice's Tea Cup, Chapter 2

앨리스의 원더랜드가 연상되는 귀엽고 아기자기한 티 하우스다. 아기자기한 분위기 덕분에 아이들의 생일파티가 종종 열리기도 한다. 에프터눈티와 스콘이 맛있기로 유명하다. 어퍼 웨스트에도 지점이 있다.

맵북 P.17-B3 **주소** 156 E 64th St, New York, NY 10065 **홈페이지** www.alicesteacup.com **운영** 월~금요일 11:00~18:00, 토·일요일 10:00~18:00 **가는 방법** 지하철 F·Q노선 Lexington Av/63St역에서 도보 1분.

루스벨트 아일랜드

Roosevelt Island

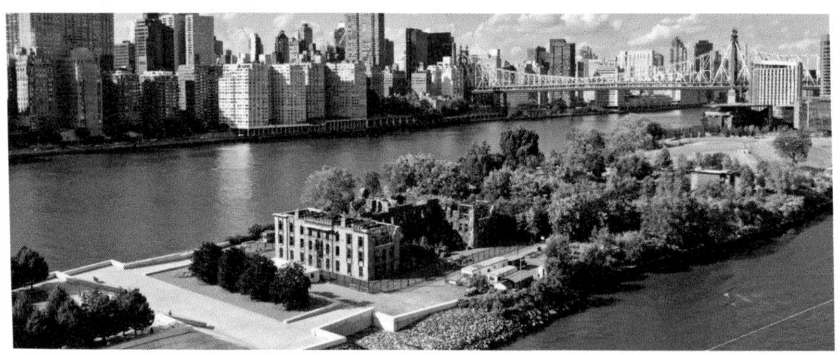

맨해튼 동쪽을 흐르는 이스트강에 떠 있는 섬으로 남북 길이 3km 정도의 기다란 모양이다. 조용한 주택가와 코넬 공대, 루스벨트 기념공원 등이 있으며 맨해튼과는 지하철이나 케이블카로 연결된다. 맨해튼에서 불과 1정거장 떨어진 곳이지만 무언가 다른 느낌으로 다가오는 곳이다. 강변에는 산책로가 있어서 맨해튼이나 퀸스 쪽을 바라보기에도 좋다. 섬 안에서는 걸어다니거나 지하철역, 트램역과 주변 지역을 순환하는 셔틀버스를 이용할 수 있다.

맵북 **P.17-C3** **가는 방법** 지하철 F 노선 Roosevelt Island역이 유일한 지하철역이며 트램을 이용할 수도 있다.

트램웨이 Tramway

맨해튼에서 루스벨트 아일랜드까지 지상으로 연결하는 케이블카다. 이스트강 위로 서서히 지나가는 동안 맨해튼섬의 동북쪽 강변과 루스벨트섬을 내려다볼 수 있다. 지하철 요금 시스템과 동일해 메트로 카드를 이용할 수 있다.

천연두 병원
Smallpox Memorial Hospital

1854년에 천연두 병원으로 세워졌다가 1886년부터는 간호 학교로 이용되었고 현재는 폐허가 된 모습을 그대로 간직하고 있다. 국립 사적지로 등재되어 독특한 볼거리를 전해준다. 루스벨트 공원으로 가는 길에 있어 지나가다 볼 수 있다.

맵북 **P.17-B3** **주소** E Rd, New York, NY 10044 **홈페이지** www.theruin.org **운영** 수~월요일 09:00~19:00, 화요일 휴무 **가는 방법** 지하철 F 노선 Roosevelt Island역에서 도보 12분 또는 셔틀버스 이용.

코넬 테크 Cornell Tech

아이비리그 대학 중 하나로 잘 알려진 코넬 공대의 뉴욕 캠퍼스로 2017년 오픈했다. 뉴욕시가 후원하고 당시 시장이었던 억만장자 마이클 블룸버그가 거액을 기증해 동부의 실리콘밸리를 만들겠다는 야심찬 계획의 일환이었다. 캠퍼스의 중심이 되는 블룸버그 빌딩(The Bloomberg Building)은 태양열 · 지열 에너지와 빗물을 이용하는 최첨단 기술의 친환경 건물이다. 바로 앞에 위치한 타타 이노베이션 센터(Tata Innovation Center)는 스타트업의 산실로 알려져 있다.

맵북 P.17-C3 **주소** 2 W Loop Rd, New York, NY 10044 **홈페이지** http://thecafe.tech.cornell.edu **가는 방법** 지하철 F 노선 Roosevelt Island역에서 도보 6분 또는 셔틀버스 이용.

여기 어때?

루프탑바와 식당

❶ 파노라마룸 Panorama Room

경치 좋은 루프탑바 (Graduate Hotel 18층)

❷ 애니싱 엣 올 Anything at All

북카페 분위기 레스토랑 (Graduate Hotel 1층)

❸ 코넬 테크 카페 The Cafe at Cornell Tech

가성비 카페테리아 (블룸버그 빌딩 1층)

프랭클린 루스벨트 포 프리덤스 스테이트 파크 Franklin D. Roosevelt Four Freedoms State Park

미국의 32대 대통령이었던 프랭클린 루스벨트가 1941년에 했던 명연설 '네 가지 자유(Four Freedoms)'를 기념하는 공원이다. 표현 · 신앙 · 궁핍 · 공포로부터의 자유를 강조한 이 연설은 미국의 헌법 수정조항 제1조, 국제연합 헌장, 세계인권선언 등에 반영되어 큰 영향을 끼쳤다. 이 공원이 의미 있는 또 다른 점은 바로 세계적인 건축가 루이스 칸(Louis I. Kahn)의 절제된 아름다움을 그대로 담고 있기 때문이다. 모더니즘 건축의 거장으로 불리면서도 스스로 모더니즘의 한계를 깨고자 했던 루이스 칸은 1973년에 이 공원을 설계했다. 하지만 그의 갑작스러운 죽음과 재정상의 문제로 취소되었다가 그의 아들이 만든 다큐멘터리를 계기로 40년 만에 세상의 빛을 보게 되었다.

맵북 P.17-B3 **주소** 1 FDR Four Freedoms Park, Roosevelt Island, NY 10044 **홈페이지** www.fdrfourfreedomspark.org **운영** 수~월요일 09:00~19:00, 화요일 휴무 **가는 방법** 지하철 F 노선 Roosevelt Island역에서 도보 15분 또는 셔틀버스 이용.

맨해튼
Manhattan

어퍼 맨해튼
Upper Manhattan

맨해튼에서 센트럴 파크 북쪽 지역을 크게 어퍼 맨해튼이라 부른다. 그리고 또 그 안에서 할렘 등 여러 구역으로 나뉜다. 관광지는 아니지만 컬럼비아 대학을 비롯한 여러 대학들이 모여 있고, 소울 음식과 같은 할렘 특유의 문화를 보기 위해 방문하기도 한다. 그리고 맨해튼 북쪽 끝에는 메트로폴리탄 미술관의 분관인 아름다운 수도원이 있다.

클로이스터스
Cloisters
포트 트라이언 파크
Fort Tryon Park
9A
Dyckman St (1) M
M 190 St (1)
M 191 St (1)
뉴저지
New Jersey
Hudson Park
9A
Highbridge Park
조지 워싱턴 브리지
George Washington Bridge
M 181 St (A)
M 181 Street (1)
M 175 St (A)

M 168 St (A, C)
168 St/ Washington Hts (1) M
Broadway
Amsterdam Ave
할렘강 Harlem River
M 163 Street (A, C)
M 157 Street (1)
W 155 St
9A
Harlem River Dr
Major Deegan Expy
155 St (A, C) M
155 Street (B, D) M
M
161 St/
Yankee Stadium
(B, D)
Riverside Dr
Henry Hudson Pkwy
Broadway
Harlem/ 148 St (3) M
할렘강 Harlem River

137 St/ City College (1) M
Amsterdam Ave
St Nicholas Ave
Frederick Douglass Blvd
Adam Clayton Powell Jr Blvd
Malcolm X Blvd
M 145 St (3)
135 Street (A, B, C) M
St. Nicholas Park
9A
M 125 St (1)
그랜트 장군 기념관
General Grant National Memorial
M 135 St (2, 3)
Harlem River Dr
리버사이드 파크
Riverside Park
리버사이드 교회
Riverside Church
M
아폴로 극장
Apollo Theater
116 St/
Columbia University (1)
125 St (A, C, B, D)
M
Morningside Park
W 125th St
M 125 St (2, 3)
컬럼비아 대학교
Columbia University
Dr Martin Luther King Jr Blvd
Harlem-125th Street (기차역)
M 116 St (A, C, B)
Cathedral M
Pkwy/
110 St (1)
세인트 존 디바인 성당
Cathedral of St. John the Divine
Marcus Garvey
Park
M 125 St (4, 5, 6)
M 116 St (2, 3)
M Cathedral Pkwy/ 110 St (A, C, B)
센트럴 파크
Central Park
M 110 St (2, 3)
M 116 St (4, 6)

컬럼비아 대학교 Columbia University

아이비리그에 속하는 미국 최고 명문 대학 중 하나다. 1754년에 영국 교파에 의해 킹스 칼리지로 설립되었다가 영국으로부터 독립 후 컬럼비아 칼리지로 개명했다. 1896년에 종합대학으로 승격되었고 미국 최초로 법학과를 개설했으며 의학박사의 학위 수여도 미국 최초라고 알려져 있다. 또한 사회사업학, 도서관학 등 새로운 학문 분야를 끊임없이 개척하였고 수많은 첨단연구 분야를 지원하고 있으며 다양한 부설 기관을 가지고 있다. 116th St의 브로드웨이(Broadway)와 암스테르담 거리(Amsterdam Ave)의 문으로 들어가면 바로 캠퍼스의 중심이 등장한다.

맵북 P.18-A2 **주소** 2960 Broadway (116th St) New York, NY 10027 **홈페이지** www.columbia.edu **가는 방법** 지하철 1 노선 116th St/Columbia Univ에서 내리면 바로 캠퍼스가 나온다.

● **로 기념 도서관** Low Memorial Library

캠퍼스 중심에서 가장 눈에 띄는 건물이다. 돔 천장을 10개의 이오니아식 기둥이 떠받치고 있는 육중한 건물로 교수 연구실과 각종 행사장으로 쓰이며 방문자를 위한 안내소도 있다.

● **버틀러 도서관** Butler Library

로 기념 도서관과 마주 보고 있는 커다란 건물로 이곳이 바로 컬럼비아 대학생들의 중앙도서관이다. 시험 기간이면 빈자리가 없이 학업에 몰두하는 학생들로 가득하다. 24시간 열려 있다.

● **알마 마터** Alma Mater

'알마 마터'란 원래 '모교'를 뜻하는 말로, 로 기념 도서관으로 올라가는 계단 중앙에 세워진 조각상의 이름이다. 대학의 상징이 된 이 조각상은 지혜의 여신 미네르바를 표현한 것이다.

● **사범대학** Teachers College

로 기념 도서관 뒤쪽으로 캠퍼스 끝까지 걸어가면 도로가 나오고 그 길 건너편에 위치한 웅장한 붉은 건물이다. 컬럼비아대는 사범대도 상당히 유명한 것으로 알려져 있다.

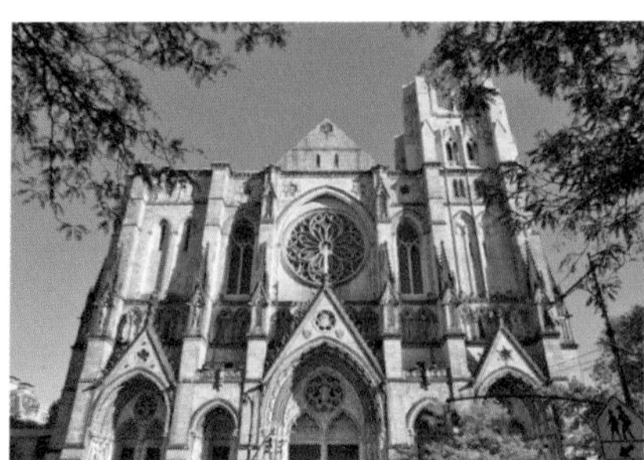

세인트 존 디바인 성당 Cathedral of St. John the Divine

1892년에 착공되어 오랜 역사를 지닌 웅장한 성당으로 뉴욕 성공회 교구의 대성당이다. 대공황과 세계대전 등을 겪을 때마다 재정문제로 공사가 중단되고 화재를 겪는 등 여러 문제로 지연되다가 2018년에 1차 완공되었다. 계단을 통해 입구로 올라가면 거대한 청동 문과 그 주변에 성당의 이름이기도 한 '사도 요한(St. John the Divine)'을 비롯해 여러 조각들이 새겨져 있다. 다른 성당들과 달리 컬러를 입힌 조각도 있고 맨해튼의 모습도 새겨져 있어 특이하다. 성당 오른쪽 뜰로 들어가면 입구 쪽에 이상한 얼굴들이 엉겨붙은 모양의 청동 조각이 있는 이 조각의 이름은 '평화의 분수대'로 인간의 복잡다양한 내면을 표현한 것이라고 한다.

맵북 P.18-A2 **주소** 1047 Amsterdam Ave(112th St) New York, 10025 **홈페이지** www.stjohndivine.org **운영** 월~토요일 09:30~1700, 일요일 12:00~17:00 **요금** 성인 $15 **가는 방법** 컬럼비아 대학에서 두 블록 떨어진 곳에 위치.

리버사이드 교회 Riverside Church

1930년에 완성된 웅장한 신고딕 양식의 교회다. 록펠러 가문은 19세기 말부터 침례교에 재정적 후원을 해왔는데 존 록펠러 주니어가 초종파주의자였던 에머슨 포스딕 목사를 만나면서 그의 뜻에 따라 종파를 초월한 교회를 짓게 된 것이다. 실제로 이곳에서는 마틴 루터 킹 주니어 목사의 베트남전 반대 연설을 비롯해 흑인 인권운동가 제임스 포먼의 낭독, 넬슨 만델라의 연설 등 사회 정의와 인권운동의 역사를 가지고 있다. 교회 내부에 74개의 종이 달려있는 거대한 편종(카리용 Carillon)은 존 록펠러 주니어가 그의 어머니에게 헌정한 것이며, 엘리베이터를 통해 20층 전망대에 오르면 맨해튼 북쪽의 전경이 한눈에 들어온다.

맵북 P.18-A2 **주소** 490 Riverside Drive, New York, NY 10027 **홈페이지** https://www.trcnyc.org **운영** 매일 09:00~17:00 ※ 타워 전망대 투어는 수~토요일 $20, 일요일 $25 **가는 방법** 컬럼비아 대학에서 두 블록 떨어진 곳에 위치.

그랜트 장군 기념관 General Grant National Memorial

컬럼비아 대학교 서쪽 끝으로 길게 자리한 리버사이드 공원 Riverside Park에는 둥근 돔 지붕이 눈에 띄는 건물이 있다. 남북전쟁의 영웅으로 18대 대통령에 당선된 율리시즈 그랜트 Ulysses S. Grant와 그의 부인이 잠들어 있는 곳으로, 고인의 사후 75주년이 되던 해인 1897년에 완성되었다. 건물 외관은 고대 할리카르나소스의 묘를 모델로 했으며 내부의 묘는 파리에 있는 나폴레옹 보나파르트 부부의 묘를 연상시킨다. 건물 안에는 남북전쟁과 관련한 자료들이 전시되어 있다. 9만 명 이상의 시민들이 모금에 참여해 지어진 이 웅장한 건물 중앙에는 'Let US Have Peace'라는 글귀가 새겨져 있다.

맵북 P.18-A2 **주소** 122nd St & Riverside Dr, New York, NY 10025 **홈페이지** www.nps.gov/gegr **운영** 수~일요일 10:00~16:00, 월·화요일 휴관 **요금** 무료 **가는 방법** 컬럼비아 대학에서 도보 10분.

컬럼비아 대학서점 Columbia University Bookstore

컬럼비아 대학교 서쪽 입구의 캠퍼스 초입에 자리한 서점이다. 대학 로고가 담긴 굿즈가 매우 다양하고 특히 의류가 많은 편이다. 가격대는 좀 있지만 기념품으로 작은 소품들도 있으니 관심이 있다면 들러볼만하다.

맵북 P.18-A2 **주소** 2922 Broadway, New York, NY 10027 **홈페이지** http://columbia.bncollege.com **운영** 월~금요일 09:00~18:00, 토·일요일 11:00~17:00 **가는 방법** 지하철 1 노선 116th St/Columbia Univ에서 도보 1분.

코로넷 피자 Koronet Pizza

거대한 사이즈의 피자로 유명한 이곳은 대학가 주변이라 학생들에게 인기가 많다. 가게가 작아서 항상 만석이다. 한 조각만 시켜도 간단한 한 끼가 될 정도로 크며, 한 조각이라도 종이 상자에 포장해준다.

맵북 P.18-A2 **주소** 2848 Broadway, New York, NY 10025 **홈페이지** www.koronetpizzany.com **운영** 일~목요일 10:00~02:00(금·토요일 ~04:00) **가는 방법** 지하철 1 노선 Cathedral Parkway 110St 역에서 도보 1분.

할렘 Harlem

할렘은 주로 흑인들이 거주하는 지역으로 한때는 악명 높은 우범지대였지만 현재는 점차 주거용 아파트와 비즈니스센터, 호텔 등이 들어서고 있다. 특별한 볼거리보다는 할렘의 문화를 접할 수 있는 각종 투어들이 있다. 찬송가를 특유의 흑인 음악과 접목시켜 경쾌하게 만든 할렘 가스펠을 직접 들을 수 있는 가스펠 투어라든가 재즈에 남다른 소질을 지닌 흑인들의 멋진 연주를 감상할 수 있는 재즈 투어, 남부의 흑인 음식인 소울 푸드를 맛보기 위한 푸드 투어도 있다.

아폴로 극장 Apollo Theater

소울 음악의 메카로 불리는 이곳은 루이 암스트롱, 엘라 피츠제럴드, 빌리 홀리데이, 퀸시 존스, 스티비 원더 등 전설적인 뮤지션들이 활동했던 곳이다. 원래 1914년에 신고전주의 양식으로 지어진 극장 건물이며 당시에는 백인만 출입이 가능했었다. 1934년부터 아폴로 극장으로 이름을 바꿔 누구나 출입하게 되면서 흑인 관람객을 대상으로 여러 공연을 시작했다. 현재에도 아마추어 나이트를 비롯해 다양한 공연이 열리고 있다.

맵북 P.18-A2 **주소** 253 W 125th St, New York City, NY 10027 **홈페이지** www.apollotheater.org **가는 방법** 지하철 A·B·C·D-125St역에서 도보 3분.

포트 트라이언 파크 Fort Tryon Park

맨해튼 북쪽 끝의 아름다운 수도원 클로이스터스가 둥지를 틀고 있는 공원으로, 평화로운 시민들의 휴식처이자 역사적으로도 중요한 지역이다. 높은 암반지대로 이루어진 이곳은 1776년 독립전쟁 중에 600여 명의 독립군이 4,000여 명의 영국군 용병들과 맞서 싸웠던 장소이며, 전쟁에서 승리한 영국은 당시 뉴욕 식민지의 행정관이었던 윌리엄 트라이언의 이름을 따 '트라이언 요새(Fort Tryon)'로 명명했다. 이후 여러 부호들의 소유를 거쳐 1935년 록펠러가 뉴욕시에 기증했다. 한때 우범지대가 되기도 했으나 1995년 시민들이 참여한 뉴욕 복원 프로젝트에 의해 현재의 아름답고 깨끗한 모습으로 돌아왔다. 울창한 숲과 오솔길, 허드슨강과 할렘강의 풍경, 그리고 맨해튼의 북쪽 지역이 내려다보여 조용한 휴식과 함께 아름다운 풍경을 즐길 수 있는 곳이다.

맵북 P.18-B1 **주소** Margaret Corbin Dr, New York, NY 10040 **홈페이지** www.nycgovparks.org/parks/forttryonpark **가는 방법** 지하철 A 노선 190St 또는 버스 M4 노선 Ft Washington Av/Cabrini Bl 정류장에 하차하면 공원이 나온다.

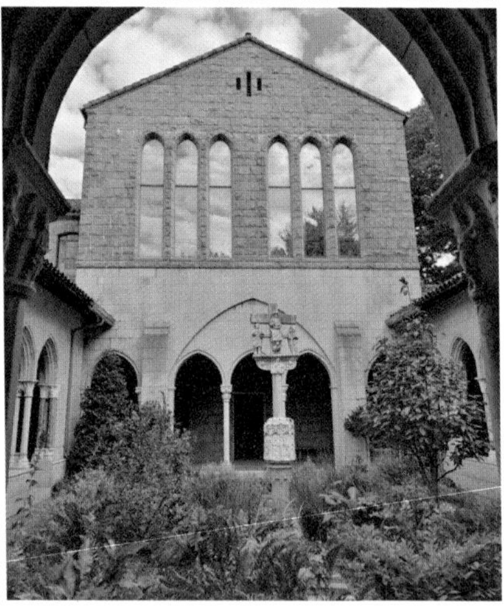

클로이스터스 Cloisters

맨해튼의 북쪽 끝에 자리한 수도원으로 시내 중심에서 멀리 떨어져 있어 지나치기 쉽지만 조용한 아름다움을 간직한 명소다. 클로이스터(Cloister)란 원래 수도원 안뜰의 회랑을 뜻하는 말이다. 중세 수도원 건물을 본떠 지어진 이 건물에는 퀵사 클로이스터(Cuxa Cloisters), 트리 클로이스터(Tri Cloisters), 본퐁 클로이스터(Bonnefont Cloisters), 세인트 길렘 클로이스터(Saint-Guilhem Cloister) 등 네 개의 클로이스터가 있다.

유명한 조각가 로댕의 제자였던 조지 그레이 버나드(George Grey Barnard)는 1914년 프랑스의 수도원들을 돌면서 사들인 수도원 일부분과 조각들을 미국으로 옮겨와 맨해튼에 재조립했다. 1925년 록펠러는 이 건물을 사들여 메트로폴리탄 박물관에 기증하였으며 주변의 땅까지 모두 사들여 공원으로 조성하고 뉴욕시에 기증했다. 1927년 메트로폴리탄 박물관은 신고전주의 건축가들을 동원해 이 건물을 재조합하고 증·개축하여 중세 교회 모습을 재현시켰으며 소장품들도 계속 늘려 현재의 모습을 갖췄다. 당시에 식물학자들과 정원사들까지 동원해서 건물 내부 정원에는 중세 수도원에 있던 식물들을 그대로 심고 재배하여 완벽한 중세 교회의 모습을 재현시켰다고 한다. 또한 클로이스터스는 포트 트라이언 파크(Fort Tryon Park) 언덕에 위치해 주변의 풍경 또한 아름답다. 록펠러는 여기서 보이는 전망을 해치지 않도록 하기 위해 멀리 허드슨강 건너편의 뉴저지 쪽 절벽까지 사들여 기증함으로써 현재 팰리세이즈 공원(Palisades Park)으로 조성되었다.

맵북 P.18-B1 **주소** 99 Margaret Corbin Dr, Fort Tryon Park, New York, NY10040 **홈페이지** www.metmuseum.org/cloisters **운영** 목~화요일 10:00~17:00, 수요일 휴무 **요금** 성인 $30, 65세 이상 $22, 학생 $17(같은 날 메트로폴리탄 박물관 입장권이 있으면 함께 이용 가능) **가는 방법** 버스 M4 종점인 Margaret Corbin Dr/Cloisters 정류장에서 하차하면 바로 입구가 나온다.

클로이스터스 하이라이트

1 유니콘의 사냥 The Hunt of the Unicorn

16세기 브뤼셀에서 만들어진 7점의 유니콘 연작 태피스트리로 보존 상태가 좋으며 아름다움 수풀 속에 자리한 신비로운 유니콘의 모습이 담겨 있다.

3 수태고지 제단화 Triptych with the Annunciation

15세기 네덜란드의 화가 로베르 캉팽(Robert Campin)의 작품으로 초기 플랑드르 회화의 뛰어난 작품성을 볼 수 있다. 세 폭의 작은 화폭에 매우 섬세하게 그려져 있다.

2 본퐁 클로이스터 Bonnefont Cloisters

회랑들이 각기 다른 모습으로 아름다움을 가지고 있지만, 이곳 본퐁 회랑은 넓은 야외 공간에 있어 다른 풍경을 선사하는 곳이다. 200종이 넘는 중세시대 약초들이 자라고 있는데 어떤 것이 약이 되고 어떤 것이 독을 품고 있는지 적혀 있다. 그리고 무엇보다 포트 트라이언 파크와 허드슨강의 전경을 시원하게 내려다볼 수 있다.

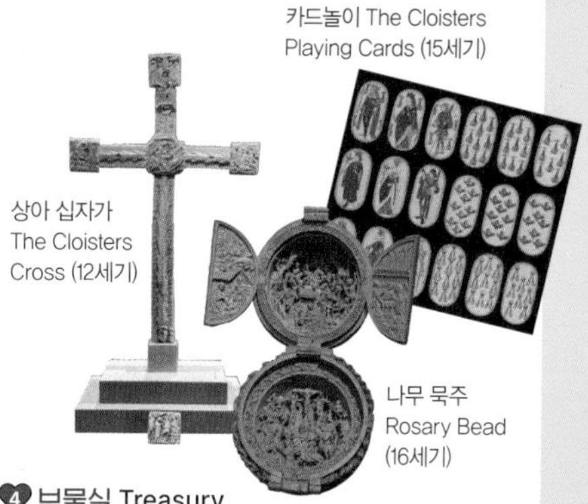

카드놀이 The Cloisters Playing Cards (15세기)

상아 십자가 The Cloisters Cross (12세기)

나무 묵주 Rosary Bead (16세기)

4 보물실 Treasury

지하에 자리한 보물실에는 중세시대의 소중한 유물들로 가득하다. 12세기에 상아로 만든 십자가에는 100여 명에 달하는 성경 속 인물과 비문들이 조각되어 있고, 기도할 때 사용하는 16세기 나무 묵주에는 예수의 탄생과 십자가의 고뇌, 베드로 등이 매우 디테일하게 조각되어 있다. 중세시대 카드놀이로 사용하던 카드도 재미있다.

브루클린 & 퀸스

Brooklyn & Queens

뉴욕시를 구성하는 다섯 개의 보로(행정구역) 중 브루클린과 퀸스는 맨해튼과 쉽게 연결되는 곳이다. 브루클린의 일부 지역은 맨해튼의 비싼 땅값을 감당치 못해 빠져나온 젊은 예술가들로 점차 새로운 문화지구를 형성하고 있으며, 퀸스의 롱아일랜드 시티는 맨해튼 주택 수요의 대안처로 개발되면서 새로운 부촌을 형성하고 있다. 대중교통으로도 쉽게 연결되어 나날이 핫플레이스가 늘어가는 지역이다.

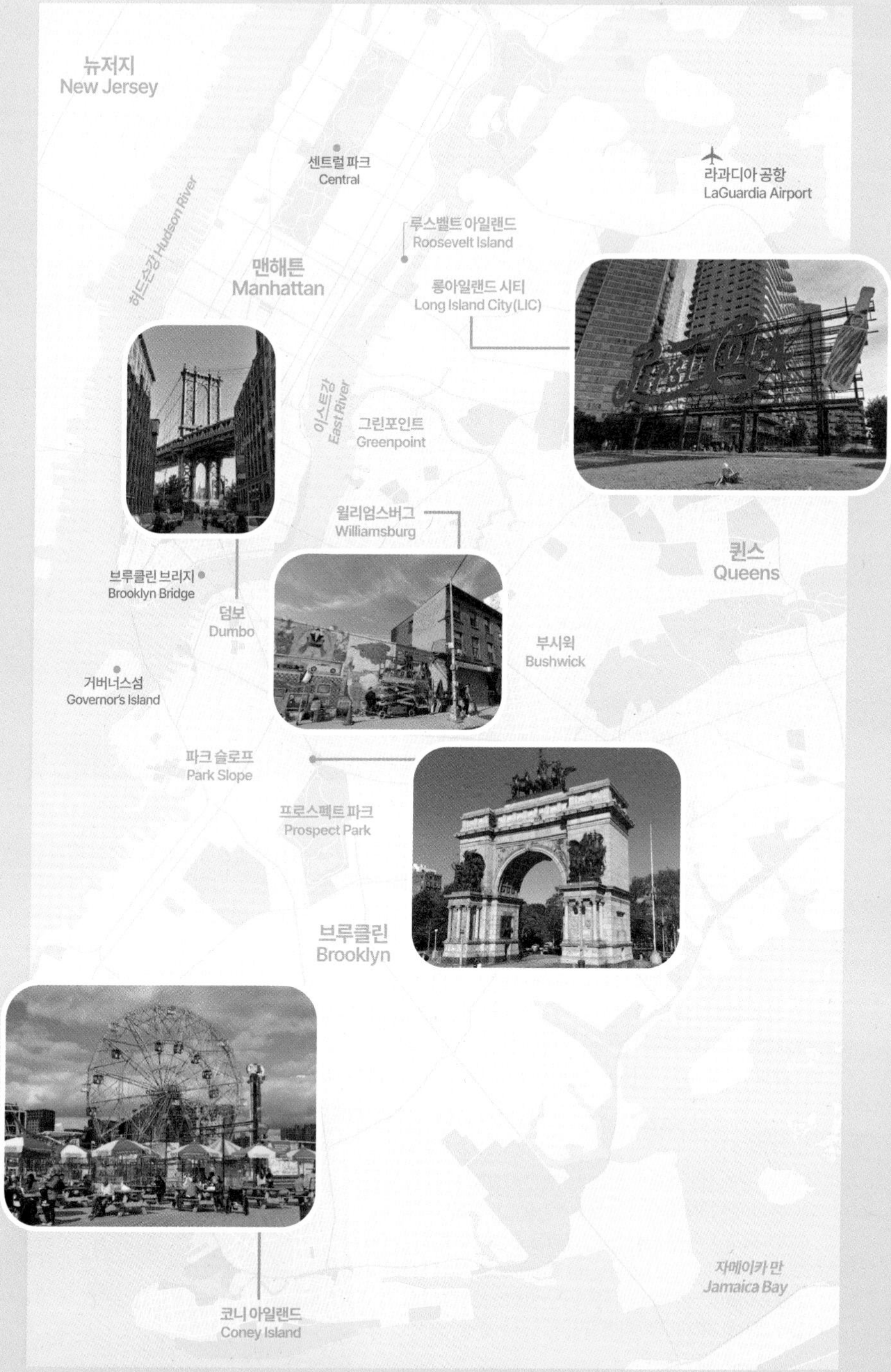

뉴저지
New Jersey

센트럴 파크
Central

라과디아 공항
LaGuardia Airport

허드슨강 Hudson River

루스벨트 아일랜드
Roosevelt Island

맨해튼
Manhattan

롱아일랜드 시티
Long Island City(LIC)

이스트강
East River

그린포인트
Greenpoint

윌리엄스버그
Williamsburg

퀸스
Queens

브루클린 브리지
Brooklyn Bridge

덤보
Dumbo

부시윅
Bushwick

거버너스섬
Governor's Island

파크 슬로프
Park Slope

프로스펙트 파크
Prospect Park

브루클린
Brooklyn

자메이카 만
Jamaica Bay

코니 아일랜드
Coney Island

덤보 Dumbo

덤보란 'Down Under the Manhattan Bridge Overpass'의 앞 글자를 따온 약자로 '맨해튼 브리지 다리 아래' 지역을 말한다. 과거 산업단지였기 때문에 창고 건물들이 남아 있으며 예술가들이 모여들면서 갤러리가 생기고 다양한 문화행사가 펼쳐지는 곳으로 발전하고 있다.

가는 방법 지하철 F 노선 York Street역 또는 A·C-High Street역 하차 후 도보 5분.

브루클린 브리지 Brooklyn Bridge

맨해튼과 브루클린을 연결해 주는 이 다리는 19세기 최고의 토목공사라 평가받는다. 최초로 강철 케이블을 사용한 현수교로 총 길이는 1,834m이며 케이블을 지지하고 있는 웅장한 두 탑의 높이는 84m로 1883년 건설 당시 세계에서 가장 길었다. 다리가 지어지기까지 많은 희생이 있었는데, 1869년 설계자 존 뢰블링(John A. Roebling)이 공사 초기에 사망했으며, 뒤를 이은 그의 아들 워싱턴 뢰블링(Washington Roebling)도 1872년 공사 도중 불구가 되었다. 그러나 워싱턴은 포기하기 않고 아내를 통해 지시하며 감독에 참여했다. 화재와 케이블 사고, 20명이 넘는 노동자 사망 등 악재와 예산 부족 등으로 순탄치 않았으나 마침내 완공되었다.

맵북 P.20 상단 **주소** Brooklyn Bridge, New York, NY 10038 **가는 방법** 두 지하철역 기준으로 20~30분 소요된다. ①브루클린 출발: 지하철 A·C 노선 High Street역 하차. ②맨해튼 출발: 지하철 4·5·6 노선 Brooklyn Bridge/City Hall역 하차.

다리 건너기

웅장한 돌과 철의 아름다운 조화로 많은 사람들의 사랑을 받는 이 다리는 나무 데크로 된 보행자 전용로가 있어서 직접 걸으며 다리와 함께 맨해튼의 멋진 풍경을 감상할 수 있다. 한낮보다는 아침이나 해질 녘이 좋으며 특히 브루클린에서 맨해튼 방향으로 출발하면 로어 맨해튼의 스카이라인을 보며 걸을 수 있다. 거꾸로 시작한 경우라면 중간에 가끔 뒤를 돌아보자.

브루클린 브리지 파크 Brooklyn Bridge Park

브루클린 다리 건너편에 이스트 강변을 따라 조성된 공원으로 맨해튼의 풍경을 감상하기 좋은 곳이다. 곳곳에 뷰포인트가 있으니 천천히 거닐면서 비교해 보는 것도 재미다. 주말에는 여러 이벤트나 전시회가 열리기도 한다. 로어 맨해튼의 멋진 스카이라인이 펼쳐져 시시각각 다른 느낌을 준다. 낮 풍경은 물론 석양과 야경도 놓치지 말자.

맵북 P.20 상단 **주소** 334 Furman St, Brooklyn, NY 11201 **홈페이지** https://brooklynbridgepark.org **가는 방법** 지하철 A·C 노선 High Street역에서 도보 10분.

제인 회전목마 Jane's Carousel

브루클린 다리 동쪽에 작게 조성된 엠파이어 풀턴 페리(Empire Fulton Ferry) 공원에 자리한 회전목마다. 1922년에 처음 오하이오의 한 공원에 만들어졌다가 공원이 문을 닫으면서 경매에 넘겨졌다가 2011년 이곳 브루클린에서 세계적인 건축가 장 누벨(Jean Nouvel)의 손길을 거쳐 투명한 유리 파빌리온을 추가하면서 지금의 멋진 모습으로 복원되었다. 공원과 강을 배경으로 더욱 예쁜 사진이 연출되는 곳이다.

맵북 P.20 상단 **주소** New Dock St, Brooklyn, NY 11201 **홈페이지** https://janescarousel.com **운영** (회전목마 운영 시간) [하절기] 월·수~금요일 11:00~18:50, 토·일요일 10:00~18:50, [동절기] 수~일요일 11:00~17:50(1~3월 중순 수요일 휴무) **요금** $3 **가는 방법** 지하철 A·C 노선 High Street역에서 도보 10분.

맨해튼 브리지 Manhattan Bridge

브루클린 브리지 옆에 놓인 다리로 1909년에 지어졌으며 총 길이가 2,089m나 된다. 덤보의 상징으로 청녹빛 철제 다리가 인상적인 맨해튼 브리지는 영화의 배경으로 등장하면서 더욱 유명해졌다. 다리가 가장 잘 보이는 곳은 워터 스트리트(Water Street)와 워싱턴 스트리트(Washington Street)가 만나는 곳이다. 바로 이 자리에서 세르지오 레오네 감독의 명작 '원스 어폰 어 타임 인 아메리카(Once Upon a Time in America)'의 포스터 장면을 그대로 눈에 담을 수 있다.

맵북 P.20 상단 **주소** [포토존] 39-21 Washington St, Brooklyn, NY 11201 **가는 방법** 지하철 F 노선 York St역에서 도보 5분.

엠파이어 스토어스 Empire Stores

과거 담배와 커피, 설탕을 쌓아두던 창고 건물이 오랫동안 방치되어 있다가 브루클린이 개발되면서 새롭게 태어났다. 창고 건물이 원래 지니고 있던 특징들을 잘 살려 최근 유행하고 있는 인더스트리얼 디자인으로 트렌디함을 살렸으며 이스트강 바로 앞에 위치한 환상적인 입지를 활용해 멋진 모습으로 완성되었다. 2016년 웨스트 엘름 인테리어 가구점의 플래그십 스토어를 시작으로 상점들이 하나씩 들어오면서 형태를 갖추어 나가다가 2019년 대형 푸드홀인 타임아웃 마켓이 들어서면서 핫플레이스로 큰 인기를 누리고 있다.

맵북 P.20 상단 **주소** 53-83 Water St, Brooklyn, NY 11201 **홈페이지** www.empirestoresdumbo.com **영업** 매장마다 다른데 보통 08:00~24:00 **가는 방법** 지하철 F 노선 York St역에서 도보 6분.

웨스트 엘름 West Elm

미국 최대의 홈퍼니싱 회사 윌리엄 소노마 그룹의 브랜드로 인테리어 브랜드 최초로 공정무역을 실천하고 있으며 환경과 자원의 지속 가능성에 큰 관심을 두어 오가닉 섬유를 사용하고 재활용에도 신경 쓰는 것으로 알려져 있다. 미국에 여러 곳의 지점이 있고 한국에도 입점했는데 엠파이어 스토어점이 뉴욕의 플래그십 스토어로 규모가 상당히 크다.

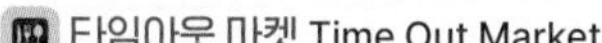

타임아웃 마켓 Time Out Market

엠파이어 스토어 1층과 3층에 자리한 푸드홀로 20여 개의 맛집이 모여 있다. 규모도 크지만 맨해튼에서 인정받은 맛집들이 여럿 출동해 오픈 당시부터 큰 화제를 모았다. 특히 3층의 루프탑 바는 이스트강과 맨해튼의 풍경이 한눈에 들어오는 멋진 장소다. 클린턴 스트리트 베이킹 컴퍼니(Clinton St. Baking Company) P.242, 에사 베이글(Ess-a-Bagel), 세테파니 베이커리(Settepany Bakery) 등 유명 맛집도 있다.

파워하우스 아레나 Powerhouse Arena

덤보의 맨해튼 브리지 바로 아래 위치한 독립서점으로 예술 서적을 주로 출간하는 파워하우스 북스(Powerhouse Books) 출판사에서 2006년에 오픈했다. 다른 소규모 출판사에서 출간한 책들도 있고 지역사회에서 만든 에코백이나 아기자기한 소품들, 문구류들이 있으며 아동 서적 셀렉션에도 상당히 신경을 쓴다. 안쪽에는 여러 행사가 열리는 공간이 있고 여기서 커피도 마실 수 있다.

맵북 P.20 상단 **주소** 28 Adams St, Brooklyn, NY 11201 **홈페이지** https://powerhousearena.com **운영** 월~금요일 11:00~19:00, 토·일요일 10:00~19:00 **가는 방법** 지하철 F 노선 York St역에서 도보 3분.

해리어츠 루프탑 Harriet's Rooftop

원 호텔 브루클린에 자리한 루프탑 바로 로어 맨해튼의 멋진 스카이라인을 즐길 수 있는 곳이다. 아래층은 전면이 유리창으로 된 라운지 바로 되어 있고 위층은 탁 트인 공간에 시원하게 바람을 맞으며 브루클린 브리지와 맨해튼 풍경을 즐길 수 있다.

맵북 P.20 상단 **주소** 60 Furman St, Brooklyn, NY 11201 **홈페이지** www.1hotels.com **가는 방법** 지하철 A·C 노선 High Street역에서 도보 7분.

그리말디스 Grimaldi's

하얀색의 3층짜리 건물에 자리한 유명한 피자 맛집으로 한때 뉴욕 최고의 피자로 꼽히곤 했다. 석탄을 사용하는 화덕오븐에서 최고 650도에 달하는 강력한 화력으로 불향과 함께 얇고 바삭한 피자 맛을 살려내는 장인의 피자로 유명하다. 오래된 은행 건물을 개조해 층을 올리고 내부는 빈티지한 느낌의 오래된 흑백사진들로 장식해 운치가 있다. 모차렐라 치즈에 리코타 치즈를 더한 화이트 피자가 유명하다.

맵북 P.20 상단 **주소** 1 Front St, Brooklyn, NY 11201 **홈페이지** www.grimaldispizzeria.com **운영** 일~목요일 11:00~21:00(금·토요일 ~22:00) **가는 방법** 지하철 A·C 노선 High Street역에서 도보 5분.

줄리아나스 Juliana's

그리말디스 피자집을 처음 열었던 팻시 그리말디(Patsy Grimaldi)가 은퇴하면서 자신의 브랜드를 팔았다가 그리말디스가 옆 건물로 이사를 가자 다시 돌아와 자신의 어머니 이름으로 새롭게 문을 연 곳이다. 원조의 맛을 느낄 수 있어 여전히 인기다. 그리말디스보다 규모는 작지만 함께 경쟁하며 긴 대기줄을 만들고 있다. 역시 화덕오븐으로 바삭한 도우와 신선한 모차렐라 치즈가 들어간 클래식 마르게리타가 일품이다.

맵북 P.20 상단 **주소** 19 Old Fulton St, Brooklyn, NY 11201 **홈페이지** https://julianaspizza.com **운영** 일~목요일 11:30~21:00 **가는 방법** 지하철 A·C 노선 High Street역에서 도보 5분.

밴 루윈 아이스크림 Van Leeuwen Ice Cream

브루클린 다리 아래 눈에 띄는 하얀 건물은 과거 소방선의 소방관들이 사용하던 곳으로 현재는 아이스크림 가게가 들어섰다. 밴 루윈은 2008년 뉴욕에서 푸드트럭으로 시작해 이제는 미국의 주요 도시에 지점이 있고 일부 슈퍼마켓에서도 찾을 수 있다. 맛과 재료를 모두 중시하며 채식주의자들을 위해 우유 대신 오트밀크를 쓰는 비건 메뉴도 있다.

맵북 P.20 상단 **주소** 1 Water St, Brooklyn, NY 11201 **홈페이지** https://vanleeuwenicecream.com **운영** 일~목요일 12:00~24:00(금·토요일 ~01:00) **가는 방법** 지하철 A·C 노선 High Street역에서 도보 6분.

루크스 랍스터 Luke's Lobster

브루클린 다리 바로 아래 굴뚝이 있는 붉은 벽돌이 인상적인 이곳은 작은 간이식당이지만 인기 있는 랍스터롤 전문 체인점이다. 랍스터로 유명한 메인주에서 탄생해 미국 주요 도시에 진출한 맛집으로, 뉴욕에 여러 지점이 있으며 그중 브루클린 브리지점은 야외 테이블이 있어 여름 시즌에 인기가 높다. 인기 메뉴는 버터를 발라 구운 빵에 랍스터 샐러드를 가득 넣어주는 랍스터롤(Lobster Roll)이며 무난한 맛보기로는 랍스터롤, 크랩롤, 슈림프롤이 작은 사이즈로 함께 나오는 루크스 트리오(Luke's Trio)도 괜찮다. 여름에는 시원한 맥주와, 겨울에는 따끈한 클램차우더(게살수프)와 잘 어울린다.

맵북 P.20 상단 **주소** 11 Water St, Brooklyn, NY 11201 **홈페이지** https://lukeslobster.com **운영** 11:00~19:00 **가는 방법** 지하철 A·C 노선 High Street역에서 도보 6분.

브루클린 아이스크림 팩토리 Brooklyn Ice Cream Factory

원래 파이어보트 하우스에서 10여 년간 인기를 누려온 수제 아이스크림 가게로 좋은 재료를 사용하고 달걀을 넣지 않아 담백한 맛이 특징이다. 2018년에 이전 위치에서 한 블록 떨어진 곳으로 매장을 옮겨 영업을 이어가고 있으며 여전히 맛의 종류를 늘리지 않고 단순하게 8가지로만 고집하고 있다.

맵북 P.20 상단 **주소** 14 Old Fulton St, Brooklyn, NY 11201 **홈페이지** https://brooklynicecreamfactory.com **운영** 일~목요일 11:30~22:00(금·토요일 ~23:00) **가는 방법** 지하철 A·C 노선 High Street역에서 도보 6분.

파크 슬로프 Park Slope

프로스펙트 파크 북서쪽으로 조성된 지역으로 공원과 면해 있는 쪽에는 40블록에 걸쳐 19세기 후반과 20세기 초반에 지어진 타운하우스 주택들이 늘어서 있어 파크 슬로프 역사지구로 지정되었으며, 좀 더 북서쪽의 5번가에는 상점과 식당들이 늘어선 상업지구가 형성되어 있다.

프로스펙트 파크 Prospect Park

1858년 맨해튼에 센트럴 파크가 완공되면서 브루클린에도 공원을 세우자는 움직임이 일어났다. 이에 따라 1867~1873년 센트럴 파크를 설계했던 조경의 아버지 프레드릭 로 옴스테드(Frederick Law Olmsted)와 칼베르 보(Calvert Vaux)가 다시 설계에 참여해 두 공원이 여러 면에서 비슷하다. 우거진 수풀과 넓게 개방된 잔디밭, 그리고 곳곳에 물이 담긴 호수가 있어 공원의 요소를 잘 갖춘 곳으로 평가받고 있다.

맵북 P.20 하단 **주소** Brooklyn, NY11215 **홈페이지** www.prospectpark.org **운영** 06:00~01:00 **가는 방법** 공원 규모가 워낙 커서 주변에 지하철역이 5개나 있다. 지하철 B·Q·S 노선 Prospect Park역에서 도보 5분 정도면 공원 중심부에 이른다.

그랜드 아미 플라자 Grand Army Plaza

프로스펙트 파크 북쪽 끝의 입구에 해당하는 곳으로 타원형의 광장이 조성되어 있다. 중앙에 베일리 분수(Bailey Fountain)가 있으며 남쪽 끝에는 남북전쟁을 기념하는 웅장한 아치(Soldiers and Sailors Memorial Arch)가 세워져 있다. 광장 남동쪽의 곡선으로 된 커다란 건물은 브루클린 공공도서관(Brooklyn Public Library)의 본관이다.

맵북 P.20 하단 **주소** Flatbush Ave, Brooklyn, NY 11238 **홈페이지** www.nycgovparks.org **가는 방법** 지하철 2·3·4 노선 Grand Army Plaza역에서 도보 3분(아치 뒤쪽).

브루클린 뮤지엄 Brooklyn Museum

프로스펙트 파크 바로 옆에 자리한 커다란 규모의 미술관으로 19세기 말 유명한 건축가였던 매킴의 설계로 1897년에 지어진 것이다. 웅장한 보자르 양식의 건물에 하단부 입구는 유리로 지어져 독특한 조화가 인상적이다. 트렌디한 특별 전시가 자주 열리니 방문 전 홈페이지를 확인해보자.

맵북 P.20 하단 **주소** 200 Eastern Pkwy, Brooklyn, NY 11238 **홈페이지** www.brooklynmuseum.org **운영** 수~일요일 11:00~18:00, 월·화요일 휴관 **요금** 성인 $20 **가는 방법** 지하철 2·3·4 노선 Eastern Parkway-Brooklyn Museum역에서 바로.

브루클린 뮤지엄 하이라이트

- **스타인버그 조각정원 Steinberg Family Sculpture Garden (1층)**

1966년 뉴욕시 철거 현장에서 나온 조각품들이 전시된 공간으로 1880~1910년 뉴욕 건축 장식의 표본을 볼 수 있다. 석회암, 화강암, 대리석, 금속, 테라코타 등의 재료를 이용해 동식물 같은 자연이나 다양한 기하학적 무늬를 소재로 했다.

- **고대 이집트 예술 Ancient Egyptian Art (3층)**

브루클린 뮤지엄은 20세기 초부터 이집트 유물 수집에 집중하기 시작해 상당수의 고대 이집트 컬렉션을 광범위하게 소장하고 있는 것으로 알려져 있다. 상설 전시도 있지만 시즌별로 여러 주제를 가지고 특별전을 연다.

- **새클러 페미니스트 미술센터 Sackler Center for Feminist Art (4층)**

페미니스트 미술의 선두적인 역할을 하고 있는 브루클린 뮤지엄의 상징적인 갤러리로서 1970년대 페미니즘의 중요한 아이콘으로 꼽히는 주디 시카고의 '디너 파티(The Dinner Party)'(1979)가 있다. 다빈치의 '최후의 만찬'을 여성 버전으로 재구성한 이 작품은 거대한 삼각형 식탁에 고대부터 현대까지 역사상 중요한 여성들을 위한 연회 자리가 마련되어 있다.

윌리엄스버그 Williamsburg

브루클린에서 가장 트렌디한 지역으로, 브루클린이 핫플로 거듭나는 데 큰 역할을 한 동네다. 맨해튼 이스트 빌리지에서 지하철로 불과 한 정거장 거리에 있어 접근성이 뛰어나며 이스트 빌리지의 보헤미안적 감성과 여피들의 세련됨이 뒤섞여 매력적인 분위기를 띤다. 부티크숍과 빈티지숍이 공존하고 자유로운 그래피티와 고급 주택이 공존하는 재미난 곳이다.

스모가스버그 Smorgasburg

윌리엄스버그 지역을 더욱 유명하게 만든 스트리트 푸드마켓으로 음식축제 같은 분위기다. 벼룩시장으로 이미 잘 알려진 브루클린 플리(Brooklyn Flea)에서 운영한다. 뷔페라는 의미의 Smörgåsbord와 동네 이름인 윌리엄스버그를 합친 말로 2011년 윌리엄스버그의 이스트 리버 파크에서 시작해 큰 성공을 거두면서 지금은 여러 장소에서 열리고 있다.

맵북 P.22-B1 **주소** 90 Kent Ave, Brooklyn, NY 11211 **홈페이지** www.smorgasburg.com **운영** 토요일 11:00~18:00, 일~금요일 휴무 **가는 방법** 지하철 L 노선 Bedford Av역에서 도보 9분.

도미노 파크 Domino Park

윌리엄스버그 남쪽의 이스트 강변에 조성된 공원이다. 첼시의 하이라인으로 유명해진 조경건축가 제임스 코너가 설계한 것으로 윌리엄스버그 다리 북쪽으로 5개 블록에 걸쳐 강변 산책로를 만들어 이스트강을 바라보며 산책하기 좋다. 또한 바로 옆에 붉은 벽돌로 된 오래된 도미노 설탕정제소(Domino Sugar Refinery) 건물을 복원시켜 색다른 느낌을 준다.

맵북 P.22-A2 **주소** 300 Kent Ave, Brooklyn, NY 11249 **홈페이지** https://dominopark.com **운영** 06:00~23:00 **가는 방법** 지하철 L 노선 Bedford Av역에서 도보 12분.

아티스츠 앤 플리스 Artists & Fleas Williamsburg

2003년에 처음 문을 연 이곳은 처음엔 단순한 벼룩시장에 불과했으나 젊은 예술가, 디자이너, 수공예업자들이 열정을 가지고 참여하면서 재미있는 쇼핑 장소로 떠올라 현재는 다른 도시에까지 지점이 늘어났다. 본점이자 플래그십 스토어인 윌리엄스버그점은 수십 개의 점포가 들어서 개성 있는 물품들을 판매하고 있다. 첼시마켓에 자리한 첼시 지점은 분위기가 조금 다르지만 주중에도 영업을 해서 일정을 맞추기 편리하다.

맵북 P.22-B2 **주소** 70 N 7th St, Brooklyn, NY 11249 **홈페이지** www.artistsandfleas.com **운영** 토·일요일 11:00~19:00, 월~금요일 휴무 **가는 방법** 지하철 L 노선 Bedford Av역에서 도보 4분.

버펄로 익스체인지 Buffalo Exchange

1974년 애리조나의 투손에서 처음 중고 의류 교환점으로 시작해 인기를 끌면서 미국 전역에 40여 개의 지점으로 발전한 빈티지 체인숍이다. 뉴욕에도 지점이 6개나 된다. 윌리엄스버그점은 적당한 규모에 물건이 많은 편이며 주변에 다른 빈티지숍들도 많아서 함께 둘러보기 좋다.

맵북 P.23-B2 **주소** 504 Driggs Ave, Brooklyn, NY 11211 **홈페이지** https://buffaloexchange.com **운영** 월~토요일 11:00~20:00(일요일 ~19:00) **가는 방법** 지하철 L 노선 Bedford Av역에서 도보 2분.

멍크 빈티지 Monk Vintage

버펄로 익스체인지와 같은 건물에 자리한 빈티지숍이다. 두 곳으로 나뉘어 있는데 건물 입구가 좀 복잡해서 Driggs Ave에서 계단을 통해 올라가는 2층 매장이 있고, N 9th St쪽 입구에서 내려가는 지하 매장이 있다. 화려한 의류나 독특한 물건도 많고 진열 상태도 나쁘지 않으며 간혹 명품도 있다.

맵북 P.23-B2 **주소** 500 Driggs Ave, Brooklyn, NY 11211 **운영** 11:30~20:00 **가는 방법** 지하철 L 노선 Bedford Av역에서 도보 2분.

맥널리 잭슨 북스 McNally Jackson Books

2004년 소호에 오픈한 서점이 큰 인기를 끌면서 윌리엄스버그의 오래된 건물인 루이스 스틸 빌딩에 2호점을 냈다. 이곳은 아동 서적에 좀 더 초점을 두었으며 아이들이 책을 읽을 만한 아기자기한 공간도 마련했다.

맵북 P.22-B2 **주소** 76 N 4th St Unit G, Brooklyn, NY 11249 **홈페이지** www.mcnallyjackson.com **운영** 10:00~21:00 **가는 방법** 지하철 L 노선 Bedford Av역에서 도보 6분.

레이프 LEIF

브루클린에서 탄생한 라이프스타일 소품샵으로 인테리어 용품과 주방용품, 향초, 비누, 문구류, 액세서리 같은 선물용품 등 예쁘고 아기자기한 물건들이 가득한 집이다. 윌리엄스버그에 2곳의 지점이 있는데 Home+Gift 컨셉이라면 2024년 오픈한 2호점은 좀더 넓은 공간에서 Home+Woman을 컨셉으로 의류제품과 신발 같은 잡화류를 추가했다.

맵북 P.22-B2 **주소** (1호점) 99 Grand St, Brooklyn, NY 11249 **홈페이지** www.leifshop.com/**운영** 11:00~19:00 **가는 방법** 지하철 L 노선 Bedford Av역에서 도보 10분.

르 라보 Le Labo

뉴욕에서 탄생한 니치 향수점으로 국내에도 입점해 인기다. 처음 오픈한 1호점은 놀리타점으로 규모가 상당히 작은 데 비해, 이곳 윌리엄스버그점은 르 라보의 분위기와 잘 맞는 인테리어에 카페까지 있어 많은 사람들이 찾는다.

맵북 P.22-B2 **주소** 120 N 6th St, Brooklyn, NY 11249 **홈페이지** www.lelabofragrances.com **운영** 월~토요일 11:00~19:00, 일요일 12:00~18:00 **가는 방법** 지하철 L 노선 Bedford Av역에서 도보 3분.

와비 파커 Warby Parker

아직 국내에는 론칭하지 않았지만 미국에서 큰 인기를 끈 안경점이다. 혁신 기업으로 꼽히는 이곳은 유난히 안경테가 비싼 미국에서 가격을 낮추고 온라인 주문과 무료 배송 서비스로 인정을 받았다. 증강현실 기술로 안경을 써볼 수도 있다.

맵북 P.22-B2 **주소** 124 N 6th St, Brooklyn, NY 11249 **홈페이지** www.warbyparker.com **운영** 10:00~20:00 **가는 방법** 지하철 L 노선 Bedford Av역에서 도보 2분.

그린포인트 Greenpoint

윌리엄스버그가 핫플로 자리를 잡으면서 바로 동북쪽으로 이어지는 동네 그린포인트도 주목을 받고 있다. 두 지역을 나누는 경계가 되는 곳이 매캐런 공원이며 이 주변에 많은 빈티지숍이 있다. 북쪽으로는 맨해튼 애비뉴(Manhattan Ave) 번화가를 따라 식당과 상점들이 이어지며 풀라스키 다리(Pulaski Bridge)를 건너면 바로 롱아일랜드 시티다.

비컨스 클로짓 Beacon's Closet

뉴욕 빈티지숍 중 가장 인기 있는 체인점이다. 상대적으로 깔끔한 디스플레이에 다양한 물품으로 득템의 기회가 많은 편이라 대기줄을 서야 할 정도로 사람들이 붐비는 곳이다. 안경을 쓴 대머리 로고가 눈에 띄며 뉴욕에 4곳의 지점이 모두 인기인데 이곳 그린포인트 매장이 플래그십 스토어로 규모가 크다.

맵북 P.23-C1 **주소** 74 Guernsey St, Brooklyn, NY 11222 **홈페이지** https://beaconscloset.com **운영** 매일 11:00~20:00 **가는 방법** 지하철 G 노선 Nassau Av역에서 도보 2분.

어워크 빈티지 Awoke Vintage

깔끔한 인테리어와 디스플레이가 돋보이는 빈티지숍이다. 일반 매장처럼 잘 진열되어 있고 일부 새 제품들도 있다. 윌리엄스버그에 처음 문을 열었으며 그린포인트에는 매장이 두 개나 있다. 규모는 다 작은 편이지만 많은 사람들로 붐비는 곳이다.

홈페이지 www.awokevintage.com **[그린포인트 매캐런파크점]** 맵북 P.23-C1 **주소** 16 Bedford Ave, Brooklyn, NY 11222 **운영** 매일 10:00~21:00 **가는 방법** 지하철 G 노선 Nassau Av역에서 바로. **[윌리엄스버그점]** 맵북 P.22-B2 **주소** 132 North 5th St, Brooklyn, NY 11249 **운영** 매일 10:00~21:00 **가는 방법** 지하철 L 노선 Bedford Av역에서 도보 2분.

마멀레이드 Marmalade

벽면에 그림들이 가득하고 아기자기한 물건들로 구경거리가 많은 빈티지숍이다. 가격대가 좀 있지만 그만큼 명품 브랜드도 있고 특이한 디자인의 물건이 많다. 매장도 제법 넓은 편이다.

맵북 P.23-B1 **주소** 82 Dobbin St, Brooklyn, NY 11222 **홈페이지** www.marmaladefreshclothing.com **운영** 11:30~19:00 **가는 방법** 지하철 G 노선 Nassau Av역에서 도보 6분.

세븐 원더스 컬렉티브 Seven Wonders Collective

여러 밴더들이 함께하는 빈티지 편집숍으로 그린포인트에 1곳, 윌리엄스버그에 1곳, 로어 이스트 사이드에 1곳의 매장이 있다. 윌리엄스버그점과 함께 이곳 Norman Ave 매장은 넓은 공간에 깔끔한 디스플레이, 그리고 특이한 아이템들이 많아서 인기다.

[그린포인트점] 맵북 P.23-B1 **주소** 37 Norman Ave, Brooklyn, NY 11222 **홈페이지** https://sevenwonderscollective.com **운영** 월~금요일 12:00~19:00, 토·일요일 11:00~20:00 **가는 방법** 지하철 G 노선 Nassau Av역에서 도보 3분.

여기 어때?

부시윅 Bushwick

윌리엄스버그가 부상하면서 젠트리피케이션으로 밀려난 사람들이 둥지를 튼 지역이다. 최근 새롭게 뜨는 곳으로, 그래피티의 성지라 불릴 만큼 거리 곳곳이 그래피티로 가득하다. 주변에 빈티지 상점도 많은데 관광객들이 모여들면서 식당과 카페도 점차 늘어나고 있다.

피터 루거 Peter Lugar

뉴욕 스테이크 맛집으로 오랫동안 찬사를 받아온 스테이크 전문점이다. 붉은 벽돌의 오래된 건물에 중후한 간판에서 강조하듯 1887년에 문을 열었다. 하지만 창업자인 피터 루거 사후 물려받은 아들은 10년 만에 문을 닫고 경매에 넘긴다. 코셔 음식만을 고집하는 초정통파 하시딕 유대인들이 많이 사는 동네에 위치해 고전을 겪기도 했지만 결국 새 주인이 재개장하면서 최고의 스테이크를 선보이며 뉴욕타임스에서 별 4개, 미슐랭에서 별 1개를 받기도 했다.

맵북 P.22-B3 **주소** 178 Broadway, Brooklyn, NY 11211 **홈페이지** https://peterluger.com **운영** 11:45~21:30 **가는 방법** 지하철 J·M·Z 노선 Marcy Av역에서 도보 5분.

선데이 인 브루클린 Sunday In Brooklyn

윌리엄스버그에서 유명한 브런치 맛집이다. 윌리엄스버그의 번화가에서 살짝 벗어나 나른한 주말의 느낌이지만 워낙 인기가 많다 보니 정작 주말에는 너무 복잡해서 이름과는 달리 평일에 갈 것을 권한다. 1층은 좁은 편이지만 2층에 보다 쾌적한 좌석이 있고 야외 테이블도 1층과 2층에 모두 있다. 음식은 대부분 맛있는데 초콜릿 팬케이크가 특히 인기다.

맵북 P.22-A3 **주소** 348 Wythe Ave, Brooklyn, NY 11249 **홈페이지** www.sundayinbrooklyn.com **운영** 월·화요일 08:00~16:30(수~일요일 ~22:00) **가는 방법** 지하철 L 노선 Bedford Av역에서 도보 12분.

줄리엣 Juliette

이름처럼 예쁜 프렌치 맛집으로 역시 주말 브런치가 인기다. 1층에 좌석이 많고 2층에는 작은 루프탑 바가 있다. 1층에는 바 자리도 있고 일반 자리도 있는데 특히 안쪽으로 천장에서 햇빛이 들어오는 파티오가 있어 밝은 분위기를 띠며 천장에 화분들이 가득해 그린하우스 같은 느낌으로 운치를 더한다. 다양한 프렌치 메뉴와 브런치 메뉴가 있다.

맵북 P.23-B2 **주소** 135 N 5th St, Brooklyn, NY 11249 **홈페이지** www.juliettebk.com **운영** 월~금요일 11:00~22:00, 토·일요일 10:00~22:00 **가는 방법** 지하철 L 노선 Bedford Av역에서 도보 2분.

데보시온 Devocion

공장 같은 외관이지만 안으로 들어가면 쿨함 가득한 커피 맛집이다. 중앙에 채광이 들어오는 높은 유리 천장이 있으며 벽면은 모두 운치 있는 붉은 벽돌로 지어져 세련되면서도 빈티지한 느낌이 든다. 바로 옆에는 거대한 로스팅 기계가 돌아가는 공간이 있는데 운이 좋을 때는 유리벽 너머로 커피를 볶는 모습도 볼 수가 있다. 진한 커피가 맛있어서 원두도 많이 사간다.

맵북 P.22-A2 **주소** 69 Grand St, Brooklyn, NY 11249 **홈페이지** www.devocion.com **운영** 07:30~19:00 **가는 방법** 지하철 L 노선 Bedford Av역에서 도보 10분.

시 SEA

규모가 큰 타이 레스토랑으로 미국 드라마 '섹스 앤 더 시티'에 나올 만큼 제법 오래되고 유명한 곳이다. 중앙에 연꽃이 떠있는 낮은 분수와 부다상이 있어 이국적인 느낌을 더한다. 알코올 음료도 인기라서 저녁 시간에 특히 붐비며 음식들도 대체로 맛있고 우리 입맛에 잘 맞는 편이다.

맵북 P.22-B2 **주소** 114 N 6th St, Brooklyn, NY 11249 **홈페이지** www.seausathai.com **운영** 월~목요일 12:00~23:00(금요일 ~00:30), 토요일 12:30~00:30(일요일 ~23:00) **가는 방법** 지하철 L 노선 Bedford Av역에서 도보 3분.

브루클린 브루어리 Brooklyn Brewery

뉴욕의 유명한 크래프트 비어 브랜드로 이제 우리나라에도 맛볼 수 있게 되었지만 원조의 느낌은 또 다르다. 윌리엄스버그 위스 애비뉴에 자리한 이곳은 입구로 들어가자마자 대형 양조기계가 보인다. 그리고 왼쪽에는 브랜드 로고가 들어간 다양한 굿즈들을 파는 기념품점이 있고 안쪽 넓은 펍에서는 자유롭게 맥주를 즐길 수 있다. 다양한 맛과 향을 지닌 맥주들을 맛볼 수 있으며 브루어리 투어도 있다.

맵북 P.23-B1 **주소** 79 N 11th St, Brooklyn, NY 11249 **홈페이지** https://brooklynbrewery.com **운영** 월~수요일 16:00~21:00, 목요일 ~22:00), 금요일 14:00~23:00, 토요일 12:00~24:00, 일요일 12:00~20:00 **가는 방법** 지하철 L 노선 Bedford Av역에서 도보 8분.

워터 타워 바 Water Tower Bar

빈티지함이 가득한 위스 애비뉴에 자리한 윌리엄스버그 호텔(The Williamsburg Hotel) 꼭대기층의 루프탑 바다. 호텔의 입구는 세련된 부티크 호텔의 모습이지만 옥상에는 워터 타워가 있어 개성이 넘친다. 수영장과 선베드가 있는 곳에서는 종종 파티나 이벤트가 열리기도 한다.

맵북 P.23-B1 **주소** 96 Wythe Ave, Brooklyn, NY 11249 **홈페이지** www.instagram.com/thewatertowerbar **운영** 일·화·수요일 18:00~24:00(목·토요일 ~04:00), 월요일 휴무 **가는 방법** 지하철 L 노선 Bedford Av역에서 도보 7분.

웨스트라이트 Westlight

윌리엄스버그와 그린포인트를 통틀어 가장 눈에 띄는 고층 건물인 윌리엄 베일 호텔(The William Vale) 22층에 자리한 루프탑 바다. 위스 호텔을 비롯해 주변에 여러 루프탑 바들이 있지만 위치와 높이 덕분에 가장 멋진 뷰를 볼 수 있는 곳이다. 실내 공간이 매우 넓고 야외 테라스도 있어서 안팎으로 시원한 전경을 즐길 수 있다. 단, 프라이빗 파티가 종종 열려 입장이 불가할 수도 있으니 확인하고 가는 것이 좋다.

맵북 P.23-B1 **주소** 111 N 12th St, Brooklyn, NY 11249 **홈페이지** www.westlightnyc.com **운영** 월~목요일 16:00~24:00(금요일 ~01:00), 토요일 14:00~02:00(일요일 ~24:00) **가는 방법** 지하철 L 노선 Bedford Av역 또는 G 노선 Nassau Av역에서 도보 8분.

파이브 리브스 Five Leaves

그린포인트의 인기 브런치 맛집이다. 매캐런 공원(McCarren Park)의 바로 앞 코너에 위치해 주말에는 식당 바로 앞에서 벼룩시장이 열리기도 하며 그만큼 이동 인구가 많은 곳이다. 식당 내부는 좁지만 노천 테이블이 있으며 합리적인 가격에 맛있는 음식을 먹을 수 있어 항상 줄을 서야 할 정도로 인기가 많다.

맵북 P.23-C1 **주소** 18 Bedford Ave, Brooklyn, NY 11222 **홈페이지** https://fiveleavesny.com **운영** 08:00~23:00 **가는 방법** 지하철 G 노선 Nassau Av역에서 도보 1분.

밀크 앤 로지즈 Milk & Roses

맨해튼 애비뉴에 자리한 레스토랑 겸 카페로 작은 입구를 지나치기 쉽다. 안에는 아주 오래된 앤티크들이 가득하고 벽면조차 세월의 흔적을 느낄 수 있는 낡은 모습을 하고 있으며 뒤편으로 작은 뒤뜰에 나무가 가득한 야외 테이블이 있어서 색다른 분위기를 선사한다. 아메리칸 스타일의 이탈리안 메뉴가 주를 이루며 브런치 메뉴도 다양한 편이다.

맵북 P.24-A2 **주소** 35 Box St, Brooklyn, NY 11222 **홈페이지** https://milkandrosesbk.com **운영** 월~목요일 11:00~22:00(금요일 ~23:00), 토요일 10:00~23:00(일요일 ~21:00) **가는 방법** 지하철 G 노선 Greenpoint Av역에서 도보 8분.

스크래플랜드 Scrappleland

그린포인트 스트리트에서 눈에 띄는 오래된 건물로, 30여 대의 핀볼이 있어 게임을 즐기며 한잔 할 수 있는 핀볼 바(Pinball Bar)다. 1층 입구쪽에는 오픈된 형태의 공간에 테이블이 있고 안쪽에 다양한 종류의 핀볼이 있다. 2층 루프탑으로 올라가면 초록빛의 거대한 워터 타워가 있어 흥겨운 분위기의 파티나 이벤트가 열리기도 한다. 맥주도 맛있다.

맵북 P.24-A2 **주소** 1150 Manhattan Ave, Brooklyn, NY 11222 **홈페이지** www.greenpointbeer.com **운영** 월~금요일 16:00~02:00, 토·일요일 12:00~02:00 **가는 방법** 지하철 G 노선 Greenpoint Av역에서 도보 8분.

코니 아일랜드
Coney Island

브루클린의 최남단에 기다랗게 자리한 해변 지역이다. 원래는 섬이었으나 브루클린 본토 사이의 좁은 강을 모래로 채우면서 육지로 연결되었다. 19세기에 매우 인기 있는 휴양지로서 롤러코스터가 생기고 놀이 공원이 개장했었다. 20세기 초반까지도 많은 영화에 등장하는 장소로 유명세를 탔지만 1960년대부터 쇠퇴해 한때는 우범지대가 되기도 했다가 2000년대 이후 재개발되면서 다시 활기를 띠게 됐다.

코니 아일랜드 원형극장 Coney Island Amphitheatre

보드워크에 자리한 5,000석 규모의 공연장으로 2016년에 오픈했다. 건물이 처음 지어진 것은 1923년으로 스페인 부흥양식의 영향을 받았으며 해변가 레스토랑의 분위기를 내기 위해 외관의 컬러풀한 테라코타 장식에는 바다의 신 포세이돈이나 배, 물고기 같은 해양 생물들이 새겨져 있다. 바다가 보이는 대형 레스토랑으로 큰 인기를 누리다가 코니 아일랜드가 쇠퇴하면서 문을 닫았다. 그후 50년 이상 캔디 공장으로 사용되다가 지금의 극장으로 바뀌었다.

맵북 P.21 **주소** 3052 W 21st St, Brooklyn, NY 11224 **홈페이지** www.coneyislandamp.com **가는 방법** 지하철 D·F·N·Q 노선 Coney Island-Stillwell Av역에서 도보 10분.

코니 아일랜드 비치와 보드워크
Coney Island Beach & Boardwalk

뉴욕시에 이렇게 넓은 해변이 있다는 것이 믿기지 않는 곳이다. 맨해튼에서 지하철로 1시간이면 이를 수 있다. 4km가 넘는 기다란 해안선을 따라 폭이 100m가 넘는 부드러운 모래사장이 펼쳐진다. 맨발이 부담스럽다면 해변 안쪽으로 조성된 보드워크를 걷는 것도 좋다. 코니 아일랜드 보드워크(Coney Island Boardwalk) 또는 리겔만 보드워크(Riegelmann Boardwalk)라고 부르는 이 도보용 데크는 해변가 산책로로 그만이다. 1923년에 처음 일부가 만들어졌고 계속 증축되면서 지금의 모습을 갖추었다. 이 보드워크 덕분에 편안하게 해변을 걸을 수 있게 되면서 더 많은 사람들이 방문하게 되었다. 휠체어나 유모차를 끌고 나와 가족 단위로 산책하는 사람들, 벤치에 앉아 있는 연인들 등 평화로운 모습이 바다와 어우러져 더욱 낭만적으로 느껴지는 곳이다.

맵북 **P.21** **가는 방법** 지하철 D·F·N·Q 노선 Coney Island-Stillwell Av역에서 도보 5분.

네이선스 페이머스 Nathan's Famous

매년 7월 4일 독립기념일이면 아침부터 붐비는 이곳은 그 유명한 핫도그 먹기 대회가 열리는 곳이다. 1916년에 작은 핫도그 가판대로 시작해 현재는 전국에 체인점을 둘 만큼 성장했다. 1972년 핫도그 먹기 대회가 처음 열렸을 때 수상자는 14개의 핫도그를 먹었으며 2016년에는 세계에서 가장 긴 핫도그를 만드는 등 꾸준히 매스컴을 타며 인지도를 쌓았다. 특별히 맛있다기보다는 코니 아일랜드의 명물로 사랑받는 곳이다.

맵북 **P.21** **주소** (보드워크점) 1205 Boardwalk W, Brooklyn, (서프애버뉴점) 1310 Surf Ave, Brooklyn **홈페이지** www.nathansfamous.com **운영** 일~목요일 10:00~22:00(금·토요일 ~23:00) (보드워크점은 여름 위주 운영) **가는 방법** 지하철 D·F·N·Q 노선 Coney Island-Stillwell Av역에서 도보 6분.

롱아일랜드 시티
Long Island City(LIC)

맨해튼에서 퀸스로 이스트강을 건너면 가장 먼저 나타나는 동네다. 뉴욕시 동쪽의 롱아일랜드와 구분하기 위해 19세기 독립된 시티였던 이름을 그대로 사용하고 있다. 2000년대 초부터 주거지로 개발이 되면서 급성장하여 현재는 새로운 예술지구로 부상하고 있으며 고급 주택과 상업지구로 발전하고 있다.

모마 피에스원 MoMA PS1

1971년 비영리 예술 조직에서 시작해 2000년부터 뉴욕 현대미술관과 통합되면서 다양한 특별전을 주관하는 컨템포러리 아트센터다. 콘크리트 입구 안쪽에 자리한 붉은 건물은 1892년 지어진 롱아일랜드 시티 최초의 학교이며 PS1은 Public School 1(first)을 기념하기 위한 약자다. 이처럼 버려진 건물을 전시공간으로 바꾸며 도시 재원을 활용하고 있으며 현재는 신진 예술가들의 실험장으로 큰 호응을 얻고 있다. 야외 공간에서는 설치미술과 함께 공연도 열린다.

맵북 P.24-B2 **주소** 22-25 Jackson Avenue Long Island City Queens, NY 11101 **홈페이지** www.momaps1.org **운영** 목·금·일·월요일 12:00~18:00(토요일 ~20:00), 화·수요일 휴관 **가는 방법** 지하철 G 노선 21St역에서 도보 2분.

페리를 이용하세요!

롱아일랜드 시티는 지하철 연결도 잘 되어 있지만 페리를 타보는 것도 좋은 방법이다. 이스트강의 선착장들을 연결해주는 통근 페리라서 크루즈보다 저렴하다. 선착장은 롱아일랜드 시티(Long Island City)와 헌터스포인트 사우스(Hunters Point South) 두 곳이며 배를 타고 풍경을 즐기면서 맨해튼으로 건너갈 수 있다. 맵북 P.24-A1

갠트리 플라자 공원 Gantry Plaza State Park

이스트 강변을 따라 조성된 공원으로 과거 사용했던 갠트리(기중기가 있는 다리 모양의 구조물)가 남아 있어서 붙은 이름이다. 강 건너 맨해튼의 스카이라인이 한눈에 들어오는 멋진 풍광을 가진 곳으로도 유명하다. 엠파이어 스테이트 빌딩과 UN 빌딩, 그리고 루스벨트 아일랜드의 모습을 볼 수 있으며 주변이 아름다운 산책로로 조성되어 많은 시민들의 사랑을 받고 있다. 평화로운 분위기 속에서 여름에는 콘서트가 열리기도 한다.

맵북 P.24-A2 **주소** 4-44 47th Rd, Queens, NY 11101 **홈페이지** https://parks.ny.gov/parks **가는 방법** 지하철 7 노선 Vernon Blvd-Jackson Av역에서 도보 10분.

롱아일랜드 사인 Long Island Sign(The Gantries)

20세기 초반 뉴욕의 산업시대를 기념하듯 공원의 한쪽 자리를 굳건히 지키고 있는 커다란 갠트리 구조물에는 붉은색의 롱아일랜드 이름이 쓰여 있다. 1925년에 지어진 것으로 한때 철도 차량 잡역선과 바지선을 싣고 내리는 데 사용했던 것이다. 바로 이곳을 통해 수많은 철도차량이 맨해튼과 퀸스를 오갔다.

맵북 P.24-A2

펩시콜라 사인 Pepsi Cola Sign

빈티지한 느낌이 물씬 풍기는 이 표지판은 공원이 개발되면서 인증샷 장소로 인기를 끌고 있다. 과거 이 자리에는 펩시콜라의 병을 제조하는 공장이 있었으며 1939년 공장 꼭대기층에 이 광고판을 달았었다. 그러나 1999년에 공장이 문을 닫으면서 건물이 해체되어 광고판도 사라졌다가 2009년 지금의 자리에 복원되었다. 유람선에서도 잘 보이는 컬러풀한 색감으로 많은 이들에게 과거의 향수를 불러일으킨다. 맵북 P.24-A2

뉴 저지 & 허드슨 밸리
New Jersey & Hudson Valley

뉴 저지 & 허드슨 밸리
New Jersey & Hudson Valley

맨해튼 바로 서쪽의 허드슨강은 뉴욕과 뉴저지주를 나누는 경계선이다. 과거 이 강을 거슬러 올라가는 물류가 엄청나게 발전하면서 뉴욕이 부흥기를 맞게 되었다. 뉴저지는 맨해튼과 가깝기도 하지만 맨해튼의 멋진 스카이라인을 감상하기 좋은 장소로도 꼽힌다. 허드슨강 건너 펼쳐지는 아름다운 풍경을 보러 뉴저지로 향해보자.

↗ 허드슨 밸리
(디아 비컨, 스톰 킹 아트센터)

노후 루프탑 바
NoHu Rooftop Bar

페리선착장
(Port Imperial/ Weehawken)

해밀턴 파크
Hamilton Park

위호켄
Weehawken

링컨터널

페리선착장
Midtown / W 39th St

페리선착장
(Lincoln Harbor)

허드슨강
Hudson River

호보켄
Hoboken

뉴욕주
뉴욕시 맨해튼

Hoboken(Path역)

페리선착장
(Hoboken, NJ)

Christopher St(Path역)

홀랑터널

저지 시티
Jersey City

뷰 Vu

루프톱 앳 익스체인지 플레이스
RoofTop at Exchange Place

Exchange Pl(Path역)

페리선착장
(Paulus Hook)

WTC(Path역)

자유의 여신상
Statue of Liberty

브루클린
Brooklyn

위호켄 Weehawken

뉴저지 지역 중 맨해튼의 미드타운에서 가장 가까운 곳이다. 거리상으로도 그렇지만 허드슨강 지하로 링컨 터널이 연결되어 차량이 건너갈 수 있으며 페리 선착장도 있다. 이렇게 접근성도 좋지만 무엇보다도 미드타운의 멋진 스카이라인을 볼 수 있는 뛰어난 뷰포인트가 있어 인증샷 장소로 인기다.

해밀턴 파크 Hamilton Park

허드슨강이 내려다보이는 위호켄의 절벽지대에 자리한 공원. 강 건너 맨해튼의 화려한 스카이라인이 한눈에 펼쳐지는 곳으로 낮과 밤 모두 아름답다. 공원 남쪽의 해밀튼 애비뉴에는 미국의 초대 재무장관이었던 알렉산더 해밀턴의 기념비가 있다. 이 부근에서 해밀턴은 그의 정적 애론 버와의 결투로 사망했다. 조용한 주택가 앞이라 찾는 사람이 없었는데 뮤지컬 '해밀턴'이 인기를 끌면서 방문자도 늘고 있다.

맵북 P.25-B1 **주소** Boulevard East, Hudson Pl, Weehawken, NJ 07086 **운영** 07:00~24:00 **가는 방법** 포트 오소리티(Port Authority) 버스터미널에서 165·166번 버스를 타고 Boulevard East At Eldorado Pl 정류장에서 내리면 바로.

몰로스 Molos

맨해튼 미드타운의 멋진 전망으로 유명한 해산물 레스토랑. 강가에 위치해 눈앞에서 강물에 비친 맨해튼의 전경을 볼 수 있다. 야외 테라스도 있으며 메뉴는 주로 지중해식 해산물 요리로 맛은 무난하지만 비싼 편이다.

맵북 P.25-B1 **주소** 1 County Rd 682, Weehawken, NJ 07086 **홈페이지** https://molosrestaurant.com **운영** 월~금요일 15:00~22:00, 토·일요일 12:00~23:00 **가는 방법** 해밀턴 파크에서 도보 5분.

노후 루프탑 바 NoHu Rooftop Bar

임페리얼 선착장 바로 앞에 위치한 부티크 호텔인 엔뷰(Envue)의 루프탑 바 겸 레스토랑이다. 넓은 데크에서 맨해튼의 풍경이 시원하게 펼쳐진다. 노후(Nohu)란 'North Hudson'의 약자로 허드슨 강변 북쪽 지역을 이르는 말이다. 시즌별 다양한 메뉴는 물론 칵테일도 훌륭하다.

맵북 P.25-B1 **주소** 550 Ave at Port Imperial, Weehawken, NJ 07086 **홈페이지** https://nohurooftopbar.com **운영** 저녁에만 영업하고 주말에는 브런치가 있다. **가는 방법** 해밀턴 파크에서 도보 10분

저지 시티 Jersey City

뉴저지 지역 중에 맨해튼의 다운타운에서 가장 가까운 곳이다. 뉴저지의 중요한 비즈니스 지구로 맨해튼에서 대중교통(PATH)으로 쉽게 연결되어 출퇴근 이용자들도 많다. 그만큼 접근성이 뛰어나며 맨해튼 다운타운의 멋진 스카이라인을 감상할 수 있는 곳이다.

뷰 Vu

전망 좋기로 소문한 하얏트 리젠시 호텔(Hyatt Regency Jersey City)에 위치한 레스토랑이다. 허드슨 강변 바로 앞에 지어져 전체적인 뷰도 좋으며 커다란 유리창이 길에 이어져 시원한 뷰를 즐길 수 있다. 바로 강 건너 원 월드 빌딩이 손에 잡힐 듯 가까이 보인다. 안타깝게도 저녁에는 영업하지 않기 때문에 아침이나 점심식사만 가능하다.

맵북 P.25-A2 **주소** 2 Exchange Pl, Jersey City, NJ 07302 **홈페이지** https://hyatt.com **운영** 매일 07:00~13:30 **가는 방법** 맨해튼 WTC역에서 PATH로 1정거장인 Exchange Place역에 하차하면 바로 옆에 있다.

루프탑 앳 익스체인지 플레이스 RoofTop at Exchange Place

익스체인지 플레이스(Exchange Place)는 '월스트리트 웨스트(Wall Street West)'란 별명이 붙을 정도로 금융회사들이 밀집된 지역이다. 이곳에서 가장 인기 있는 루프탑 바로 넓고 시원하게 뚫린 공간에서 맨해튼 다운타운을 한눈에 볼 수 있다.

맵북 P.25-A2 **주소** 1st St, Jersey City, NJ 07302 **홈페이지** www.rooftopxp.com **운영** 일~목요일 16:00~23:00, 금·토요일 16:00~02:00 **가는 방법** 맨해튼 WTC역에서 PATH로 1정거장인 Exchange Place역에서 도보 1분.

허드슨 밸리 Hudson Valley

업스테이트 뉴욕에서부터 뉴욕시까지 길게 흐르는 허드슨강은 현재의 부유한 뉴욕을 있게 한 중요한 통로였다. 아름다운 계곡과 강이 이어져 과거에는 부호들의 별장지로 인기였으며 현재에는 고즈넉하고 평화로운 뉴요커들의 휴식처가 되었다.

디아 비컨 Dia: Beacon

첼시의 디아 아트재단(Dia Art Foundation)에서 운영하는 컨템퍼러리 미술관으로 2003년에 허드슨 밸리의 소도시 비컨에 문을 열었다. 과자 상자를 인쇄하는 공장이었던 오래된 건물을 멋진 미술관으로 탈바꿈시킨 것으로도 유명하며 최근에는 BTS가 방문하면서 더욱 관심을 받게 되었다. 강과 산이 어우러진 주변의 풍경도 아름다우며, 뉴욕 미술관에서는 보기 힘든 대형 설치 미술들을 감상할 수 있는 특별한 공간이다. 주제를 달리하는 특별전은 물론 작가를 중심으로 한 장기 전시(Long-term view)도 유명하다.

맵북 P.26 **주소** 3 Beekman St, Beacon, NY 12508 **홈페이지** www.diaart.org **운영** 금~월요일 10:00~17:00, 화~목요일 휴관 **요금** 성인 $20 **가는 방법** 그랜드 센트럴역 Grand Central Station에서 Hudson Line 열차로 1시간 40분, Beacon역 하차 후 이정표를 따라 도보 10분.

디아 비컨 하이라이트

● 리처드 세라 Richard Serra

거대한 부식 철판 구조물로 유명한 리처드 세라의 작품이 여러 개 있다. 구조물 안으로 들어가보면 전혀 다른 느낌으로 다가온다.

● 댄 플래빈 Dan Flavin

미니멀리즘 작가로, 특히 형광등을 이용한 다양한 작품으로 유명하다.

● 마이클 하이저 Michael Heizer

대지미술가로 잘 알려져 있으며 4개의 거대한 웅덩이처럼 생긴 '북, 동, 남, 서(North, East, South, West)'가 유명하다.

● 루이즈 부르주아 Louise Bourgeois

대형 거미 '마망'으로 잘 알려진 작가로 다양한 재료를 사용한 작품들이 전시되어 있다.

스톰 킹 아트센터 Storm King Art Center

규모가 2㎢나 되는 거대한 야외 조각공원이다. 1960년 작은 미술관으로 시작했던 것이 점차 규모를 키워 지금의 엄청난 조각공원으로 발전해 뉴요커들의 아름답고 평화로운 예술공간으로 자리를 잡았다. 드넓은 대지에 목초지와 숲, 언덕이 펼쳐져 있어 산책을 하면서 수백 점의 작품을 만날 수 있다. 많은 것을 보기보다는 여유를 가지고 천천히 돌아보며 자연을 함께 느끼는 것이 관람 포인트다.

맵북 P.26 **주소** 1 Museum Rd, New Windsor, NY 12553 **홈페이지** https://stormking.org **운영** 수~월요일 10:00~17:30, 화요일/겨울철 휴관 **요금** 성인 $25 (인원 제한이 있으니 일찍 예약하는 것이 좋다) **가는 방법** 포트 오소리티(Port Authority) 버스터미널에서 ShortLine Hudson 버스로 1시간 40분, 스톰 킹 아트센터에 하차(여름 성수기에는 디아 비컨에서 셔틀버스가 운행되기도 하니 홈페이지를 참조하자).

❶ 마크 디 수베로 Mark di Suvero ❷ 이사무 노구치 Isamu Noguchi ❸ 알렉산더 칼더 Alexander Calder ❹ 메나쉬 카디쉬만 Menashe Kadishman ❺ 알렉산더 리버먼 Alexander Liberman ❻ 헨리 무어 Henry Moore ❼ 탈 스트리터 Tal Streeter

워싱턴 D.C.
Washington D.C.

미국의 수도이자 세계 정치와 외교의 중심지로 뉴욕에서 3~4시간 거리에 있어 짧은 여행으로 다녀오기 좋은 곳이다. 백악관과 국회의사당, 그리고 연방정부의 다양한 행정기관들이 자리하고 있으며 역사적인 기념물과 수준 높은 박물관, 미술관이 많아 관광지로도 손색이 없다. 워싱턴 D.C.라는 이름은 '워싱턴 컬럼비아 특별 자치구(Washington District of Columbia)'의 약칭으로 메릴랜드주와 버지니아주 사이에 있지만 어느 주에도 속하지 않는다.

워싱턴 D.C. **가는 방법**

가장 빠른 방법은 비싸지만 고속열차 아셀라(Acelar)를 이용하는 것으로, 맨해튼의 펜 스테이션에서 출발해 워싱턴 D.C.의 유니언 스테이션까지 3시간이면 이를 수 있다. 일반 열차인 앰트랙(Amtrak)은 3시간 40분~4시간 20분 정도 소요된다. 자동차를 이용할 경우 교통 상황에 따라 3시간 30분~4시간 40분 정도, 버스를 이용하면 4시간 30분~5시간 정도로 오래 걸리지만 가장 저렴하다.

가격 비교 및 예약 사이트 www.wanderu.com

유니언 스테이션 Union Station

뉴욕에서 기차나 버스를 이용하면 도착하는 곳으로 기차역, 지하철역, 버스 터미널이 모두 모여 있으며 푸드코트와 상점, 레스토랑, 카페 등이 있어 편리하다.

맵북 P.27-C1 **주소** 50 Massachusetts Ave NE, Washington, DC 20002
홈페이지 www.unionstationdc.com

워싱턴 D.C. **시내 교통**

중심부는 걸어 다닐 수 있으며, 버스와 지하철, 우버 등을 이용해 관광지를 오갈 수 있다.

1. 버스 (메트로 버스)

다양한 노선이 있다. 스마트립 카드가 있으면 2시간 내 무료 환승이 가능하지만 익스프레스는 차액($2.55)을 지불해야 한다. 현금 승차 시 거스름돈을 주지 않으니 정확한 금액을 준비해야 한다.

홈페이지 www.wmata.com **요금 성인** $2.25

2. 지하철 (메트로 레일)

레드, 블루, 그린, 오렌지, 옐로우, 실버 6개의 노선이 있으며 버스와 달리 출퇴근 시간대와 거리에 따라 요금이 달라진다. 스마트립 카드가 있으면 2시간 내 다른 지하철이나 버스로 무료 환승이 가능하다.

홈페이지 www.wmata.com **요금** (시간대과 거리에 따라) **성인** $2.25~6.75

3. 우버 등 공유 차량

걷기 힘들고 버스나 지하철이 연결되지 않는 경우 우버 같은 공유 택시를 부르는 것도 방법이다.

추천 일정

워싱턴 D.C. 여행의 하이라이트인 주요 랜드마크와 국가기관, 그리고 유명한 박물관을 둘러보려면 적어도 2일은 있어야 한다. 만약 하루밖에 여유가 없다면 박물관을 포기하고, 3일 이상 있다면 내셔널 몰에 위치한 여러 박물관을 여유 있게 볼 수 있다.

워싱턴 D.C.의 핵심 명소들은 내셔널 몰 주변에 집중되어 있으며 걸어다니거나 우버 같은 택시를 이용할 수 있다.

DAY 2

워싱턴 D.C.의 상징인 국회의사당 투어로 하루 일정을 시작한 뒤, 내셔널 몰에 있는 박물관을 돌며 하루를 마무리하자. 걸어다니거나 버스를 이용할 수 있으며 내셔널 몰의 여러 박물관 중에서는 국립 미술관, 항공우주 박물관, 국립 자연사 박물관 세 곳을 추천한다.

워싱턴 기념탑 Washington Monument

미국의 초대 대통령 조지 워싱턴을 기리기 위해 건축된 높이 170m 탑으로 50개의 성조기가 둘러싸고 있다. 워싱턴 D.C.에서 가장 높은 전망대로 엘리베이터를 타면 꼭대기까지 올라갈 수 있다. 바로 아래 내셔널 몰과 국회의사당은 물론, 멀리 포토맥강과 워싱턴 D.C. 시내가 내려다보인다. 전망대 아래층에는 작은 박물관이 있으며 계단을 통해 내려갈 수 있다. 전망대는 무료지만 입장객 수에 제한이 있어 티켓을 일찍 예약해야 한다.

맵북 **P.27-B1** **주소** 2 15th St NW, Washington, DC 20024 **홈페이지** www.nps.gov/wamo **운영** 09:00~17:00 **요금** 무료(한 달 전부터 예약이 가능하다. 단, 금세 매진되니 서둘러야 한다(수수료 $1). 또는 방문 전날이나 당일에 남은 티켓을 알아볼 수도 있다.) **가는 방법** 버스 11Y, 16E번 14th St SW & Jefferson Dr SW에서 도보 6분.

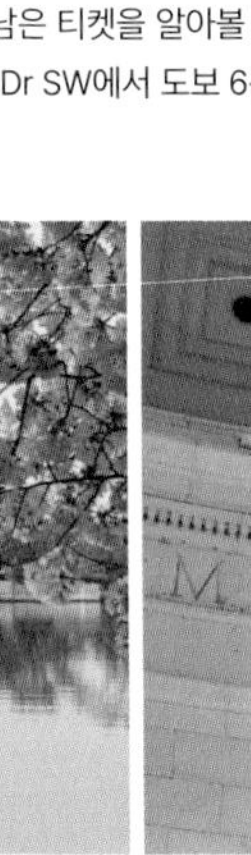

토머스 제퍼슨 기념관 Thomas Jefferson Memorial

미국의 3대 대통령으로 독립선언서를 기초한 건국의 아버지 토머스 제퍼슨을 기리기 위한 기념관이다. 둥근 돔 아래 이오니아식 기둥 26개가 떠받치고 있는 원형의 오픈된 건축물로 하얀 대리석이 아름다움을 더한다. 건물 내부 중앙에는 제퍼슨의 동상이 서 있는데 그가 왼손에 들고 있는 것이 독립선언서다. 기념관 앞에서 호수 건너편의 워싱턴 기념탑이 멋지게 보인다. 특히 벚꽃이 만발하는 봄에는 방문객들로 인산인해를 이룬다.

맵북 **P.27-B2** **주소** 16 E Basin Dr SW, Washington, DC 20242 **홈페이지** www.nps.gov/thje **운영** 24시간 개방 **요금** 무료 **가는 방법** 워싱턴 기념탑에서 도보 16분.

링컨 기념관 Lincoln Memorial

노예 해방으로 잘 알려진 제16대 대통령 에이브러햄 링컨을 기리기 위해 지은 것으로 아테네의 파르테논 신전을 본떠 지었으며 안에는 링컨의 거대한 대리석 좌상이 있다. 그 옆에는 게티즈버그 연설에서 남긴 '국민의, 국민에 의한, 국민을 위한 정치'라는 유명한 문구가 새겨져 있다. 링컨이 바라보는 방향을 따라가보면 리플렉팅 풀(Reflecting Pool) 끝에 워싱턴 기념탑이 보이고 그 뒤로 국회의사당까지 일직선을 이룬다. 기념관 앞은 집회의 장소가 되기도 하는데 1963년 마틴 루터 킹 목사가 'I Have a Dream'이라는 감동적인 연설을 한 곳이다.

맵북 P.27-A1 **주소** 2 Lincoln Memorial Cir NW, Washington, DC 20037 **홈페이지** www.nps.gov/linc **가는 방법** 제퍼슨 기념관에서 도보 20분.

백악관 The White House

미국 대통령의 거주지이자 집무실로 행정권력의 중심지다. 1791년 부지를 선정하고 공사에 들어가 1800년 미완성된 상태에서 2대 대통령인 존 애덤스가 살기 시작했다. 1814년에 영국의 공습으로 파괴되어 재건했으며 지속적인 증축으로 지금의 모습이 됐다. 방문객은 내부 투어를 신청하면 도서관, 접견실 등 일부 장소를 볼 수 있다.

맵북 P.27-B1 **주소** 1600 Pennsylvania Ave NW, Washington, DC 20500 **홈페이지** www.whitehouse.gov, 투어 신청 www.congress.gov/members (방문 7~90일 전에, 머무는 지역(워싱턴이나 뉴욕)의 상원의원실에 신청 후 승인받아야 한다. 신청 절차는 한국대사관에 문의할 수 있다). **요금** 무료(신청과 사전 승인 필수) **가는 방법** 링컨 기념관에서 도보 20분 또는 버스 32, 36번 15 St NW & F St NW에서 도보 5분.

국회도서관 Library of Congress

세계에서 가장 규모가 크고 자료가 많은 도서관 중 하나로 꼽힌다. 본관인 토머스 제퍼슨 빌딩으로 들어가면 입구 쪽에 화려한 그레이트 홀이 나온다. 천장과 대리석 계단, 기둥이 마치 궁전 같다. 안쪽으로 들어가면 구텐베르크 성서와 같은 귀중한 보물이 있고 더 안쪽에는 고풍스러운 중앙 열람실이 나온다. 높은 돔 천장과 아치형 창문, 그리고 화려한 대리석 기둥이 홀을 둘러싸고 있어 아름답다.

맵북 P.27-C2 **주소** 101 Independence Ave SE, Washington DC 20540 **홈페이지** www.loc.gov **운영** 화·수·금·토요일 10:00~17:00(목요일 ~20:00), 일·월요일 휴무 **요금** 무료 (예약 필수) **가는 방법** 국회의사당에서 도보 5분.

국회의사당 The U.S. Capitol

미국 민주주의를 상징하는 곳으로 1800년 첫 의회가 개최된 곳이다. 건물 꼭대기에 자유의 여신상이 있으며 돔 건물을 중심으로 북쪽은 상원, 남쪽은 하원이 사용하고 있다. 의사당 내부 투어를 하려면 홈페이지에서 미리 예약해야 하며 투어 시간보다 일찍 도착해 보안검사를 하고 안내를 받아야 한다. 투어는 국회의사당 지하 1층의 방문자 센터에서 시작하며 여러 장소들을 돌며 (영어로) 자세히 설명해준다. 투어가 끝나면 자유롭게 기념품점에 들를 수 있다.

맵북 **P.27-C1** **주소** First St & East Capitol St, Washington, DC 20515 **홈페이지** www.visitthecapitol.gov **운영** 08:30~16:30, 일요일 휴무 **요금** 무료(예약 필수) **가는 방법** 유니언역에서 도보 13분.

내셔널 몰 National Mall

동서로 뻗은 4km의 대규모 녹지 위에 수많은 기념물과 박물관이 자리한 곳으로 연중 다양한 행사가 열린다. 내셔널 몰의 중심이 되는 곳은 스미스소니언 협회 건물인 '더 캐슬(The Castle)'이다. 1855년 완공된 고딕 리바이벌 양식의 건물로 붉은색 사암으로 지어져 눈에 띈다. 1층에 방문자 센터와 기념품점 등이 있다.

맵북 **P.27-B2** **주소** [더 캐슬] 1000 Jefferson Dr SW, Washington, DC 20560 **홈페이지** 내셔널 몰 www.nps.gov/nama **운영** (더 캐슬은 2023년부터 장기 공사 중) **가는 방법** 지하철 블루, 오렌지, 실버라인 Smithsonian역에서 도보 2분.

국립 미술관 National Gallery of Art

내셔널 몰에 있는 대표적인 미술관으로 개인 기증품으로 출발해 1937년 의회의 승인을 얻으면서 대규모로 발전했다. 보자르 양식의 고풍스러운 서관은 주로 중세 이후의 유럽 회화와 식민지 시대 이후 미국 회화가 전시되어 있으며 특히 레오나르도 다 빈치의 '지네브라 데 벤치(Ginevra de' Benci)'가 유명하다. 현대 건축가 아이엠 페이가 설계한 동관은 피카소, 마티스, 잭슨 폴록, 리히텐슈타인 등 현대 미술을 전시한다.

맵북 **P.27-C1** **주소** [서관] Constitution Ave NW, Washington, DC 20565, [동관] 4th St NW, Washington, DC 20565 **홈페이지** www.nga.gov **운영** 10:00~17:00 **요금** 무료 **가는 방법** 국회의사당에서 도보 12분.

국립 항공우주 박물관 National Air & Space Museum (NASM)

커다란 규모의 항공우주 박물관으로 미국 항공우주 산업의 역사를 한눈에 볼 수 있는 곳이다. 1946년 국립 항공 박물관으로 설립됐으며 실제로 운항됐던 군사 및 민간 항공기와 우주선을 포함해 미사일, 로켓, 엔진 등 관련 장비들이 전시돼 있다. 특히 미국과 소련의 우주 개발 경쟁을 다룬 '스페이스 레이스(Space Race)'에는 아폴로와 소유스의 도킹 모형, 허블 망원경, 우주 정거장 스카이 랩 등이 있어 흥미를 끈다.

맵북 P.27-C2 **주소** 600 Independence Ave SW, Washington, DC 20560 **홈페이지** www.airandspace.si.edu **운영** 10:00~17:30 **요금** 무료 **가는 방법** 국립 미술관에서 도보 4분.

국립 자연사 박물관 National Museum of Natural History

미국의 3대 자연사 박물관 중 하나로 꼽히는 곳으로 1846년 처음 설립됐다. 초록색 돔과 코린트식 기둥이 있는 지금의 웅장한 건물은 1910년에 지어졌으며 전시와 연구를 함께하는 복합기관으로 확장을 거듭해 왔다. 공룡을 포함한 동식물과 인류, 그리고 광물 같은 자연에 이르기까지 다양한 컬렉션이 주제별로 전시되어 있으며 가장 유명한 것은 저주의 다이아몬드로 알려진 '호프 다이아몬드(Hope Diamond)'다.

맵북 P.27-B1 **주소** 10th St & Constitution Ave, NW, Washington, DC 20560 **홈페이지** www.naturalhistory.si.edu **운영** 10:00~17:30 **요금** 무료 **가는 방법** 항공우주 박물관에서 도보 8분.

여행 준비
Getting Ready to Travel

여행 계획 세우기
여권·비자 등
여행 예산 짜기
현금과 카드
항공편 예약하기
숙소 예약하기
인터넷 사용
수하물 제한
여행 준비물 체크리스트
출국하기
환승하기
입국 심사
여행 중 문제 발생

여행 계획 세우기

STEP 1
일정 짜기 원하는 날짜에 합리적인 가격으로 항공과 숙소를 예약하려면 먼저 여행의 전체 일정이 있어야 한다.

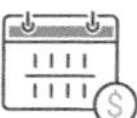

STEP 2
예산 짜기 여행 일정을 세웠다면 그에 맞는 예상 경비를 산출한다. 항공, 숙소, 식비, 쇼핑 등 항목별로 대략적인 경비를 책정해두면 좋다.

STEP 3
항공 예약 출도착 일정에 맞춰 항공권을 예약한다. 늦어도 3개월 전, 성수기라면 6개월~1년 전부터 준비해야 원하는 스케줄에 비싸지 않게 구입할 수 있다.

STEP 4
숙소 예약 일정에 맞춰 숙소를 예약한다. 성수기에 가성비 좋은 숙소에 머물고 싶다면 6개월~1년 전부터 서두르는 것이 좋고, 평수기라도 3개월 전부터 준비한다.

STEP 5
각종 예약 예약이 필요한 레스토랑, 뮤지컬, 자유의 여신상 크루즈 등 일부 명소는 1~3개월 전부터 예약하는 것이 좋다.

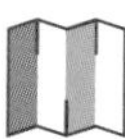

STEP 6
서류 준비 1~2주 정도의 여유를 가지고 여권, 비자, 국제운전면허증(필요한 경우)을 준비한다.

STEP 7
은행 업무
해외에서 사용할 수 있는 카드를 미리 발급받고 현금은 출발 전까지 환전한다.

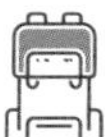

STEP 8
가방 싸기
갑자기 사야 하는 물품이 생길 수 있으니 2~3일 전에 준비물을 모두 확인해둔다.

STEP 9
여행자보험
미국은 의료비가 매우 비싸니 만약을 대비해 출국 전에 여행자보험을 들어둔다.

STEP 10
출국하기 체크인과 출국수속 시간을 고려해 공항에 2시간 전, 성수기에는 3시간 전까지 도착한다.

여권·비자 등

여권 Passport

외국에 처음 나가는 경우, 또는 소지한 여권의 유효기간이 6개월 이상 남아있지 않다면 입국이 거절될 수 있으니 새로 발급받아야 한다. 발급 소요기간은 휴일을 제외하고 보통 3~4일 정도이니 여유있게 준비하자.

외교부 여권안내 www.passport.go.kr

● 여권 발급 방법

가까운 구청이나 시청, 도청 등 여권사무 대행기관에 가서 신청한다. 필요 서류는 다음과 같다.

❶ 여권 발급 신청서(해당 기관에 구비)

❷ 여권용 사진 1장(6개월 이내 촬영된 가로 3.5cm×세로 4.5cm 여권용 사진)

❸ 신분증(주민등록증 또는 운전면허증)

❹ 수수료(일반 전자여권(10년) 47,000~50,000원)

• 18~37세 병역 미필자는 5년 여권이 발급되며 출국시 국외여행 허가서를 제출해야 한다.

• 18세 미만 미성년자는 기본증명서, 가족관계증명서 등 증명 서류와 법정대리인의 신분증, 동의서, 인감증명서가 필요하다.

국제운전면허증

뉴욕에서 운전을 할 생각이라면 국제운전면허증이나 영문운전면허증을 발급받아가야 한다. 전국의 운전면허시험장에서 발급받을 수 있다. 경찰서에서도 가능하지만 시간이 오래 걸린다.

안전운전 통합민원 www.safedriving.or.kr

전화 1577-1120

● 국제운전면허증 International Driving Permit

면허증이 아니라 허가증이기 때문에 운전 시 국내 운전면허증과 여권을 함께 소지해야 한다. 준비물은 ① 여권 ② 운전면허증 ③ 6개월 이내 촬영된 여권용 사진 ④ 수수료 8,500원

● 영문운전면허증 Driver's License

미국에서 일부 주는 인정하지 않지만 뉴욕주는 가능하다. 준비물은 ①운전면허증 또는 신분증 ②수수료(종류별) 10,000~15,000원

여행자 보험

미국은 의료비가 매우 비싸기 때문에 만약을 대비해 가입하는 것이 좋다. 보험에 가입하면 현지 병원을 이용한 경우 진단서와 진료비 청구서 내역, 영수증을 챙겨 제출하면 추후 보상받을 수 있고, 비용 부담이 크거나 장기 치료를 요할 경우에는 현지에서 직접 보험사에 연락해 도움을 청할 수 있다. 도난을 당한 경우에는 경찰서에서 도난 신고서를 작성해오면 소정의 보상비를 받을 수 있다.

일반 보험과 마찬가지로 본인의 과실로 인한 분실이나 현금 도난, 지병, 자해, 자살, 음주운전, 무면허운전, 천재지변, 폭동 등에 의한 사고, 스카이 다이빙, 암벽 등반 등 위험한 경기 중 일어난 사고에는 해당되지 않는다.

보험의 종류와 보상한도에 따라 보험비가 다양한데, 물품보다는 의료비쪽 보상 내역과 약관을 잘 확인하자. 보험 회사들은 대체로 비슷하며 공항보다는 다이렉트 홈페이지에서 가입하는 것이 저렴하다.

[보험사] DB손해보험 www.directdb.co.kr **KB손해보험** https://direct.kbinsure.co.kr **삼성화재** https://direct.samsungfire.com

비자 Visa

한국과 미국은 비자면제협정을 체결하였으나 아직은 조건부로 시행되고 있다. 따라서 개인이 신원조회를 통해 비자면제 가능여부를 미리 확인한 후에 통과된 사람은 무비자로, 통과되지 못한 사람은 비자발급 절차를 받아야 하며 비자발급에서도 떨어진 경우에는 아예 입국이 불가능하다.

● 비자면제 프로그램 VWP(Visa Waiver Program)

한미간 비자면제협정으로 최대 90일간의 무비자 미국여행이 가능하다. 먼저 무비자로 미국에 방문하려는 사람은 미국의 비자면제 프로그램 조건에 따라 전자여권을 꼭 발급받아야 한다. 전자여권은 여권 표지 안에 전자칩을 내장해 각종 신원정보를 수록한 여권이다. 그리고 미리 전자여행허가제(ESTA)를 통해 입국허가를 받아야 한다. 비자면제 프로그램에 대한 구체적인 내용은 외교통상부 홈페이지(www.vwpkorea.go.kr)를 참고하자.

● 전자여행허가제 ESTA(Electronic System for Travel authorization)

미국에 입국하기 전에 전자시스템을 통해 미리 여행허가를 받는 것이다. 방법은 다음과 같다.

❶ 먼저 전자여권이 있어야 한다.

❷ https://esta.cbp.dhs.gov에 접속해 (한글 서비스 가능) 자신의 신상 정보를 입력하고 질문을 작성한다.

❸ 마지막 단계에서 수수료($21)를 결제하면 신청이 완료되고 신청 번호가 나오는데 이를 캡처하거나 적어둔다.

❹ 몇 시간 후(보통72시간 내) 신청번호를 입력해 승인 여부를 확인한다.

※ 과거에 입국이 거부되었거나 불법체류, 불법취업, 벌금 체납, 범죄 경력 등이 있으면 승인되지 않으니 종전과 같이 비자를 발급받아야만 한다.

● 비자 발급

전자여행허가를 받지 못한 경우 미국 대사관에 가서 비자를 신청하고 인터뷰 심사를 거쳐야 비자를 받을 수 있다.

발급 절차

❶ www.ustraveldocs.com에 접속해 (한글 서비스 가능) 비자 종류를 선택하고 (관광 목적은 B-2) 안내된 순서대로 온라인 신청서(DS-160)를 작성한다.

❷ 비자 신청 수수료 $185를 결제한다.

❸ 같은 홈페이지에서 인터뷰 날짜와 시간을 예약한다(필요 정보: 여권 번호, 수수료 납부 영수증 번호, DS-160 확인 번호).

❹ 예약한 일시에 구비 서류를 가지고 미국 대사관에 가서 인터뷰를 한다(구비 서류: 예약확인서, 출력한DS-160확인페이지, 6개월 이내 찍은 사진 한 장, 현재 여권과 과거 발급한 여권).

❺ 비자가 승인되면 인터뷰 예약 시 기입한 주소로 여권과 비자가 배송된다(일반배송 무료, 프리미엄 배송 유료).

[미국대사관] **주소** 서울시 종로구 세종대로 188 **전화** 02-397-4114 **홈페이지** https://kr.usembassy.gov/ko

여행 예산 짜기

여행 예산

● 여행 스타일별 예상 여행 경비

항목	알뜰 여행	일반적인 여행	욜로 여행
항공 (일반석)	비수기 경유편 $800~1,100	비수기 직항 / 성수기 경유편 $1,000~1,600	직항편 $1,200~2,000 (비즈니스석 $3,500~5,000)
숙소	호스텔/민박 도미토리 1인 $50~100	중저가 호텔 2인 1실 $200~350	중고급 호텔 2인 1실 $400~1,200
식사 / 음료 / 디저트	간단조식/패스트푸드/푸드홀 하루 $50~80	푸드홀/카페/레스토랑 $80~120	브런치카페/레스토랑/라운지바 $150~400
교통	지하철/버스/도보 1일 $10	대중교통이 기본. 특별한 경우에 우버 1일 $30~40	주로 우버나 택시, 가끔 대중교통 $50~120
관광	무료 명소 활용, 유료 명소 3~5곳 할인패스 $80~130	주요 명소 5~7곳 할인패스 $130~180	할인패스 없이, 또는 추가 $200~300
쇼핑	마트/드러그스토어 $30~100	로드숍/할인점 $100~300	브랜드숍 $300~800 (무관세 기준)
공연/투어	뮤지컬 1회 $80~120	공연이나 투어 1~2회 $120~250	공연, 투어 등 $180~500

무료로 즐길 수 있는 명소

타임스 스퀘어

브루클린 브리지 파크

센트럴 파크

예산 절약 팁

❶ 항공권

비수기를 적극 활용하고, 시기를 정할 수 없다면 경유편을 이용해야 저렴하다.

❷ 숙소

최대한 성수기를 피하고, 시설, 위치, 교통 편의성을 조금 포기해야 저렴해진다.

❸ 식사

마켓의 식료품에는 소비세가 붙지 않지만 식당에서 식사하면 세금이 붙고 서비스가 있는 곳은 팁까지 붙는다. 팁이 없는 푸드홀이나 패스트푸드점을 자주 이용하고, 아침식사나 간식은 마켓을 이용하면 저렴하다. 좌석이 있는 홀푸즈 마켓(Whole Foods Market)의 샐러드, 피자, 김밥, 스시 등이나 델리의 샌드위치, 피자집의 대형 조각 피자도 좌석이 있다면 무난한 선택이다.

❹ 관광

무료 명소나 무료 입장시간 등을 최대한 활용하고, 유료 명소는 할인패스를 구입한다. 일반 요금은 보통 미술관 $20～30, 크루즈나 버스 투어, 전망대는 1곳 $30～60 정도지만 할인패스로는 8곳에 $200 정도다.

❺ 시내교통

뉴욕은 대중교통을 이용해 도보 여행이 충분한 곳이라 교통비를 절약할 수 있다. 지하철이나 버스를 일주일간 무제한으로 이용해도 $34다. 만약 렌터카를 이용한다면 차량, 연료, 보험에다 주차비까지 비싸니 차라리 택시나 우버가 낫다.

❻ 슈퍼마켓

유제품, 과일, 채소, 고기 등 농축산물은 미국이 저렴한 편이며 가공식품은 비싼 편이다. 마켓에서 직접 만들어 파는 베이커리나 간단한 포장식은 일반 식당보다 저렴하다.

한눈에 비교하는 뉴욕 물가

뉴욕은 미국에서도 가장 물가가 비싼 도시다. 따라서 일부 슈퍼마켓 식료품을 제외하면 대부분 우리보다 비싸다. 거기에 환율에 따라 더 비싸지기도 한다.

항목	뉴욕	서울
생수(상점이나 식당)	$1.50~4.00	800~2,000원
맥도날드 기본세트메뉴	$14~18	8,700~12,000원
간단한 식사(1인 1식 기준)	$15~30	8,000~15,000원
중급 레스토랑(1인 1식)	$40~80	30,000~50,000원
커피(아메리카노)	$4~7.00	3,500~6,000원
콜라(상점이나 식당)	$2~5.50	1,500~6,000원
대중교통 기본 1회	$2.90	1,500원
택시 기본 요금	$5	4,800원

현금과 카드

여행의 필수인 신용카드와 체크카드는 현금을 대신하는 편리한 결제수단이다. 뉴욕도 거의 모든 상점과 대부분의 식당에서 카드를 받지만 가끔 현금이 필요할 때가 있으니 둘 다 가져가는 것이 좋다.

❶ 달러 현금 US dollar Cash

요즘에는 현금을 잘 쓰지 않지만 미국에서는 조금이라도 소지하고 있는 것이 좋다. 도난이나 분실에 대비해 한 지갑에 다 넣지 말고 분산시켜 보관하자. $100의 고액권은 사용이 불편하니 $20짜리 지폐로 가져가고, 호텔 등에서 팁으로 쓸 $1, $5 소액권을 여유있게 챙겨가자. 1달러 이하의 단위는 센트Cent(c)라고 부르는데, 모두 동전이며 1달러는 100센트다.

1¢ 페니 Penny

5¢ 니켈 Nickel

10¢ 다임 Dime

25¢ 쿼터 Quarter

$1

$20

$5

$50

$10

$100

❷ 신용카드 Credit Card

비자(VISA), 마스터(Master), 아멕스(American Express) 모두 많이 이용되며 해외사용이 가능한 카드인지 꼭 확인한다. 발급은행과 카드회사 수수료로 사용 금액의 2~3% 정도 추가 비용이 발생한다는 단점이 있지만 미국에서 호텔이나 렌터카 이용 시 보증의 수단으로 요구하니 하나쯤은 꼭 가져가자. 고액을 사용할 때에는 신분증을 요구하는 곳도 있으니 여권을 소지하는 것이 좋다. 신용카드에 컨택리스(Contactless) 기능이 있으면 뉴욕 지하철을 교통카드처럼 이용할 수 있다(수수료는 카드마다 다르다).

❸ 체크카드 Check Card

뉴욕에는 곳곳에 현금인출기(ATM)가 있어 달러를 바로 꺼내 쓸 수 있는 체크카드도 편리하다. ATM에서는 비밀번호가 있어야 하므로 보안상 신용카드보다 안전하다. 카드 뒷면에 'PLUS', 'Cirrus' 등의 로고가 있으면 이 로고가 있는 ATM에서 자신의 계좌에 있는 돈을 인출할 수 있다. 일반 체크카드는 건당 $2~3의 인출 수수료가 붙지만, 해외여행용 충전식 트래블카드는 수수료가 없어 유리하다. 즉, 미리 환전해서 충전해두면 환율도 우대받고 결제 수수료나 ATM 인출 수수료도 거의 면제해 주는 카드다. 특히 컨택리스(Contactless) 결제가 가능해 뉴욕에서 지하철 티켓을 구입할 필요 없이 직접 자신의 카드를 교통카드처럼 쓸 수 있어 편리하다. 체크카드는 연회비가 없으니 여러 개 만들어가는 것도 괜찮다(트래블월렛, 트래블로그, 토스, 신한SOL트래블, KB국민트래블러스, 우리위비트래블). 카드사별 환율, 사용한도, 재환전수수료, 자동충전여부 등을 비교해보고 선택하자.

트래블로그 카드

항공편 예약하기

여행 준비에서 가장 서두를 일이 항공 예약이다. 항공 좌석은 제한적이기 때문에 출발일이 다가오면 좌석이 줄어들면서 가격은 점점 올라간다. 따라서 원하는 스케줄의 항공권을 적당한 가격에 구입하려면 일찍 준비하는 것이 좋으며 성수기 여행이라면 특히 그렇다.

항공권은 발권 후 변경이 어려우니 반드시 여권과 일치하는 영문 이름을 사용해야 하며, 예약 날짜와 현지 출도착시간, 소요시간, 변경이나 환불 조건 등도 꼼꼼히 확인한다. 결제를 마치면 이메일이나 애플리케이션으로 E-티켓을 받으니 인쇄 또는 저장해두자.

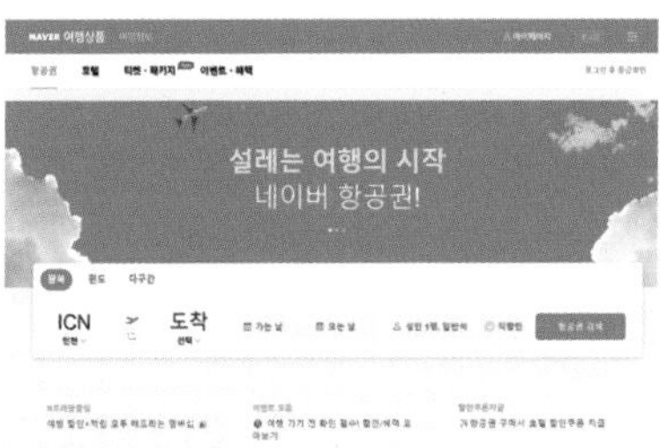

주요 예약 사이트

인터파크 https://sky.interpark.com
네이버항공 https://m-flight.naver.com
스카이스캐너 www.skyscanner.co.kr
온라인투어 www.onlinetour.co.kr
대한항공 www.koreanair.co.kr
아시아나항공 www.flyasiana.com
에어프레미아 www.airpremia.com

유의사항

❶ **스케줄 변경** 발권 후 스케줄 변경 시 좌석이 있다면 가능(예약 등급, 변경 시점에 따라 수수료 3~38만 원)한 경우도 있고 아예 불가능한 티켓도 있다.

❷ **환불 조건** 사용하지 않은 티켓은 보통 수수료를 제하고 환불해 주지만 저렴한 항공권의 경우 환불 불가 조건이 많다.

❸ **마일리지 적립 불가** 저렴한 항공권 중에는 마일리지를 100% 적립할 수 없는 경우가 종종 있다.

● **항공사** 인천과 뉴욕을 오가는 노선은 직항이 14시간, 경유편이 16~20시간 정도 소요된다.

항목	항공 코드	운항 정보	홈페이지
대한항공	KE	직항	www.koreanair.co.kr
아시아나항공	OZ	직항	www.flyasiana.com
에어프레미아	YP	직항	www.airpremia.com
델타항공	DL	직항 또는 시애틀이나 디트로이트 경유	www.delta.com
유나이티드항공	UA	샌프란시스코나 애틀랜타 경유	www.ual.com
아메리칸항공	AA	댈러스 경유	www.aa.com
캐나다항공	AC	밴쿠버나 토론토 경유	www.aircanada.ca

숙소 예약하기

예약 사이트에서 스케줄을 입력하고 호텔의 위치와 조건, 가격을 꼼꼼히 따져 예약한다. 일정이 다소 불확실한 경우라면 취소를 대비해 무료환불이 가능한지 확인한다. 결제를 마치면 확인 메일을 받는다. 앱을 다운받아두면 앱에서 바로 확인할 수 있다.

예약 사이트

- 트리바고 www.trivago.co.kr
- 호텔스 컴바인드 www.hotelscombined.co.kr

많이 이용하는 가격비교 사이트로 최저가 예약사이트를 연결해준다.

- 호텔스 닷컴 www.hotels.com
- 부킹 닷컴 www.booking.com

호텔예약 전문사이트로 호텔 종류가 많고 가격도 저렴한 편이며 충성 고객에게 할인 혜택이 있다.

- 민다 www.theminda.com
- 한인텔 www.hanintel.com

한인민박 예약사이트로 도미토리 이용 시 저렴하며 간단한 취사가 가능곳도 있다.

- 에어비앤비 www.airbnb.co.kr

공유숙박 플랫폼으로 장기 또는 단체 투숙 시 가성비가 좋았으나 뉴욕시는 규제가 심해져 뉴저지에서 이용할 만하다.

유의사항

❶ **이용자 후기** 숙소에서 제공하는 사진보다는 이용자들의 후기를 읽어본다. 특히 최근 사용이 늘고 있는 숙박 공유 사이트에서는 문제가 생기면 책임 소지가 불분명할 수 있으므로 반드시 이용자 후기가 많은지, 후기가 좋은지 확인한다.

❷ **시설과 조건** 숙소에서 제공하는 물품, 부대 시설과 서비스를 확인한다. 무료 와이파이, 조식포함 여부, 체크인 · 체크아웃 시간, 냉장고, 드라이어, 에어컨 등이다. (렌터카 이용 시 주차장유무 확인) 저렴한 호텔이라면 공동 욕실인지도 확인한다. 호스텔의 경우 수건이나 비누가 없는 곳도 있다.

❸ **위치와 교통** 도심에서 너무 멀지 않은지, 대중교통이 편리하게 연결되는지 확인한다.

❹ **추가 요금** 뉴욕은 호텔의 세금이 높다는 것도 알아두고, 렌터카를 이용한다면 반드시 주차요금도 확인하자.

❺ **환불 규정** 갑작스러운 상황에 대비해 예약 변경이나 취소 시 환불 조건을 알아두자. 대체로 저렴한 특가 세일일 경우 환불이 되지 않는다.

글로벌 체인호텔 (메리어트, 힐튼, 하얏트 등)

대형 체인호텔을 꾸준히 이용하면 멤버십 등급에 맞게 혜택을 받을 수 있다. 회사마다 다르지만 보통 높은 등급을 달성하면 룸 업그레이드, 무료 조식, 체크아웃 연장 등 다양한 혜택이 있다. 단, 포인트를 쌓으려면 예약 플랫폼을 거치지 않고 호텔 공식 사이트에서 직접 예약해야 한다.

뉴욕에서 숙소잡기

뉴욕은 비싼 숙박비로 악명 높은 도시다. 호텔 요금 자체도 다른 도시보다 비싼 데다가 높은 세금이 추가되어 최종 결제 금액이 훌쩍 올라간다. 특히 코로나 이후 극심한 인플레이션으로 렌트비가 치솟으면서 뉴욕시가 에어비앤비까지 규제하고 있어 여행자들은 더 힘들어졌다. 여행 중 잠시 머무는 곳이지만 그래도 우울하지 않으려면 숙박비를 여유 있게 잡는 것이 좋다.

알아두면 쓸모 있는 숙소비 절약 팁

❶ 성수기를 피한다.

관광도시 뉴욕은 여름 성수기나 크리스마스 전후에 관광객이 몰려 숙박비도 천정부지로 치솟기 때문에 가급적 이 기간을 피하는 것이 좋다. 보통 5~10월, 12~1월이 성수기, 6월 말~8월 말과 12월 중순~1월 초는 최고 성수기다. 사실 뉴욕은 딱히 비수기가 없지만 그나마 1월 중순~2월 말에 할인이 되는 편이다.

❷ 일찍 예약한다.

숙소 예약은 일찍 할수록 선택의 폭이 넓다. 숙소 자체도 많이 남아있으며 조기 예약 할인 행사도 있으니 일정만 잡힌다면 바로 예약을 하는 것이 좋다. 일정이 불확실하다면 무료 취소가 가능한 곳을 예약하자.

❸ 공유 숙박을 이용한다.

호스텔, 한인 민박, 에어비앤비 같은 공동 숙박시설을 이용하는 것도 생각해보자. 혼자라면 여러 명이 함께 객실을 사용하는 도미토리룸이 가장 저렴하고, 두 명 이상이라면 공동욕실을 사용하는 호스텔도 저렴하다. 에어비앤비는 가족 단위로 이용하기 좋으나 뉴욕시는 규제가 심해서 뉴저지로 나가야 한다.

❹ 맨해튼 밖으로 나간다.

여행하기 편리한 맨해튼은 그만큼 숙박비가 비싸다. 이동시간이 더 걸리는 불편을 감수한다면 맨해튼 외곽으로 나가 브루클린이나 퀸스, 뉴저지 등에 숙소를 잡는 것도 방법이다. 단, 외곽이라고 해도 지하철이 편리하게 연결되는 곳은 맨해튼과 크게 차이 나지 않는다.

❺ 일정을 줄인다.

위 네 가지 조건을 조절할 수 없다면 슬프지만 일정이라도 좀 줄여야 한다. 일정이 길면 길수록 숙박비는 올라갈 뿐이다. 따라서 일정을 하루라도 줄이고 시내 좋은 위치에 숙소를 잡아 빠른 시간에 돌아보는 것도 방법이다. 특히 타임스퀘어나 헤럴드 스퀘어 주변은 번잡하지만 밤 늦게까지 문을 여는 상점이나 식당이 많아서 시간을 더 오래 보낼 수 있다.

알아두세요!

미국 호텔에서 보기 힘든 것들

❶ **슬리퍼** 일부 고급호텔에만 있다.
❷ **욕실 바닥 배수구** 거의 모든 호텔에 없다.
❸ **샤워기 호스** 일부 호텔, 일부 객실에만 있다.
❹ **치솔, 치약** 극히 일부 호텔만 있다.

호텔 선택 팁

평소 게으른 사람도 뉴욕을 여행할 때는 부지런해질 수밖에 없다. 볼 것은 무수히 많은데 오래 머물수록 올라가는 아찔한 비용에 마음이 급해지기 마련. 잠들지 않는 도시 뉴욕에서 충전의 시간을 어떻게 보내야 할까? 나만을 위한 사적 공간에서 한 번쯤 호사를 누려보는 것도 좋고, 급속 충전을 위해 가성비를 따져보는 것도 좋은 방법이다.

● 호텔 플렉스 VS 가성비

	플렉스	가성비
조건	분위기, 시설, 풍광	위치, 가격, 청결
지역	• 파크뷰 : 센트럴 파크 주변 • 리버뷰 : 허드슨강이나 이스트강 주변 • 시티뷰 : 미드타운 빌딩지구	미드타운 지하철역 근처, 특히 타임스 스퀘어와 펜실베이니아역 사이, 헤럴드 스퀘어, 매디슨 스퀘어, 유니언 스퀘어 부근에 많다.
브랜드	세인트 리지스, 만다린 오리엔탈, 리츠 칼튼, 트럼프 인터내셔널, 더 피에르, 포시즌	매리어트, 힐튼, IHG, 하얏트의 중급 라인
가격대	**$800~2,000**	**$300~400**

중고급 부티크 호텔

성수기에 고급 호텔은 말도 안 되는 가격으로 치솟곤 한다. 너무 비싼 건 부담스럽지만 어느 정도 분위기 좋은 고급 호텔을 원한다면 부티크 호텔을 추천한다. 멋진 인테리어, 또는 멋진 풍경을 가진 개성 있는 부티크 호텔도 너무나 많다. 대형 호텔 체인보다는 로컬 브랜드가 많으며 가격대는 가성비와 플렉스의 중간 정도다.

뉴저지

호보켄, 뉴포트, 저지시티는 맨해튼과 PATH로 연결되어 편리하지만 다른 지역은 버스로 다녀야 해서 시간이 오래 걸린다.

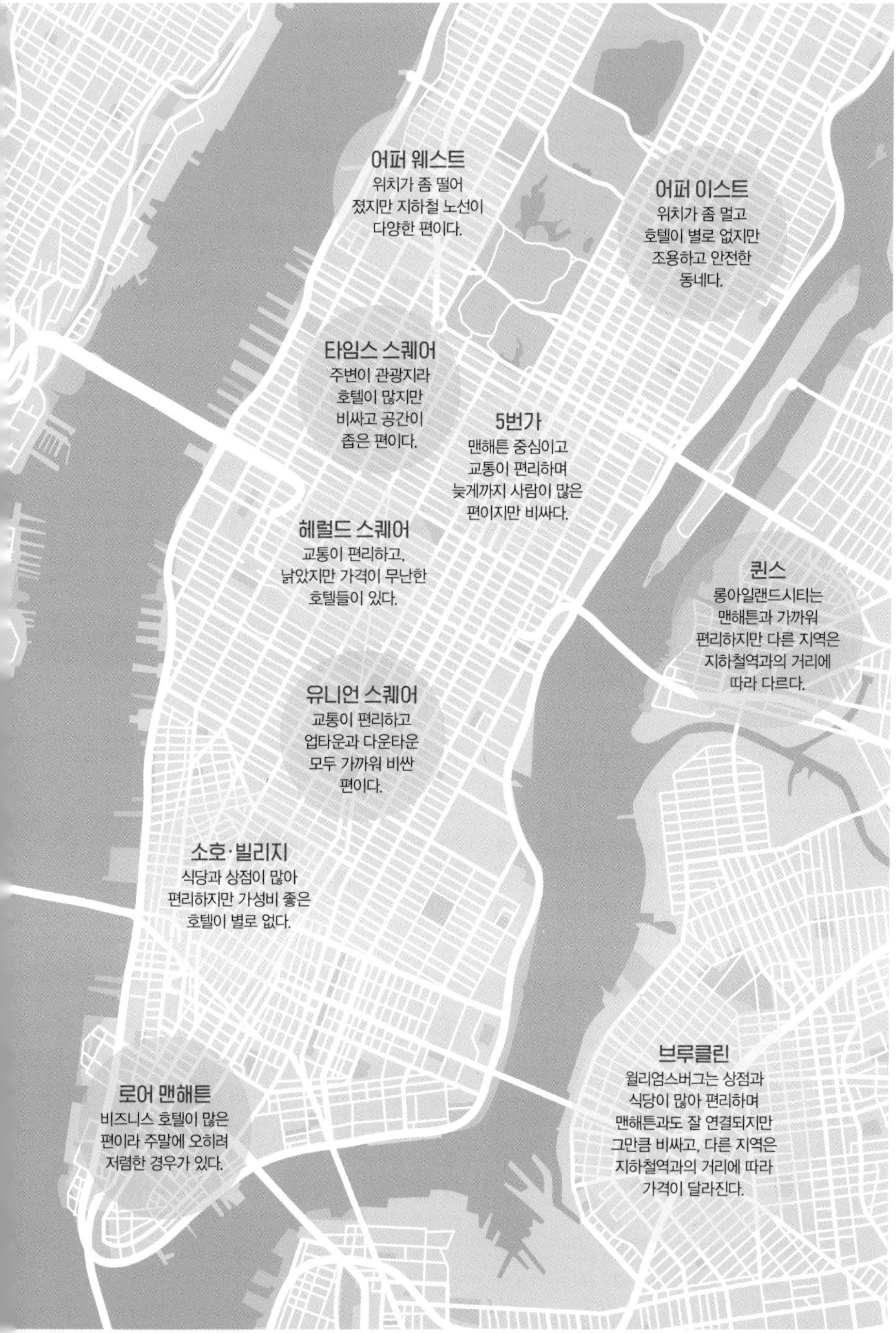

어퍼 웨스트
위치가 좀 떨어
졌지만 지하철 노선이
다양한 편이다.

어퍼 이스트
위치가 좀 멀고
호텔이 별로 없지만
조용하고 안전한
동네다.

타임스 스퀘어
주변이 관광지라
호텔이 많지만
비싸고 공간이
좁은 편이다.

5번가
맨해튼 중심이고
교통이 편리하며
늦게까지 사람이 많은
편이지만 비싸다.

헤럴드 스퀘어
교통이 편리하고,
낡았지만 가격이 무난한
호텔들이 있다.

퀸스
롱아일랜드시티는
맨해튼과 가까워
편리하지만 다른 지역은
지하철역과의 거리에
따라 다르다.

유니언 스퀘어
교통이 편리하고
업타운과 다운타운
모두 가까워 비싼
편이다.

소호·빌리지
식당과 상점이 많아
편리하지만 가성비 좋은
호텔이 별로 없다.

브루클린
윌리엄스버그는 상점과
식당이 많아 편리하며
맨해튼과도 잘 연결되지만
그만큼 비싸고, 다른 지역은
지하철역과의 거리에 따라
가격이 달라진다.

로어 맨해튼
비즈니스 호텔이 많은
편이라 주말에 오히려
저렴한 경우가 있다.

인터넷 사용

● 심(SIM) VS 로밍(Roaming)

항목	이심(eSIM)	유심(USIM)	로밍(Roaming)
사용 방법	애플리케이션이나 QR코드로 이심을 다운받는다.	유심(심카드)을 사서 기존 유심과 교체한다.	통신사에 전화하거나 홈페이지, 또는 공항 로밍센터에서 신청한다.
장점	• 요금이 저렴하다. • 기존 번호와 새 번호를 모두 사용한다.	• 요금이 저렴한 편이다. • 현지 통신사를 선택할 수 있다.	신청이 쉽고 기존 번호를 사용한다.
단점	기기별 지원 여부를 확인해야 한다. 보통 아이폰은 2018 년 이후, 갤럭시는 2022년 9월 이후 출시 모델부터 지원한다.	• 기존 번호 대신 새로 부여된 번호를 사용한다.	• 기간이 길어지면 요금이 비쌀 수 있다. • 속도가 가끔 느리다 (수동으로 통신사 변경가능). • 현지 번호가 없다.
요금	• 통신사별, 구입처별로 다른데 보통 ①이심 ②유심 ③로밍 순으로 저렴하다. • 데이터 용량별, 사용 기간별로 다양한 요금제가 있다. 먼저 여행 기간을 고려하고, 여행 중에는 평소보다 데이터를 많이 쓰게 되므로 데이터 용량을 여유 있게 잡는 것이 좋다.		

데이터 절약 팁

❶ 동영상은 가급적 와이파이 상태에서 보거나 미리 다운받아둔다.

❷ 구글맵에서 뉴욕 오프라인 지도를 다운받는다.

❸ 구글맵에서 [경로]를 탭해서 확인해두면 [시작]을 탭하지 않아도 오프라인 지도로 다닐 수 있다(단, 대중교통 운행 정보를 보려면 데이터를 써야 한다).

❹ 구글맵의 길찾기 기능을 많이 쓰면 배터리 사용이 많아지니 도착 후 반드시 [종료] 한다.

❺ 클라우드에 자동 저장 기능을 사용하는 경우 와이파이 환경으로 제한한다.

수하물 제한

수하물은 위탁 수하물과 휴대 수하물로 나뉜다. 위탁 수하물은 부치는 짐이고, 휴대 수하물은 비행기에 들고 타는 짐이다.

❶ 위탁 수하물 Checked baggage

짐을 부칠 때는 무게, 크기, 갯수에 제한이 있다. 항공사마다 다르지만 보통 이코노미 클래스 20kg, 비즈니스 이상은 30kg까지 가능하며 용량을 초과하면 추가 요금을 내야 한다. 대한항공과 아시아나항공은 미주 노선의 경우 수하물을 2개까지 허용한다. 가방 사이즈는 보통 3면의 합(가로+세로+높이)이 158cm이하, 가방 2개면 총 273cm 이하다. 파손되기 쉬운 물품이나 귀중품, 현금 등을 넣을 수 없으며 특히 보조배터리를 넣을 수 없으니 주의한다(휴대 수하물은 가능).

또한 같은 모양의 가방이 많으니 스티커나 장식으로 표시하고 분실에 대비해 이름표에 연락처를 적어놓는다. 체크인 시 받는 수하물 영수증(Baggage Tag)도 잘 보관하자.

❷ 휴대 수하물 Carry-on

기내로 반입하는 휴대 수하물은 규정이 더 까다롭다. 안전상의 이유로도 그렇지만 공간 자체가 부족하기 때문에 아예 가지고 들어갈 수 없는 경우가 있으니 주의해야 한다. 이코노미 클래스는 여행 가방 1개에 추가 1개까지 반입할 수 있으며 무게는 항공사에 따라 8~12kg, 가방 3면의 합(가로+세로+높이)이 115cm 이하여야 한다. 비즈니스 클래스 이상은 여행 가방 외에 추가로 2개까지 가능하다.

여행 준비물 체크리스트

기내 반입 주의사항

모든 항공사에서 휴대 수하물 검색을 철저히 한다. 날카롭거나 뾰족한 물건, 폭발 가능한 물건은 반입이 안되며, 모든 액체나 젤, 크림 종류는 1개당 100ml까지, 전체 1,000ml까지지만 가로X세로 20X20cm의 투명한 비닐백에 담아야 한다(위탁 수하물은 용량에 상관없다). 보조배터리는 지퍼백에 하나씩 분리해서 보관할 경우 기내 반입이 가능하고(100Wh 초과 시 개수 제한, 160Wh 초과 시 반입 불가), 위탁 수하물에는 넣을 수 없다.

휴대폰 분실에 대비해 인쇄 또는 종이에 메모해 두어야 하는 것들

❶ 여권번호, 여권 발급지, 발급일, 유효기간
❷ 신용카드 번호, 유효기간, 한국의 24시간 서비스센터 전화번호
❸ 여행자 보험증, 보험사 전화번호
❹ 호텔 예약번호와 전화번호
❺ 현지 지인 연락처
❻ 항공권 E티켓, 예약번호

여권	✓
휴대폰 / 충전기 / 휴대용 보조배터리	
플러그 어댑터 (110v 전압 A 타입)	
여행 가방	
작은 가방 (크로스백이 안전하다)	
달러 현금 소액권	
신용카드 / 체크카드 (비상용은 따로 보관)	
국제운전면허증 또는 영문운전면허증 (렌터카 이용 시)	
여행자보험 (보험증서를 휴대폰에 저장)	
각종 예약 확인증 (종이나 E티켓)	
세면 도구 (세안제, 샴푸, 린스, 샤워용품, 칫솔, 치약)	
자외선 차단제 / 기타 화장품 / 위생용품	
면도기 / 드라이어 / 빗 / 브러시	
비상약 (진통제 / 소화제 / 반창고 등)	
날씨에 맞는 의류 / 속옷 / 양말 / 잠옷	
편한 신발 / 구두 (드레스 코드용)	
실내복 / 실내화 (슬리퍼)	
우산 / 선글라스 / 모자	
카메라 (메모리카드 / 배터리 / 충전기)	
기타 물티슈 / 손톱깎이 / 반짇고리	

출국하기

공항 체크인

인천공항에는 2개의 터미널이 있으니 예약한 항공사가 위치한 터미널로 향한다. 공항이 복잡한 휴가철에는 출발시각 3시간 전까지 체크인 카운터에 도착하자. 성수기에는 체크인도 오래 걸리고 보안 검색과 출국 수속도 줄이 매우 길다. 공항 출국장 입구에 있는 안내판을 보고 자신의 항공사 체크인 카운터로 찾아간다. 항공사에 따라 체크인 카운터 옆에 자동체크인 단말기가 있는 곳도 있다. 여권을 제시하고 짐을 부쳐 체크인을 마치면 탑승권(Boarding Pass)과 수하물 영수증(Baggage Tag)을 받는다. 수하물 영수증은 잘 보관하고, 여권과 탑승권을 들고 출국 게이트로 향한다.

인천공항 공식 홈페이지 www.airport.kr

보안 검색 및 탑승 수속

출국 게이트 안으로 들어가면 바로 보안 검색대가 나온다. 태블릿이나 노트북을 꺼내고 보안 검색을 통과해 출국 심사대를 지나면 면세점과 라운지가 있는 면세 구역이다. 탑승권에 적힌 탑승 시간(Bording Time)에 맞춰 탑승구(Gate)로 간다. 탑승 수속이 시작되면 항공사 직원의 안내에 따라 탑승한다.

환승하기

다른 지역과 달리 미국행 비행기는 최종 목적지와 상관없이 미국에 맨 처음 도착한 도시에서 무조건 짐을 찾고 입국심사와 세관절차를 밟아야 한다. 경유지에서 만약에 입국이 거절되면 환승할 필요도 없이 본국으로 귀국해야 한다. 일단 비행기에서 내리면 바로 'Immigration' 표지판을 따라 간다. 맨 처음 도착하는 곳은 입국심사대다. 여기서 입국 심사를 마치고 나가면 짐 찾는 곳(Baggage Claim)이 있다. 여기서 자신의 짐을 찾아서 세관까지 무사히 통과하면 미국에 완전히 입국이 된 것이고, 그 다음에 국내선으로 환승한다. 짐이 커서 기내에 반입할 수 없으면 다음 목적지까지 다시 위탁 수하물로 부쳐야 한다. 휴대 수하물 역시 다시 보안 검색을 해야 하고, 공항 라운지로 들어가 탑승 게이트를 찾아간다. 탑승권에 게이트 번호가 없다면, 환승 라운지 곳곳에 설치된 모니터에서 환승할 비행기 편명과 시각을 확인하고 해당 게이트로 가서 탑승하면 된다. 비행기가 연착되거나 하면 간혹 탑승구가 바뀌기도 하므로 모니터나 탑승 게이트에서 최종 확인하는 것이 좋다.

입국 심사

입국 심사 Immigration

비행기에서 내려 "Arrival" 또는 "Baggage Claim"등의 표시를 따라가다 보면 "Immigration" 또는 "Passport Control"이라 써있는 입국 심사대가 나온다. 입국 심사대는 자국민용(Citizens)과 외국인용(Alien)으로 나뉘어 있으니 외국인에 줄을 선다. 심사관은 몇 가지 질문을 하는데, 보통 입국 목적과 기간, 머물 장소 등이다. 질문과 대답이 끝나면 사진과 지문을 찍는다.

전자여권의 경우 무비자인 상태에서 1회 입국에 최대 3개월까지 관광을 위한 체류가 가능하다(관광비자를 소지한 경우 최대 6개월).

● 편리한 입국을 위한 MPC

ESTA(전자여행허가제)로 재입국하는 경우 MPC (Mobil Passport Control) 앱을 미리 다운받아 작성해 두면 긴 대기줄을 피해 전용 라인으로 더 빠르게 입국절차를 마칠 수 있다. 출국 전에 미리 신청해 두고 미국에 도착하면 다시 앱에서 인증 사진을 찍어 제출해야 하는데 공항 와이파이가 매우 느릴 수 있으니 모바일 데이터가 있는 것이 좋다.

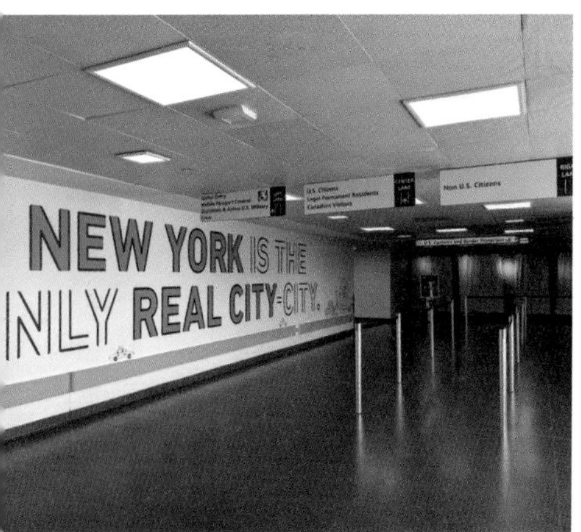

● 짐 찾기 Baggage Claim

입국심사를 마치고 나오면 'Baggage Claim' 사인을 따라 짐을 찾으러 간다. 가방이 똑같은 경우가 있으니 짐을 찾을 때 반드시 자신의 짐인지 확인한다. 만약 수하물 분실했다면 "Baggage Claim Office" 또는 "Lost Baggage" 센터로 간다. 신고서 양식에 영문으로 기입하고 접수증을 받아 숙소로 가서 기다리면 대부분 1~2일 안에 숙소로 보내준다. 짐이 분실된 경우 항공사에서 정해진 기준에 따라 보상해준다.

세관 심사 Customs

짐을 찾아 출구로 나갈 때 신고할 물품이 없으면 녹색 표시가 있는 'Nothing to Declare' 쪽으로 가서 세관 신고서(Customs Declaration Form)를 제출한다. 짐이 많거나 X-ray 등에서 음식물이 발견된 경우에는 세관원이 가방을 열고 검사하기도 한다. 신고해야 할 물품이 있다면 빨간 표시가 있는 곳으로 가서 신고해야 한다. 세관 신고서는 가족당 한 장만 제출하면 된다.

● 세관 신고대상 및 금지 품목

❶ 과일, 채소, 농산물, 육류제품 등은 반드시 신고 후 검사받아야 한다. 신고하지 않고 반입하다 적발될 경우 벌금은 물론 압수된다.

❷ 규제 약물, 아동 포르노물, 지적 재산권 침해물, 도난 물품, 독극물, 무기 등은 반입 금지 품목이다.

❸ 미국에 두고 갈 물품 금액이 $100 이상일 경우, 담배 1보루 이상, 술 1ℓ 이상인 경우 세금을 내야 하며, 21세 미만인 경우에는 술 반입이 금지다.

❹ 가족당 $10,000 이상의 통화를 반입할 경우 신고해야 한다.

미국 관세청 홈페이지 www.cbp.gov

여행 중 문제 발생

여행 중에는 생각지 못한 일이 일어날 수 있으며, 낯선 곳에서 위급한 상황이 생기면 누구나 당황하기 마련이다. 분실이나 도난 사고가 났을 경우를 대비해 대처 방법을 미리 알아두고 침착하게 대처하자. 출국 전에 외교부의 해외안전여행 애플리케이션을 미리 다운받아두면 오프라인에서도 볼 수 있어 도움이 된다.

여권 분실

여권이 없으면 자신의 신분을 증명할 길이 없으니 가능한 빨리 경찰서로 가서 여권분실 증명서를 발급받는다. 그리고 영사관에 가서 긴급여권이나 여행증명서를 발급받아야 한다. 영사관은 업무시간이 정해져 있어 휴일이 끼면 시간이 오래 걸린다는 것도 알아두자.

뉴욕 총 영사관
주소 460 Park Ave.(57th & 58th St.) New York, NY 10022
전화 (긴급상황) +1-646-965-3639, (대표 번호) +1-646-674-6000
홈페이지 https://overseas.mofa.go.kr/us-newyork-ko/index.do
운영 월~금요일 09:00~12:00, 13:00~16:30
가는 방법 지하철 N·R·W선 Lexington Av/59 St역에서 도보 3분

무료 영사콜센터
미국에서 긴급한 일이 발생했을 경우 외교통상부에서 24시간 운영하는 무료 영사콜센터에 전화해 도움을 요청할 수 있다.
전화 +82-2-3210-0404 **홈페이지** www.0404.go.kr

소지품 도난

공공장소에서 소지품을 분실한 경우에는 먼저 근처에 분실물 센터가 있는지 확인해 본다. 그리고 분실이 아니라 도난의 경우라면 여행자보험의 보상을 받기 위해 도난 증명서(경찰 증명서)를 발급받아야 한다. 가까운 경찰서로 가서 경찰 증명서(Police Report)를 작성한다. 범인의 인상착의, 발생 장소, 시간, 도난 경위, 도난 물품명세 등을 기입하고 경찰서의 확인 도장을 받는다. 옷이나 신발 등의 물품은 거의 보상받지 못하며, 카메라 등의 고가품만 일부 보상받을 수 있다. 이때 분실(Lost)이 아닌 도난(Theft)이어야 보상받을 수 있다. 보험 종류에 따라 다르지만 보상금액은 아주 적다.

현금이 필요한 경우

무료 영사콜센터에 전화해 신속해외송금서비스를 신청하면 영사관을 통해 송금을 받을 수 있다. 영사관 업무시간을 기다리기 어려울 만큼 급하다면 송금 회사에 직접 신청하는 것이 빠르다. 해외송금은 특별한 사유가 없다면 한도가 $3,000까지다.

● 웨스턴 유니언 Western Union

한국에 있는 지인에게 부탁해 웨스턴 유니언 송금 서비스를 하는 제휴 은행에서 송금을 하면 계좌 필요없이 10자리 송금번호(MTCN)로 뉴욕의 웨스턴 유니언 제휴점에서 바로 돈을 받을 수 있다. 뉴욕에는 밤 늦게까지 하는 점포가 많아 편리하다. 홈페이지에서 가까운 위치의 점포를 찾을 수 있다.

홈페이지 www.westernunion.com

● 카카오뱅크 WU빠른해외송금

웨스턴 유니언의 송금시스템을 이용하는 것으로, 송금받는 방법은 같지만 사람이 은행에 가지 않고 카카오뱅크 어플을 통해 송금할 수 있어 편리하다.

홈페이지 www.kakaobank.com

응급 상황

응급 상황이 발생하면 당황하지 말고 침착하게 911로 전화를 걸어 구조를 요청한다. 휴대폰보다 유선 전화가 가까운 응급센터로 직통 연결되어 더 신속하다. 공중전화의 응급버튼 이용도 무료다.

병원에 갔을 경우 비용이 많지 않다면 본인의 카드로 계산한 뒤 진단서와 진료비 계산서를 챙겨 두었다가 귀국 후 여행자보험 회사에서 보상받을 수 있고, 고액이거나 입원 치료를 요하는 중한 상황일 때는 가입한 보험사에 연락해 도움을 요청한다(처방전이 필요 없는 약은 P.139 참조).

약국·병원 영어

감기 / 독감 **have a cold / flu**
기침 **have a cough**
콧물 **have a runny nose**
열 **have a fever**
인후통 **have a sore throat**
오한 **have chills**
두통 / 치통 **have a headache / toothache**
요통 **have back pain**
생리통 **have menstrual cramps**
근육통 **have muscle pain**
삠(염좌) **have a sprain**
골절 **broke my bone**
타박상 **have a bruise**
찰과상 **have a scrape / scratch**
설사 / 변비 **have diarrhea / constipation**
복통 **have abdominal pain**
소화불량 **have indigestion**
자상(칼에 벤) **cut myself**
화상 **burned myself**
실신 **fainted**
어지러움 / 구역질 **feel dizzy / nauseous**
구토 **vomited / threw up**
멀미 **have motion sickness / car sickness**
경련 / 발작 **having spasms / seizures**
알러지 **have an allergy**
가려움증 **itching**
식중독 **food poisoning**
처방전 **a prescription**
응급치료 **first-aid**
붕대 **bandage**
연고 **ointment**
감염 **infection**
진통제 **painkiller**
항생제 **antibiotics**
제산제(위산억제) **antacid**
부작용 **side effects**
증상 **symptoms**

INDEX

숫자·알파벳

ㄱ

ㄴ

ㄷ

ㄹ

MEMO.

MEMO.